新世纪高等职业教育
化工类课程规划教材

新世纪

无机化学（理论篇）

新世纪高等职业教育教材编审委员会 组编
主　编 王宝仁
副主编 庞永倩 张普香 方秀苇

第五版

大连理工大学出版社

图书在版编目(CIP)数据

无机化学. 理论篇 / 王宝仁主编. -- 5版. -- 大连：大连理工大学出版社，2023.2
新世纪高等职业教育化工类课程规划教材
ISBN 978-7-5685-3606-6

Ⅰ. ①无… Ⅱ. ①王… Ⅲ. ①无机化学－高等职业教育－教材 Ⅳ. ①O61

中国版本图书馆CIP数据核字(2022)第021324号

大连理工大学出版社出版
地址:大连市软件园路80号　邮政编码:116023
发行:0411-84708842　邮购:0411-84708943　传真:0411-84701466
E-mail:dutp@dutp.cn　https://www.dutp.cn
辽宁星海彩色印刷有限公司印刷　　大连理工大学出版社发行

幅面尺寸:185mm×260mm　印张:17.75　字数:407千字
插页:1页
2007年7月第1版　　2023年2月第5版
2023年2月第1次印刷

责任编辑:姚春玲　　责任校对:马　双
封面设计:张　莹

ISBN 978-7-5685-3606-6　　定　价:51.80元

前 言

《无机化学(理论篇)》(第五版)是新世纪高等职业教育教材编审委员会组编的化工类课程规划教材之一,与《无机化学(实训篇)》(第五版)配套使用。

本教材自2018年第四版出版以来,多次印刷,深受广大师生及读者欢迎。本教材体现高等职业教育特色,知识结构合理,信息量合适,体现“必需”和“够用”的原则;体例新颖,“知识拓展”“想一想”“练一练”“查一查”等项目,为学生训练思维,理解、记忆及运用知识提供方便;每章后的标准化自测题紧扣学习重点,有利于检验学生学习目标的达成。

根据2021年《高等职业学校专业教学标准》中化工技术类专业教学标准的要求,本次修订在保持第四版教材体例、结构不变的基础上,突出能力培养,服务于专业培养目标,为实施1+X证书制度提供专业基础支持,并加强与专业课、生产、生活的密切联系。本次修订的主要特色有:

1.突出能力培养。完善每章能力目标、知识目标,为教与学指明方向。

2.保持教材的科学性、先进性。修改漏误,查新标准,补充新知识。

3.增加“知识拓展”内容。丰富化学与社会、生活及生产实际的紧密联系,培养学生的化学学科核心素养,引导学生深入学习。

4.完善“练一练”“想一想”“查一查”及各章标准化自测题,启发思考,训练学生分析问题、解决问题的能力。

5.丰富教学资源建设。完善课件、电子教案及各章自测题参考答案等资源,为学生自学、教师教学提供参考。

本教材由辽宁石化职业技术学院王宝仁任主编,辽宁石化职业技术学院庞永倩、河南工业大学化学工业职业学院张普香、河南质量工程职业学院方秀苇任副主编。宝来利安德巴赛尔石化有限公司李更言参加部分编写工作。具体分工如下:第1章由王宝仁编写,第2、3、6章由王宝仁和方秀苇编写,第4、5章由王宝仁和李更言编写,第7章由王宝仁和张普香编写,第8～10章由庞永倩和张普香编写,第11章由庞永倩和方秀苇编写,附录由王宝仁编写。全书由王宝仁负责拟定编写提纲,并做最后的总纂和定稿工作。

本教材可作为高等职业教育院校石油化工技术、工业分析技术、应用化工技术、石油炼制技术等化工技术类专业的教材,也可供环境保护类专业选用。

在编写本教材的过程中,编者参考、引用和改编了国内外出版物中的相关资料以及网络资源,在此表示深深的谢意!相关著作权人看到本教材后,请与出版社联系,出版社将按照相关法律的规定支付稿酬。

由于时间仓促,书中不妥之处在所难免,敬请广大读者批评指正,以便下次修订时完善。

编 者

2023年2月

所有意见和建议请发往:dutpgz@163.com
欢迎访问教材服务网站:https://www.dutp.cn/sve/
联系电话:0411-84706104 84707492

目录

本书常用符号的意义和单位

符　号	意　义	单　位
n_B	B 的物质的量	mol
N_B	B 的基本单元数	1
N_A	阿伏伽德罗常数	mol^{-1}
M_B	B 的摩尔质量	kg/mol,常用 g/mol
m_B	B 的质量	kg,常用 g
V_m	气体摩尔体积	m^3/mol,常用 L/mol
c_B	B 的物质的量浓度	mol/ m^3,常用 mol/L
[B]	B 物质的相对平衡浓度	1
c_B'	B 的相对浓度	1
V	溶液或气体体积	溶液常用 m^3,气体常用 L
V_B	混合气体中组分 B 的分体积	m^3
p	气体压力	Pa
p'	气体的相对压力	1
p_B	混合气体中组分 B 的分压力	Pa
R	摩尔气体常数	J/(mol·K)
T	热力学温度	K
y_B	气体 B 的摩尔分数	1
$K^{\ominus}$	标准平衡常数	1
Q	反应商	1
$\varphi^{\ominus}$	电对的标准电极电势	V

说明:物理量符号代表数值和对应的单位,因此,所有计算中必须带单位,为表达简便起见,本教材规定在使用合理的法定单位的前提下,计算过程可以不带单位,只在计算结果后标注单位。

第1章

绪 论

知 识 目 标

1. 了解无机化学的研究对象。
2. 了解化学在国民经济及日常生活中的作用。
3. 了解无机化学课程的任务和学习方法。

能 力 目 标

1. 能举例说明化学及无机化学的概念。
2. 能用化学的观点看待事物。
3. 能制订学习本课程的具体计划。

1.1 无机化学的研究对象

世界是由物质所组成的，物质世界处于永恒的运动之中。如机械运动、物理运动、化学运动、生命运动、社会运动等都是物质运动的基本形式。

化学是一门研究物质化学运动（或称化学变化）的自然科学。当燃料燃烧、钢铁锈蚀、岩石风化、塑料及橡胶老化时，总是伴随着原物质的毁灭和新物质的生成，生成新物质就是发生化学变化的标志。

物质的化学变化主要取决于物质的化学性质，而物质的化学性质又是由物质的结构和组成所决定的。同时，改变外界条件（如浓度、压力、温度和催化剂等）时，往往会引起化学反应速率的变化或影响化学平衡。此外，在化学变化中，还常伴随着热、光、电等现象的发生。因此，**化学是在分子、原子或离子等层次上研究物质的组成、结构、性质及其变化规律的科学。**

知识拓展

我国物理化学家、无机化学家徐光宪指出：21 世纪的化学是研究泛分子的科学。所谓泛分子是指 21 世纪化学的研究对象，它分为以下 10 个层次：①原子层次；②分子片（组成分子的碎片，如—OH，—CH_3，—CH_2 等）层次；③结构单元（如高聚物的单体、蛋白质的氨基酸等)层次;④分子层次;⑤超分子(两个分子通过分子间力结合起来的物质微粒)层次;⑥高分子层次;⑦生物分子层次;⑧纳米分子或纳米聚集体(如碳纳米管、纳米金属、单分子膜等)层次;⑨原子和分子的宏观聚集体(如固体、液体、气体、等离子体、溶液、胶体等)层次;⑩复杂分子体系及其组装体(如太阳能电池、燃料电池、分子开关、分子晶体管、分子芯片等)层次。

自然界的物质可分为无机物和有机物两类。其中,无机物是指所有元素的单质和除碳氢化合物及其衍生物以外的化合物。**无机化学就是研究无机物的科学,其研究范围是无机物的存在、制备、组成、结构、性质、变化规律和应用。**

研究化学的目的在于认识物质的性质以及物质化学运动的规律,并将这些规律应用于生产和科学实验,以便合理地利用自然资源,将自然资源经化学转化加工成为人类生产、生活服务的各种物质资料,为提高人类生活水平,促进社会发展创造丰富的物质条件。

1.2 化学在国民经济及日常生活中的作用

科技社会发展至今,化学已成为一门中心科学,它交叉渗透到生命科学、材料科学、环境科学、食品科学、能源科学等多个科学领域之中,其实用性强,应用广泛,与国民经济的发展和人们日常生活有着极为密切的关系。

想一想

想象一下,没有化学的世界将会是一个什么样的世界?化学对促进社会的发展和改善人们的日常生活有哪些作用?

可以想象,如果不对自然水加以纯化,如果农作物不施用化肥和农药,如果不冶炼矿石以获取各种金属,如果不从自然资源中提取大量纯物质及合成新物质……那么,国民经济就不会健康发展,人们的日常生活也得不到基本保障。

展望社会的发展,化学对于实现农业、工业、国防和科学技术现代化具有重要的作用。例如,现代农业为增产及改进传统耕作方式,不仅需要更多的长效化肥,复合化肥,微量元素,高效、低毒、低残留的农药、除草剂、植物生长激素等化学产品,而且还要减少污染,生产无公害的蔬菜、粮食,搞好农、副业产品的综合利用及合理储运,促进农、林、牧、副、渔各行业全面发展;现代工业不仅需要大量的高性能结构材料(金属材料、先进陶瓷材料、高分子合成材料、复合材料)、信息功能材料(半导体材料、光电子材料、光导纤维及磁性材料等)、酸、碱、盐、建材、染料、药物和各类化工及石油化工产品,还需要研制高性能的催化剂,以开发新工艺,保护环境,减少工业污染物的排放,加强环境监测和综合治理,开发清洁化工生产技术,实施以可持续发展为目标的"绿色化学";现代国防和科学技术需要具有耐高温、耐腐蚀、抗辐射、超导体、半导体等特殊性能的金属材料、合成材料、高纯物质以及高能燃料等,以满足导弹、飞机、卫星的制造和尖端技术的应用等。所有这些,在很大程度上要依赖于化学的成就,需要化学与其他学科的协同发展。

在日常生活的衣、食、住、行中,人们必需的化学制品举目可见,可以说我们就生活在化学世界里。

知识拓展

绿色化学又称为环境无害化学、环境友好化学或清洁化学。绿色化学是指在利用化学原理设计、生产和应用化学品时，消除或减少有毒、有害物质的使用和产生，设计研究没有或仅有很少的环境副作用、在技术上和经济上可行的产品和化学过程，是在始端实现污染预防的科学手段。绿色化学的目的在于不再使用有毒、有害的物质，不再产生废物，不再处理废物。从科学观点看，绿色化学是化学基础内容上的更新；从环境观点看，它是从源头上消除污染；从经济观点看，它合理利用资源和能源，降低生产成本，符合经济可持续发展的要求。

1.3　无机化学课程的任务和学习方法

无机化学课程是工业分析技术、石油化工生产技术等化工技术类专业及其相关专业的一门必修的专业基础课。

无机化学课程的任务是使学生掌握无机化学的基础理论、基本知识、化学反应的一般规律和基本化学计算方法；加强对化学反应现象的理解；加强无机化学实验操作技能的训练；培养理论联系实际的能力以及分析问题和解决问题的能力，为后续课程的学习、职业资格证书的考取及从事化工技术工作打下坚实的基础。

学习无机化学，要正确理解并牢固掌握基本概念、基础理论、基本知识和基本研究方法；要及时整理笔记，列出重点，学会分层次（了解、理解、掌握）学习、记忆知识；要注意知识的条件性、局限性，深入认识化学变化的基本规律；要注意知识的连续性，学会理论联系实际，如学习元素部分知识时，要以元素周期律为基础，以物质的性质为中心，再从性质理解物质的存在、制法、保存、检验和用途等内容，使知识既主次分明，又系统条理；要养成良好的学习习惯，做好预习、复习，按时完成作业，及时归纳总结，不断提高学习效果。

无机化学是一门实验属性极强的科学，实验课是本课程的重要组成部分。通过实验，可以进一步认识物质的化学性质，揭示化学变化规律，理解、巩固化学知识，建立化学意识，实现感性认识上升到理性认识的飞跃。因此，要正确操作、仔细观察，认真分析实验现象所反映的实质，提高实验动手能力、观察能力和总结能力。

想一想

无机化学课程的任务有哪些？你将如何学好无机化学？

第2章

化学基本概念和理想气体定律

知识目标

1. 掌握物质的量、摩尔质量、物质的量浓度、气体摩尔体积等基本概念；理解反应热效应和热化学方程式的意义。

2. 掌握理想气体状态方程、分压定律、分体积定律。

能力目标

1. 能准确运用有关物质的量等基本概念进行相关计算；能正确书写热化学方程式。

2. 会应用理想气体状态方程、分压定律、分体积定律进行有关计算。

*2.1 化学基本概念

2.1.1 物质的量

【实例分析】 方程式 $Fe+S \xrightarrow{\triangle} FeS$ 的含义是什么?

该方程式在宏观上表示 56 份质量的铁(Fe)和 32 份质量的硫(S)在加热条件下反应生成 88 份质量的硫化亚铁(FeS)；在微观上表示每 1 个 Fe 原子与 1 个 S 原子反应生成 1 个 FeS 分子。

原子、分子、离子等粒子很小，难以称量，而实际生产实验中取用的物质都是可以称量的粒子集合体。为了将这些肉眼不可见的微观粒子与可称量的宏观物质联系起来，1971 年第 14 届国际计量大会决定在国际单位制中引入第七个基本物理量——物质的量。

物质的量是衡量系统中指定基本单元数的物理量。基本单元可以是原子、分子、离子、电子及其他粒子，或是这些粒子的特定组合，如 $\frac{1}{2}KMnO_4$，(Cl_2+2e^-)等。

在国际单位制(SI)中，物质的量单位为摩尔，符号为 mol。摩尔定义为：**摩尔是一系统的物质的量，该系统中所包含的基本单元与 0.012 kg(12g)碳-12(^{12}C)的原子数相等。**

实验测得，0.012 kg ^{12}C 中约含 6.02×10^{23} 个 C 原子，将其称为阿伏伽德罗常数，符号为 N_A，即 $\boldsymbol{N_A=6.02\times10^{23}\ mol^{-1}}$。因此，1 mol 任何物质均含有 6.02×10^{23} 个基本单

元。例如

$$1\ \text{mol O 含有 } 6.02\times10^{23}\text{ 个氧原子；}$$

$$1\ \text{mol } H_2O\text{ 含有 } 6.02\times10^{23}\text{ 个水分子；}$$

$$1\ \text{mol } H^+\text{ 含有 } 6.02\times10^{23}\text{ 个氢离子。}$$

基本单元 B 的物质的量等于其基本单元数除以阿伏伽德罗常数。即

$$n_B=\frac{N_B}{N_A} \tag{2-1}$$

式中　n_B——B 的物质的量，mol；

　　N_B——B 的基本单元数，1[①]；

　　N_A——阿伏伽德罗常数，mol^{-1}。

在使用物质的量及其单位时，必须用化学式指明基本单元。例如，硫酸的物质的量表示为 $n(H_2SO_4)$；以 $\frac{1}{2}H_2SO_4$ 为基本单元，硫酸的物质的量表示为 $n(\frac{1}{2}H_2SO_4)$。

想一想

“氧的物质的量”这种表达准确吗？为什么？

2.1.2　摩尔质量

单位物质的量的物质所具有的质量称为摩尔质量。即

$$M_B=\frac{m_B}{n_B} \tag{2-2}$$

式中　M_B——B 的摩尔质量，kg/mol，常用 g/mol；

　　m_B——B 的质量，kg，常用 g；

　　n_B——B 的物质的量，mol。

当物质的质量以 g 为单位时，摩尔质量的单位为 g/mol，在数值上等于该物质的相对基本单元质量，如相对原子质量、相对分子质量等。例如

$$M(\text{Na})=23\ \text{g/mol}$$

$$M(\text{NaCl})=58.5\ \text{g/mol}$$

$$M(SO_4^{2-})=96\ \text{g/mol}$$

$$M(\tfrac{1}{2}H_2SO_4)=49\ \text{g/mol}$$

【例 2-1】　试求 50 g S 原子的物质的量。

解　已知 S 原子的相对原子质量：$Ar(\text{S})=32.06$

则　$$M(\text{S})=32.06\ \text{g/mol}$$

50 g S 原子的物质的量为

$$n(\text{S})=\frac{m(\text{S})}{M(\text{S})}=\frac{50\ \text{g}}{32.06\ \text{g/mol}}=1.56\ \text{mol}$$

---

①N_B 的 SI 单位为 1，符号 1，一般不明确写出。

练一练

(1)计算下列各物质的物质的量。

①11 g CO_2　　②10 g NaOH　　③ 56 g CO

(2)计算下列物质的摩尔质量。

①KOH　　②$KMnO_4$　　③Br_2

2.1.3 气体摩尔体积

【实例分析】 由表 2-1、表 2-2 列出的根据摩尔质量和密度计算的 1 mol 物质的体积,能得出什么结论?

表 2-1　　几种 1 mol 固体、液体的体积

物质	状态	物质的量/mol	摩尔质量/(g · mol^{-1})	密度/(g · cm^{-3})	体积/cm^3
Fe	固	1	56	7.8	7.2
Al	固	1	27	2.7	10
Pb	固	1	208	11.3	18.4
H_2O	液	1	18	1	18
H_2SO_4	液	1	98	1.83	53.6

表 2-2　　几种 1 mol 气体在标准状况下(0 ℃ ,101 kPa)的体积

物质	物质的量/mol	摩尔质量/(g · mol^{-1})	密度/(g · L^{-1})	体积/L
H_2	1	2.016	0.089 9	22.4
O_2	1	32.00	1.429	22.4
CO_2	1	44.01	1.977	22.3

计算结果表明:在相同条件下,1 mol 不同固体或液体物质的体积是不相同的;**而在标准状况下,1 mol 任何气体所占的体积都约为 22.4 L。**

想一想

为什么 1 mol 不同状态的固体或液体体积不同?体积与哪些因素有关?

物质体积取决于构成物质的粒子数目、粒子大小及粒子之间的距离。1 mol 任何物质的粒子数是相同的,都约为 6.02×10^{23} 个,因此其体积主要取决于构成物质的粒子大小和粒子之间的距离。由于固体或液体中粒子之间的距离非常小,而不同物质粒子的大小却不相同,因此 1 mol 不同固体或液体物质的体积不相同。

在气体中,分子之间的距离要比分子本身体积大很多倍,分子可以在较大空间内运动。在通常状况下,气态物质的体积要比它在固态或液态时的体积大 1000 倍左右(图 2-1)。因此当分子数相同时,气体的体积主要决定于气体分子之间的距离,而不是分子本身体积。

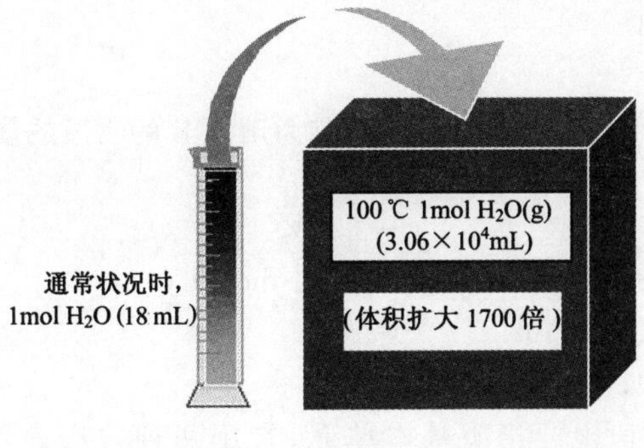

图 2-1　1 mol H_2O 在气态和液态时的体积比较示意图

气体体积与温度、压力①等外界条件的关系非常密切，所以比较一定质量气体体积，必须在相同温度和压力下进行才有意义。

通常，将温度为 0 ℃(273.15 K)、压力为 101 kPa 时的状况称为标准状况。

知识拓展

热力学温度 T 与摄氏温度 t 之间的换算关系是 $T/\text{K}=273.15+t/℃$。

单位物质的量气体所占的体积称为气体摩尔体积，即

$$V_m=\frac{V}{n_B} \tag{2-3}$$

式中　V_m——气体摩尔体积，m^3/mol，常用 L/mol；

　　V——B 气体所占有的体积，m^3，常用 L。

在标准状况下，气体的摩尔体积约为 22.4 L/mol。

在一定温度和压力下，由于分子间距离可视为是相等的，因此在标准状况下，气体的摩尔体积均可用式(2-3)计算。

【例 2-2】　在标准状况下，22 g CO_2 的体积是多少？

解　$M(CO_2)=44$ g/mol

$$n(CO_2)=\frac{m(CO_2)}{M(CO_2)}=\frac{22\ \text{g}}{44\ \text{g/mol}}=0.5\ \text{mol}$$

$$V(CO_2)=n(CO_2)\times V_m=0.5\ \text{mol}\times 22.4\ \text{L/mol}=11.2\ \text{L}$$

练一练

计算下列气体在标准状况下的体积。

(1)2.2 g CO_2　　(2)14 g N_2　　(3)73 g HCl　　(4)34 g NH_3

2.1.4　溶液的组成

【实例分析】　溶液的组成有多种表示方法，如 98% H_2SO_4 溶液，90% 乙醇溶液等。前者为质量分数，它表示 100 g 溶液中含有 98 g H_2SO_4，质量分数用小数或分数表示，如 98%或 0.98；后者为体积分数，它表示 100 mL 溶液中含有 90 mL 乙醇。但生产和实验

---

①这里的压力实际上指的是压强。一般工程技术上，人们习惯将压强称为压力，因此，在未加说明时，本书中以后提到的压力均指的是压强。

中常用物质的量浓度表示。

1.物质的量浓度

单位体积溶液中所含溶质 B 的物质的量,称为溶质 B 的物质的量浓度(简称 B 的浓度)。

$$c_B = \frac{n_B}{V} \tag{2-4}$$

式中 c_B——B 的物质的量浓度,mol/m^3,常用 mol/L;

n_B——B 的物质的量,mol;

V——溶液的体积,m^3,常用 L。

表示物质的量浓度时,也要指明基本单元,常用两种方法表示。例如,1 L 溶液中含有 0.1 mol NaOH 时,NaOH 的浓度可以表示为"0.1 mol/L NaOH 溶液"或"$c(NaOH) = 0.1\ mol/L$"。

知识拓展

一定量的同一溶液,无论怎样表示溶液的组成,其所含溶质的质量(或物质的量)相等。据此,以 1 L 溶液为计算基础,可推导出质量分数和物质的量浓度的换算关系式

$$c_B = \frac{1\,000\rho\omega_B}{M_B} \tag{2-5}$$

式中 ρ——溶液的密度,g/mL;

ω_B——B 的质量分数,1;

M_B——B 的摩尔质量,g/mol;

c_B——B 的物质的量浓度,mol/L;

1 000——进率,1 L=1 000 mL。

2.关于物质的量浓度的计算

(1)溶质的质量或浓度的计算

【例 2-3】 配制 500 mL 0.1 mol/L NaOH 溶液,需要 NaOH 的质量是多少?

解 500 mL 0.1 mol/L NaOH 溶液中 NaOH 的物质的量为

$$n(NaOH) = c(NaOH) \cdot V = 0.1\ mol/L \times 0.5\ L = 0.05\ mol$$

$$m(NaOH) = n(NaOH) \cdot M(NaOH) = 0.05\ mol \times 40\ g/mol = 2\ g$$

练一练

在 500mL H_2SO_4 溶液中含有 49 g H_2SO_4,试求 H_2SO_4 溶液的物质的量浓度。

(2)质量分数与物质的量浓度的换算

【例 2-4】 某市售浓硫酸的质量分数为 98%,密度为 1.84 g/cm^3。计算该浓硫酸中 H_2SO_4 的物质的量浓度。

解 1 000 mL 浓硫酸中 H_2SO_4 的质量为

$$m(H_2SO_4) = \rho \cdot V \cdot w(H_2SO_4) = 1.84\ g/cm^3 \times 1\,000\ cm^3 \times 98\% = 1\,803\ g$$

1 803 g H_2SO_4 的物质的量为

$$n(H_2SO_4) = \frac{m(H_2SO_4)}{M(H_2SO_4)} = \frac{1\,803\ g}{98\ g/mol} = 18.4\ mol$$

则

$$c(H_2SO_4) = \frac{n(H_2SO_4)}{V} = \frac{18.4\ mol}{1\ L} = 18.4\ mol/L$$

想一想

溶液的物质的量浓度和溶质的质量分数之间存在着怎样的换算关系？

(3)溶液的稀释

在溶液中加入溶剂，使溶液的浓度减小的过程称为溶液的稀释。稀释前后溶液中所含溶质的物质的量不变。即

$$c_{B,1}V_1 = c_{B,2}V_2 \tag{2-6}$$

式中　$c_{B,1}$，$c_{B,2}$——稀释前、稀释后溶液的浓度，mol/L；

V_1，V_2——稀释前、稀释后溶液的体积，L。

想一想

同一种溶质的两种不同浓度的溶液相互混合配制所需浓度的溶液时，其计算方法是什么？

【例 2-5】　配制 250 mL 1 mol/L HCl 溶液，需要 12 mol/L HCl 溶液的体积是多少？

解

$$V_2 = \frac{c_1 \cdot V_1}{c_2} = \frac{1\ \text{mol/L} \times 0.25\ \text{L}}{12\ \text{mol/L}} = 0.021\ \text{L} = 21\ \text{mL}$$

即配制 250 mL 1 mol/L HCl 溶液，需要 12 mol/L HCl 溶液 21 mL。

练一练

(1)配制 2 L 2.0 mol/L Na_2SO_4 溶液，需要固体 Na_2SO_4(　　)g。

(2)质量分数为 37%、密度为 1.19 g/cm^3 的盐酸，HCl 的物质的量浓度为(　　)。

2.1.5　热化学方程式

1. 热化学方程式的表示

在化学反应中，发生物质变化的同时，还伴随着能量变化，常表现热能形式，即有吸热或放热现象发生。**在恒温且无非体积功(因系统体积发生变化而与环境交换的功)的条件下，系统发生化学反应时与环境交换的热称为化学反应热效应，简称为反应热。**

在化工生产或化学实验室中进行的化学反应多在恒压(敞口容器)条件下进行，其反应热效应称为恒压热效应。在一定温度下，若参加反应的所有物质均各自处于压力 $p^\ominus$ ($p^\ominus=100$ kPa，称为标准压力)下的纯物质(气体为理想气体)时的状态，称为标准态，此时的化学反应热效应，称为标准摩尔反应热，用符号 $\Delta_r H_m^\ominus$ 表示。其中，上标“$\ominus$”指各种物质均处于标准态；下标“m”表示摩尔反应[①]；“r”表示反应。例如

$$2H_2(g) + O_2(g) \longrightarrow 2H_2O(g);\ \Delta_r H_m^\ominus(298.15\ \text{K}) = -483.6\ \text{kJ/mol}$$

$$C(s,石墨) + H_2O(g) \longrightarrow CO(g) + H_2(g);\ \Delta_r H_m^\ominus(298.15\ \text{K}) = +131.3\ \text{kJ/mol}$$

这种标明反应热的化学方程式称为热化学方程式。

---

①摩尔反应可理解为各物质按化学计量方程进行的完全反应，如 $2H_2(g)+O_2(g) \longrightarrow 2H_2O(l)$ 的摩尔反应为 2 mol $H_2(g)$和 1 mol $O_2(g)$反应，生成 2 mol $H_2O(l)$。

2.热化学方程式的书写注意事项

(1)反应热写在化学方程式右侧,并用“;”隔开。$\Delta_r H_m^{\ominus}>0$ 为吸热反应;$\Delta_r H_m^{\ominus}<0$ 为放热反应。

(2) 要注明反应的温度。若为 298.15 K,习惯不予注明。**若参加反应的所有物质不是处于标准压力时**(详见 2.2.2),其反应热称为摩尔反应热,用符号 $\Delta_r H_m$ 表示。

(3)注明物质的聚集状态。分别以小写字母 s、l、g 表示固、液、气态;若固体有多种晶型,要注明是何种晶型。例如

$$C(s,石墨)+O_2(g)\longrightarrow CO_2(g);\Delta_r H_m^{\ominus}(298.15\ K)=-393.5\ kJ/mol$$

$$2H_2(g)+O_2(g)\longrightarrow 2H_2O(l);\Delta_r H_m^{\ominus}(298.15\ K)=-571.7\ kJ/mol$$

(4)同一化学反应当以不同的化学计量数表示时,反应热不同。由于热化学方程式的化学计量数只代表物质的量,而不表示分子或原子数,故也可用分数表示。

$$H_2(g)+\frac{1}{2}O_2(g)\longrightarrow H_2O(g);\Delta_r H_m^{\ominus}(298.15\ K)=-241.8\ kJ/mol$$

2.2 理想气体定律

2.2.1 理想气体状态方程

气体的基本特性是具有显著的扩散性和可压缩性,能够充满整个容器,不同气体可以任意比例混合成均匀混合物。气体状态取决于气体的体积、温度、压力和物质的量。

将表示理想气体体积、温度、压力和物质的量之间关系的方程式称为理想气体状态方程。

$$pV=nRT \tag{2-7}$$

式中 p——气体压力,Pa;

V——气体体积,m^3;

T——热力学温度,K ;

n——气体的物质的量,mol ;

R——摩尔气体常数,$R=8.314$ J/(mol·K)。

在任何温度、压力下均严格服从式(2-6)的气体称为理想气体。理想气体是一种假想的气体,它将气体分子看作几何上的一个点,只有位置而无体积,同时气体分子之间无作用力。只有在压力不太高和温度不太低的情况下,实际气体状态才接近理想气体。

【例 2-6】 一个体积为 40.0 L 的氧气钢瓶,在 25 ℃时,使用前压力为 12.5 MPa,求钢瓶压力降为 10.0 MPa 时所用去的氧气质量。

解 使用前,钢瓶中 O_2 的物质的量:

$$n_1=\frac{p_1V}{RT}=\frac{12.5\times10^6\ Pa\times40.0\times10^{-3}\ m^3}{8.314\ J/(mol\cdot K)\times(273.15+25)K}=202\ mol$$

使用后钢瓶中 O_2 的物质的量:

$$n_2=\frac{p_2V}{RT}=\frac{10.0\times10^6\ Pa\times40.0\times10^{-3}\ m^3}{8.314\ J/(mol\cdot K)\times(273.15+25)K}=161\ mol$$

所用的氧气质量:

$$\Delta m=(n_1-n_2)M=(202\ \text{mol}-161\ \text{mol})\times 32.0\ \text{g/mol}=1.31\times 10^3\ \text{g}=1.31\ \text{kg}$$

【例 2-7】 由气体管道输送压力为 100 kPa，温度为 40 ℃的氮气，求管道内氮气的体积质量（密度）。

解
$$\rho=\frac{pM}{RT}=\frac{100\times 10^3\ \text{Pa}\times 2.8\times 10^{-2}\text{kg/mol}}{8.314\ \text{J/(mol}\cdot\text{K)}\times 313.15\ \text{K}}=1.075\ \text{kg/m}^3$$

2.2.2　道尔顿分压定律

真实气体多为混合气体。若各组分之间不发生任何化学反应，则在高温、低压下，可以将真实气体混合物视为理想气体混合物。

1801 年英国科学家道尔顿由大量试验总结出：**理想气体混合物的总压力（p）等于其中各组分气体分压（p_i）之和，这就是道尔顿分压定律。**

以两组分气体为例，其数学表达式为

$$p=p_1+p_2 \tag{2-8}$$

混合气体中的气体 B 的分压力定义为

$$p_B=py_B \tag{2-9}$$

式中　y_B——气体 B 的摩尔分数，$y_B=\dfrac{n_B}{n}$；

p——混合气体的总压力，Pa。

理想气体遵守理想气体状态方程 $pV=nRT$，则气体 B 的分压力为

$$p_B=n_BRT/V \tag{2-10}$$

可见，**理想气体混合物中任一组分 B 的分压力，等于该组分在相同温度下，单独占有整个容器时所产生的压力。**

根据理想气体状态方程，理想气体混合物中组分 B 的分压力与总压力之比为

$$\frac{p_B}{p}=\frac{n_BRT/V}{nRT/V}=\frac{n_B}{n}=y_B \tag{2-11}$$

即理想气体的温度与体积恒定时，各组分的压力分数等于其摩尔分数（y_B）。则理想混合气体中任一组分的分压力等于该组分的摩尔分数与总压力的乘积。

$$p_B=y_Bp \tag{2-12}$$

想一想

N_2 和 H_2 的物质的量之比为 1∶3 的混合气体在压力为 300 kPa 的容器中，N_2 和 H_2 的分压力各为多少？

分压定律不仅适用于理想气体混合物，而且还适用于低压下的真实气体混合物。

【例 2-8】 某容器中含有 NH_3、O_2 与 N_2 等气体的混合物，取样分析得知，其中 $n(NH_3)=0.32$ mol，$n(O_2)=0.18$ mol，$n(N_2)=0.50$ mol，混合气体的总压力 $p=200$ kPa，试计算各组分气体的分压力。

解　$n=n(NH_3)+n(O_2)+n(N_2)=0.32\ \text{mol}+0.18\ \text{mol}+0.50\ \text{mol}=1.00\ \text{mol}$

由
$$p_B=\frac{n_B}{n}p$$

得 $$p(NH_3)=\frac{n(NH_3)}{n}p=\frac{0.32\ mol}{1.00\ mol}\times 200\ kPa=64.0\ kPa$$

$$p(O_2)=\frac{n(O_2)}{n}p=\frac{0.18\ mol}{1.00\ mol}\times 200\ kPa=36.0\ kPa$$

$$p(N_2)=p-p(O_2)-p(NH_3)=200\ kPa-64.0\ kPa-36.0\ kPa=100\ kPa$$

想一想

理想气体状态方程的适用条件是什么？道尔顿分压定律的适用条件又是什么？

2.2.3 阿玛格分体积定律

理想气体混合物的总体积等于组成该气体混合物各组分的分体积之和，这一经验定律称为阿玛格分体积定律。即

$$V=V_1+V_2 \tag{2-13}$$

其中，**分体积是指理想气体混合物中任一组分 B 单独存在，且具有与混合气体相同温度、压力条件下所占有的体积(V_B)。**

$$V_B=\frac{n_B RT}{p}=y_B V \tag{2-14}$$

根据理想气体状态方程可得，**理想气体混合物中，任一组分气体的体积分数等于压力分数，也等于摩尔分数。**

$$y_B=\frac{V_B}{V}=\frac{p_B}{p} \tag{2-15}$$

严格来说，阿玛格分体积定律只适用于理想气体混合物，但对于低压下的真实气体混合物也可以近似使用。

【例 2-9】 在 300 K 时，将 200 kPa 的 10 m^3 氧气、50 kPa 的 5 m^3 氮气混合为相同温度的 15 m^3 混合气，试求：

(1)各气体的分压力和混合气体的总压力；

(2)各气体的摩尔分数；

(3)各气体的分体积。

解 (1)当温度一定时，由理想气体状态方程可得，$p_1V_1=p_2V_2$

则 $$p(O_2)=\frac{200\ kPa\times 10\ m^3}{15\ m^3}=133.3\ kPa$$

$$p(N_2)=\frac{50\ kPa\times 5\ m^3}{15\ m^3}=16.7\ kPa$$

$$p=p(O_2)+p(N_2)=133.3\ kPa+16.7\ kPa=150\ kPa$$

(2) $$y(O_2)=p(O_2)/p=133.3\ kPa/150\ kPa=0.89$$

$$y(N_2)=1-y(O_2)=1-0.89=0.11$$

(3) $$V(O_2)=y(O_2)V=0.89\times 15\ m^3=13.35\ m^3$$

$$V(N_2)=y(N_2)V=0.11\times 15\ m^3=1.65\ m^3$$

本章小结

- 化学基本概念和理想气体定律
  - 化学基本概念
    - 物质的量
      - 概念：物质的量是衡量系统中指定基本单元数的物理量
      - 符号：n_B；单位：mol；公式：$n_B = N_B/N_A$
    - 摩尔质量
      - 概念：单位物质的量的物质所具有的质量
      - 符号：M_B；单位：g/mol 或 kg/mol；公式：$M_B = m_B/n_B$
    - 气体摩尔体积
      - 概念：单位物质的量气体所占的体积
        符号：V_m；单位：L/mol；公式：$V_m = V_B/n_B$
      - 在标准状况下，气体摩尔体积约为 22.4 L/mol，即 22.4 L/mol 为气体标准摩尔体积
    - 溶液的组成
      - 溶质的质量分数：$w_B = m_B/m$，其中，m 为溶液的质量
      - 体积分数：$\varphi_B = V_B/V$，其中，V 为溶液的体积
      - 物质的量浓度：单位体积溶液中所含溶质 B 的物质的量。
        符号：c_B；单位：mol/L；公式：$c_B = n_B/V$
    - 热化学方程式
      - 标明化学反应热效应的化学方程式
  - 理想气体定律
    - 理想气体状态方程
      - 概念：表示理想气体体积、温度、压力和物质的量之间关系的方程式；公式：$pV = nRT$
    - 道尔顿分压定律
      - 概念：理想气体混合物的总压力(p)等于其中各组分气体分压力(p_i)之和；公式：$p = p_1 + p_2 + \cdots p_i = \sum p_i$
    - 阿玛格分体积定律
      - 概念：理想气体混合物的总体积等于组成该气体混合物各组分的分体积之和；公式：$V = V_1 + V_2 + \cdots V_i = \sum V_i$

自测题

一、填空题

1. 摩尔是________的单位，1 mol 任何物质中所含有的粒子数为________。

2. 当物质质量以 g 为单位时，摩尔质量的单位为________，在数值上等于该物质的________。

3. 在 6 g ^{12}C 中，含有________个 C 原子。

4. 在 0.1 mol H_2 中，含有________ mol H 原子。

5. 0.01 mol 某物质的质量为 1.08 g，此物质的摩尔质量为________ g/mol。

6. 通常，将温度为 0 ℃(273.15 K)、压力为 101 kPa 时的状况称为________。

7. 在标准状况下，0.5 mol CO_2 的体积约为________ L。

8. 配制 200 mL 1.0 mol/L H_2SO_4 溶液，需要 18 mol/L H_2SO_4 溶液的体积是________ mL。

9. 在 50 g HCl 质量分数为 30% 的盐酸中加入 250 g 水，则稀释后盐酸的质量分数为________%；经测定稀释后盐酸的密度为 1.02 g/cm^3，则稀释后溶液中 HCl 的物质的量浓度为________ mol/L。

10. 将 4 g NaOH 固体溶于水配成 250 mL 溶液，此溶液的物质的量浓度为________ mol/L，取出 10 mL 此溶液，其中含有 NaOH ________ g。将取出的溶液加水稀释到 100 mL，则稀释后溶液的物质的量浓度为________ mol/L。

11. 在 298 K 时，由相同质量的 CO_2、H_2、N_2、He 组成的混合气体总压力为 p，各组分气体分压力从大到小的顺序为________________。

12. 在恒定压力下，为使烧瓶中 20 ℃ 的空气赶出 1/5，需将烧瓶加热到________℃。

二、判断题(正确的画"√"，错误的画"×")

1. 1mol H_2O 的质量是 18 g/mol。 (　　)

2. 1 mol 水中含有 2 mol 氢和 1 mol 氧。 (　　)

3. 1 mol 任何气体的体积都是 22.4 L。 (　　)

4. 0.5 mol H_2O 含有的原子数为 1.5 N_A。 (　　)

5. 18 g H_2O 在标准状况下的体积是 22.4 L。 (　　)

6. 1 mol O_2 与 2 mol CH_4 的质量相等。 (　　)

7. 将 80 g NaOH 溶于 1 L 水中，所得溶液中 NaOH 的物质的量浓度为 2 mol/L。 (　　)

8. 热化学方程式中的化学计量数只能是整数。 (　　)

9. 在一定温度下，气体的体积越大，其压力越小。 (　　)

10. 理想气体混合物中，各组分气体的摩尔分数相等，则其分压也一定相等。 (　　)

三、选择题

1. N_A 表示阿伏伽德罗常数，下列叙述中正确的是(　　)。

A. 常温常压下，11.2 L O_2 所含 O 原子数为 N_A

B. 1.8 g O^{2-} 中含有的电子数为 N_A

C. 常温常压下，48 g O_3 含有的 O 原子数为 $3N_A$

D. 2.4 g 金属镁变为镁离子时失去的电子数为 $0.1N_A$

2. Na 的摩尔质量为(　　)。

A. 23　　B. 23 g　　C. 23 mol　　D. 23 g/mol

3. 在下列物质中，其物质的量为 0.2 mol 的是(　　)。

A. 2.2 g CO_2　　B. 3.6 g H_2O　　C. 3.2 g O_2　　D. 49 g H_2SO_4

4. 在标准状况下，相同质量的下列气体中体积最大的是(　　)。

A. O_2　　B. Cl_2　　C. N_2　　D. CO_2

5. 在标准状况下，将 1 g He、11 g CO_2 和 4 g O_2 混合，该混合气体的体积约为(　　)。

A. 28 L　　B. 11.2 L　　C. 16.8 L　　D. 14.0 L

6. 在 100 mL 0.1 mol / L NaOH 的溶液中，所含 NaOH 的质量是(　　)。

A. 40 g　　B. 4 g　　C. 0.4 g　　D. 0.04 g

7. 配制 500 mL 0.1 mol / L $CuSO_4$ 溶液，需用胆矾($CuSO_4 \cdot 5H_2O$)的质量是(　　)。

A. 8.0 g　　B. 16.0 g　　C. 25.0 g　　D. 12.5 g

8. 密度为 1.19 g/cm^3，质量分数为 37%的盐酸中，HCl 的物质的量浓度是(　　)。

A. 6.03 mol/L　　B. 12.06 mol/L　　C. 18.09 mol/L　　D. 1.21 mol/L

9. 将 30 mL 0.5 mol/L NaOH 溶液加水稀释到 500 mL，稀释后溶液中 NaOH 的物质的量浓度为(　　)。

A. 0.03 mol/L　　B. 0.3 mol/L　　C. 0.05 mol/L　　D. 0.04 mol/L

10. 在 25 ℃，参加反应的所有物质均各自处于 100 kPa 下，1 g 甲醇燃烧生成 CO_2 和液态水时放热 22.7 kJ，下列热化学方程式正确的是(　　)。

A. $CH_3OH(l)+O_2(g) \longrightarrow CO_2(g)+2H_2O(l)$；$\Delta H=+726.5$ kJ / mol

B. $2CH_3OH(l)+3O_2(g) \longrightarrow 2CO_2(g)+4H_2O(l)$；$\Delta H=-1\ 453$ kJ / mol

C. $2CH_3OH(l)+3O_2(g) \longrightarrow 2CO_2(g)+4H_2O(l)$；$\Delta H=-726.5$ kJ / mol

D. $2CH_3OH(l)+3O_2(g) \longrightarrow 2CO_2(g)+4H_2O(l)$；$\Delta H=+1\ 453$ kJ / mol

四、计算题

1. 计算下列物质各 10 g 的物质的量。

(1)NaOH　　(2)H_2　　(3)SO_3

2. 成人每天从食物中摄取的几种元素的质量大约为：0.8g Ca、0.3g Mg、0.2g Cu 和 0.01g Fe，试求四种元素的物质的量之比。

3. 现有 0.269 kg 质量分数为 10%的 $CuCl_2$ 溶液，试计算

(1)溶液中 $CuCl_2$ 的物质的量是多少？

(2)溶液中 Cu^{2+} 和 Cl^- 的物质的量各是多少？

4. 计算下列气体在标准状况下的体积。

(1)2.8 g CO　　(2)44 g CO_2　　(3)64 g SO_2　　(4)34 g NH_3

5. 配制 0.2 mol/L $BaCl_2$ 溶液 50 mL，需要 $BaCl_2$ 的质量是多少？

6. 在 300 K、1.013×10^5 Pa 时，加热一个敞口细颈瓶到 500 K，然后封闭细颈口并冷

却到原来温度，求此时瓶内的压力。

7. 气焊用的乙炔由碳化钙与水反应而生成：

$$CaC_2 + 2H_2O \longrightarrow C_2H_2\uparrow + Ca(OH)_2$$

如果生成的乙炔气为 300.15 K，103.2 kPa，而每小时需用乙炔 0.10 m^3，试求 1 kg CaC_2 能用多长时间？

8. 在 273.2 K 时，将相同初压力的 4.0 L N_2 和 1.0 L O_2 压缩到一个容积为 2.0 L 的真空容器中，混合气体的总压为 5.00×10^5 Pa。求

(1)气体的初压力。

(2)混合气体中各组分气体的分压力。

(3)各气体的物质的量。

9. 25℃时，装有 0.3 MPa O_2 的体积为 1 L 的容器与装有 0.06 MPa N_2 的体积为 2 L 的容器用旋塞连接。打开旋塞，待两边气体混合后，计算：

(1)O_2、N_2 的物质的量。

(2)O_2、N_2 的分压力。

(3)混合气体的总压力。

(4)O_2、N_2 的分体积。

五、问答题

1. 物质的质量和摩尔质量有哪些区别和联系？

2. 何谓热化学方程式？热化学方程式是如何表示吸热反应和放热反应的？

3. 应用理想气体状态方程可求气体的哪些参数？

4. 什么是气体的分压力？什么是气体的分体积？

本章关键词

物质的量 amount of substance

摩尔 mole

阿伏伽德罗常数 avogadro constant

摩尔质量 molar mass

物质的量浓度 amount of substance concentration

气体摩尔体积 gas molar volume

理想气体定律 ideal gas law

理想气体状态方程 equation of state of ideal gas

分压定律 law of partial pressure

分体积定律 sub-volume law

第3章

化学反应速率和化学平衡

知识目标

1. 理解化学反应速率的概念、表示方法；掌握质量作用定律；掌握浓度、温度、催化剂对化学反应速率的影响规律。

2. 掌握化学平衡状态特征及标准平衡常数概念。

3. 理解多重平衡规则，掌握平衡移动原理。

4. 了解化学反应速率和平衡移动原理在生产实际中的应用。

能力目标

1. 能正确写出基元反应速率方程，指出反应级数；会应用浓度、温度、催化剂等对化学反应速率的影响规律指导化学实验。

2. 会书写标准平衡常数表达式及进行有关化学平衡计算；能应用多重平衡规则计算有关反应平衡常数。

3. 能判断浓度、温度及压力对化学平衡的影响。

4. 能综合运用化学反应速率和平衡移动原理选择化学反应条件。

3.1 化学反应速率

3.1.1 反应速率的表示方法

化学反应速率是指在一定条件下，反应物转变成为生成物的速率。化学反应速率永远为正值，常用单位时间内反应物浓度的减少或生成物浓度的增加来表示。常用化学反应速率的单位为 mol/(L·s)和 mol/(L·min)。

绝大多数的化学反应不是等速率进行的。因此，化学反应速率又分为平均速率和瞬时速率。

1. 平均速率

化学反应平均速率是指反应进程中某时间间隔(Δt)内反应物质的浓度变化，其数学表达式为

$$\bar{v}_B = \left|\frac{\Delta c_B}{\Delta t}\right| \tag{3-1}$$

式中　$\bar{v}_B$——平均速率，mol/(L·s)或 mol/(L·min)；

Δc_B——时间间隔 Δt 内，反应物质 B 的物质的量浓度变化量，mol/L；

Δt——时间间隔，$\Delta t = t_{终} - t_{始}$，s 或 min。

【实例分析】 在一个恒容容器内进行的合成氨反应

$$N_2(g) + 3H_2(g) \longrightarrow 2NH_3(g)$$

实验数据见表 3-1，试分别用参与反应的三种物质来表示该反应的反应速率。

表 3-1　　某合成氨反应实验数据

物质名称	$N_2(g)$	$H_2(g)$	$NH_3(g)$
开始时物质的量浓度/(mol·L^{-1})	1.0	3.0	0.0
2 s 后物质的量浓度/(mol·L^{-1})	0.8	2.4	0.4

$$\bar{v}(N_2) = -\frac{\Delta c(N_2)}{\Delta t} = -\frac{c(N_2)_{终} - c(N_2)_{始}}{t_{终} - t_{始}} = -\frac{0.8-1.0}{2-0} = 0.1\ \text{mol/(L·s)}$$

$$\bar{v}(H_2) = -\frac{\Delta c(H_2)}{\Delta t} = -\frac{c(H_2)_{终} - c(H_2)_{始}}{t_{终} - t_{始}} = -\frac{2.4-3.0}{2-0} = 0.3\ \text{mol/(L·s)}$$

$$\bar{v}(NH_3) = \frac{\Delta c(NH_3)}{\Delta t} = \frac{c(NH_3)_{终} - c(NH_3)_{始}}{t_{终} - t_{始}} = \frac{0.4-0.0}{2-0} = 0.2\ \text{mol/(L·s)}$$

想一想

上述合成氨反应 $N_2(g) + 3H_2(g) \longrightarrow 2NH_3(g)$ 中，用不同反应物质表示的反应速率之比 $\bar{v}(N_2):\bar{v}(H_2):\bar{v}(NH_3)$ = ________ : ________ : ________。

此实例表明：对于同一个化学反应，当用不同物质来表示平均反应速率时，其数值是不同的；各反应物质的平均反应速率之比等于化学计量数的绝对值之比。

练一练

化学反应 $3A(g)+B(g) \rightleftharpoons 4C(g)$ 从开始至 2 s 末，C 的浓度由 0 变至 0.4 mol/L，若分别以 A，B，C 表示该反应在 2 s 内的平均反应速率，则 $\bar{v}(A)$，$\bar{v}(B)$，$\bar{v}(C)$ 各是多少？

2. 瞬时速率

【实例分析】 某温度下溶液中 H_2O_2 发生分解反应

$$2H_2O_2(l) \longrightarrow 2H_2O(l) + O_2(g)$$

该反应的实验数据见表 3-2。

表 3-2　　某温度下 H_2O_2 的分解速率测定实验数据

时间 t/min	时间间隔 Δt/min	t 时 H_2O_2 浓度 $c(H_2O_2)$/(mol·L^{-1})	Δt 内 H_2O_2 浓度变化 $\Delta c(H_2O_2)$/(mol·L^{-1})	反应平均速率 $\bar{v}(H_2O_2)$/(mol·L^{-1}·min^{-1})
0		0.80		
	20		−0.40	0.020
20		0.40		
	20		−0.20	0.010
40		0.20		
	20		−0.10	0.005
60		0.10		
	20		−0.05	0.002 5
80		0.05		
	20		−0.025	0.001 25
100		0.025		

从表 3-2 数据可见，随着反应进行，反应物 H_2O_2 的浓度不断减小，平均速率也不断变化。因此，用某一时间间隔内的平均速率不能真实地反映这样的变化，而必须用瞬时速率表示化学反应在某一时刻的真实速率。

以表 3-2 中的时间为横坐标，H_2O_2 浓度为纵坐标，绘制 c-t 曲线（图 3-1），则曲线上某一点切线斜率的绝对值，即为此刻反应的瞬时速率。

为使用方便，通常用易于测定浓度的物质来表示化学反应速率。

以后提到的反应速率一般是指瞬时速率。

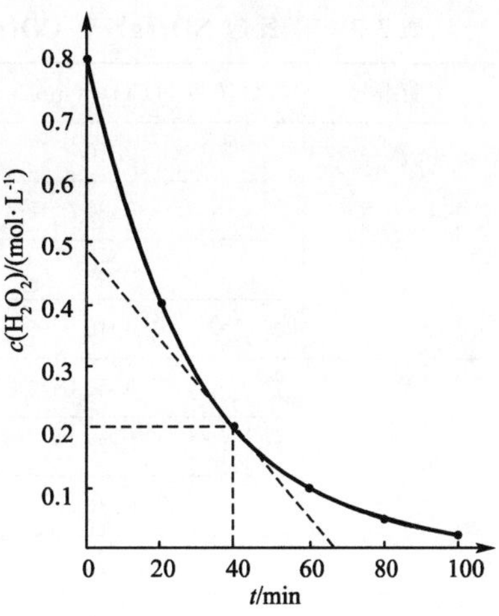

图 3-1 某温度下 H_2O_2 浓度随时间的变化

3.1.2 影响化学反应速率的因素

化学反应速率首先取决于反应物的性质。此外，还受浓度、压力、温度和催化剂等外界条件的影响。

1. 浓度

(1) 基元反应和非基元反应

实验表明，绝大多数化学反应并不是简单地一步完成，往往是分步进行的。**一步就能完成的反应称为基元反应**。例如

$$2NO_2(g) \longrightarrow 2NO(g) + O_2(g)$$

$$NO_2(g) + CO(g) \xrightarrow{>372\ ℃} NO(g) + CO_2(g)$$

两步或两步以上才能完成的反应称为非基元反应。例如

$$I_2(g) + H_2(g) \longrightarrow 2HI(g)$$

实际上是分两步进行的：

第一步 $I_2(g) \longrightarrow 2I\cdot(g)$

第二步 $2I\cdot(g) + H_2(g) \longrightarrow 2HI(g)$

每一步为一个基元反应，总反应即为两步反应之和。

(2) 速率方程

【实例分析】 基元反应 $NO_2(g) + CO(g) \longrightarrow NO(g) + CO_2(g)$在 400 ℃时的实验数据见表 3-3，在同一组实验中，当 NO_2 浓度保持恒定时，反应速率与 CO 的浓度成正比。比较各组数据可知 NO_2 浓度对反应速率的影响，如当 CO 浓度恒定为0.10 mol/L 时，反应速率与 NO_2 浓度成正比。由此可以得出结论：该反应的速率与 NO_2 和 CO 浓度的乘积成正比，或写成

$$v \propto c(CO)\cdot c(NO_2)$$

表 3-3　反应 $NO_2(g) + CO(g) \longrightarrow NO(g) + CO_2(g)$ 在 400 ℃时的实验数据

实验编号	CO 浓度 $c(CO)/(mol \cdot L^{-1})$	NO_2 浓度 $c(NO_2)/(mol \cdot L^{-1})$	反应速率 $v/(mol \cdot L^{-1} \cdot s^{-1})$
1	0.10	0.10	0.005
	0.20	0.10	0.010
	0.30	0.10	0.015
	0.40	0.10	0.020
2	0.10	0.20	0.010
	0.20	0.20	0.020
	0.30	0.20	0.030
	0.40	0.20	0.040
3	0.10	0.30	0.015
	0.20	0.30	0.030
	0.30	0.30	0.045
	0.40	0.30	0.060

实验证明:**对于基元反应,其反应速率与各反应物浓度幂的乘积成正比(浓度的指数在数值上等于各反应物化学计量数的绝对值),这种定量关系称为质量作用定律。**

例如,对于任意基元反应

$$aA + bB \longrightarrow eE + fF$$

$$v \propto [c(A)]^a \cdot [c(B)]^b$$

将上式写成等式

$$v = k[c(A)]^a \cdot [c(B)]^b \tag{3-2}$$

式中　$c(A)$,$c(B)$——反应物 A,B 的浓度,mol/L;

a,b——反应物 A,B 的化学计量数,1;

k——用浓度表示的反应速率常数。

对于气体反应,因体积恒定时,各组气体的分压与浓度成正比,故速率方程也可表示为

$$v = k[p(A)]^a \cdot [p(B)]^b \tag{3-3}$$

式中,$p(A)$和 $p(B)$分别为反应物 A 和 B 的分压;k 为用分压表示时的反应速率常数。

反应速率常数 k 是化学反应在一定温度下的特征常数。其物理意义为单位浓度(或分压)下的反应速率。不同反应的 k 不同。对同一反应而言,在浓度(或分压)相同的情况下,k 大的反应,反应速率大;k 小的反应,反应速率小。对于指定的反应,k 与温度、催化剂等因素有关,而与浓度无关。

(3)反应级数

速率方程中浓度(或分压)的指数称为反应级数。 a 为反应对 A 物质的反应级数,b 为反应对 B 物质的反应级数,$a + b$ 为总反应级数。例如,基元反应

$$NO_2(g) + CO(g) \xrightarrow{>327\ ℃} NO(g) + CO_2(g)$$

速率方程为

$$v = kp(NO_2) \cdot p(CO)$$

在速率方程中若 $a=1, b=1$，则该反应对 NO_2 是一级反应，对 CO 也是一级反应，总反应为二级反应。

书写速率方程时应注意：纯固态、纯液态物质的浓度可视为常数；稀溶液中溶剂水的浓度视为常数，不必列入速率方程中。

【例 3-1】 写出下列基元反应的速率方程。

(1) $C(s) + O_2(g) \longrightarrow CO_2(g)$

(2) $\underset{\text{蔗糖}}{C_{12}H_{22}O_{11}} + H_2O \longrightarrow \underset{\text{葡萄糖}}{C_6H_{12}O_6} + \underset{\text{果糖}}{C_6H_{12}O_6}$

解 (1) $v=kp(O_2)$

(2) $v=kc(C_{12}H_{22}O_{11})$

练一练

写出下列基元反应的速率方程，并指出反应级数。

(1) $SO_2Cl_2(g) \longrightarrow SO_2(g) + Cl_2(g)$

(2) $2NO_2(g) \longrightarrow 2NO(g) + O_2(g)$

非基元反应不符合质量作用定律，其速率方程中浓度（或分压）的指数是由实验数据得出的，而不能根据化学反应计量数直接确定。例如

$$2NO(g) + 2H_2(g) \longrightarrow N_2(g) + 2H_2O(g)$$

由实验测得速率方程为

$$v=k[p(NO)]^2 \cdot p(H_2)$$

则该反应对 NO 为二级反应，对 H_2 为一级反应，总的反应级数为三级。

总之，无论基元反应还是非基元反应，反应级数及反应的速率方程都必须由实验确定，故又称为经验速率方程。速率方程定量表达了浓度对反应速率的影响。只有当温度及催化剂确定后，浓度才是影响化学反应速率的唯一因素。

2. 压力

对于有气态物质参加的反应，压力影响反应速率。在一定温度时，增大压力，气态反应物质浓度增大，则反应速率增大；反之，降低压力，反应速率减小。

对于没有气体参加的反应，由于压力对反应物的浓度影响很小，所以其他条件不变时，改变压力对反应速率影响不大。

想一想

当压力增大到原来的 2 倍时，基元反应

$$2NO_2(g) \longrightarrow 2NO(g) + O_2(g)$$

的反应速率将增大到原来的几倍？

3. 温度

多数化学反应，无论是吸热反应还是放热反应，升高温度时反应速率都会显著增大[①]。例如，H_2 与 O_2 在常温下几年也观察不到反应的迹象，但温度升高至 600 ℃时，反

① 只有少数反应例外，如 $2NO + O_2 \longrightarrow 2NO_2$，温度升高，反应速率反而减小。

应即可迅速进行,甚至发生爆炸。

实验表明,在常温范围内,对多数反应来说,温度升高 10 ℃,反应速率一般增大到原来的 2～4 倍。

温度对反应速率的影响主要体现在对速率常数 k 的影响上。1889 年瑞典化学家阿仑尼乌斯提出了一个较为精确描述反应速率常数与温度关系的经验公式,称为阿仑尼乌斯方程,即

$$k=Ae^{-E_a/RT} \tag{3-4}$$

式中 A——指前因子或频率因子;

R——摩尔气体常数,J/(K · mol);

T——热力学温度,K;

E_a——反应活化能,是反应的一个重要特性常数,J/mol 或 kJ/mol。

在阿仑尼乌斯方程中,温度 T 和活化能 E_a 是在 e 的指数项中,故它们对 k 影响很大。反应的温度越高,活化能越小,则 k 值越大。

按照现代化学速率理论,化学反应 A + BC ⟶ AB + C 的反应过程应为

$$\mathrm{A + BC \rightleftharpoons \underset{活化配合物}{A\cdots B\cdots C} \longrightarrow AB + C}$$

反应物分子的能量至少要等于形成活化配合物分子的最低能量才可能形成生成物分子。反应物分子的平均能量与活化配合物分子的最低能量之差称为反应的活化能 E_a。

图 3-2 表示上述反应过程的能量变化,反应活化能越大,能峰越高,能越过能峰的反应物分子越少,反应速率越小;反之,反应活化能越小,能峰越低,能越过能峰的反应物分子越多,反应速率越大。

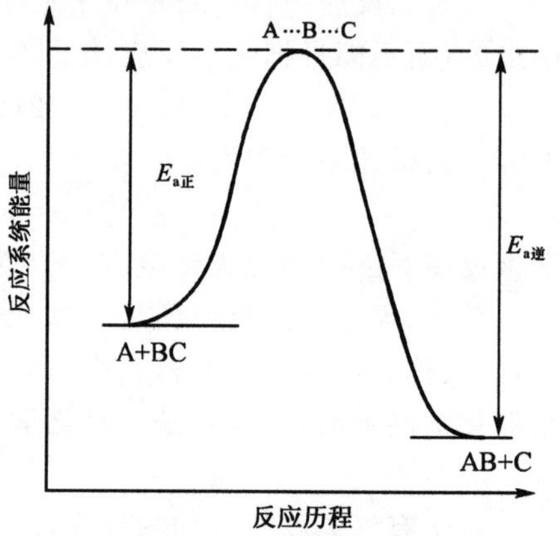

图 3-2 反应过程的能量变化

实验测定结果表明,大多数化学反应的活化能为 60～250 kJ/mol。活化能小于40 kJ/mol的反应,反应速率很快,可以瞬间完成;活化能大于 420 kJ/mol 的反应,反应速率则很小。

【实例分析】 已知化学反应数据见表 3-4。

表 3-4 **化学反应数据表**

化学反应	E_a/(kJ · mol^{-1})	$v_{293\,K}/v_{283\,K}$
$CH_3COOC_2H_5 + NaOH \longrightarrow CH_3COONa + C_2H_5OH$	47.3	1.99
$2N_2O_5 \longrightarrow 4NO_2 + O_2$	103.4	4.48

这个实例表明,反应活化能越大(反应速率越小),k 随温度升高而增大的幅度越大,即活化能越大,k 对温度越敏感。或者说,高温对活化能高的反应有利,低温对活化能低的反应有利。利用这一规律,化工生产和化学实验中常通过改变反应温度来达到加速主反应、抑制副反应的目的。

想一想

已知连串反应 A ⟶ B ⟶ C,B 为目的产物,当 $E_{a1} < E_{a2}$ 时,反应温度不宜控制过________(低或高)。

4. 催化剂

升高温度虽然可以加快反应速率,但是温度过高会给化学反应带来不利的影响。例如,某些化学反应在高温下会产生副反应;某些反应生成物在高温下会发生分解等。而且高温反应对设备要求的条件更高。因此,必须选择一条新途径来降低反应的活化能,加快反应速率。这个新途径就是加入催化剂。据统计,目前有 80%以上的化工生产中使用催化剂。

表 3-5 数据表明催化剂能够改变反应历程,降低反应活化能,因此,可以改变速率常数,进而加快反应速率。

表 3-5　非催化反应和催化反应活化能的比较

反　应	$E_a/(kJ \cdot mol^{-1})$		催化剂
	非催化反应	催化反应	
$2HI \longrightarrow H_2 + I_2$	184.1	104.6	Au
$2H_2O \longrightarrow 2H_2 + O_2$	244.8	136.0	Pt
$3H_2 + N_2 \longrightarrow 2NH_3$	334.7	39.3	$Fe\text{-}Al_2O_3\text{-}K_2O$

催化剂的基本特征包括:

(1)催化剂能够改变反应速率,但其本身在反应前、后化学性质和数量不变。**即催化剂是一种能改变化学反应速率,而本身的组成、质量和化学性质在反应前、后都保持不变的物质。**有催化剂参加的反应叫催化反应,催化剂能改变反应速率的作用称为催化作用。

(2)催化剂能同等程度降低可逆反应的正、逆反应活化能,加快正、逆反应速率,缩短达到平衡的时间,因此,催化剂只能改变反应速率而不能使化学平衡移动。即催化剂不能改变可逆反应的方向和限度。

(3)催化剂具有选择性,即某种催化剂只能对特定的反应起催化作用。催化剂的选择性还体现在反应条件上,许多催化剂只有在一定的温度范围内,才能充分发挥催化作用,这一温度范围称为催化剂的活性温度。例如,在 450～550 ℃时,铁催化剂对合成氨反应的催化作用最强。

加快反应速率的催化剂,称为正催化剂;减慢反应速率的催化剂,称为负催化剂(常根据具体用途,称为抗老化剂、缓蚀剂、稳定剂等)。通常所说的催化剂指的是正催化剂。

催化反应中,微量杂质使催化剂活性降低或丧失的现象,称为催化剂的中毒。因此催化反应中,应使原料保持纯净,必要时可先进行原料预处理。

5. 其他因素

多相反应在两相交界面上进行,反应速率与界面大小有关。因此,对于有固态物质参加的反应,可以通过增大固态物质表面积来加快反应速率,还可以采用搅拌来增大反应物的接触机会。

其他如超声波、紫外光、X 射线和激光等也可能影响化学反应速率。

3.2 化学平衡

3.2.1 可逆反应与化学平衡

1. 可逆反应

在一定条件下，既可以从左向右进行，也可以从右向左进行的反应称为可逆反应。可逆反应用符号“$\rightleftharpoons$”表示。其中，从左向右进行的反应称为正反应，从右向左进行的反应称为逆反应。

例如，高温下二氧化碳和氢气在密闭容器中反应，用方程式表示为

$$CO_2(g) + H_2(g) \rightleftharpoons CO(g) + H_2O(g)$$

化学反应可逆性是化学反应的普遍特征。大多数化学反应在同等条件下都具有一定的可逆性。

2. 化学平衡

由于正、逆反应同时存在于同一系统中，因此可逆反应不能进行到底。在一定条件下，可逆反应达到正、逆反应速率相等时的状态，称为化学平衡。化学反应的限度就是化学平衡，化学平衡的主要特征是：在一定温度下，反应物和生成物的浓度(或分压)不再随时间变化而变化；正、逆反应速率相等(不等于零)；化学平衡是一个动态平衡；反应条件改变，化学平衡发生移动。

例如，高温下 CO_2 和 H_2 在密闭容器中反应，随着正、逆反应的进行，某一时刻必定会达到正、逆反应速率相等(不等于零)，如图 3-3 所示。此时，反应物和生成物的浓度不再随时间变化而变化，化学反应达到了化学平衡状态。

这种平衡从宏观上看，反应已经“停滞”，但从微观上看，反应仍在进行，只是正、逆反应效果恰好相互抵消。因此，化学平衡是一个动态平衡。

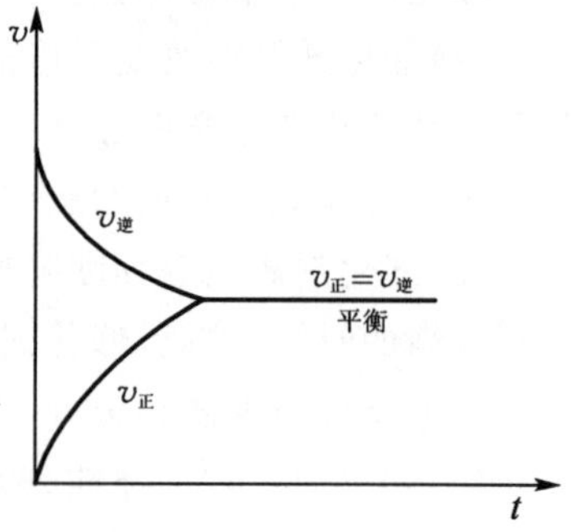

图 3-3 正、逆反应速率示意图

想一想

化学平衡的主要特征是什么？

3.2.2 化学平衡常数

1. 实验平衡常数

【实例分析】 化学反应 $CO_2(g) + H_2(g) \rightleftharpoons CO(g) + H_2O(g)$分别在 1 200 ℃和 800 ℃时放入一个 1 L 的密闭容器中，并分别加入不同浓度的反应物。经过相当长的时间后，达到化学平衡。测得实验数据见表 3-6、表 3-7。

表 3-6 反应 $CO_2(g) + H_2(g) \rightleftharpoons CO(g) + H_2O(g)$ 在 1 200 ℃ 时的实验数据

实验编号	起始浓度/(mol·L⁻¹)				平衡浓度/(mol·L⁻¹)				$\frac{c(CO)\cdot c(H_2O)}{c(CO_2)\cdot c(H_2)}$
	CO_2	H_2	CO	H_2O	CO_2	H_2	CO	H_2O	
1	0.010	0.010	0	0	0.004 0	0.004 0	0.006 0	0.006 0	2.3
2	0.010	0.020	0	0	0.002 2	0.012 2	0.007 8	0.007 8	2.3
3	0.010	0.010	0.010	0	0.004 1	0.004 1	0.006 9	0.005 9	2.4
4	0	0	0.020	0.020	0.007 8	0.007 8	0.012 2	0.012 2	2.4

表 3-7 反应 $CO_2(g) + H_2(g) \rightleftharpoons CO(g) + H_2O(g)$ 在 800 ℃ 时的实验数据

实验编号	起始浓度/(mol·L⁻¹)				平衡浓度/(mol·L⁻¹)				$\frac{c(CO)\cdot c(H_2O)}{c(CO_2)\cdot c(H_2)}$
	CO_2	H_2	CO	H_2O	CO_2	H_2	CO	H_2O	
1	0.010	0.010	0	0	0.005 0	0.005 0	0.005 0	0.005 0	1.0
2	0.010	0.020	0	0	0.003 3	0.013 3	0.006 7	0.006 7	1.0
3	0.010	0.010	0.010	0	0.006 7	0.006 7	0.013 3	0.003 3	1.0
4	0	0	0.020	0.020	0.009 8	0.009 8	0.010 2	0.010 2	1.1

从表 3-6 和表 3-7 中我们不难看出，在一定温度下，尽管起始时刻各物质浓度不同，达到化学平衡时各物质浓度也不同，但其$\frac{c(CO)\cdot c(H_2O)}{c(CO_2)\cdot c(H_2)}$比值却都是常数①。

大量实验总结出：**在一定温度下，可逆反应达到平衡时，各生成物平衡浓度幂的乘积与各反应物平衡浓度幂的乘积之比是一个常数，称为化学平衡常数。**

对任意可逆反应

$$aA + bB \rightleftharpoons eE + fF$$

在一定温度下达到平衡时，有

$$K_c = \frac{[c(E)]^e \cdot [c(F)]^f}{[c(A)]^a \cdot [c(B)]^b} \tag{3-5}$$

式中，K_c 称为浓度平衡常数。

对于低压下进行的任意气相可逆反应

$$aA(g) + bB(g) \rightleftharpoons eE(g) + fF(g)$$

在一定温度下达到化学平衡时，其平衡常数表达式中各物质的平衡浓度常用平衡分压表示，此时的化学平衡常数称为分压平衡常数，以 K_p 表示。即

$$K_p = \frac{[p(E)]^e \cdot [p(F)]^f}{[p(A)]^a \cdot [p(B)]^b} \tag{3-6}$$

K_c，K_p 均是由实验得到的，因此称为实验平衡常数（或经验平衡常数）。在工业生产中常用于计算一定条件下原料的理论转化率。

若气相任一物质都符合理想气体状态方程，则 K_p 与 K_c 的关系为

---

①计算结果并不是完全相同，这不仅仅是实验误差，而是由于化学平衡常数的表达式只是对于理想情况下才是正确的，对于实际情况，必然存在偏差。

$$K_p = K_c(RT)^{\sum_B \nu_{B(g)}} \tag{3-7}$$

式中，ν_B 是化学计量数①，$\nu_{B(g)} = e + f - a - b$，单位为 1。

练一练

写出反应 $N_2(g) + 3H_2(g) \rightleftharpoons 2NH_3(g)$ 的实验平衡常数 K_p，K_c 的表达式，并指出两者之间的关系。

2. 标准平衡常数

标准平衡常数是由热力学计算得到的，又称热力学平衡常数，用$K^\ominus$表示。

在气相反应中，将 K_p 表达式中气体各组分的平衡分压用相对平衡分压 $p_B/p^\ominus$（常用p'_B简化）表示，即为标准平衡常数表达式。其中，$p^\ominus$ 称为标准态压力（$p^\ominus = 100\ \text{kPa}$）。

例如，气相反应

$$aA + bB \rightleftharpoons eE + fF$$

标准平衡常数表达式为

$$K^\ominus = \frac{[p(E)/p^\ominus]^e \cdot [p(F)/p^\ominus]^f}{[p(A)/p^\ominus]^a \cdot [p(B)/p^\ominus]^b} = \frac{[p'(E)]^e \cdot [p'(F)]^f}{[p'(A)]^a \cdot [p'(B)]^b} \tag{3-8}$$

式中　$p'(A)$，$p'(B)$，$p'(E)$，$p'(F)$——反应系统内 A，B，E，F 等气体的相对平衡分压，1。

$K^\ominus$——标准平衡常数，1。

标准平衡常数 $K^\ominus$ 只是温度的函数，而与反应物的初始浓度（或分压）无关。

对于溶液中进行的反应，将 K_c 表达式中溶液各组分的平衡浓度用相对平衡浓度 $c/c^\ominus$（常用[B]简化，B 代表反应物）代替，即为标准平衡常数表达式。其中，$c^\ominus$（$c^\ominus = 1\ \text{mol/L}$）称为标准浓度。

例如，溶液反应

$$aA + bB \rightleftharpoons eE + fF$$

$$K^\ominus = \frac{[c(E)/c^\ominus]^e \cdot [c(F)/c^\ominus]^f}{[c(A)/c^\ominus]^a \cdot [c(B)/c^\ominus]^b} = \frac{[E]^e \cdot [F]^f}{[A]^a \cdot [B]^b} \tag{3-9}$$

书写化学平衡常数表达式时，应注意以下几点：

(1)平衡常数表达式及其数值与化学计量方程式的写法有关。化学计量方程式写法不同，平衡常数表达式及其数值不同。

例如，相同温度下

$$N_2(g) + 3H_2(g) \rightleftharpoons 2NH_3(g) \qquad K_1^\ominus = \frac{[p'(NH_3)]^2}{p'(N_2) \cdot [p'(H_2)]^3}$$

$$1/2N_2(g) + 3/2H_2(g) \rightleftharpoons NH_3(g) \qquad K_2^\ominus = \frac{p'(NH_3)}{[p'(N_2)]^{1/2} \cdot [p'(H_2)]^{3/2}}$$

$$2NH_3(g) \rightleftharpoons N_2(g) + 3H_2(g) \qquad K_3^\ominus = \frac{p'(N_2) \cdot [p'(H_2)]^3}{[p'(NH_3)]^2}$$

则

$$\sqrt{K_1^\ominus} = K_2^\ominus$$

$$K_1^\ominus = \frac{1}{K_3^\ominus}$$

---

①对于任意化学计量方程 $aA + bB \rightleftharpoons eE + fF$，反应物质 A，B，E，F 的化学计量数分别规定为：$-a$，$-b$，e，f。

显然,相同条件下,若将化学计量方程式乘以适当系数,则其平衡常数等于原平衡常数以该系数为指数的幂;正、逆反应平衡常数互为倒数。

(2)反应系统中的纯固体、纯液体或稀溶液中的溶剂 H_2O,其浓度视为常数,均不写入平衡常数表达式中。例如

$$CaCO_3(s) \rightleftharpoons CaO(s) + CO_2(g)$$

$$K^{\ominus} = p'(CO_2)$$

稀溶液中进行的反应

$$Cr_2O_7^{2-} + H_2O \rightleftharpoons 2CrO_4^{2-} + 2H^+$$

$$K^{\ominus} = \frac{[CrO_4^{2-}]^2 \cdot [H^+]^2}{[Cr_2O_7^{2-}]}$$

若反应在非水溶液中进行,则 H_2O 的浓度不能忽略。例如

$$C_2H_5OH + CH_3COOH \rightleftharpoons CH_3COOC_2H_5 + H_2O$$

$$K^{\ominus} = \frac{[CH_3COOC_2H_5] \cdot [H_2O]}{[C_2H_5OH] \cdot [CH_3COOH]}$$

练一练

写出下列反应的标准平衡常数表达式:

(1) $2H_2(g) + O_2(g) \rightleftharpoons 2H_2O(g)$

(2) $Fe_3O_4(s) + 4H_2(g) \rightleftharpoons 3Fe(s) + 4H_2O(g)$

(3) $HOOCCH_2CBr_2COOH(l) + H_2O(l) \rightleftharpoons HOOCCH_2COCOOH(l) + 2HBr(l)$

(4) $Zn(s) + 2H^+(aq) \rightleftharpoons Zn^{2+}(aq) + H_2(g)$

3. 平衡常数的意义

(1)平衡常数是可逆反应的特征常数,它只是温度的函数。从表 3-6 和表 3-7 中可以看出,平衡常数只随温度的变化而改变,而与物质的初始浓度无关。

(2)平衡常数是反应进行程度的标志。平衡常数表达式定量表示了化学反应达到平衡时生成物和反应物的浓度关系。由表 3-6 和表 3-7 可见,平衡常数越大,正反应进行得越完全,因此平衡状态是反应进行的最大限度。

(3)由平衡常数判断反应的方向。对于任一化学反应

$$aA + bB \rightleftharpoons eE + fF$$

我们将任意时刻各生成物相对浓度幂的乘积与各反应物相对浓度幂的乘积之比定义为反应商 Q。则

$$Q = \frac{[c(E)/c^{\ominus}]^e \cdot [c(F)/c^{\ominus}]^f}{[c(A)/c^{\ominus}]^a \cdot [c(B)/c^{\ominus}]^b} = \frac{[c'(E)]^e \cdot [c'(F)]^f}{[c'(A)]^a \cdot [c'(B)]^b} \tag{3-10}$$

式中 $c'(A), c'(B), c'(E), c'(F)$——反应系统内 A,B,E,F 的相对浓度,1。

则 Q 与 $K^{\ominus}$ 之间的关系存在以下几种情况:

当 $Q = K^{\ominus}$ 时,反应处于平衡状态;

当 $Q < K^{\ominus}$ 时,正反应速率大于逆反应速率,反应向正反应方向进行;

当 $Q > K^{\ominus}$ 时,正反应速率小于逆反应速率,反应向逆反应方向进行。

因此,在一定温度下,我们可以通过比较 Q 与 $K^{\ominus}$ 的大小判断反应是否处于平衡状态和反应的方向,这就是化学反应进行方向的反应商判据。

如果反应物或生成物是气体，则反应商的表达式中，以各物质的相对分压表示。总之，反应商的表示方法与标准平衡常数的表示方法应该一致。两者的差别只是平衡常数表达式中的数据必须是平衡时的数据，而反应商则可以是任意时刻系统的组成。

知识拓展

我们也可以按照化学热力学理论，在理论上推导出判断化学反应进行方向的反应商判据的表达式。

4. 平衡常数的应用

应用平衡常数可以根据反应最初各组分的浓度(或分压)来计算平衡组成及各反应物的转化率；或根据转化率及平衡组成计算反应最初各组分的浓度(或分压)。

某一反应物的平衡转化率定义为平衡时已转化的量占反应前该反应物的总量的百分数，常以 α 来表示。

$$\alpha=\frac{\text{某反应物转化了的量}}{\text{反应前该反应物的总量}}\times 100\% \tag{3-11}$$

对气体恒容或在溶液中进行的反应，可以用浓度变化来计算 α。

$$\alpha=\frac{\text{某反应物转化的浓度}}{\text{反应前该反应物的初始浓度}}\times 100\% \tag{3-12}$$

平衡转化率是指在一定条件下，理论上能达到的最大转化程度。

【例 3-2】 25 ℃时，反应 $Fe^{2+}+Ag^{+}\rightleftharpoons Fe^{3+}+Ag(s)$ 的平衡常数 $K^{\ominus}=2.98$，若 Fe^{2+}，Ag^{+} 的浓度均为 0.100 mol/L，Fe^{3+} 的浓度为 0.010 mol/L，则

(1)反应向什么方向进行？

(2)求 Fe^{2+}，Ag^{+}，Fe^{3+} 的平衡浓度。

(3)求 Fe^{2+} 的平衡转化率。

解 (1) 反应的反应商

$$Q=\frac{c'(Fe^{3+})}{c'(Ag^{+})\cdot c'(Fe^{2+})}=\frac{0.010}{0.100\times 0.100}=1$$

因为 $Q<K^{\ominus}$，所以反应向正反应方向进行。

(2)设反应达平衡时，Fe^{2+} 的转化浓度为 x，

则

	Fe^{2+} +	Ag^{+} $\rightleftharpoons$	Fe^{3+} + $Ag(s)$
开始浓度/($mol\cdot L^{-1}$)	0.100	0.100	0.010
变化浓度/($mol\cdot L^{-1}$)	x	x	x
平衡浓度/($mol\cdot L^{-1}$)	$0.100-x$	$0.100-x$	$0.010+x$

$$K^{\ominus}=\frac{[Fe^{3+}]}{[Ag^{+}]\cdot[Fe^{2+}]}=\frac{0.010+x}{(0.100-x)^2}=2.98$$

$$x=0.013$$

即反应达平衡时，Fe^{2+} 的转化浓度为 0.013 mol/L。

$$c(Fe^{3+})=0.010+0.013=0.023\ mol/L$$

$$c(Fe^{2+})=c(Ag^{+})=0.100-0.013=0.087\ mol/L$$

(3)
$$\alpha(Fe^{2+})=\frac{x}{c(Fe^{2+})}\times 100\%=\frac{0.013}{0.100}\times 100\%=13\%$$

【例 3-3】 反应 $N_2O_4(g)\rightleftharpoons 2NO_2(g)$ 在 50 ℃时 $K^{\ominus}=0.684$，系统总压力为 101.3 kPa 时，求 N_2O_4 的平衡转化率为多少？

解　设开始时有 1 mol 的 N_2O_4，其平衡转化率为 α，则

	$N_2O_4(g) \rightleftharpoons$	$2NO_2(g)$
开始时物质的量/mol	1	0
变化的物质的量/mol	α	2α
平衡时物质的量/mol	$1-\alpha$	2α

平衡时物质的总量/mol

$$n=1-\alpha+2\alpha=1+\alpha$$

平衡时各气体的分压力为

$$p(N_2O_4)=p\cdot\frac{n(N_2O_4)}{n}=101.3\cdot\frac{1-\alpha}{1+\alpha}\ \text{kPa}$$

$$p(NO_2)=p\cdot\frac{n(NO_2)}{n}=101.3\cdot\frac{2\alpha}{1+\alpha}\ \text{kPa}$$

将各分压力代入平衡常数表达式得

$$K^{\ominus}=\frac{[p'(NO_2)]^2}{p'(N_2O_4)}=\frac{\left(\frac{2\alpha}{1+\alpha}\right)^2}{\frac{1-\alpha}{1+\alpha}}\cdot\frac{101.3}{100}=0.684$$

解得 $\alpha=0.38$，即 N_2O_4 转化率为 38%。

3.2.3　多重平衡规则

在一个化学反应系统中，若有一种或几种物质同时参与多个可逆反应，并同时处于平衡状态，这种现象称为多重平衡。此时，任何一种物质的平衡浓度或分压，同时满足每个化学反应平衡常数表达式。

【实例分析】

①$2NO(g)+O_2(g) \rightleftharpoons 2NO_2(g)$　　$K_1^{\ominus}=\dfrac{[p'(NO_2)]^2}{[p'(NO)]^2\cdot p'(O_2)}$

②$2NO_2(g) \rightleftharpoons N_2O_4(g)$　　$K_2^{\ominus}=\dfrac{p'(N_2O_4)}{[p'(NO_2)]^2}$

③$2NO(g)+O_2(g) \rightleftharpoons N_2O_4(g)$　　$K_3^{\ominus}=\dfrac{p'(N_2O_4)}{[p'(NO)]^2\cdot p'(O_2)}$

反应① + ②=③

则
$$K_1^{\ominus}\cdot K_2^{\ominus}=\frac{[p'(NO_2)]^2}{[p'(NO)]^2\cdot p'(O_2)}\cdot\frac{p'(N_2O_4)}{[p'(NO_2)]^2}=K_3^{\ominus}$$

即
$$K_1^{\ominus}\cdot K_2^{\ominus}=K_3^{\ominus}$$

如果某一可逆反应可以由几个可逆反应相加(或相减)得到，那么该可逆反应的标准平衡常数等于这几个可逆反应的标准平衡常数的积(或商)，这种关系称为多重平衡规则。

多重平衡规则在实际生产和平衡问题的理论研究中都很重要，许多化学反应的平衡常数较难测定或无从查取时，则可以利用已知的有关化学反应平衡常数计算得出。

练一练

已知某温度下，下列可逆反应的标准平衡常数

$$2H_2(g)+O_2(g) \rightleftharpoons 2H_2O(g)\quad K_1^{\ominus}$$

$$2CO(g) + O_2(g) \rightleftharpoons 2CO_2(g) \quad K_2^{\ominus}$$

则相同温度下,反应 $H_2(g) + CO_2(g) \rightleftharpoons H_2O(g) + CO(g)$ 的 $K_3^{\ominus}=$________。

3.3 影响化学平衡的因素

3.3.1 浓度

在一定温度下,可逆反应达到平衡时,各组分的浓度均保持定值。若改变反应物浓度,则原平衡将被破坏,各组分浓度均要发生变化,直至达到新的化学平衡为止,但化学平衡常数仍保持不变。

例如,在一定温度下,化学反应

$$aA + bB \rightleftharpoons eE + fF$$

处于平衡态时,$K^{\ominus}$ 为一常数。若增加反应物浓度,反应商减小,$Q<K^{\ominus}$,反应向正反应方向进行,再次达到平衡时,反应物的浓度必然减小,而生成物浓度必将增加,即平衡向生成物方向(正反应方向)移动;反之,若减少反应物浓度,$Q>K^{\ominus}$,平衡会向反应物方向(逆反应方向)移动。

想一想

当改变生成物的浓度时,平衡将会怎样移动呢?为什么?

对任何可逆反应,在其他条件不变时,增大反应物浓度(或减小生成物浓度),平衡向正反应方向移动;减小反应物浓度(或增大生成物浓度),平衡向逆反应方向移动。

【例 3-4】 250 ℃时,反应 $PCl_5(g) \rightleftharpoons PCl_3(g) + Cl_2(g)$ 的 $K^{\ominus}=1.74$,现将 0.700 mol PCl_5 置于 2.00 L 的密闭容器中。求:

(1)达到平衡时,PCl_5 的转化率是多少?

(2)若达到平衡后,再往密闭容器中加入 0.100 mol 的 PCl_3,那么达到新平衡时,PCl_5 的转化率又是多少?

解 (1)设 PCl_5 的转化率为 α,则

	$PCl_5(g) \rightleftharpoons$	$PCl_3(g) +$	$Cl_2(g)$
开始时物质的量/mol	0.700	0	0
变化的物质的量/mol	0.700α	0.700α	0.700α
平衡时物质的量/mol	$0.700(1-\alpha)$	0.700α	0.700α

平衡时各物质的分压力为

$$p(PCl_5)=\frac{n(PCl_5)RT}{V}=\frac{0.700(1-\alpha)\times 8.314\times 523.15}{2.00\times 10^{-3}}$$

$$p(PCl_3)=\frac{n(PCl_3)RT}{V}=\frac{0.700\alpha\times 8.314\times 523.15}{2.00\times 10^{-3}}$$

$$p(Cl_2)=p(PCl_3)=\frac{0.700\alpha\times 8.314\times 523.15}{2.00\times 10^{-3}}$$

$$K^{\ominus}=\frac{p'(PCl_3)\cdot p'(Cl_2)}{p'(PCl_5)}=\frac{p(PCl_3)\cdot p(Cl_2)}{p(PCl_5)}\cdot\frac{1}{p^{\ominus}}$$

即
$$\frac{0.700\times\alpha^2\times8.314\times523.15}{(1-\alpha)\times100\times10^3\times2.00\times10^{-3}}=1.74$$

$$\alpha=28.6\%$$

(2)设在新的平衡下 PCl_5 的增加量为 x

原有平衡的物质的量

$$n(PCl_5)=0.700\times(1-\alpha)=0.700\times(1-28.6\%)=0.500\ \text{mol}$$

$$n(PCl_3)=n(Cl_2)=0.700\times\alpha=0.700\times28.6\%=0.200\ \text{mol}$$

对于新的平衡

	$PCl_5(g) \rightleftharpoons$	$PCl_3(g)$ +	$Cl_2(g)$
开始时物质的量/mol	0.500	0.200+0.100	0.200
平衡时物质的量/mol	0.500 + x	0.300−x	0.200−x

平衡时各物质的分压为

$$p(PCl_5)=\frac{n(PCl_5)RT}{V}=\frac{(0.500+x)\times8.314\times523.15}{2.00\times10^{-3}}$$

$$p(PCl_3)=\frac{n(PCl_3)RT}{V}=\frac{(0.300-x)\times8.314\times523.15}{2.00\times10^{-3}}$$

$$p(Cl_2)=\frac{n(Cl_2)RT}{V}=\frac{(0.200-x)\times8.314\times523.15}{2.00\times10^{-3}}$$

$$K^{\ominus}=\frac{p'(PCl_3)\cdot p'(Cl_2)}{p'(PCl_5)}=\frac{p(PCl_3)\cdot p(Cl_2)}{p(PCl_5)}\cdot\frac{1}{p^{\ominus}}$$

即
$$\frac{(0.300-x)(0.200-x)\times8.314\times523.15}{(0.500+x)\times100\times10^3\times2.00\times10^{-3}}=1.74$$

$$x=0.037\ \text{mol}$$

在新平衡下 PCl_5 的转化率为

$$\alpha'=\frac{0.700-(0.500+0.037)}{0.700}\times100\%=23.3\%$$

可见,在系统中加入生成物会使化学平衡向逆反应方向移动,降低了 PCl_5 的转化率。

3.3.2　压力

压力的变化对液态或固态反应的平衡影响甚微,但对有气体参加的反应影响较大。

理想气体反应 $a\text{A(g)} + b\text{B(g)} \rightleftharpoons m\text{C(g)} + n\text{D(g)}$ 在一个密闭容器内达到平衡,在保持温度恒定情况下,如果将容器的体积缩小至原来的 $1/x(x>1)$,则系统的总压力为原来的 x 倍。此时,各组分的分压也增至原来的 x 倍。其标准平衡常数 $K^{\ominus}=\frac{[p'(\text{E})]^e\cdot[p'(\text{F})]^f}{[p'(\text{A})]^a\cdot[p'(\text{B})]^b}$不变,而反应商 Q 则发生了变化。

$$Q=\frac{[xp'(\text{E})]^e\cdot[xp'(\text{F})]^f}{[xp'(\text{A})]^a\cdot[xp'(\text{B})]^b}=\frac{[p'(\text{E})]^e\cdot[p'(\text{F})]^f}{[p'(\text{A})]^a\cdot[p'(\text{B})]^b}x^{(e+f-a-b)}=K^{\ominus}x^{\sum_{\text{B}}\nu_{\text{B(g)}}}$$

(1)对于 $\sum_{\text{B}}\nu_{\text{B(g)}}>0$ 的反应,即生成物的气体分子数大于反应物的气体分子数时,$Q>K^{\ominus}$,平衡向左移动。例如反应 $N_2O_4(g) \rightleftharpoons 2NO_2(g)$。

(2)对于 $\sum_{\text{B}}\nu_{\text{B(g)}}<0$ 的反应,即生成物的气体分子数小于反应物的气体分子数时,

$Q<K^{\ominus}$，平衡向右移动。例如反应 $N_2(g) + 3H_2(g) \rightleftharpoons 2NH_3(g)$。

(3)对于 $\sum\limits_{B}\nu_{B(g)}=0$ 的反应，即生成物的气体分子数等于反应物的气体分子数时，$Q=K^{\ominus}$，平衡不移动。例如反应 $H_2(g) + I_2(g) \rightleftharpoons 2HI(g)$。

实验表明：**增加压力，化学平衡向气体分子数减少的方向移动；降低压力，化学平衡向气体分子数增多的方向移动；若反应前、后气体分子数没有变化，则改变压力不能使化学平衡移动。**

想一想

当增大压力时，化学反应 $C(s) + H_2O(g) \rightleftharpoons CO(g) + H_2(g)$的化学平衡将会怎样移动呢？为什么？

在恒温条件下，向平衡系统中加入不参与反应的惰性气体时，对平衡影响如下。

①若体积不变，则系统总压增加，由于各物质浓度不变，因此平衡不移动；

②若保持总压不变，则系统体积增大(相当于系统原来的压力减小)，此时平衡移动情况与前述的压力减小引起的平衡变化相同。

【例 3-5】 已知反应 $N_2O_4(g) \rightleftharpoons 2NO_2(g)$，在 50 ℃时 $K^{\ominus}=0.684$，当系统总压力为 101.3 kPa 时，N_2O_4 的理论转化率为 38%，如果将系统总压力增大到 400 kPa，N_2O_4 的离解度(理论转化率)为多少？

解 设开始时有 1 mol 的 N_2O_4，其离解度为 α，则

	$N_2O_4(g) \rightleftharpoons$	$2NO_2(g)$
开始时物质的量/mol	1	0
变化的物质的量/mol	α	2α
平衡时物质的量/mol	$1-\alpha$	2α

平衡时总物质的量/mol $n=1-\alpha+2\alpha=1+\alpha$

平衡时各气体的分压力为

$$p(N_2O_4)=p\cdot\frac{n(N_2O_4)}{n}=400\cdot\frac{1-\alpha}{1+\alpha}\ \text{kPa}$$

$$p(NO_2)=p\cdot\frac{n(NO_2)}{n}=400\cdot\frac{2\alpha}{1+\alpha}\ \text{kPa}$$

则由

$$K^{\ominus}=\frac{[p'(NO_2)]^2}{[p'(N_2O_4)]}$$

得

$$\frac{\left(\frac{2\alpha}{1+\alpha}\right)^2}{\frac{1-\alpha}{1+\alpha}}\cdot\frac{400}{100}=0.684$$

解得 $\alpha=0.202$，即 N_2O_4 的离解度为 20.2%。

计算结果表明，对于气体分子数增多的反应，增大总压力可使化学平衡向左移动，N_2O_4 的离解度减小了。

3.3.3 温度

【实例分析】 将盛有红棕色 NO_2 气体的平衡仪两端分别浸入低温水浴(冰加食盐)

和热水浴中，如图 3-4 所示，观察气体颜色变化。

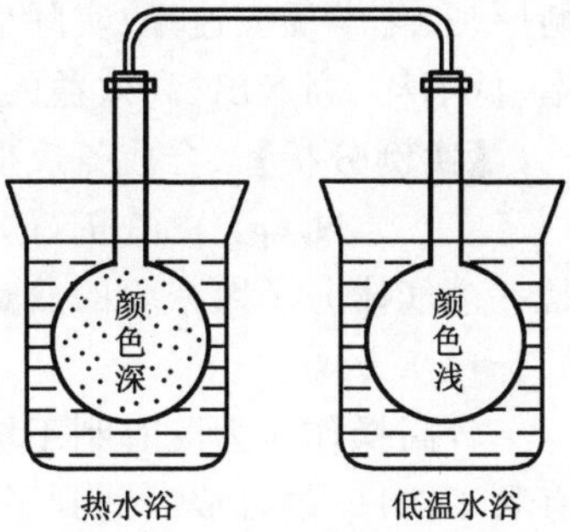

图 3-4 温度对化学平衡的影响

等待片刻后，发现热水浴中球形瓶内气体颜色变深，低温水浴中球形瓶内气体颜色变浅。

平衡仪内 NO_2 与 N_2O_4 存在如下平衡

$$\underset{(无色)}{N_2O_4(g)} \rightleftharpoons \underset{(红棕)}{2NO_2(g)},\Delta_r H_m^{\ominus}(298\ K)=58.2\ kJ/mol$$

化学反应总是伴随着热量变化。如果可逆反应正反应是吸热的($\Delta_r H_m^{\ominus}>0$)，那么逆反应一定是放热的($\Delta_r H_m^{\ominus}<0$)。上述 N_2O_4 分解是吸热反应($\Delta_r H_m^{\ominus}>0$)，则 NO_2 的聚合是放热反应($\Delta_r H_m^{\ominus}<0$)。热水浴中球形瓶内气体颜色变深，说明 NO_2 的浓度增大，因为反应向右进行需要热量，故当外界提供热量时，将有利于反应向右进行，即化学平衡向吸热方向移动；低温水浴中的球形瓶内气体颜色变浅，说明 NO_2 浓度减小，因为反应向左进行需要放出热量，故当外界取走热量时，将有利于反应向左进行，即化学平衡向放热方向移动。

大量实验证明：**当其他条件不变时，升高温度，化学平衡向吸热方向移动；降低温度，化学平衡向放热方向移动。**

温度变化对化学平衡的影响，与浓度、压力的影响有着本质的不同，由于标准平衡常数 $K^{\ominus}$ 是温度的函数，因此温度是通过改变标准平衡常数来移动平衡的。

实验证明：对于吸热反应($\Delta_r H_m^{\ominus}>0$)，升高温度，标准平衡常数升高($K_2^{\ominus}>K_1^{\ominus}$)，降低温度，标准平衡常数降低($K_2^{\ominus}<K_1^{\ominus}$)；对于放热反应($\Delta_r H_m^{\ominus}<0$)，升高温度，标准平衡常数降低($K_2^{\ominus}<K_1^{\ominus}$)，降低温度，标准平衡常数升高($K_2^{\ominus}>K_1^{\ominus}$)。

因此，在上述吸热反应实例中，升高温度，$K_2^{\ominus}>K_1^{\ominus}$，反应由原来 $Q=K_1^{\ominus}$ 的平衡状态，变化到 $Q<K_2^{\ominus}$ 的不平衡状态，致使平衡向正反应方向(吸热方向)移动；降低温度，$K_2^{\ominus}<K_1^{\ominus}$，反应由原来$Q=K_1^{\ominus}$的平衡状态，变化到 $Q>K_2^{\ominus}$ 的不平衡状态，致使平衡向逆反应方向(放热方向)移动。

想一想

已知，25 ℃时反应

$$CO(g)+2H_2(g) \rightleftharpoons CH_3OH(l),\Delta_r H_m^{\ominus}=-128.14\ kJ/mol$$

若升高温度，反应标准平衡常数如何变化？化学平衡方向如何移动？

3.3.4 平衡移动原理(勒夏特列原理)

综合以上影响平衡移动的各种结论，1887 年法国化学家勒夏特列概括出一条普遍原理：**如果改变平衡系统的条件之一(浓度、压力、温度等)，平衡就向减弱这种改变的方向移动，这一规律被称为勒夏特列原理，又叫平衡移动原理。**

勒夏特列原理是一条普遍规律，它对于所有的动态平衡(包括物理平衡)都是适用的。但必须注意，它只能应用于已经达到平衡的系统，对于未达到平衡的系统是不能应用的。

3.4 化学反应速率和化学平衡原理的综合应用

在实际生产中，化学反应必须从反应的可能性和现实性两个方面来考虑，即从化学平衡原理、化学反应速率、实际生产等多方面综合考虑,来选择适宜的操作条件以达到低成本、低消耗、高产出、高效益的总体要求。

【实例分析】 合成氨反应

$$N_2(g) + 3H_2(g) \rightleftharpoons 2NH_3(g), \Delta_r H_m^{\ominus}(298\ K) = -92.4\ kJ/mol$$

是一个气体分子数减少的放热可逆反应。根据这些反应特点,选择适宜的操作条件如下:

1. 压力

较高操作压力既有利于增大合成氨反应速率,又能使化学平衡向着正反应方向移动,有利于 NH_3 的合成。达到平衡时平衡混合物中 NH_3 的含量见表 3-8。

表 3-8　　达到平衡时平衡混合物中 NH_3 的含量(体积分数)　　%

温度/℃ \ 压力/MPa	0.1	10	20	30	60	100
200	15.3	81.5	86.4	89.9	95.4	98.8
300	2.2	52.0	64.2	71.0	84.2	92.6
400	0.4	25.1	38.2	47.0	65.2	79.8
500	0.1	10.6	19.1	26.4	42.2	57.5
600	0.05	4.5	9.1	13.8	23.1	31.4

研究表明,在 400 ℃、压力超过 20 MPa 时,不必使用催化剂,氨的合成反应就能顺利进行。但在实际生产中,增大压力直接影响到设备的投资、制造和合成氨的功耗,并可能降低综合经济效益,还会给安全生产带来隐患。因此,合成氨时,并非压力越大越好,目前我国的合成氨厂通常采用的压力是 20～50 MPa。

2. 温度

当压力一定时,升高温度,能增大合成氨的反应速率,缩短达到化学平衡的时间;但由于合成氨反应是放热反应,过高的温度,会降低平衡混合物中 NH_3 的含量。因此,从化学平衡角度看,合成氨反应在较低温度下进行有利。

实际生产中,在满足催化剂所要求的活性温度范围内,应尽量降低反应温度。一般合成氨反应温度选择在 500 ℃左右。

3. 催化剂

在高温、高压下,N_2 与 H_2 的化合反应进行得十分缓慢。为加快 N_2 与 H_2 的化合反应,都采用加入催化剂的方法,以降低反应所需的活化能,使反应在较低温度下进行。

目前,合成氨工业中普遍使用以铁为主体的多成分催化剂(又称铁触媒)。铁触媒在 500 ℃左右时活性最大,这也是合成氨反应一般选择在 500 ℃左右进行的重要原因之一。

4. 浓度

由表 3-8 可以看出,即使是在 500 ℃和 30 MPa 时,合成氨平衡混合物中 NH_3 的体积分数也只为 26.4%,即转化率仍不够大。因此,在实际生产中还需要考虑浓度对化学平衡的影响等。通常采取迅速冷却的方法,使气态氨变成液态氨后及时从平衡混合气体中分离出去,以促使化学平衡向生成 NH_3 的方向移动。

此外,反应时如果让 N_2 和 H_2 混合气体只通过合成塔一次,也是很不经济的,应将 NH_3 分离后的原料气循环使用,并及时补充 N_2 和 H_2,使反应物保持一定的浓度以利于合成氨反应。

本章小结

- 化学反应速率和化学平衡
  - 化学反应速率(反应快慢)
    - 概念
      - 常用单位时间内反应物浓度的减少或生成物浓度的增加来表示
      - 单位：mol/(L·S) 或 mol/(L·min)
    - 特点
      - 化学反应速率以单位时间内反应物或生成物浓度变化的绝对值来表示
      - 同一个化学反应用不同物质的浓度变化表示反应速率时，其数值不同
      - 各物质的反应速率之比等于反应方程式的化学计量数之比
    - 影响因素
      - 物质性质
      - 浓度
        - 基元反应：一步就能完成的反应。一般式为 $aA+bB \longrightarrow eE+fF$
则质量作用定律为 $v=k[c(A)]^a\cdot[c(B)]^b$
反应级数 $n=a+b$
        - 非基元反应：分几步进行的反应。一般式为 $aA+bB \longrightarrow eE+fF$
多数速率方程为 $v=k\,[c(A)]^\alpha\cdot[c(B)]^\beta$
反应级数 $n=\alpha+\beta$
      - 温度
        - 温度通过影响速率常数 k 而影响反应速率，对于大多数反应，温度升高反应则速率加快
      - 催化剂
        - 催化剂对反应速率的影响主要通过改变反应的活化能而实现
  - 化学平衡(反应限度)
    - 化学平衡状态
      - 特征：反应物和生成物的浓度不再随时间变化而变化；$v_正=v_负$，动态平衡；条件改变，平衡移动
      - 化学平衡常数
        - 实验平衡常数、标准平衡常数
        - 表明反应进行的程度和反应的方向
        - 当 $Q=K^\ominus$ 时，反应处于平衡状态；
当 $Q<K^\ominus$ 时，正反应速率大于逆反应速率，反应向正反应方向进行；
当 $Q>K^\ominus$ 时，正反应速率小于逆反应速率，反应向逆反应方向进行
      - 多重平衡
        - 若系统中同时存在几种化学反应，那么，如某反应为其他反应之和，则该反应的平衡常数等于其他反应平衡常数的积；如某反应为其他反应之差，则该反应的平衡常数等于其他反应平衡常数的商
      - 平衡计算
        - $\alpha=\dfrac{某反应物转化了的量}{反应前该反应物的总量}\times100\%$
    - 影响平衡移动的因素
      - 浓度
        - 增加反应物浓度，平衡向正反应方向移动；减少反应物浓度，平衡向逆反应方向移动
      - 温度
        - 升高温度，平衡向吸热方向移动；降低温度，平衡向放热方向移动
      - 压力
        - 增加压力，平衡向气体分子数减少的方向移动；降低压力，平衡向气体分子数增加的方向移动；若反应前、后气体分子数没有变化，则改变压力不能使平衡移动
      - 催化剂
        - 无影响
  - 综合应用(合成氨反应)

自测题

一、填空题

1. 基元反应 $2A(g)+B(g) \rightleftharpoons 2C(g)$ 的速率方程为________；反应总级数为________；若其他条件不变，容器的体积增加到原来的 3 倍时，则反应速率为原来的________；若体积不变，将 A 的浓度增加到原来的 2 倍，则反应速率为原来的________。

2. 现有 A,B 两种气体参加反应，A 的分压增大 1 倍时，反应速率增大 3 倍；B 的分压增大 1 倍时，反应速率增大 1 倍。则该反应的速率方程为____________。若将总压力增大 1 倍，则反应速率将________。

3. 反应 $A(g)+B(s) \rightleftharpoons 2C(g)$，$\Delta_r H_m^{\ominus}<0$。当达到化学平衡时，如果改变表 3-9 中标明的条件，试将其他各项的变化情况填入表中。

表 3-9　　反应过程中变化情况

改变条件	增加 A 的分压力	增加总压力	降低温度
平衡常数			
平衡移动的方向			

4. 可逆反应 $A(g)+B(s) \rightleftharpoons 2C(g)$ 在密闭容器中建立化学平衡，如果温度不变，压力增大 2 倍，则平衡常数 $K^{\ominus}$ 为原来的________倍。

5. 化学反应达到化学平衡状态时，________ 与 ________ 相等；反应各组分的________ 不再随 ________ 发生变化。

6. 某反应物的转化率 $\alpha=$____________。

二、判断题(正确的画"√"，错误的画"×")

1. 对于反应 $A+3B \longrightarrow 2C$，在同一时刻，用不同反应物的浓度变化表示反应速率时，其数值是不同的。但对于反应 $A+B \longrightarrow C$，在同一时刻用不同反应物的浓度变化来表示反应速率，其数值是相同的。（　）

2. 反应级数取决于反应方程式中反应物的化学计量数。（　）

3. 化学反应达到化学平衡状态时，反应各组分的浓度不再随时间变化而变化，故化学反应已经停止。（　）

4. 升高温度，吸热反应的反应速率增大，放热反应的反应速率减小。（　）

5. 在化学反应系统中加入催化剂将增加平衡时生成物的浓度。（　）

6. 若反应 $A+B \longrightarrow C$ 为放热反应，则达到平衡后，如果升高系统的温度，则生成物 C 的产量减少，反应速率减慢。（　）

7. 某一反应平衡后，再加入一些反应物，在相同的温度下再次达到平衡，则两次测得的平衡常数相同。（　）

8. 在保持温度和体积不变的情况下，向 $2NO(g)+O_2(g) \rightleftharpoons 2NO_2(g)$ 平衡系统中充入稀有气体，则总压将增加，平衡向生成 NO_2 的方向移动。（　）

9. 使用催化剂可以提高反应速率，而不影响化学平衡。（　）

10. 任何可逆反应，在一定温度下，不论参加反应的物质浓度如何不同，反应达到平衡时，各物质的平衡浓度都相同。 （　）

11. 升高温度，正反应速率 $v_{正}$ 增大，逆反应速率 $v_{逆}$ 减小，结果使平衡向正反应方向移动。 （　）

三、选择题

1. 在反应 $N_2(g) + 3H_2(g) \rightleftharpoons 2NH_3(g)$ 中，自反应开始至 2 s 末，NH_3 的浓度由 0 增至 0.4 mol/L，则以 H_2 表示该反应的平均反应速率是（　）。

A. 0.3 mol/(L·s)　B. 0.4 mol/(L·s)

C. 0.6 mol/(L·s)　D. 0.8 mol/(L·s)

2. 在 2 L 密闭容器中，反应 $3A(g) + B(g) \rightleftharpoons 2C(g)$ 最初加入 A 和 B 都是 4 mol，A 的平均反应速率为 0.12 mol/(L·s)，则 10 s 后容器中 B 的物质的量为（　）。

A. 1.6 mol　B. 2.8 mol　C. 3.2 mol　D. 3.6 mol

3. 在反应 $N_2(g) + 3H_2(g) \rightleftharpoons 2NH_3(g)$ 中，一段时间后 NH_3 的浓度增加了 0.6 mol/L，在此时间内用 H_2 表示的平均反应速率为 0.45 mol/(L·s)，所经过的时间是（　）。

A. 2 s　B. 1 s　C. 1.33 s　D. 0.44 s

4. 在反应 $C(s) + CO_2(g) \rightleftharpoons 2CO(g)$ 系统中加入催化剂，则（　）。

A. $v_{正}$ 与 $v_{逆}$ 均增大　B. $v_{正}$ 与 $v_{逆}$ 均减小

C. $v_{正}$ 增大，$v_{逆}$ 减小　D. $v_{正}$ 减小，$v_{逆}$ 增大

5. 降低反应的活化能可采取的手段是（　）。

A. 升高温度　B. 降低温度　C. 移去生成物　D. 使用催化剂

6. 473 K 时，反应 $2NO(g) + O_2(g) \rightleftharpoons 2NO_2(g)$ 在刚性密闭容器中达到平衡，加入稀有气体 He 使总压力增大，则平衡将（　）。

A. 向左移　B. 向右移　C. 不移动　D. 不能确定

7. 已知下列反应的平衡常数：

$H_2(g) + S(s) \rightleftharpoons H_2S(g)$　$K_1^{\ominus}$

$S(s) + O_2(g) \rightleftharpoons SO_2(g)$　$K_2^{\ominus}$

则反应 $H_2(g) + SO_2(g) \rightleftharpoons O_2(g) + H_2S(g)$ 的平衡常数 $K_3^{\ominus}$ 为（　）。

A. $K_1^{\ominus} + K_2^{\ominus}$　B. $K_1^{\ominus} - K_2^{\ominus}$　C. $K_1^{\ominus}/K_2^{\ominus}$　D. $K_1^{\ominus} \cdot K_2^{\ominus}$

8. 某温度下，反应 $E + F \rightleftharpoons 2M$ 达到平衡，若增大或减少 F 的量，M 和 E 的浓度都不变，则 F 是（　）。

A. 固体或纯液体　B. 气体　C. 溶液　D. 以上都正确

9. 在密闭容器中充入 4 mol HI，在一定温度下，反应 $2HI(g) \rightleftharpoons H_2(g) + I_2(g)$ 达到平衡时，有 30% 的 HI 分解，则平衡混合气体总的物质的量是（　）。

A. 4 mol　B. 3.4 mol　C. 2.8 mol　D. 1.2 mol

10. 加热分解氯酸钾时在 0.5 min 内放出氧气 5 mL，加入二氧化锰后，在同样温度下 0.2 min 内放出氧气 50 mL，则加入二氧化锰后的反应速率是未加二氧化锰时反应速率的（　）倍。

A. 10　B. 25　C. 50　D. 250

11. 用下列（　）方法能改变可逆反应的平衡常数 $K^{\ominus}$。

A. 改变反应物浓度　B. 改变温度　　　C. 加入催化剂　　　D. 改变总压力

四、计算题

1. 已知 N_2O_5 分解式为

$$2N_2O_5(g) \rightleftharpoons 4NO_2(g) + O_2(g)$$

在 10 min 内，N_2O_5 的浓度从 5.0 mol/L 减少到 3.5 mol/L，试计算该反应的平均速率。

2. 295 K 时，反应 $2NO + Cl_2 \longrightarrow 2NOCl$，反应物浓度与反应速率关系的数据见表 3-10。

表 3-10　　反应 $2NO+Cl_2 \longrightarrow 2NOCl$ 反应物浓度与反应速率关系

$c(NO)/(mol \cdot L^{-1})$	$c(Cl_2)/(mol \cdot L^{-1})$	$v(Cl_2)/(mol \cdot L^{-1} \cdot s^{-1})$
0.100	0.100	8.0×10^{-3}
0.500	0.100	2.0×10^{-1}
0.100	0.500	4.0×10^{-2}

问：(1) 对不同反应物，反应级数各为多少？

(2) 写出反应的速率方程。

(3) 反应速率常数 k 为多少？

3. 已知下列反应的平衡常数

$$HCN \rightleftharpoons H^+ + CN^- \qquad K_1^\ominus = 4.90\times10^{-10}$$

$$NH_3 + H_2O \rightleftharpoons NH_4^+ + OH^- \qquad K_2^\ominus = 1.80\times10^{-5}$$

$$H_2O \rightleftharpoons H^+ + OH^- \qquad K_w^\ominus = 1.0\times10^{-14}$$

试计算反应 $NH_3 + HCN \rightleftharpoons NH_4^+ + CN^-$ 的平衡常数 $K^\ominus$。

4. 已知反应 $CO(g) + H_2O(g) \rightleftharpoons CO_2(g) + H_2(g)$ 在密闭容器中建立平衡，在 749 K 时，该反应的平衡常数 $K^\ominus = 2.6$。求：

(1) 当 $n(H_2O)/n(CO) = 1$ 时，CO 的平衡转化率。

(2) 当 $n(H_2O)/n(CO) = 3$ 时，CO 的平衡转化率。

(3) 根据计算结果，说明浓度对平衡移动的影响规律。

5. 已知反应 $2A(g) \rightleftharpoons B(g)$，在 100 ℃ 时 $K^\ominus = 2.80$，求相同的温度下，下列反应的 $K^\ominus$。

(1) $A(g) \rightleftharpoons \frac{1}{2}B(g)$

(2) $B(g) \rightleftharpoons 2A(g)$

6. 向一密闭真空容器中注入 NO 和 O_2，使系统始终保持在 400 ℃，反应开始的瞬间测得 $p(NO) = 100.0$ kPa，$p(O_2) = 286.0$ kPa。当反应

$$2NO(g) + O_2(g) \rightleftharpoons 2NO_2(g)$$

达到平衡时，$p(NO_2) = 79.2$ kPa，试计算该反应在 400 ℃ 时的 $K^\ominus$。

7. 在 308 K，总压力为 1.013×10^5 Pa 时，N_2O_4 分解 27.2%。试计算：

(1) 反应 $N_2O_4(g) \rightleftharpoons 2NO_2(g)$ 的 $K^\ominus$。

(2) 308 K，总压为 2.026×10^5 Pa 时，N_2O_4 的解离度。

(3) 根据计算结果，说明压力对平衡移动的影响规律。

五、问答题

1.反应 $2NO(g) + 2H_2(g) \longrightarrow N_2(g) + 2H_2O(g)$ 的速率方程为

$$v = k[p(NO)]^2 \cdot p(H_2)$$

试说明下列条件下,反应速率有何变化。

(1)NO分压增大一倍。

(2)温度降低。

(3)反应容器的体积增大一倍。

(4)加入催化剂。

2.已知反应 $A + B \rightleftharpoons C + D$ 在某温度下,$K^{\ominus}=1.5$,若反应分别从下述情况开始,试判断反应进行的方向。

(1)$c(A)=c(B)=c(C)=c(D)=0.20$ mol/L。

(2)$c(A)=c(B)=0.20$ mol/L;$c(C)=c(D)=2$ mol/L。

(3)$c(A)=c(B)=c(C)=2$ mol/L;$c(D)=3$ mol/L。

3.写出下列反应的标准平衡常数 $K^{\ominus}$ 的表达式。

(1) $CH_4(g) + 2O_2(g) \rightleftharpoons CO_2(g) + 2H_2O(g)$

(2) $Al_2O_3(s) + 3H_2(g) \rightleftharpoons 2Al(s) + 3H_2O(g)$

(3) $NO(g) + 1/2O_2(g) \rightleftharpoons NO_2(g)$

(4) $BaCO_3(s) \rightleftharpoons BaO(s) + CO_2(g)$

(5) $NH_3(g) \rightleftharpoons 1/2N_2(g) + 3/2H_2(g)$

本章关键词

温度 temperature

体积 volume

压力 pressure

化学反应速率 rate of chemical reaction

速率方程 rate equation

反应级数 order of reaction

活化能 activated energy

实验平衡常数 experiment equilibrium constant

标准平衡常数 standard equilibrium constant

化学平衡 chemical equilibrium

第 4 章

酸碱平衡和酸碱滴定法

知 识 目 标

1. 理解酸碱反应实质，掌握共轭酸碱对解离常数之间的定量关系。

2. 掌握弱酸弱碱解离平衡计算。

3. 理解同离子效应及缓冲溶液概念，了解缓冲溶液各组成的作用。

4. 掌握滴定分析的基本概念和有关计算方法，了解标准滴定溶液的配制方法。

*5. 了解酸碱滴定法原理及指示剂法直接准确滴定弱酸弱碱的条件，掌握化学计量点的 pH 计算方法，了解双指示剂法测定混合碱的原理和计算方法。

能 力 目 标

1. 会书写一元弱酸弱碱的解离平衡方程式和解离平衡常数表达式，会查取 25 ℃时常见弱酸弱碱的解离常数。

2. 会计算一元弱酸弱碱解离常数、解离度和溶液的 pH。

3. 能进行缓冲溶液 pH 及有关溶液配制的计算。

4. 能利用化学计量方程或根据物质的量规则计算物质的量、物质的量浓度、滴定度和质量分数。

*5. 能进行指示剂法直接准确滴定弱酸弱碱的可行性判断，会计算化学计量点的 pH，并据此选择合适的指示剂。

4.1 酸碱理论

4.1.1 酸碱电离理论

1887 年，瑞典化学家阿仑尼乌斯在电离学说的基础上提出了酸碱电离理论，也称酸碱解离理论：**在水溶液中解离出的阳离子全部是氢离子（H^+）的化合物称为酸**，如 HCl，HNO_3，HCN，H_3PO_4 等；**在水溶液中解离出的阴离子全部是氢氧根离子（OH^-）的化合物称为碱**，如 NaOH，$Ba(OH)_2$，$Al(OH)_3$ 等。酸碱反应生成盐和水，从离子反应的角度看，**酸碱反应的实质就是 H^+ 和 OH^- 结合生成 H_2O 的反应**。即

$$H^+ + OH^- \longrightarrow H_2O$$

想一想

①举例说明常见的强酸、强碱有哪些？写出其电离方程式。②化合物 NH_3，Na_2CO_3，NaH_2PO_4，$Cu(OH)_2$ 等在水溶液中有一定的酸碱性，根据酸碱电离理论，它们也是酸或碱吗？

酸碱电离理论揭示了酸碱反应的实质，明确指出 H^+ 是酸的特征，OH^- 是碱的特征，为定量测定溶液的酸碱度提供了理论基础，因此推动了化学科学的发展。

但是，酸碱电离理论也有其局限性。它将碱限制为氢氧化物，因而不能直接解释 NH_3，$NaHCO_3$，NaH_2PO_4 等水溶液的酸碱性问题；又将酸、碱及酸碱反应限制在以水为溶剂的系统中，而对在非水溶剂（如液氨、乙醇、苯、丙酮等）和气相中进行的某些反应却不能做出解释，例如，酸碱电离理论不能解释 HCl 和 NH_3 在苯溶液或气相中反应生成 NH_4Cl 所表现出来的酸碱反应性质。

随着科学的发展，人们对酸碱的认识逐渐深入，酸碱质子理论的产生克服了酸碱电离理论的局限性，使酸碱的范围有了进一步的扩展。

4.1.2 酸碱质子理论

1.酸碱的定义

1923 年丹麦化学家布朗斯台德和英国化学家劳瑞分别独立提出酸碱质子理论，因此该理论又称为布朗斯台德-劳瑞酸碱理论。

酸碱质子理论认为：凡能给出质子（H^+）的物质都是酸，又称为质子酸。例如 HCl，HAc，H_2CO_3，H_2S，H_3PO_4，NH_4^+ 等。凡能接受质子（H^+）的物质都是碱，又称为质子碱。例如 OH^-，NH_3，HS^-，$H_2PO_4^-$ 等。

2.酸碱关系

按照酸碱质子理论，酸碱可以是分子（分子型酸碱）和离子（离子型酸碱）。当某种酸 HA 给出质子后，余下部分 A^- 自然对质子有一定的接受能力，即质子酸 HA 给出质子生成碱 A^-；反之，碱 A^- 接受质子后又生成酸 HA。例如

$$\text{酸} \rightleftharpoons \text{质子} + \text{碱}$$
$$HClO \rightleftharpoons H^+ + ClO^-$$
$$H_2CO_3 \rightleftharpoons H^+ + HCO_3^-$$
$$H_3PO_4 \rightleftharpoons H^+ + H_2PO_4^-$$
$$NH_4^+ \rightleftharpoons H^+ + NH_3$$
$$H_3O^+ \rightleftharpoons H^+ + H_2O$$

可见，酸和碱是相互依存、相互转化的依赖关系。**这种因一个质子的得失而相互转化的酸和碱（HA 和 A^-）称为共轭酸碱对**，即 HA 是 A^- 的共轭酸，A^- 是 HA 的共轭碱。

值得说明的是：质子理论中没有盐的概念。在水溶液中，解离理论中的盐都可以转化为质子理论中的离子酸或离子碱，例如在 $Na_2CO_3 \longrightarrow 2Na^+ + CO_3^{2-}$ 中，CO_3^{2-} 是离子碱，而 Na^+ 既不是酸，也不是碱，称为非酸非碱物质。

练一练

指出下列各物质的对应共轭酸碱对：HAc(醋酸)，HS^-，S^{2-}，CO_3^{2-}，HCO_3^-，HPO_4^{2-}，$H_2PO_4^-$。

某些物质，如 HCO_3^-，HPO_4^{2-} 等，在一定条件下能给出质子表现为酸，而在另一条件下又能接受质子表现为碱，因此称其为两性物质。

3. 酸碱反应

共轭酸碱对的质子传递反应，称为酸碱半反应。酸碱质子理论认为，酸碱半反应不能独立进行，即在溶液中，当一种酸给出质子时，溶液中必定有一种碱接受质子，**酸碱反应的实质就是两个共轭酸碱对之间的质子传递。**

按照该理论，中和反应、酸碱解离及盐的水解反应等均可以表示为两个共轭酸碱对之间的质子传递形式，即均属于酸碱反应。

$$\text{酸(1)} + \text{碱(2)} \rightleftharpoons \text{酸(2)} + \text{碱(1)}$$

碱(2)—酸(2)：共轭酸碱对

酸(1)—碱(1)：共轭酸碱对

$$HAc + OH^- \rightleftharpoons H_2O + Ac^- \quad \text{(中和反应)}$$

$$HAc + H_2O \rightleftharpoons H_3O^+ + Ac^- \quad \text{(酸碱解离)}$$

$$H_2O + NH_3 \rightleftharpoons NH_4^+ + OH^-$$

$$NH_4^+ + H_2O \rightleftharpoons H_3O^+ + NH_3 \quad \text{(盐的水解)}$$

$$H_2O + Ac^- \rightleftharpoons HAc + OH^-$$

酸碱反应程度取决于两对共轭酸碱对给出和接受质子能力的大小，即取决于酸碱的相对强弱。通常，**酸碱反应总是由较强(给出或接受质子能力较大)的酸碱相互作用，向生成较弱(给出或接受质子能力较小)的酸碱方向进行，参加反应的酸碱越强，反应进行得越完全。**

H_2O 是两性物质，既可以作为酸给出质子生成共轭碱 OH^-，又可以作为碱而接受质子生成共轭酸 H_3O^+。因此，水的解离反应也可以表示为上述酸碱反应形式。

$$H_2O + H_2O \rightleftharpoons H_3O^+ + OH^-$$

这种发生在水分子之间的质子传递反应，称为水的质子自递反应(或水的自偶反应)。习惯上，常将水合氢离子 H_3O^+ 简写为 H^+，而将水的解离反应简写为

$$H_2O \rightleftharpoons H^+ + OH^-$$

知识拓展

在一定温度下，纯水中 H^+ 和 OH^- 相对浓度的积是一个常数，称为水的离子积常数，简称水的离子积($K_w^\ominus$)。即

$$K_w^\ominus = [H^+] \cdot [OH^-]$$

25 ℃时，水的离子积为 1.0×10^{-14}。

水的离子积不仅适用于纯水中，也适用于酸碱溶液中，即无论是酸溶液，还是碱溶液中，都同时存在 H^+ 和 OH^-，只是两者的浓度不同。

酸碱质子理论不仅扩大了酸碱离子及酸碱反应范围，也拓展了其应用条件，即无论有无溶剂（水溶剂、非水溶剂或无溶剂）及物理状态（液态、气态或固态）如何，酸碱质子理论都适用。

但是，酸碱质子理论仅局限于有质子给出和接受的反应，而不能解释没有质子给出和接受的化学反应规律。

4.1.3　弱酸、弱碱的解离常数和解离度

1. 弱酸、弱碱的解离常数

(1)强酸、强碱溶液

强酸（或强碱）在水溶液中能完全解离而给出（或接受）质子，不存在解离平衡。因此，其 H^+（或 OH^-）的浓度应按其完全解离的化学计量关系进行计算。例如

$$HCl + H_2O \longrightarrow H_3O^+ + Cl^-$$

或简写为
$$HCl \longrightarrow H^+ + Cl^-$$

则
$$c(H^+) = c(HCl)$$

又如
$$NaOH \longrightarrow Na^+ + OH^-$$

则
$$c(OH^-) = c(NaOH)$$

想一想

强酸（或强碱）水溶液的 pH 如何计算？

(2)弱酸、弱碱溶液

根据酸碱质子理论，弱酸（或弱碱）一经溶入水中即发生质子传递反应，并产生相应的共轭碱（或共轭酸），且两者存在动态平衡。在一定温度下，有一确定的平衡常数存在，称为弱酸（或弱碱）的解离常数，分别用 $K_a^\ominus$，$K_b^\ominus$ 或 $K^\ominus$（弱酸），$K^\ominus$（弱碱）表示。

例如，某一元弱酸 HA 在水溶液中发生的解离反应为

$$HA + H_2O \rightleftharpoons H_3O^+ + A^-$$

简化为
$$HA \rightleftharpoons H^+ + A^-$$

则该酸的解离常数为
$$K_a^\ominus = K^\ominus(HA) = \frac{[A^-]\cdot[H_3O^+]}{[HA]}$$

简化为
$$K_a^\ominus = \frac{[A^-]\cdot[H^+]}{[HA]} \tag{4-1}$$

同理，其共轭碱 A^- 在水溶液中发生的解离反应为

$$A^- + H_2O \rightleftharpoons HA + OH^-$$

则该碱的解离常数为

$$K_b^\ominus = K^\ominus(A^-) = \frac{[HA]\cdot[OH^-]}{[A^-]} \tag{4-2}$$

弱酸（或弱碱）的解离常数是表示弱酸（或弱碱）解离程度的特征常数。$K_a^\ominus$（或 $K_b^\ominus$）越大，对应的弱酸（或弱碱）的解离程度越大。对相同类型的弱酸（或弱碱），可用 $K_a^\ominus$（或 $K_b^\ominus$）的大小直接比较其相对强弱。例如，25 ℃时

$$K^\ominus(HClO) = 2.8\times10^{-8}$$

$$K^{\ominus}(\text{HF})=6.6\times10^{-4}$$

说明 HClO 是比 HF 更弱的一元酸。

弱酸(或弱碱)的解离常数只随温度的变化而改变,而与其浓度无关。由于温度对弱酸(或弱碱)的解离常数影响较小,因此在常温下,通常忽略温度的影响。

附录一中列出了 25 ℃时常见弱酸、弱碱的解离常数。通常,弱酸、弱碱的 $K^{\ominus}$ 为 10^{-4}～10^{-7},中强酸、中强碱的 $K^{\ominus}$ 为 10^{-2}～10^{-3},而 $K^{\ominus}<10^{-7}$ 时,则称为极弱酸、极弱碱。

练一练

比较 HA 和 A^- 的解离常数,总结两者之间的关系。

2. 共轭酸碱对的解离常数关系

根据同时平衡原则及式(4-1)和式(4-2),得出共轭酸碱对的解离常数之间定量关系为

$$K_a^{\ominus}\cdot K_b^{\ominus}=K_w^{\ominus} \tag{4-3}$$

酸的 $K_a^{\ominus}$ 越大,其共轭碱的 $K_b^{\ominus}$ 就越小,即其共轭碱越弱;反之,酸的 $K_a^{\ominus}$ 越小,其共轭碱的 $K_b^{\ominus}$ 就越大,即其共轭碱相对较强。

查一查

由附录一查出下列酸(或碱)的解离常数,计算与其对应的共轭碱(或酸)的解离常数,并比较酸或碱的相对强弱。

①HCN ②HSCN ③HNO_2 ④CH_3COOH ⑤NH_3

3. 弱酸、弱碱的解离度

在实际工作中常用解离度表示弱酸、弱碱的解离程度。**解离度是弱酸(或弱碱)在溶液中达到解离平衡时,已解离的浓度占初始浓度的百分数。**即

$$\alpha=\frac{c_{\text{解离}}}{c_{\text{初始}}}\times100\% \tag{4-4}$$

解离度是转化率的一种,根据解离度可定量衡量弱酸、弱碱的相对强弱。在相同条件下,解离度大的弱酸(或弱碱)较强,解离度小的较弱。

弱酸、弱碱的解离度不仅与物质的性质有关,还受温度、浓度的影响(表 4-1),因此在使用解离度时,必须指明溶液的温度和浓度。但温度对解离度的影响比较小,通常若不注明温度,均视为 25 ℃。

表 4-1　25 ℃时,不同浓度 HAc 溶液的解离度

$c(\text{HAc})/(\text{mol}\cdot\text{L}^{-1})$	0.2	0.1	0.01	0.005	0.001
$\alpha/\%$	0.934	1.33	4.19	5.85	12.4

知识拓展

在电解质溶液中,由于离子间的相互作用,使得离子表现出来的有效浓度与其真实浓度之间有差别。例如,0.1 mol/L NaCl 溶液的导电能力与 0.01 mol/L NaCl 溶液的导电能力相比,虽然两者的浓度相差 10 倍,但前者的导电能力却小于后者的 10 倍。

离子所表现出来的有效浓度称为离子的活度(又称有效浓度),以 α 表示。它与浓度 c 之间可用下列关系式表示

$$\alpha = fc$$

式中，f 称为活度系数，它反映了离子在溶液中所受作用力的大小。一般情况下，$f<1$，即 $\alpha<c$。在极稀的强电解质溶液和不太浓的弱电解质溶液中，f 值逐渐接近于1，离子的活度与浓度几乎相等。当对数据准确度要求不高时，为简化运算，通常用浓度代替活度进行计算。

4.2 弱酸、弱碱解离平衡的计算

4.2.1 一元弱酸、弱碱溶液

弱酸、弱碱与溶剂分子之间的质子传递反应达动态平衡时，称为弱酸、弱碱的解离平衡。其计算主要包括求解离度、解离常数及各组分的平衡浓度等。

1. 一元弱酸溶液

设一元弱酸 HA 溶液的初始浓度为 c，解离度为 α，则

	$HA \rightleftharpoons$	$H^+ +$	A^-
初始浓度/(mol/L)	c	0	0
平衡浓度/(mol/L)	$c(1-\alpha)$	$c\alpha$	$c\alpha$

在一定温度下，达到解离平衡时

$$K_a^\ominus = \frac{[A^-]\cdot[H^+]}{[HA]} = \frac{c\alpha \cdot c\alpha}{c(1-\alpha)} = \frac{c\alpha^2}{1-\alpha}$$

当 $c/K_a^\ominus \geqslant 500$ 时，$\alpha<5\%$，可近似为 $1-\alpha \approx 1$。这样处理后，计算 H^+ 浓度的相对误差小于3%，这在一般计算中通常是允许的。此时一元弱酸的解离度与其解离常数的关系为

$$\alpha = \sqrt{\frac{K_a^\ominus}{c}} \tag{4-5}$$

H^+ 浓度的简化计算式为

$$[H^+] = c\alpha = \sqrt{K_a^\ominus c} \tag{4-6}$$

式(4-5)表明，**弱酸的解离度与其相对浓度的平方根成反比，这个关系称为稀释定律。**即在一定温度下，弱酸的解离度随溶液的稀释而增大；而对相同浓度的不同弱酸，由于 α 与 $K_a^\ominus$ 平方根成正比，因此，$K_a^\ominus$ 越大，α 也越大。

当 $c/K_a^\ominus<500$ 时，弱酸解离度和 H^+ 浓度的计算必须用一元二次方程求根公式计算，否则将带来较大误差。

知识拓展

弱酸(或弱碱)水溶液中的 H^+(或 OH^-)的平衡浓度又称为酸度。H^+(或 OH^-)的主要来源是弱酸(或弱碱)的解离和水的自偶反应。由于水的自偶反应趋势极弱，所以通常当 $cK_a^\ominus \geqslant 20K_w^\ominus$(或 $cK_b^\ominus \geqslant 20K_w^\ominus$)时，弱酸(或弱碱)解离出的 H^+(或 OH^-)远远高于水的解离，此时可忽略水的解离。

本书有关酸碱平衡的计算均忽略水的自偶反应。

当 H^+ 浓度很小时，通常用 pH 或 pOH 表示溶液的酸碱性，其定义为

$$pH=-\lg[H^+] \qquad pOH=-\lg[OH^-]$$

同种溶液

$$pH + pOH = 14$$

【例 4-1】 计算 25 ℃时，0.10 mol/L HAc 溶液的 H^+ 浓度、HAc 的解离度和溶液的 pH。

解 HAc 在水溶液中的解离平衡式为

$$HAc \rightleftharpoons H^+ + Ac^-$$

由附录一查得，HAc 的解离常数 $K_a^\ominus=1.75\times10^{-5}$。

因为

$$c/K_a^\ominus=0.10/(1.75\times10^{-5})>500$$

所以

$$[H^+]=\sqrt{K_a^\ominus c}=\sqrt{1.75\times10^{-5}\times0.10}=1.32\times10^{-3}$$

即

$$c(H^+)=1.32\times10^{-3}\ \text{mol/L}$$

$$\alpha=\frac{c(H^+)}{c(HAc)}\times100\%=\frac{1.32\times10^{-3}}{0.10}\times100\%=1.32\%$$

$$pH=-\lg[H^+]=-\lg(1.32\times10^{-3})=2.28$$

练一练

计算 25 ℃ 时，0.01 mol/L HAc 溶液的 H^+ 浓度、解离度和溶液的 pH，并比较**【例 4-1】**的计算结果，说明稀释弱酸溶液时，其解离度、H^+ 浓度和溶液的 pH 的变化规律。

【例 4-2】 计算 25 ℃时，0.10 mol/L NH_4Cl 溶液的 pH。

解 NH_4Cl 溶液中，存在如下解离平衡

$$NH_4Cl \longrightarrow NH_4^+ + Cl^-$$

$$NH_4^+ + H_2O \rightleftharpoons H_3O^+ + NH_3$$

由附录一查得，NH_4^+ 共轭碱 NH_3 的解离常数 $K_b^\ominus=1.8\times10^{-5}$。

则

$$K_a^\ominus=\frac{K_w^\ominus}{K_b^\ominus}=\frac{1.0\times10^{-14}}{1.8\times10^{-5}}=5.6\times10^{-10}$$

因为

$$c/K_a^\ominus=0.10/(5.6\times10^{-10})>500$$

所以

$$[H^+]=\sqrt{K_a^\ominus c}=\sqrt{5.6\times10^{-10}\times0.10}=7.5\times10^{-6}$$

则

$$pH=-\lg[H^+]=-\lg(7.5\times10^{-6})=5.1$$

2. 一元弱碱溶液

一元弱碱溶液中，OH^- 浓度的计算与一元弱酸的处理方法相同。例如，一元弱碱 A^- 在水溶液中发生的解离反应为

$$A^- + H_2O \rightleftharpoons HA + OH^-$$

当 $c/K_b^\ominus\geqslant500$ 时

$$\alpha=\sqrt{\frac{K_b^\ominus}{c}} \tag{4-7}$$

$$[OH^-]=c\alpha=\sqrt{K_b^\ominus c} \tag{4-8}$$

【例 4-3】 计算 25 ℃时，0.10 mol/L NH_3 溶液的 pH。

解 NH_3 在水溶液中的解离平衡式为

$$H_2O + NH_3 \rightleftharpoons NH_4^+ + OH^-$$

由附录一查得，NH_3 的解离常数为 $K_b^\ominus=1.8\times10^{-5}$。

因为 $c/K_b^\ominus = 0.10/(1.8\times10^{-5}) > 500$

所以 $[OH^-] = \sqrt{K_b^\ominus c} = \sqrt{1.8\times10^{-5}\times0.10} = 1.34\times10^{-3}$

则 $pOH = -\lg[OH^-] = -\lg(1.34\times10^{-3}) = 2.9$

$$pH = 14 - pOH = 14 - 2.9 = 11.1$$

练一练

计算25 ℃时，0.10 mol/L KCN溶液的解离度和pH。

*4.2.2 多元弱酸、弱碱溶液

能给出(或接受)两个或两个以上质子的酸(或碱)，称为多元酸(或多元碱)。多元弱酸(或多元弱碱)在水溶液中的解离是分步进行的，每步只能给出(或接受)一个质子。

1. 多元弱酸溶液

25 ℃时，H_2S在水溶液中的解离

$$H_2S \rightleftharpoons H^+ + HS^- \qquad K_{a1}^\ominus = \frac{[HS^-]\cdot[H^+]}{[H_2S]} = 1.3\times10^{-7}$$

$$HS^- \rightleftharpoons H^+ + S^{2-} \qquad K_{a2}^\ominus = \frac{[S^{2-}]\cdot[H^+]}{[HS^-]} = 7.1\times10^{-15}$$

由于$K_{a1}^\ominus \gg K_{a2}^\ominus$，所以第一步解离是主要的。通常，多元弱酸水溶液中$H^+$浓度的计算可近似按一元弱酸处理，其简化计算式使用的条件为$c/K_{a1}^\ominus \geqslant 500$。不同多元弱酸的相对强弱可由第一步解离常数的大小来比较。

在H_2S溶液中，由于$K_{a1}^\ominus \gg K_{a2}^\ominus$($>10^3$倍)，所以$[H^+]\approx[HS^-]$，则$[S^{2-}]\approx K_{a2}^\ominus$。即当二元酸的$K_{a1}^\ominus \gg K_{a2}^\ominus$时，酸根离子的相对浓度近似等于$K_{a2}^\ominus$，而与弱酸的起始浓度无关。

练一练

计算25 ℃时，0.10 mol/L H_2S溶液的pH。

2. 多元弱碱溶液

25 ℃时，S^{2-}在水溶液中的解离

$$S^{2-} + H_2O \rightleftharpoons HS^- + OH^- \qquad K_{b1}^\ominus = \frac{K_w^\ominus}{K_{a2}^\ominus} = \frac{1.0\times10^{-14}}{7.1\times10^{-15}} = 1.4$$

$$HS^- + H_2O \rightleftharpoons H_2S + OH^- \qquad K_{b2}^\ominus = \frac{K_w^\ominus}{K_{a1}^\ominus} = \frac{1.0\times10^{-14}}{1.3\times10^{-7}} = 7.7\times10^{-8}$$

显然，$K_{b1}^\ominus \gg K_{b2}^\ominus$。因此，与多元弱酸的处理方法相同，多元弱碱溶液中$OH^-$浓度的计算也只考虑第一步解离，即按一元弱碱计算，其简化计算式使用的条件为$c/K_{b1}^\ominus \geqslant 500$。但应注意，根据共轭酸碱对的对应关系，$K_{b1}^\ominus$的计算要使用相应多元弱酸的最后一步解离常数，其余均依此类推。

练一练

计算25 ℃时，0.05 mol/L Na_2CO_3溶液的pH。

知识拓展

两性物质溶液的平衡计算更为复杂，通常按简化处理计算。例如，当$c/K_{a1}^\ominus \geqslant 20$，

$cK_{a2}^\ominus \geqslant 20K_w^\ominus$ 时，NaH_2PO_4 和 $NaHCO_3$ 溶液中 H^+ 相对浓度可按如下简化式计算。

$$[H^+]=\sqrt{K_{a1}^\ominus K_{a2}^\ominus}$$

4.3 同离子效应与缓冲溶液

4.3.1 同离子效应

化学平衡是一种动态平衡，当改变外界条件破坏平衡时，酸碱平衡会发生移动，直至建立新的平衡。

【实例分析】 向 HAc 中加入 NaAc 或 HCl 溶液时，会因增大 Ac^- 或 H^+ 的浓度，而使 HAc 的解离平衡向左移动，HAc 的解离度降低。

$$\text{平衡移动方向} \leftarrow \begin{vmatrix} H^+ + Cl^- \longleftarrow HCl \\ + \\ HAc \rightleftharpoons H^+ + Ac^- \\ + \\ Ac^- + Na^+ \longleftarrow NaAc \end{vmatrix} \rightarrow \text{平衡移动方向}$$

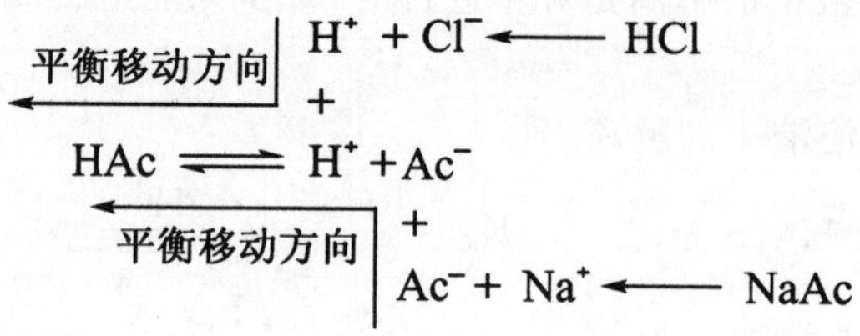

?想一想

试分析在 NH_3 溶液中加入 NaOH 或 NH_4Cl 时，能否使 NH_3 的解离平衡发生移动？NH_3 的解离度如何变化？

这种在弱酸(或弱碱)溶液中加入具有相同离子的易溶强电解质，而使弱酸(或弱碱)解离度降低的现象，称为同离子效应。

【例 4-4】 在 0.10 mol/L HAc 溶液中，加入少量 NaAc 晶体（其体积忽略不计），使其浓度为 0.10 mol/L，计算该混合溶液的 H^+ 浓度、pH 和 HAc 的解离度。

解 设平衡时，已解离的 HAc 相对浓度为 x，则

$$NaAc \longrightarrow Na^+ + Ac^-$$
$$HAc \rightleftharpoons H^+ + Ac^-$$

初始浓度/(mol/L)	0.10	0	0.10
平衡浓度/(mol/L)	0.10−x	x	0.10+x

由于同离子效应使 HAc 的解离度变得更小，因此可进行如下近似计算

$$K_a^\ominus = \frac{[Ac^-]\cdot[H^+]}{[HAc]} = \frac{(0.10+x)x}{0.10-x} \approx \frac{0.10x}{0.10} = x$$

由附录一查得，$K_a^\ominus = 1.75\times 10^{-5}$，则

$$[H^+] = x = K_a^\ominus = 1.75\times 10^{-5}$$

即

$$c(H^+) = 1.75\times 10^{-5} \text{ mol/L}$$
$$pH = -\lg[H^+] = -\lg(1.75\times 10^{-5}) = 4.8$$
$$\alpha = \frac{x}{[HAc]}\times 100\% = \frac{1.75\times 10^{-5}}{0.10}\times 100\% = 0.017\ 5\%$$

比较【例 4-1】和【例 4-4】的计算结果可知同离子效应能使弱电解质的解离度显著降低。

从上述计算过程可以总结出，在弱酸-共轭碱溶液中 $[H^+]$ 近似计算式为

$$[H^+]=K_a^{\ominus}\frac{c_{酸}}{c_{共轭碱}} \tag{4-9}$$

则

$$pH=pK_a^{\ominus}-\lg\frac{c_{酸}}{c_{共轭碱}} \tag{4-10}$$

同理，可以推导出弱碱-共轭酸溶液中$[OH^-]$近似计算式为

$$[OH^-]=K_b^{\ominus}\frac{c_{碱}}{c_{共轭酸}} \tag{4-11}$$

则

$$pOH=pK_b^{\ominus}-\lg\frac{c_{碱}}{c_{共轭酸}} \tag{4-12}$$

4.3.2　缓冲溶液

1. 缓冲溶液的概念

在化工生产和分析检验中，许多化学反应都要求在一定的 pH 范围内进行，这就需要**一种能保持溶液 pH 基本不变的溶液，这种溶液称为缓冲溶液。**

缓冲溶液具有缓冲作用，即能够抵抗少量外加强酸、强碱或适度稀释，而使溶液的 pH 无明显变化的作用。

2. 缓冲作用原理

缓冲溶液的缓冲作用是由其组成决定的。实验表明，缓冲溶液多由弱酸及其共轭碱（或弱碱及其共轭酸）组成，如 HAc-NaAc，H_2CO_3-$NaHCO_3$，NH_4Cl-NH_3，$NaHCO_3$-Na_2CO_3 等溶液。

例如，在由 HAc-NaAc 组成的缓冲溶液中，NaAc 完全解离，而 HAc 存在解离平衡

$$HAc \rightleftharpoons H^+ + Ac^-$$

$$NaAc \longrightarrow Na^+ + Ac^-$$

NaAc 提供了大量的 Ac^-，在同离子效应的作用下，HAc 的解离度更低，因此溶液中还存在着大量的 HAc 分子。大量存在的 Ac^- 和 HAc 分子分别称为抗酸组分和抗碱组分。

当向溶液中加入少量强酸时，由强酸解离的 H^+ 与溶液中大量存在的 Ac^- 结合成 HAc，则 HAc 解离平衡向左移动，H^+ 浓度没有显著变化，溶液 pH 基本不变。

当向溶液中加入少量强碱，由于 OH^- 与 H^+ 结合生成水，使 HAc 解离平衡向右移动，HAc 进一步解离，溶液中 H^+ 浓度基本不变，pH 仍很稳定，即溶液中大量存在的 HAc 具有抗碱的作用。

当适度稀释时，由于 HAc 和 Ac^- 的浓度同时降低，$c(HAc)$与 $c(Ac^-)$比值基本不变，则由式(4-10)可知，缓冲溶液的 pH 基本保持不变。

想一想

NH_4Cl-NH_3 溶液是如何发挥缓冲作用的？指出其抗酸组分和抗碱组分。

【例 4-5】　计算 20 mL 0.20 mol/L HAc 和 30 mL 0.20 mol/L NaAc 混合溶液的 pH。

解　稀溶液混合时体积有加合性，由于 NaAc 在溶液中完全解离，故

$$c(Ac^-)=c(NaAc)=\frac{0.20\times30}{50}=0.12\ mol/L$$

$$c(HAc)=\frac{0.20\times20}{50}=0.08\ mol/L$$

$$pH = pK_a^{\ominus} - \lg\frac{c(HAc)}{c(Ac^-)}$$

由附录一查得，$K_a^{\ominus} = 1.75 \times 10^{-5}$

则
$$pH = -\lg(1.75 \times 10^{-5}) - \lg\frac{0.08}{0.12}$$
$$pH = 4.9$$

3. 缓冲范围

缓冲溶液的缓冲能力是有限的，当外加强酸或强碱量较多时，大部分共轭碱或共轭酸就会被消耗掉，缓冲溶液就失去了维持溶液 pH 稳定的作用。

实验表明，共轭酸碱对的浓度之比($c_{酸}/c_{共轭碱}$)为 1∶1 时，缓冲溶液的缓冲能力最大。通常，$c_{酸}/c_{共轭碱} = 0.1 \sim 10$ 时，缓冲溶液具有明显的缓冲能力，此时

$$pH = pK_a^{\ominus} \pm 1 \tag{4-13}$$

该 pH 范围称为缓冲溶液的有效缓冲范围，简称缓冲范围。常见缓冲溶液及其缓冲范围见表 4-2。

表 4-2　常见缓冲溶液及其缓冲范围

缓冲溶液	共轭酸	共轭碱	$pK_a^{\ominus}$	缓冲范围
HCOOH-HCOONa	HCOOH	$HCOO^-$	3.75	2.75～4.75
HAc-NaAc	HAc	Ac^-	4.76	3.76～5.76
六次甲基四胺-HCl	$(CH_2)_6N_4H^+$	$(CH_2)_6N_4$	5.15	4.15～6.15
NaH_2PO_4-Na_2HPO_4	$H_2PO_4^-$	HPO_4^{2-}	7.21	6.21～8.21
$Na_2B_4O_7$-HCl	H_3BO_3	$H_2BO_3^-$	9.24	8.24～10.24
NH_3-NH_4Cl	NH_4^+	NH_3	9.26	8.26～10.26
$NaHCO_3$-Na_2CO_3	HCO_3^-	CO_3^{2-}	10.28	9.28～11.28

查一查

若需要分别控制 pH 为 4.0～5.5，8.5～10.0 时，需选用哪种缓冲溶液？

显然，缓冲溶液的缓冲范围主要取决于共轭酸的解离常数大小，其次受 $c_{酸}/c_{共轭碱}$ 的影响。因此，在选择和配制缓冲溶液时，首先要参考缓冲范围，选择合适的共轭酸，即 $pK_a^{\ominus}$ 的大小要在缓冲范围之内，然后通过调节共轭酸碱对的浓度比($c_{酸}/c_{共轭碱}$)来达到要求。

【例 4-6】 用 10 mL 6.0 mol/L HAc 溶液配制 pH=4.5 的 HAc-NaAc 缓冲溶液 100 mL，需称取 $NaAc \cdot 3H_2O$ 多少克？

解　由附录一查得，$K_a^{\ominus} = 1.75 \times 10^{-5}$。

因为
$$pH = pK_a^{\ominus} - \lg\frac{c(HAc)}{c(Ac^-)}$$

所以
$$4.5 = -\lg(1.75 \times 10^{-5}) - \lg\frac{c(HAc)}{c(Ac^-)}$$
$$\lg\frac{c(HAc)}{c(Ac^-)} = 0.26$$
$$\frac{c(HAc)}{c(Ac^-)} = 1.82$$

配制的缓冲溶液中，HAc的浓度为

$$c(\mathrm{HAc})=\frac{6.0\times10}{100}=0.6\ \mathrm{mol/L}$$

则

$$c(\mathrm{Ac^-})=\frac{0.6}{1.82}=0.33\ \mathrm{mol/L}$$

$$n(\mathrm{NaAc\cdot3H_2O})=n(\mathrm{Ac^-})=0.33\times0.1=0.033\ \mathrm{mol}$$

$$m(\mathrm{NaAc\cdot3H_2O})=n(\mathrm{NaAc\cdot3H_2O})M(\mathrm{NaAc\cdot3H_2O})$$

即

$$m(\mathrm{NaAc\cdot3H_2O})=0.033\times136=4.49\ \mathrm{g}$$

知识拓展

缓冲溶液在工农业生产、科学实验及生命活动等方面都有重要作用。例如，使用缓冲溶液能保持电镀液酸度一定，以满足电镀反应需要；土壤中 H_2CO_3-$NaHCO_3$ 和 NaH_2PO_4-Na_2HPO_4 等共轭酸碱对的存在，能维持其 pH=5～8，从而适于植物生长。正常情况下，人体血液的 pH=7.4±0.05，每当血液 pH 下降 0.1，胰岛素的活性就下降30%。有人认为糖尿病特别是Ⅱ型糖尿病不是因为胰岛素分泌少，而是由于胰岛素活性下降所致。维持血液 pH 稳定，也主要归功于人体血液之中的 H_2CO_3-$NaHCO_3$ 和 NaH_2PO_4-Na_2HPO_4 等共轭酸碱对组成的缓冲溶液。

*4.4 滴定分析

4.4.1 基本概念

滴定分析是将已知准确浓度的试剂溶液滴加到一定量待测物质溶液中，直至所加试剂与待测物质恰好反应完全，然后根据试剂溶液的浓度和所消耗体积计算出被测物质含量的分析方法。由于这种分析方法以测量溶液体积为基础，故又称为容量分析。

滴定分析是分析化学中重要的一类分析方法，适用于含量在1%以上的常量组分的测定。此法设备简单、操作简便、快速且准确，分析的相对误差可精确到0.1%～0.2%。因此，应用十分广泛。根据滴定时反应类型的不同，滴定分析主要包括酸碱滴定法、沉淀滴定法、氧化还原滴定法及配位滴定法。

1. 常用术语

(1)标准滴定溶液。与待测组分发生反应的**已知准确浓度的试剂溶液称为标准滴定溶液，又称滴定剂。**

(2)滴定。**通过滴定管将标准滴定溶液滴加到被测物质溶液中的操作过程称为滴定。**

(3)化学计量点。**当加入的标准滴定溶液的量与被测物质的量恰好符合化学计量关系时，反应到达化学计量点，简称计量点。**

(4)指示剂。**借助于颜色突变来确定化学计量点的辅助试剂称为指示剂。**

(5)滴定终点。**滴定过程中，指示剂改变颜色的那一点称为滴定终点，简称终点。**

(6)终点误差。**滴定终点与化学计量点不一致而引起的误差称为终点误差。**终点误差是滴定分析误差的主要来源之一。

2.滴定分析对滴定反应的要求

(1)反应要按一定的化学反应式进行,即反应具有确定的化学计量关系且不发生副反应;

(2)反应必须定量进行,通常要求反应完全程度≥99.9%;

(3)反应速率要快,可以采用加热、增加反应物浓度、加入催化剂等措施;

(4)有适当的方法确定滴定的终点,即有合适的指示剂或仪器确定终点。

(5)共存组分不能干扰滴定反应,或者通过控制反应条件或掩蔽等手段消除干扰。

3.滴定方式

(1)直接滴定法

用标准滴定溶液直接滴定被测物质的方法称为直接滴定法。凡是满足滴定分析要求的化学反应,都可以用直接滴定法进行测定。例如,用 NaOH 标准滴定溶液可直接滴定 HAc,HCl,H_2SO_4 等试样。

直接滴定法是最常用和最基本的滴定方式,具有简便、快速的特点。

(2)返滴定法

返滴定法又称为回滴法,是在待测溶液中准确加入适当过量的标准滴定溶液,待反应完全后,再用另一种标准滴定溶液返滴定剩余的第一种标准滴定溶液,从而测定待测组分的含量的方法。

这种滴定方式主要用于滴定反应速率较慢、反应物是固体或加入符合计量关系的标准滴定溶液后反应常常不能立即完成的情况。

例如,测定 $CaCO_3$ 时,先加入过量的 HCl 标准滴定溶液,再用 NaOH 标准滴定溶液回滴剩余的 HCl,则由 HCl 和 NaOH 标准滴定溶液的用量,即可计算出 $CaCO_3$ 的含量。反应如下

$$CaCO_3 + 2HCl(过量) \longrightarrow CaCl_2 + CO_2\uparrow + H_2O$$

$$NaOH + HCl(剩余) \longrightarrow NaCl + H_2O$$

有时返滴定法也可用于没有合适指示剂的情况。

(3)置换滴定法

置换滴定法是先加入适当的试剂与待测组分定量反应,定量生成另一种可滴定的物质,再利用标准滴定溶液滴定该物质,从而测定待测组分的含量的方法。

这种滴定方式主要用于因滴定反应没有定量关系或伴有副反应而无法直接滴定的情况。

例如,用 $Na_2S_2O_3$ 溶液不能直接滴定 $K_2Cr_2O_7$ 溶液,因为在酸性溶液中,$Na_2S_2O_3$ 被 $K_2Cr_2O_7$ 氧化成 $S_4O_6^{2-}$ 和 SO_4^{2-} 等,反应没有确定的计量关系,通常是以一定量的 $K_2Cr_2O_7$ 在酸性溶液中与过量的 KI 作用,析出相当量的 I_2,以淀粉为指示剂,用 $Na_2S_2O_3$ 溶液滴定析出的 I_2,进而求得 $K_2Cr_2O_7$ 溶液的浓度。反应如下

$$Cr_2O_7^{2-} + 6I^- + 14H^+ \longrightarrow 2Cr^{3+} + 3I_2 + 7H_2O$$

$$I_2 + 2S_2O_3^{2-} \longrightarrow S_4O_6^{2-} + 2I^-$$

(4)间接滴定法

某些待测组分不能直接与滴定剂反应,但可通过其他的化学反应间接测定其含量。

例如溶液中 Ca^{2+} 几乎不发生氧化还原反应,但利用它与 $C_2O_4^{2-}$ 反应生成 CaC_2O_4 沉淀,过滤洗净后,加入 H_2SO_4 使其溶解,再用 $KMnO_4$ 标准滴定溶液滴定 $C_2O_4^{2-}$,就可间

接测定 Ca^{2+} 的含量。其反应如下

$$Ca^{2+} + C_2O_4^{2-} \longrightarrow CaC_2O_4 \downarrow$$

$$CaC_2O_4 + 2H_2SO_4 \longrightarrow Ca(HSO_4)_2 + H_2C_2O_4$$

$$5C_2O_4^{2-} + 2MnO_4^- + 16H^+ \longrightarrow 10CO_2 \uparrow + 2Mn^{2+} + 8H_2O$$

返滴定法、置换滴定法和间接滴定法的应用大大扩展了滴定分析的应用范围。

知识拓展

19世纪中期，滴定分析中的酸碱滴定法、沉淀滴定法和氧化还原滴定法盛行起来。但其起源可以上溯到18世纪。法国人日鲁瓦在1729年为测定醋酸浓度，以碳酸钾为标准物，以发生气泡停止为滴定终点。这是第一次把中和反应用于分析化学。1750年法国人弗朗索用硫酸滴定矿泉水的含碱量时，为了使终点有明显的标志，用紫罗兰浸液作为指示剂，这又是对滴定分析的一大贡献。法国人德克劳西于1786年发明了"碱量计"，以后改进为滴定管。在18世纪末，酸碱滴定法的基本形式和原则已经确定，但直到19世纪70年代，在人工合成指示剂出现后，酸碱滴定法才获得了较大的应用价值，扩大了应用范围。

4.4.2 基准物质和标准滴定溶液

1. 基准物质

可用于直接配制或标定标准滴定溶液的物质称为基准物质。基准物质必须符合下列条件：

(1)纯度高，其质量分数在99.9%以上，其杂质含量应在滴定分析所允许的误差限度以下；

(2)实际组成(包括结晶水)与化学式完全符合；

(3)化学性质稳定，储存时不与空气中的 O_2，CO_2，H_2O 等组分反应，不吸湿、不风化、烘干时不分解；

(4)具有较大的摩尔质量，可以减小称量误差；

(5)试剂参加滴定反应时，严格按反应式定量进行，无副反应发生。

想一想

标定 NaOH 溶液时，草酸($H_2C_2O_4 \cdot 2H_2O$)和邻苯二甲酸氢钾($KHC_8H_4O_4$)都可以作为基准物质，若 $c(NaOH)=0.05$ mol/L，则选哪一种为基准物质更好？若 $c(NaOH)=0.2$ mol/L 呢（从称量误差方面考虑）？

2. 标准滴定溶液的配制

标准滴定溶液的配制方法有直接法和标定法两种。

(1)直接法。准确称取一定量的基准物质，溶解后定量转移于一定体积容量瓶中，用去离子水稀释至刻度，根据溶质的质量和容量瓶的体积计算该标准滴定溶液的准确浓度的方法称为直接法。

(2)标定法(间接法)。用来配制标准滴定溶液的物质大多数是不能满足基准物质条件的，如 HCl，NaOH，$KMnO_4$，I_2，$Na_2S_2O_3$ 等试剂，不适合用直接法配制成标准滴定溶

液，需要采用标定法配制成标准滴定溶液。即先配成近似所需浓度的溶液(所配溶液浓度应在所需浓度±5%范围以内)，然后用基准物质或另一种标准滴定溶液确定其准确浓度，该过程称为标定。采用这种间接制备标准滴定溶液的方法称为标定法。

4.4.3 滴定分析的计算

1. 标准滴定溶液组成的表示方法

(1)物质的量浓度(简称浓度)

标准滴定溶液的浓度常用物质的量浓度表示。**溶质 B 的物质的量浓度是指单位体积溶液中所含溶质 B 的物质的量**，即

$$c_B=\frac{n_B}{V} \tag{4-14}$$

式中 n_B——溶液中溶质 B 的物质的量，mol；

V——溶液的体积，L；

c_B——溶质 B 的物质的量浓度，mol/L。

表示物质的量浓度时，必须指明基本单元，如 $c(1/5KMnO_4)=0.100\,0$ mol/L。

基本单元的选择一般可根据标准滴定溶液在滴定反应中的质子转移数(酸碱反应)、电子得失数(氧化还原反应)或反应的计量关系来确定。

通常，标准滴定溶液的基本单元规定见表 4-3。

表 4-3　常用标准滴定溶液的基本单元

滴定分析方法	标准滴定溶液	基本单元
酸碱滴定法	NaOH	NaOH
沉淀滴定法	$AgNO_3$	$AgNO_3$
氧化还原滴定法	$KMnO_4$(强酸性介质)	$1/5KMnO_4$
	$K_2Cr_2O_7$	$1/6K_2Cr_2O_7$
	$Na_2S_2O_3$	$Na_2S_2O_3$
	I_2	$1/2I_2$
配位滴定法	EDTA	EDTA

(2)滴定度

在工矿企业例行分析中，有时也用"滴定度"表示标准滴定溶液的浓度。**滴定度是指 1 mL 标准滴定溶液相当于被测物质的质量**(g)，用 T(待测物/滴定剂)表示，单位为 g/mL。

例如，若 1 mL $K_2Cr_2O_7$ 标准滴定溶液恰好能与 0.005 000 g Fe^{2+} 反应，则该 $K_2Cr_2O_7$ 标准滴定溶液的滴定度可表示为 $T(Fe/K_2Cr_2O_7)=0.005\,000$ g/mL。如果消耗 $K_2Cr_2O_7$ 标准滴定溶液的体积为 21.50 mL，则试样中的含铁量为

$$m(Fe)=0.005\,000\times21.50=0.107\,5\ \text{g}$$

知识拓展

有效数字是指在分析工作中实际能够测量得到的数字。在保留的有效数字中，只有最后一位数字是可疑的，其余数字都是准确的。有效数字不仅表明数量的大小，也反映出测量的准确度，小数点后位数的多少反映测量值的绝对误差，是由所用测量仪器的准确度

和精密度所决定的；而有效数字的位数的多少大致反映测量值的相对误差。定量化学分析方法应达到的准确度和精密度为0.2%，要求各测量值及分析结果的有效数字位数为四位。

数值修约按GB/T 8170—2008《数据修约规则与极限数值表示和判定》进行，归纳口诀如下："4舍6入5待定；5后有非"0"则进1；5后皆"0"（或无数）视奇偶，5前为偶应舍去，5前为奇则进1。"在分析测定过程中，由于各个测量环节的测量精度不一定完全一致，测量数据的有效数字位数也不尽相同，但最后计算结果应正确反映实际测量的准确度和精密度。因此须掌握有效数字运算规则：加减法的运算结果应以各数据中绝对误差最大（即小数点后位数最少）的数据为依据；乘除法的运算结果应以各数据中相对误差最大（即有效数字位数最少）的数据为依据。通常，先取舍，后运算。

2. 滴定分析的计算

(1)根据化学反应计量关系计算

对于化学计量式

$$aA + bB \longrightarrow eE + fF$$

滴定剂A与被测物质B的关系为

$$n_B = \frac{b}{a} n_A \tag{4-15}$$

则

$$c_B \cdot V_B = \frac{b}{a} c_A \cdot V_A \tag{4-16}$$

$$\frac{m_B}{M_B} = \frac{b}{a} c_A \cdot V_A \tag{4-17}$$

$$w_B = \frac{\frac{b}{a} c_A \cdot V_A \cdot M_B}{m} \tag{4-18}$$

【例4-7】 准确称取基准物质无水碳酸钠0.169 8 g，溶于20～30 mL水中。用甲基橙作指示剂标定HCl溶液，计量点时消耗HCl溶液30.54 mL。试计算HCl溶液的浓度。

解 $2HCl + Na_2CO_3 \longrightarrow 2NaCl + CO_2\uparrow + H_2O$

由式(4-16)得

$$c(HCl) = \frac{2 \cdot \frac{m(Na_2CO_3)}{M(Na_2CO_3)}}{V(HCl)} = \frac{2 \times \frac{0.169\,8}{106.0}}{30.54 \times 10^{-3}} = 0.104\,9\ \text{mol/L}$$

(2)根据等物质的量规则计算

等物质的量规则是指对于一定的化学反应，如选定适当的基本单元，那么在任何时刻所消耗的反应物的物质的量均相等。即

$$n(\frac{1}{Z_B}B) = n(\frac{1}{Z_A}A) \tag{4-19}$$

式中 $\frac{1}{Z_A}A$，$\frac{1}{Z_B}B$——物质A，B在反应中的转移质子数或得失电子数为Z_A，Z_B时的基本单元。

【例4-8】 准确称取1.471 g基准物质$K_2Cr_2O_7$，溶解后定量转移至500.0 mL容量瓶中。已知$M(K_2Cr_2O_7)=294.2$ g/mol，计算以下两种$K_2Cr_2O_7$溶液的浓度。

(1) $c(K_2Cr_2O_7)$　　(2) $c(1/6K_2Cr_2O_7)$

解 (1) $c(K_2Cr_2O_7)=\dfrac{m(K_2Cr_2O_7)}{V(K_2Cr_2O_7)\cdot M(K_2Cr_2O_7)}$

$$=\frac{1.471}{500.0\times294.2\times10^{-3}}=0.010\ 00\ \text{mol/L}$$

(2) $c(1/6K_2Cr_2O_7)=\dfrac{m(K_2Cr_2O_7)}{V(K_2Cr_2O_7)\cdot M(1/6K_2Cr_2O_7)}$

$$=\frac{1.471}{500.0\times\frac{1}{6}\times294.2\times10^{-3}}=0.060\ 00\ \text{mol/L}$$

【例 4-9】 已知 $M(Na_2CO_3)=106.0$ g/mol，欲配制 $c(1/2Na_2CO_3)=0.100\ 0$ mol/L 的 Na_2CO_3 标准滴定溶液 250.0 mL，问应称取基准试剂 Na_2CO_3 多少克？

解 $m(Na_2CO_3)=c(1/2Na_2CO_3)\cdot V(Na_2CO_3)\cdot M(1/2Na_2CO_3)$

$$=0.100\ 0\times0.250\ 0\times0.5\times106.0=1.325\ \text{g}$$

【例 4-10】 已知 $M(Na_2CO_3)=106.0$ g/mol，计算 $c(HCl)=0.101\ 5$ mol/L 的 HCl 标准滴定溶液对 Na_2CO_3 的滴定度。

解 $2HCl + Na_2CO_3 \longrightarrow 2NaCl + CO_2\uparrow + H_2O$

根据等物质的量规则，得

$$n(1/2\ Na_2CO_3)=n(HCl)$$

即

$$\frac{m(Na_2CO_3)}{M(1/2\ Na_2CO_3)}=c(HCl)\cdot V(HCl)$$

$$T(Na_2CO_3/HCl)=\frac{m(Na_2CO_3)}{V(HCl)}=c(HCl)\cdot M(1/2Na_2CO_3)=\frac{0.101\ 5\times0.5\times106.0}{1\ 000}$$

$$=0.005\ 380\ \text{g/mL}$$

练一练

称取碳酸钙试样 0.180 0 g，加入 50.00 mL 0.102 0 mol/L HCl 溶液，反应完全后用 0.100 2 mol/L NaOH 溶液滴定剩余的 HCl，消耗 18.10 mL。求碳酸钙的含量。已知 $M(CaCO_3)=100.09$ g/mol。

【例 4-11】 称取重铬酸钾试样 0.150 0 g，溶于水后，在酸性条件下加入过量 KI，待反应完全后稀释，用 0.104 0 mol/L $Na_2S_2O_3$ 溶液滴定，消耗 29.20 mL。求试样中 $K_2Cr_2O_7$ 的含量。已知 $M(K_2Cr_2O_7)=294.2$ g/mol。

解 $K_2Cr_2O_7 + 6KI + 7H_2SO_4 \longrightarrow Cr_2(SO_4)_3 + 4K_2SO_4 + 3I_2 + 7H_2O$

$$I_2 + 2Na_2S_2O_3 \longrightarrow Na_2S_4O_6 + 2NaI$$

根据物质的量规则，得

$$n(1/6\ K_2Cr_2O_7)=n(Na_2S_2O_3)$$

即 $\dfrac{m(K_2Cr_2O_7)}{M(1/6\ K_2Cr_2O_7)}=c(Na_2S_2O_3)\cdot V(Na_2S_2O_3)$

$$w(K_2Cr_2O_7)=\frac{c(Na_2S_2O_3)\cdot V(Na_2S_2O_3)\cdot M(1/6K_2Cr_2O_7)}{m_{试样}}$$

$$=\frac{0.104\ 0\times 29.20\times \frac{1}{6}\times 294.2}{0.150\ 0\times 1\ 000}=99.27\%$$

*4.5 酸碱滴定法

4.5.1 滴定原理

酸碱滴定法是以酸碱反应为基础的滴定分析方法，是滴定分析中应用最广泛的方法。一般的酸碱以及能与酸碱直接或间接发生反应的物质，几乎都可以用酸碱滴定法测定。运用酸碱滴定法进行滴定分析时，必须了解滴定过程中溶液 pH 变化规律，以便根据滴定突跃范围选择合适的指示剂，准确确定化学计量点。

1. 酸碱指示剂

酸碱指示剂是在某一特定 pH 范围内随介质酸度条件的改变，颜色有明显变化的物质。常用的酸碱指示剂多为有机弱酸或弱碱，其酸式与共轭碱式具有不同颜色。溶液 pH 改变引起指示剂结构改变，因而呈现不同的颜色。

甲基橙(MO)是一种有机弱碱，也是一种双色指示剂，它在溶液中的解离平衡为

$$(CH_3)_2N\text{—}\bigcirc\text{—}N\text{=}N\text{—}\bigcirc\text{—}SO_3^- \underset{OH^-}{\overset{H^+}{\rightleftharpoons}} (CH_3)_2\overset{+}{N}\text{=}\bigcirc\text{=}N\text{—}NH\text{—}\bigcirc\text{—}SO_3^-$$

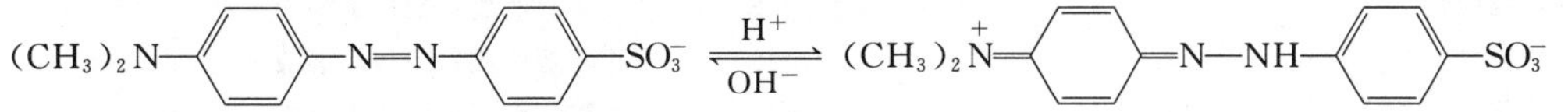

黄色(偶氮式，碱式色)   红色(醌式，酸式色)

当溶液中[H$^+$]增大时，反应向右进行，此时甲基橙主要以醌式存在，溶液呈红色；当溶液中[H$^+$]降低，而[OH$^-$]增大时，反应向左进行，甲基橙主要以偶氮式存在，溶液呈黄色。

酚酞(PP)是一种有机弱酸，它在溶液中的解离平衡为

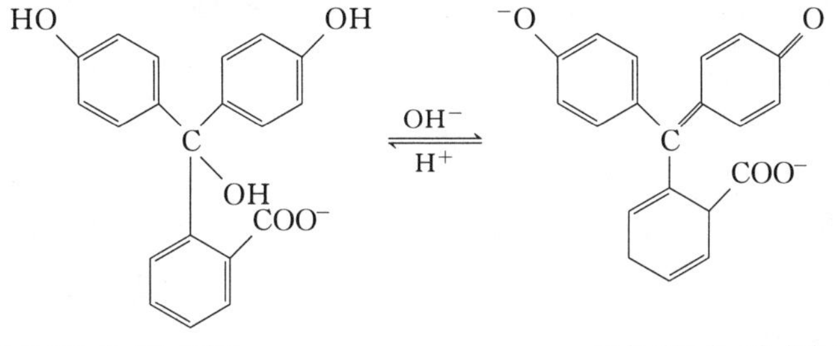

无色(羟式，酸式色)   红色(醌式，碱式色)

在酸性溶液中，平衡向左移动，酚酞主要以羟式存在，溶液无色；在碱性溶液中，平衡向右移动，酚酞主要以醌式存在，溶液呈红色。

2. 酸碱指示剂的变色范围

若以 HIn 代表酸碱指示剂的酸式(其颜色称为指示剂的酸式色)，其解离产物 In$^-$ 代表酸碱指示剂的碱式(其颜色称为指示剂的碱式色)，则解离平衡可表示为

$$HIn \rightleftharpoons H^+ + In^-$$

$$K^{\ominus}(HIn)=\frac{[H^+]\cdot [In^-]}{[HIn]}$$

则
$$pH=pK^{\ominus}(HIn)-\lg\frac{[HIn]}{[In^-]} \tag{4-20}$$

显然，溶液颜色取决于指示剂酸式与碱式的浓度比[HIn]/[In^-]。在一定温度时，指示剂的 $K^{\ominus}(HIn)$ 为常数。因此，浓度比值只取决于[H^+]。一般说来，当一种形式的浓度大于另一种形式的浓度10倍时，人的肉眼通常只能看到浓度较大物质的颜色。

这种理论上可以看到的引起指示剂颜色变化的 pH 范围称为指示剂的理论变色范围。即

$$pH = pK^{\ominus}(HIn) \pm 1 \tag{4-21}$$

当指示剂中酸式浓度与碱式浓度相同([HIn]=[In^-])时，溶液便显示指示剂酸式与碱式的混合色。此时溶液的 $pH = pK^{\ominus}(HIn)$，这一点称为指示剂的理论变色点。几种常用酸碱指示剂变色范围见表4-4。

表 4-4　几种常用酸碱指示剂在室温下水溶液中的变色范围

指示剂	变色范围(pH)	颜色变化	$pK^{\ominus}(HIn)$	溶液配制方法	用量/(滴/10 mL 试液)
百里酚蓝①	1.2～2.8	红～黄	1.7	1 g/L 的 20%乙醇溶液	1～2
甲基黄	2.9～4.0	红～黄	3.3	1 g/L 的 90%乙醇溶液	1
甲基橙	3.1～4.4	红～黄	3.4	0.5 g/L 的水溶液	1
溴酚蓝	3.0～4.6	黄～紫	4.1	1 g/L 的 20%乙醇溶液或其钠盐水溶液	1
溴甲酚绿	4.0～5.6	黄～蓝	4.9	1 g/L 的 20%乙醇溶液或其钠盐水溶液	1～3
甲基红	4.4～6.2	红～黄	5.0	1 g/L 的 60%乙醇溶液或其钠盐水溶液	1
溴百里酚蓝	6.2～7.6	黄～蓝	7.3	1 g/L 的 20%乙醇溶液或其钠盐水溶液	1
中性红	6.8～8.0	红～黄橙	7.4	1 g/L 的 60%乙醇溶液	1
苯酚红	6.8～8.4	黄～红	8.0	1 g/L 的 60%乙醇溶液或其钠盐水溶液	1
酚酞	8.0～10.0	无色～红	9.1	5 g/L 的 90%乙醇溶液	1～3
百里酚蓝	8.0～9.6	黄～蓝	8.9	1 g/L 的 20%乙醇溶液	1～4
百里酚酞	9.4～10.6	无色～蓝	10.0	1 g/L 的 90%乙醇溶液	1～2

①百里酚蓝指示剂有两个变色范围，第一变色范围 pH 为 1.2～2.8，第二变色范围 pH 为 8.0～9.6。

查一查

某分析人员在判断溶液 pH 范围时，做了如下试验：将该溶液分成两份，向一份溶液中滴入酚酞指示剂后，溶液呈现无色；向另一份溶液中滴入甲基橙指示剂后，溶液呈现黄色，试判断该溶液的 pH 范围？

3. 酸碱滴定曲线及指示剂的选择

运用酸碱滴定法进行滴定分析时，必须了解滴定过程中溶液 pH 的变化，特别是化学计量点附近 pH 的变化。

以加入滴定剂的体积或中和百分数为横坐标，溶液 pH 为纵坐标，描述滴定过程中溶液 pH 变化的曲线，称为酸碱滴定曲线。

(1)强碱(酸)滴定强酸(碱)

以 0.100 0 mol/L NaOH 溶液滴定 20.00 mL 0.100 0 mol/L HCl 溶液为例，讨论滴定过程中溶液 pH 的变化。

该滴定过程可分为 4 个阶段：

①滴定开始前。溶液的 pH 由此时 HCl 溶液的酸度决定。即

$$[H^+]=0.1000\ mol/L \qquad pH=1.00$$

②滴定开始至化学计量点前。溶液的 pH 由剩余 HCl 溶液的酸度决定。当滴入 NaOH 溶液 19.98 mL 时，溶液中剩余 HCl 溶液 0.02 mL，则

$$[H^+]=0.1000\times\frac{20.00-19.98}{20.00+19.98}=5.00\times10^{-5}\ mol/L$$

$$pH=4.30$$

③化学计量点时。溶液的 pH 由系统生成物的解离决定。此时溶液中的 HCl 全部被 NaOH 中和，其生成物为 NaCl 与 H_2O，因此溶液呈中性，即

$$[H^+]=[OH^-]=1.00\times10^{-7}\ mol/L$$

$$pH=7.00$$

④化学计量点后。溶液的 pH 由过量 NaOH 的浓度决定。当滴入 NaOH 溶液 20.02 mL 时，NaOH 过量 0.02 mL，此时溶液中$[OH^-]$为

$$[OH^-]=0.1000\times\frac{20.02-20.00}{20.02+20.00}=5.00\times10^{-5}\ mol/L$$

$$pOH=4.30 \qquad pH=9.70$$

练一练

当将 0.100 0 mol/L NaOH 标准滴定溶液加入到 20.00 mL 0.100 0 mol/L HCl 溶液中的体积分别为 18.00 mL，19.80 mL 及 20.20 mL 时，试计算溶液的 pH 分别为多少？

在整个滴定过程中加入任意体积 NaOH 溶液，溶液的 pH 见表 4-5。

表 4-5　用 0.100 0 mol/L NaOH 溶液滴定 20.00 mL 0.100 0 mol/L HCl 溶液时 pH 的变化

加入 NaOH 溶液量/mL	HCl 被滴定百分数/%	剩余 HCl 溶液量/mL	过量 NaOH 溶液量/mL	$[H^+]$	pH
0	0	20.00	0	1.00×10^{-1}	1.00
18.00	90.00	2.00	0	5.26×10^{-3}	2.28
19.80	99.00	0.20	0	5.02×10^{-4}	3.30
19.98	99.90	0.02	0	5.00×10^{-5}	4.30
20.00	100.00	0	0	1.00×10^{-7}	7.00
20.02	—	0	0.02	2.00×10^{-10}	9.70
20.20	—	0	0.20	2.01×10^{-11}	10.70
22.00	—	0	2.00	2.10×10^{-12}	11.68
40.00	—	0	20.00	5.00×10^{-13}	12.30

以溶液的 pH 为纵坐标，以 NaOH 溶液的加入量（或滴定百分数）为横坐标，可绘制出强碱滴定强酸的滴定曲线，如图 4-1 所示。

在化学计量点前后 0.1%处，曲线呈现近似垂直的一段，表明溶液 pH 有一个突然的变化，这种 pH 的突然改变称为滴定突跃，而滴定突跃所在的 pH 范围称为滴定突跃范围。此后，再继续滴加 NaOH 溶液，pH 变化越来越小，曲线又趋于平坦。

指示剂选择原则：指示剂变色范围要全部或部分地落入滴定突跃范围内，并且指示剂的变色点应尽量靠近化学计量点。

滴定突跃范围与被滴定物质及标准滴定溶液浓度有关。不同浓度强碱滴定强酸的滴定曲线如图 4-2 所示。

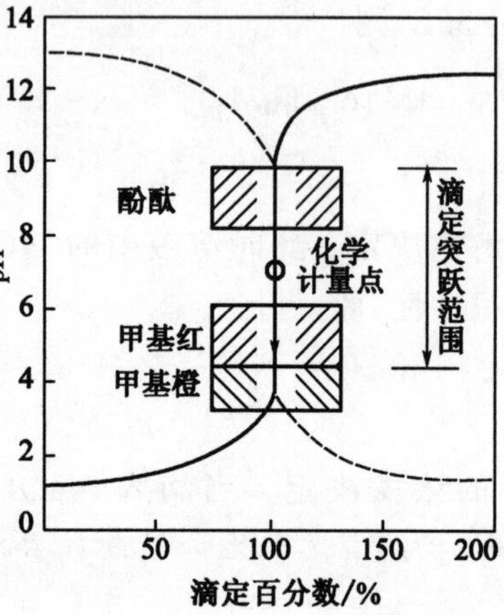

图 4-1　0.100 0 mol/L NaOH 溶液滴定 20.00 mL 0.100 0 mol/L HCl 溶液滴定曲线

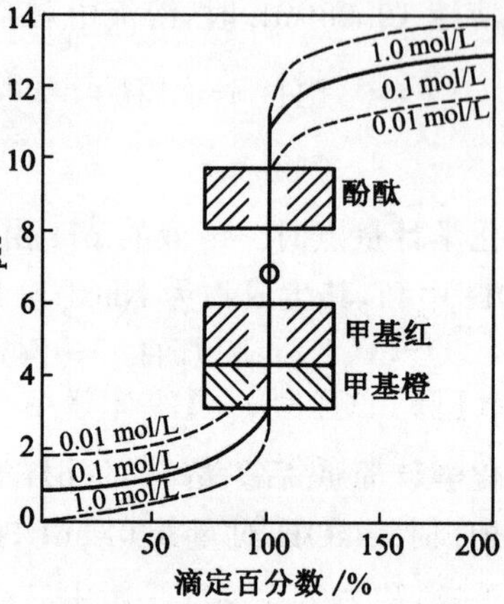

图 4-2　不同浓度 NaOH 溶液滴定相同浓度 HCl 溶液的滴定曲线

想一想

如果用 0.100 0 mol/L HCl 标准滴定溶液滴定 20.00 mL 0.100 0 mol/L NaOH 溶液，其滴定曲线将如何变化？

(2)强碱(酸)滴定弱酸(碱)

强酸滴定一元弱碱(或强碱滴定一元弱酸)，其化学计量点的 pH 取决于其共轭酸(或共轭碱)溶液的酸碱性。其滴定曲线也分为 4 个阶段。

例如，0.100 0 mol/L NaOH 溶液滴定 20.00 mL 0.100 0 mol/L HAc 溶液。

$$HAc + OH^- \longrightarrow Ac^- + H_2O$$

在滴定过程中，加入任意体积 NaOH 溶液时溶液的 pH 及相关计算式见表 4-6。

表 4-6　用 0.100 0 mol/L NaOH 溶液滴定 20.00 mL 0.100 0 mol/L HAc 溶液时，溶液的 pH 及相关计算式

滴定过程	加入 NaOH 溶液量/mL	HAc 被滴定百分数/%	计算式	pH	
滴定开始前	0	0	$[H^+]=\sqrt{c(HAc)K_a^\ominus}$	2.88	
滴定至化学计量点前	10.00	50.0	$[H^+]=K_a^\ominus\frac{c(HAc)}{c(Ac^-)}$	4.76	
	18.00	90.0		5.71	
	19.80	99.0		6.76	
	19.96	99.8		7.46	
	19.98	99.9		7.76	滴定突跃
化学计量点时	20.00	100.0	$[OH^-]=\sqrt{\frac{K_w^\ominus}{K_a^\ominus}c(Ac^-)}$	8.73	
化学计量点后	20.02	100.1	$[OH^-]=c(NaOH)_{过量}$	9.70	
	20.04	100.2		10.00	
	20.20	101.0		10.70	
	22.00	110.0		11.70	

用同样方法，可以计算出强酸滴定弱碱时溶液的 pH 变化。表 4-7 列出了用 0.100 0 mol/L HCl 标准滴定溶液滴定 20.00 mL 0.100 0 mol/L $NH_3 \cdot H_2O$ 溶液时溶液的 pH 及相关计算式。

表 4-7　用 0.100 0 mol/L HCl 溶液滴定 20.00 mL 0.100 0 mol/L $NH_3 \cdot H_2O$ 溶液时，溶液的 pH 及相关计算式

滴定过程	加入 HCl 溶液量 /mL	$NH_3 \cdot H_2O$ 被滴定百分数/%	计算式	pH
滴定开始前	0	0	$[OH^-]=\sqrt{c(NH_3 \cdot H_2O)K_b^\ominus}$	11.12
滴定至化学计量点前	10.00	50.0	$[OH^-]=K_b^\ominus \dfrac{c(NH_3 \cdot H_2O)}{c(NH_4^+)}$	9.25
	18.00	90.0		8.30
	19.80	99.0		7.25
	19.98	99.9		6.25（滴定突跃起）
化学计量点时	20.00	100.0	$[H^+]=\sqrt{\dfrac{K_w^\ominus}{K_b^\ominus}c(NH_4^+)}$	5.28
化学计量点后	20.02	100.1	$[H^+]=c(HCl)_{过量}$	4.30（滴定突跃止）
	20.20	101.0		3.30
	22.00	110.0		2.32

根据滴定过程各点的 pH 同样可以绘出强碱(酸)滴定一元弱酸(碱)的滴定曲线，如图 4-3、图 4-4 所示。

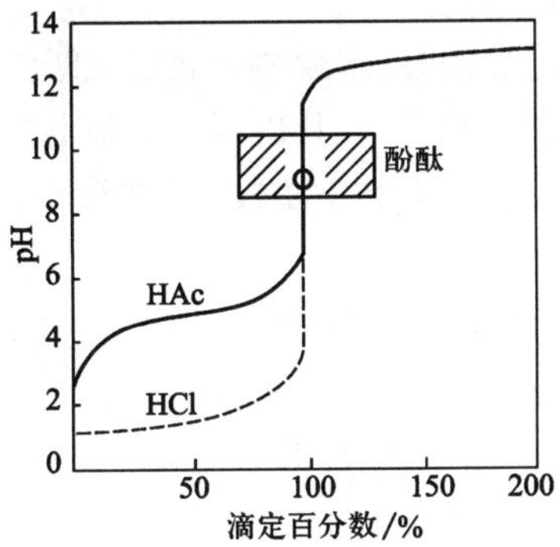

图 4-3　0.100 0 mol/L NaOH 标准滴定溶液滴定 20 mL 0.100 0 mol/L HAc 溶液滴定曲线（与其滴定 20 mL 0.100 0 mol/L HCl 溶液滴定曲线做对比）

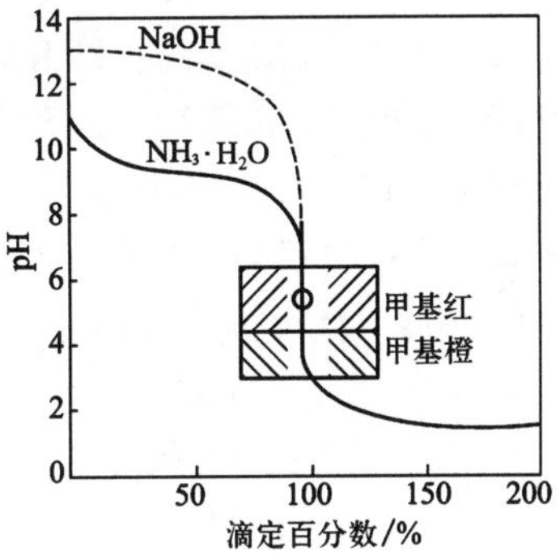

图 4-4　0.100 0 mol/L HCl 标准滴定溶液滴定 0.100 0 mol/L $NH_3 \cdot H_2O$ 溶液的滴定曲线（与其滴定 20 mL 0.100 0 mol/L NaOH 溶液滴定曲线做对比）

图 4-3 中的化学计量点的 pH＝8.73，因此不能选用酸性区域变色的指示剂。

想一想

比较图 4-1 与图 4-3，分析强碱滴定强酸与强碱滴定弱酸的滴定曲线有哪些不同之处？其滴定突跃范围与哪些因素有关？

滴定可行性判断：指示剂法直接准确滴定一元弱酸的条件是

$$c_0 K_a^\ominus \geqslant 10^{-8} \quad 且 \quad c_0 \geqslant 10^{-3}\ mol/L$$

同理，能够用指示剂法直接准确滴定一元弱碱的条件是

$$c_0K_b^\ominus \geqslant 10^{-8} \quad 且 \quad c_0 \geqslant 10^{-3}\ mol/L$$

若允许误差较大或改进检测终点方法，则上述条件也可以适当放宽。

知识拓展

标定 HCl 溶液常用的基准物质有无水 Na_2CO_3 或硼砂($Na_2B_4O_7 \cdot 10H_2O$)等，有关反应为

$$Na_2CO_3 + 2HCl \longrightarrow 2NaCl + CO_2\uparrow + H_2O$$

滴定时可选用甲基橙为指示剂，溶液由黄色变为橙色即为终点。

$$Na_2B_4O_7 + 5H_2O + 2HCl \longrightarrow 4H_3BO_3 + 2NaCl$$

若选用甲基红为指示剂，溶液由黄色变为红色即为终点。

标定 NaOH 溶液常用的基准物质有邻苯二甲酸氢钾(KHP)等，有关反应为

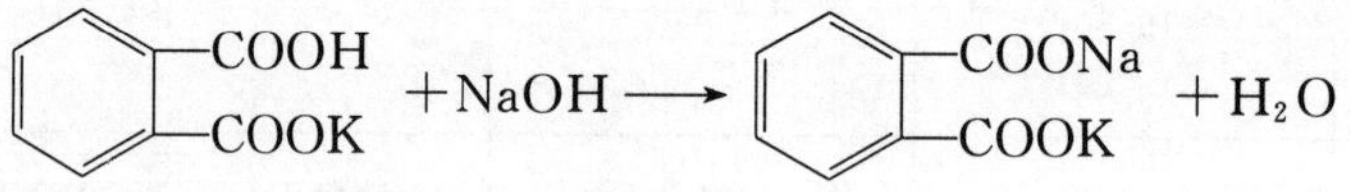

滴定时可选用酚酞或百里酚蓝为指示剂。

(3)多元酸碱的滴定

①强碱滴定多元酸

常见的多元酸大多为弱酸，在水溶液中的解离是分步进行的，因此，多元酸滴定需要解决的主要问题是能否准确分步滴定及如何选择指示剂。

滴定可行性的判断原则包括：

- 当 $cK_{a1}^\ominus \geqslant 10^{-8}$ 时，其第一步解离的 H^+ 可被直接滴定。
- 当 $cK_{a1}^\ominus \geqslant 10^{-8}$，$cK_{a2}^\ominus \geqslant 10^{-8}$ 且 $K_{a1}^\ominus/K_{a2}^\ominus \geqslant 10^5$ 时，可分步滴定，出现两个滴定突跃。
- 当 $cK_{a1}^\ominus \geqslant 10^{-8}$，$cK_{a2}^\ominus \geqslant 10^{-8}$ 且 $K_{a1}^\ominus/K_{a2}^\ominus < 10^5$ 时，不能分步滴定，只出现一个滴定突跃。
- 当 $cK_{a1}^\ominus \geqslant 10^{-8}$，$cK_{a2}^\ominus < 10^{-8}$ 且 $K_{a1}^\ominus/K_{a2}^\ominus \geqslant 10^5$ 时，第一步解离的 H^+ 可被滴定，第二步解离的 H^+ 不能被滴定，只出现一个滴定突跃。

【实例分析】 H_3PO_4 的滴定。H_3PO_4 是三元弱酸，在水溶液中分三步解离

$$H_3PO_4 \longrightarrow H^+ + H_2PO_4^- \qquad pK_{a1}^\ominus = 2.16$$

$$H_2PO_4^- \longrightarrow H^+ + HPO_4^{2-} \qquad pK_{a2}^\ominus = 7.21$$

$$HPO_4^{2-} \longrightarrow H^+ + PO_4^{3-} \qquad pK_{a3}^\ominus = 12.32$$

用 0.100 0 mol/L NaOH 标准滴定溶液滴定 0.100 0 mol/L H_3PO_4 溶液时，H_3PO_4 首先被滴定成 $H_2PO_4^-$，即

$$H_3PO_4 + NaOH \longrightarrow NaH_2PO_4 + H_2O$$

第一计量点的 pH=4.68(可选用甲基橙为指示剂)。

继续用 NaOH 滴定，$H_2PO_4^-$ 被进一步中和成 HPO_4^{2-}，即

$$NaH_2PO_4 + NaOH \longrightarrow Na_2HPO_4 + H_2O$$

第二计量点的 pH=9.76(可选用百里酚酞为指示剂)。

第三计量点因 $pK_{a3}^\ominus = 12.32$，说明 HPO_4^{2-} 太弱，因此无法用 NaOH 直接滴定，此时在溶液中加入 $CaCl_2$ 溶液，会发生反应

$$2HPO_4^{2-} + 3Ca^{2+} \longrightarrow Ca_3(PO_4)_2\downarrow + 2H^+$$

则弱酸转化成强酸，就可以用 NaOH 直接滴定了，其滴定曲线如图 4-5 所示。

②强酸滴定多元碱

多元碱滴定的方法和多元酸的滴定相似，只需将 $c_0'K_a^\ominus$ 换成 $c_0'K_b^\ominus$ 即可。

【实例分析】 Na_2CO_3 的滴定。Na_2CO_3 是二元碱，在水溶液中存在解离平衡

$$CO_3^{2-} + H_2O \rightleftharpoons HCO_3^- + OH^- \qquad pK_{b1}^\ominus = 3.75$$

$$HCO_3^- + H_2O \rightleftharpoons H_2CO_3 + OH^- \qquad pK_{b2}^\ominus = 7.62$$

在满足一般分析的要求下，Na_2CO_3 还是能够进行分步滴定的，只是滴定突跃范围较小。如果用 HCl 滴定，则第一步生成 $NaHCO_3$，反应式为

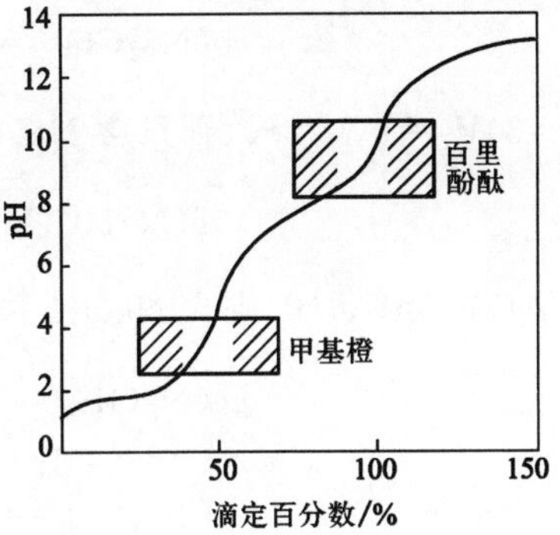

图 4-5 0.100 0 mol/L NaOH 标准滴定溶液滴定 0.100 0 mol/L H_3PO_4 溶液的滴定曲线

$$HCl + Na_2CO_3 \longrightarrow NaHCO_3 + NaCl$$

继续用 HCl 滴定，则与生成的 $NaHCO_3$ 进一步反应生成碱性更弱的 H_2CO_3。H_2CO_3 不稳定，很容易分解生成 CO_2 与 H_2O。反应式为

$$HCl + NaHCO_3 \longrightarrow H_2CO_3 + NaCl$$
$$\quad \llcorner\!\!\rightarrow CO_2\uparrow + H_2O$$

第一化学计量点按$[H^+] = \sqrt{K_{a1}^\ominus K_{a2}^\ominus}$计算，pH=8.31。用甲基红与百里酚蓝混合指示剂(若选用酚酞作指示剂，滴定误差将达到±1%)。

第二化学计量点时溶液是 CO_2 的饱和溶液，其浓度为 0.04 mol/L，按$[H^+] = \sqrt{cK_{a1}^\ominus}$计算，pH=3.89。用甲基橙作指示剂。但应注意，此时在室温下易形成 CO_2 的过饱和溶液，使终点出现过早。因此，临近终点时，要剧烈摇动溶液以加快 H_2CO_3 的分解，或加热煮沸使 CO_2 逸出，冷却后再继续滴定至终点。

4.5.2 酸碱滴定法的应用——双指示剂法测定混合碱中各组分含量

混合碱的主要组分是 NaOH，Na_2CO_3 和 $NaHCO_3$，由于 NaOH 与 $NaHCO_3$ 不可能共存，因此混合碱的组成或为三种组分中的一种，或为 NaOH 与 Na_2CO_3 的混合物，或为 Na_2CO_3 与 $NaHCO_3$ 的混合物。若是单一组分的化合物，用 HCl 标准滴定溶液直接滴定即可；若是两种组分的混合物，则一般可用氯化钡法或双指示剂法进行测定。本节将着重讨论双指示剂法。

1. 方法原理

先以酚酞为指示剂，用 HCl 标准滴定溶液滴定试液至粉红色消失，此时所消耗 HCl 标准滴定溶液的体积为 V_1。再加入甲基橙指示剂，继续用 HCl 标准滴定溶液滴定至溶液由黄色变为橙色，此时所消耗 HCl 标准滴定溶液的体积为 V_2。由 HCl 标准滴定溶液的物质的量浓度及两次所消耗的体积 V_1 和 V_2 可计算混合碱中各组分的质量分数。

2. 结果计算

(1)$V_1 > 0, V_2 = 0$，则只含 NaOH

$$w(NaOH) = \frac{c(HCl) \cdot V_1 \cdot M(NaOH)}{m}$$

(2)$V_1 = V_2 > 0$，则只含 Na_2CO_3

$$w(Na_2CO_3)=\frac{c(HCl)\cdot 2V_1\cdot M(1/2Na_2CO_3)}{m}$$

(3)$V_1=0$,$V_2>0$,则只含 $NaHCO_3$

$$w(NaHCO_3)=\frac{c(HCl)\cdot V_2\cdot M(NaHCO_3)}{m}$$

(4)$V_1>V_2>0$,则含 NaOH 和 Na_2CO_3

$$w(NaOH)=\frac{c(HCl)\cdot (V_1-V_2)\cdot M(NaOH)}{m}$$

$$w(Na_2CO_3)=\frac{c(HCl)\cdot 2V_2\cdot M(1/2Na_2CO_3)}{m}$$

(5)$V_2>V_1>0$,则含 Na_2CO_3 和 $NaHCO_3$

$$w(Na_2CO_3)=\frac{c(HCl)\cdot 2V_1\cdot M(1/2Na_2CO_3)}{m}$$

$$w(NaHCO_3)=\frac{c(HCl)\cdot (V_2-V_1)\cdot M(NaHCO_3)}{m}$$

式中 $w(NaOH)$——试样中 NaOH 的质量分数,1;

$w(Na_2CO_3)$——试样中 Na_2CO_3 的质量分数,1;

$w(NaHCO_3)$——试样中 $NaHCO_3$ 的质量分数,1;

m——试样的质量,g;

V_1,V_2——HCl 标准滴定溶液的体积,L(实际应用中常用 mL 为单位)。

练一练

有一种碱性溶液,可能是 NaOH,$NaHCO_3$,Na_2CO_3 或其中两者的混合物,用双指示剂法进行测定。开始用酚酞为指示剂,消耗 HCl 体积为 V_1,再用甲基橙为指示剂,又消耗 HCl 体积为 V_2,V_1 与 V_2 关系如下,试判断上述溶液的组成。

(1)$V_1>V_2$,$V_2\neq 0$;(2)$V_1<V_2$,$V_1\neq 0$;(3)$V_1=V_2\neq 0$;(4)$V_1>V_2$,$V_2=0$;(5)$V_1<V_2$,$V_1=0$

本章小结

- 酸碱平衡和酸碱滴定法
  - 酸碱理论
    - 酸碱电离理论
      - 酸：在水溶液中解离出的阳离子全部是 H^+ 的化合物
      - 碱：在水溶液中解离出的阴离子全部是 OH^- 的化合物
      - 酸碱反应的实质：$H^+ + OH^- \longrightarrow H_2O$
    - 酸碱质子理论
      - 酸：能给出 H^+ 的物质
      - 碱：能接受 H^+ 的物质
      - 酸碱反应实质：两个共轭酸碱对之间的质子传递
  - 解离平衡的计算
    - 解离常数和解离度
      - $K_a^\ominus = [A^-]\cdot[H^+]/[HA]$，$K_b^\ominus = [HA]\cdot[OH^-]/[A^-]$，
      - 共轭酸碱对：$K_a^\ominus \cdot K_b^\ominus = K_w^\ominus$；$\alpha = c_{解离}/c_{初始}$
    - 一元弱酸、弱碱溶液
      - $c/K_a^\ominus \geqslant 500$ 时，$\alpha = \sqrt{K_a^\ominus/c}$，$[H^+] = c\alpha = \sqrt{K_a^\ominus c}$
      - $c/K_b^\ominus \geqslant 500$ 时，$\alpha = \sqrt{K_b^\ominus/c}$，$[OH^-] = c\alpha = \sqrt{K_b^\ominus c}$
    - 多元弱酸、弱碱溶液
      - 当 $K_{a1}^\ominus \gg K_{a2}^\ominus$ 或 $K_{b1}^\ominus \gg K_{b2}^\ominus$ 时，按一元弱酸（或弱碱）处理
  - 缓冲溶液
    - 同离子效应
      - 弱酸（或弱碱）溶液中加入具有相同离子的易溶强电解质而使弱酸（或弱碱）解离度降低的现象
    - 缓冲溶液
      - 作用：能够抵抗少量外加强酸、强碱或适度稀释，溶液 pH 无明显变化
      - 组成：弱酸 - 共轭碱
      - 缓冲范围：$pH = pK_a^\ominus \pm 1$；$pH = pK_a^\ominus - \lg \frac{c_{酸}}{c_{共轭碱}}$
  - 滴定分析
    - 基本概念
      - 滴定分析、标准滴定溶液、化学计量点、滴定终点、直接滴定法、返滴定法、置换滴定法、间接滴定法
    - 标准滴定溶液
      - 两种配制方法：直接法、标定法
    - 滴定分析计算
      - $c_B = n_B/V$；T(待测物 / 滴定剂)；等物质的量规则：任何时刻所消耗的反应物的物质的量均相等
  - 酸碱滴定法
    - 滴定原理
      - 指示剂变色范围：$pH = pK^\ominus(HIn) \pm 1$
      - 直接准确滴定一元弱酸（或一元弱碱）的条件：$c_0 K_a^\ominus \geqslant 10^{-8}$（$c_0 K_b^\ominus \geqslant 10^{-8}$），且 $c_0 \geqslant 10^{-3}$ mol/L
      - 强碱滴定多元酸：当 $cK_{a1}^\ominus \geqslant 10^{-8}$，$cK_{a2}^\ominus \geqslant 10^{-8}$ 且 $K_{a1}^\ominus/K_{a2}^\ominus \geqslant 10^5$ 时，可分步滴定，出现两个滴定突跃；当 $cK_{a1}^\ominus \geqslant 10^{-8}$，$cK_{a2}^\ominus \geqslant 10^{-8}$，$K_{a1}^\ominus/K_{a2}^\ominus < 10^5$ 时，不能分步滴定，只出现一个滴定突跃；当 $cK_{a1}^\ominus \geqslant 10^{-8}$，$cK_{a2}^\ominus < 10^{-8}$ 且 $K_{a1}^\ominus/K_{a2}^\ominus \geqslant 10^5$ 时，第一步解离的 H^+ 可被滴定，第二步解离的 H^+ 不能被滴定，只出现一个滴定突跃
    - 酸碱滴定法的应用
      - 双指示剂法测定混合碱中各组分含量

自 测 题

一、填空题

1. 酸碱电离理论定义：在水溶液中解离出的阳离子全部是氢离子（H^+）的化合物称为________，在水溶液中解离出的阴离子全部是氢氧根离子（OH^-）的化合物称为________，酸碱反应的实质就是________和________结合生成________的反应。

2. 根据酸碱质子理论，指出物质 HS^-，CO_3^{2-}，NH_3、NO_2^-，HCO_3^-，H_2O，NH_4^+ 中，属于酸的是________，________，________，________，属于碱的是________，________，________，________，________，________，两性物质是________，________，________。

3. 在 NH_3 溶液中加入 NH_4Cl 或 NaOH 溶液，而使其解离度降低的现象，称为________。

4. 已知 HAc 的 $K_a^\ominus = 1.75 \times 10^{-5}$，则 HAc-NaAc 缓冲溶液的缓冲范围是________。

5. 根据标准滴定溶液的浓度和所消耗的体积计算出待测组分的含量，这一分析方法称为________。滴加标准滴定溶液的操作过程称为________。滴加的标准滴定溶液组分恰好反应完全的那一点，称为________。

6. 在滴定分析中，指示剂变色时停止滴定的那一点称为________。实际分析操作时滴定终点与理论上的化学计量点有可能不一致，它们之间的误差称为________。

7. 根据滴定反应类型不同，滴定分析法可分为________、________、________、________等四种。滴定分析法适用于________组分含量的测定。

8. 适用于滴定分析法的化学反应必须具备的条件是________、________、________、________。

9. 配制标准滴定溶液的方法一般有________和________两种。

10. 用邻苯二甲酸氢钾(KHP)测定 NaOH 溶液的浓度，这种确定浓度的操作，称为________。而邻苯二甲酸氢钾称为________物质。

11. 酸碱指示剂一般是有机________酸或________碱，当溶液中的 pH 改变时，指示剂由于________的改变而发生________的改变。指示剂从一种颜色完全转变到另一种颜色(显过渡颜色)的 pH 范围，称为指示剂的________。

12. 甲基橙的变色范围是 pH 为________。当溶液的 pH 小于这个范围的下限时，指示剂呈现________色，当溶液的 pH 大于这个范围的上限时呈现________色，当溶液的 pH 处在这个范围之内时，指示剂呈现________色。

13. 酸碱滴定曲线是以________变化为特征的。滴定时酸碱的浓度愈大，滴定突跃范围愈________；酸碱的强度愈大，则滴定的突跃范围愈________。

14. 当以酚酞作指示剂，用 NaOH 标准滴定溶液测定某 HCl 溶液的浓度时，已知 NaOH 标准滴定溶液在保存时吸收了少量的 CO_2，则其分析结果将会________（偏高、偏低或无变化）。

15. 标定 HCl 溶液常用的基准物有无水碳酸钠或硼砂，滴定时应选用在________（酸性、碱性）范围内变色的指示剂。

二、判断题(正确的画"√",错误的画"×")

1. 酸碱质子理论认为凡能给出质子(H^+)的物质都是酸,又称为质子酸。 ( )

2. $H_2PO_4^-$ 的共轭碱是 H_3PO_4。 ( )

3. 酸碱质子理论认为,酸碱反应实质就是两个共轭酸碱对之间的质子传递。 ( )

4. 已知 HClO 和 HF 的解离常数分别为 2.8×10^{-8} 和 6.6×10^{-4},因此,可以断定 HF 溶液的酸性比 HClO 强。 ( )

5. 某一元酸是弱酸,则其共轭碱一定是弱碱。 ( )

6. 弱酸、弱碱的解离平衡常数和解离度都是反映弱酸、弱碱解离程度的物理量,但前者只与温度有关,而后者还受溶液浓度的影响。 ( )

7. 稀释 HAc 溶液时,其解离度增大,因此 pH 降低。 ( )

8. 相同浓度的 H_3PO_4 和 HCl 溶液,前者的酸性一定比后者强。 ( )

9. 缓冲溶液是一种能对溶液酸度起稳定作用的溶液。当溶液中加入少量强酸或强碱,或稍加稀释时,其 pH 不发生明显的变化。 ( )

10. 在 H_2S 溶液中,S^{2-} 的浓度近似等于 H_2S 的第二步解离常数 $K_{a2}^\ominus$。 ( )

11. 分析纯 NaOH(固体)可用于直接配制标准滴定溶液。 ( )

12. 标准滴定溶液一定要用基准物来配制。 ( )

13. 滴定分析结果计算的根据是标准滴定溶液的浓度和滴定时消耗的溶液体积。 ( )

14. 在相同浓度的两种一元酸溶液中,它们的酸度是一样的。 ( )

15. 物质的量浓度会随基本单元的不同而变化。 ( )

16. 当用 HCl 标准滴定溶液滴定 $CaCO_3$ 样品时,在化学计量点,$n(1/2CaCO_3)=2n(HCl)$。 ( )

17. 滴定分析中一般利用指示剂颜色的突变来判断化学计量点的到达,在指示剂变色时停止滴定,这一点称为计量点。 ( )

18. 滴定终点就是化学计量点。 ( )

19. 强酸强碱滴定的化学计量点的 pH 等于 7。 ( )

20. 强碱滴定弱酸常用的指示剂为酚酞。 ( )

三、选择题

1. 已知 NH_3 的 $K_b^\ominus=1.8\times10^{-5}$,当浓度相同时下列溶液的酸性比较正确的是( )。

A. NH_4Cl 与 HCl 相同　　B. NH_4Cl 高于 HCl

C. NH_4Cl 小于 HCl　　D. NH_4Cl 小于 NH_3

2. 共轭酸碱对的 $K_a^\ominus$ 与 $K_b^\ominus$ 的关系是( )。

A. $K_a^\ominus \cdot K_b^\ominus=1$　　B. $K_a^\ominus \cdot K_b^\ominus=K_w^\ominus$

C. $K_b^\ominus/K_a^\ominus=K_w^\ominus$　　D. $K_a^\ominus/K_b^\ominus=K_w^\ominus$

3. 欲配制 pH=3 的缓冲溶液,选择下列( )物质与其共轭酸(或共轭碱)的混合溶液比较合适。

A. HCOOH($K_a^\ominus=1.77\times10^{-4}$)　　B. HAc($K_a^\ominus=1.75\times10^{-5}$)

C. NH_3($K_a^\ominus=1.8\times10^{-5}$)　　D. HCN($K_a^\ominus=6.2\times10^{-10}$)

4. 在氨水中加入(　　)时,NH_3 的解离度和溶液 pH 都降低。

A. HCl　　B. H_2O　　C. NaOH　　D. NH_4Cl

5. 当共轭酸碱对的浓度之比为(　　)时,其溶液具有有效缓冲能力。

A. $c_{酸}/c_{共轭碱}=1\sim10$　　B. $c_{酸}/c_{共轭碱}=0.1\sim1$

C. $c_{酸}/c_{共轭碱}=1\sim5$　　D. $c_{酸}/c_{共轭碱}=0.1\sim10$

6. 欲配制 6 mol/L 的 H_2SO_4 溶液,在 100 mL 蒸馏水中应加入(　　)18 mol/L 的 H_2SO_4 溶液。

A. 60 mL　　B. 40 mL　　C. 50 mL　　D. 10 mL

7. 已知邻苯二甲酸氢钾(KHP)的摩尔质量为 204.2 g/mol,用它来标定 0.1 mol/L NaOH 溶液,应称取 KHP 的质量约为(　　)。

A. 0.25 g　　B. 0.4 g　　C. 1 g　　D. 0.1 g

8. 滴定分析中一般利用指示剂颜色的突变来判断化学计量点的到达,在指示剂变色时停止滴定,这一点称为(　　)。

A. 滴定分析　　B. 滴定　　C. 滴定终点　　D. 滴定误差

9. 已知 $T(H_2SO_4/NaOH)=0.004\ 904$ g/mL,则 NaOH 的物质的量浓度应为(　　)mol/L。

A. 0.000 100 0　　B. 0.005 000　　C. 0.010 00　　D. 0.100 0

10. 若 $c(1/2H_2SO_4)=0.200\ 0$ mol/L,则 $c(H_2SO_4)$ 为(　　)mol/L。

A. 0.100 0　　B. 0.200 0　　C. 0.400 0　　D. 0.500 0

11. 用盐酸标准滴定溶液测定水溶液中的 NH_3 的含量时,其化学计量点的 pH(　　)。

A. 等于 7　　B. 小于 7　　C. 大于 7　　D. 等于 0

12. 下列有关指示剂变色点的叙述正确的是(　　)。

A. 指示剂的变色点就是滴定反应的化学计量点

B. 指示剂的变色点随反应的不同而改变

C. 指示剂的变色点与指示剂的性质有关,其 pH 等于 $pK^{\ominus}(HIn)$

D. 指示剂的变色点即为 $pH=pK^{\ominus}(HIn)\pm1$

13. 有一碱液,可能为 NaOH,$NaHCO_3$,Na_2CO_3 或它们的混合物,用 HCl 标准滴定溶液滴定至酚酞终点时耗去 HCl 的体积为 V_1,继续以甲基橙为指示剂又耗去 HCl 的体积为 V_2,且 $V_1<V_2$,则此碱液为(　　)。

A. Na_2CO_3　　B. $NaHCO_3$

C. NaOH　　D. $NaHCO_3+Na_2CO_3$

14. 用酸碱滴定法测定碳酸钙的含量,可采用的方法是(　　)。

A. 直接滴定法　B. 返滴定法　　C. 置换滴定法　　D. 间接滴定法

15. 已知 $K^{\ominus}(H_3BO_3)=5.8\times10^{-10}$、$K^{\ominus}(CH_3COOH)=1.75\times10^{-5}$、$K^{\ominus}(HClO)=2.8\times10^{-8}$、$K^{\ominus}(HCN)=6.2\times10^{-10}$,下列浓度约为 0.1 mol/L 的弱酸中,可用 0.100 0 mol/L NaOH 溶液进行直接准确滴定的是(　　)。

A. H_3BO_3　　B. CH_3COOH　　C. HClO　　D. HCN

四、计算题

1. 计算下列溶液的 pH。

(1)0.01 mol/L 的 HNO_3 溶液。

(2)0.05 mol/L 的 $Ba(OH)_2$ 溶液。

2. 计算 1.0 mol/L HF 溶液的 pH 和 HF 的解离度。

3. 计算 25 ℃时，0.10 mol/L $NaNO_2$ 溶液的 H^+ 浓度、pH 和 NO_2^- 的解离度。

4. 计算 25 ℃时，3.5 mol/L H_3PO_4 溶液的 pH。

5. 计算 25 ℃时，0.1 mol/L Na_2CO_3 溶液的 pH。

6. 计算下列混合溶液的 pH。

(1)等体积混合 0.1 mol/L NaOH 溶液和 0.1 mol/L HAc 溶液。

(2)30 mL 0.2 mol/L NH_3 溶液与 20 mL 0.1 mol/L HCl 溶液混合。

7. 欲配制 1 L pH＝9.0 的 NH_3-NH_4Cl 缓冲溶液，若用去 100 mL 6 mol/L NH_3 溶液，则还需称取多少克 NH_4Cl?

8. 称取基准物质 KHP 0.520 8 g，用以标定 NaOH 溶液，至化学计量点时，NaOH 溶液消耗 25.20 mL，求 NaOH 溶液的物质的量浓度。

9. 称取硼砂($Na_2B_4O_7 \cdot 10H_2O$) 0.485 3 g，用以标定盐酸溶液。已知化学计量点时消耗盐酸溶液 24.75 mL，求此盐酸溶液物质的量浓度。

10. 将 0.249 7 g CaO 试样溶于 25.00 mL 0.280 3 mol/L HCl 标准滴定溶液中，剩余酸用 0.278 6 mol/L NaOH 标准滴定溶液返滴定，消耗 11.64 mL，试计算试样中 CaO 的质量分数。

11. 称取某混合碱样品 0.683 9 g，以酚酞为指示剂，用 0.200 0 mol/L HCl 溶液滴定，用去 23.10 mL，再加甲基橙指示剂，继续用该 HCl 溶液滴定，又消耗 26.81 mL，试判断该样品的组成并计算各组分的含量。

五、问答题

1. 写出下列弱酸、弱碱在水溶液中的解离平衡式及对应的解离常数表达式。

(1)HNO_2　　(2)NH_3　　(3)CN^-　　(4)HF

2. 根据稀释定律公式，简述其使用条件及意义。

3. 简述多元弱酸、弱碱溶液 pH 计算的近似处理方法及条件。

4. 什么是缓冲溶液？举例说明缓冲溶液的组成及各组分的作用。

5. 滴定分析有几种滴定方式？简述各方式的内容。

6. 什么是滴定突跃？怎样根据滴定突跃范围选择指示剂？

本章关键词

酸碱电离理论 ionization theory of acids-base

酸碱质子理论 protonic theory of acids-base

共轭酸 conjugate acid

共轭碱 conjugate base

共轭酸碱对 conjugate acid-base pair
两性物质 amphoteric compound
水的质子自递反应 proton self-transfer reaction
水的离子积 ion-product of water
解离平衡常数 dissociation equilibrium constant
解离度 degree of dissociation
同离子效应 common ion effect
缓冲溶液 buffer solution
缓冲作用 buffer effect
滴定分析 titrimetry
标准滴定溶液（滴定剂）titrant
滴定 titration
指示剂 indicator
酸碱指示剂 acid-base indicator
甲基橙（缩写 MO）methyl orange
酚酞（缩写 PP）phenolphthalein
化学计量点(简称计量点,以 sp 表示）stoichiometric point
滴定终点(简称终点,以 ep 表示）end point
终点误差 end point error
滴定度 titre
指示剂的理论变色范围 transition interval
指示剂的理论变色点 color transition point
酸碱滴定曲线 titration curve
酸碱滴定法 acid-base titration
配位滴定法 complexometry
氧化还原滴定法 oxidate reduction titration
沉淀滴定法 precipitation titration
直接滴定法 direct titration
返滴定法 back-titration
置换滴定法 replacement titration
间接滴定法 indirect titration
石墨 graphite

第5章

沉淀溶解平衡和沉淀滴定法

知 识 目 标

1. 理解溶度积的概念、意义。

2. 掌握溶度积的规则及其应用，理解沉淀转化和分步沉淀的概念，了解其应用。

*3. 了解沉淀滴定反应条件，掌握莫尔法、佛尔哈德法和法扬斯法的测定原理及其应用。

能 力 目 标

1. 会书写沉淀溶解平衡方程式及溶度积表达式，能查取25 ℃时常见难溶电解质的溶度积，会进行溶度积和溶解度的换算。

2. 能判断沉淀生成或溶解，会进行沉淀转化及分步沉淀的计算。

*3. 能根据指示剂对银量法分类，会选择滴定条件，能用莫尔法、佛尔哈德法、法扬斯法对待测离子进行滴定分析。

5.1 沉淀溶解平衡

5.1.1 溶度积常数

根据溶解度不同，电解质可分为多种类型。通常将室温时溶解度大于10 g/100 g H_2O的电解质，称为易溶电解质；溶解度为1～10 g/100 g H_2O的电解质称为可溶电解质；溶解度为0.01～1 g/100 g H_2O的电解质称为微溶电解质；而溶解度小于0.01 g/100 g H_2O的电解质，称为难溶电解质。本章所讨论的电解质包括微溶电解质和难溶电解质，统称为难溶电解质。绝对不溶的物质是不存在的。

难溶电解质在水中的溶解是一个可逆过程。例如，将难溶电解质AgCl放入水中，AgCl晶体表面的Ag^+和Cl^-在水分子的碰撞和吸引下，将逐渐形成可自由移动的水合离子而进入溶液，这个过程称为溶解；同时，溶液中的Ag^+和Cl^-在不断运动的过程中接触到AgCl晶体表面时，一部分又被异电荷离子吸引而重新析出，这个过程称为沉淀或结晶。**在一定温度下，难溶电解质的溶解速率与沉淀速率相等时的状态，称为沉淀溶解平衡，简称沉淀平衡或溶解平衡。**此时，溶液中各种离子浓度不随时间的变化而改变，形成饱和溶液。即

$$AgCl(s) \underset{沉淀}{\overset{溶解}{\rightleftharpoons}} Ag^+(aq) + Cl^-(aq)$$

简写为 $$AgCl(s) \rightleftharpoons Ag^+ + Cl^-$$

沉淀溶解平衡常数为

$$K_{sp}^{\ominus}=[Ag^+]\cdot[Cl^-]$$

任意难溶电解质 A_mB_n 的沉淀溶解平衡通式为

$$A_mB_n(s) \rightleftharpoons mA^{n+} + nB^{m-}$$

$$K_{sp}^{\ominus}(A_mB_n)=[A^{n+}]^m\cdot[B^{m-}]^n \tag{5-1}$$

式中 $K_{sp}^{\ominus}(A_mB_n)$——难溶电解质 A_mB_n 的沉淀溶解平衡常数，简称溶度积，1；

$[A^{n+}]$,$[B^{m-}]$——饱和溶液中 A^{n+} 和 B^{m-} 的相对浓度，1。

在一定温度下，难溶电解质的饱和溶液中，其组成离子相对浓度幂的乘积是一个常数，称为溶度积常数，简称溶度积。

练一练

写出在一定温度下，下列难溶电解质的沉淀溶解平衡表达式及溶度积常数表达式。

(1)$BaSO_4$ (2)Ag_2CrO_4 (3)$CaCO_3$ (4)$Ca_3(PO_4)_2$ (5)CaF_2

溶度积既可以用实验的方法测定，也可以通过热力学数据计算得出。作为标准平衡常数，$K_{sp}^{\ominus}$只与难溶电解质的性质和温度有关，而与沉淀量无关。通常，温度对 $K_{sp}^{\ominus}$的影响不大，若无特殊说明，可使用 25 ℃时的数据，见附录二。

想一想

已知 25 ℃时，难溶电解质 AgCl，AgBr，Ag_2CrO_4 的溶度积分别为1.8×10^{-10}，5.4×10^{-13}，1.1×10^{-12}，问下列结论是否正确？

(1)AgCl 在水中的溶解度比 AgBr 大；

(2)AgCl 在水中的溶解度比 Ag_2CrO_4 大。

溶度积 $K_{sp}^{\ominus}$是反映难溶电解质溶解性的特征常数。对于相同类型的难溶电解质，溶度积大的溶解度较大，溶解能力较强。因此，通过溶度积数据可以比较相同类型难溶电解质溶解度的大小。对于不同类型的电解质，则不能直接用溶度积数据比较其溶解性，而需要换算成溶解度后再比较。

5.1.2 溶度积与溶解度的换算

溶度积和溶解度均表示难溶电解质的溶解能力，二者可以换算，通常难溶电解质的溶解度用物质的量浓度表示。由于难溶电解质的溶解度很小，溶液为稀溶液，因此可以认为其饱和溶液的密度近似等于水的密度，为 1 g/mL，这样可简化计算。

1. AB 型难溶电解质

【例 5-1】 计算 25 ℃时，AgCl 在水中的溶解度。

解 设 25 ℃时，AgCl 在水中的溶解度为 s，则

$$AgCl(s) \rightleftharpoons Ag^+ + Cl^-$$

平衡浓度/(mol/L) $\qquad s \qquad s$

$$K_{sp}^{\ominus}=[Ag^+]\cdot[Cl^-]=s^2$$

查附录二，得 AgCl 的 $K_{sp}^{\ominus}=1.8\times10^{-10}$

则
$$s=\sqrt{K_{sp}^{\ominus}}=\sqrt{1.8\times10^{-10}}=1.34\times10^{-5}$$

即
$$s=1.34\times10^{-5}\ \text{mol/L}$$

由上述计算过程可以总结出 AB 型难溶电解质溶度积与溶解度换算一般式为

$$s_{AB}=\sqrt{K_{sp}^{\ominus}} \tag{5-2}$$

练一练

计算 25 ℃时，AgBr 在水中的溶解度，并与 AgCl 比较溶解度的相对大小，可得出什么结论？

2. AB_2（或 A_2B）型难溶电解质

【例 5-2】 计算 25 ℃时，Ag_2CrO_4 在水中的溶解度。

解 设 25 ℃时，Ag_2CrO_4 在水中的溶解度为 s，则

$$Ag_2CrO_4(s) \rightleftharpoons 2Ag^+ + CrO_4^{2-}$$

平衡浓度/(mol/L)　　　$2s$　　　s

$$K_{sp}^{\ominus}=[Ag^+]^2\cdot[CrO_4^{2-}]=(2s)^2s=4s^3$$

查附录二，得 Ag_2CrO_4 的 $K_{sp}^{\ominus}=1.1\times10^{-12}$

则
$$s=\sqrt[3]{\frac{K_{sp}^{\ominus}}{4}}=\sqrt[3]{\frac{1.1\times10^{-12}}{4}}=6.5\times10^{-5}$$

即
$$s=6.5\times10^{-5}\ \text{mol/L}$$

由上述计算过程可以总结出 AB_2 型（或 A_2B 型）难溶电解质溶度积与溶解度换算一般式为

$$s_{AB_2(\text{或}A_2B\text{型})}=\sqrt[3]{\frac{K_{sp}^{\ominus}}{4}} \tag{5-3}$$

想一想

比较 AgCl 与 Ag_2CrO_4 的 $K_{sp}^{\ominus}$的相对大小，并结合**【例 5-1】【例 5-2】**的计算结果，能得出什么结论？

难溶弱电解质和易水解的难溶电解质，如 $Ca(OH)_2$，$Fe(OH)_3$，$Ni(OH)_2$，$Mg(OH)_2$ 及 $PbCO_3$，$FeCO_3$，Ag_2S 等溶液中，还存在着解离平衡和水解平衡，多重平衡共存的结果使溶度积与溶解度的换算更为复杂，应用式(5-2)、式(5-3)换算将会引起较大误差，为简便起见，本书中的计算忽略上述影响。

练一练

计算 25 ℃时，Ag_2S，CaF_2，$PbCl_2$，$Mg(OH)_2$ 在水中的溶解度。

5.2　溶度积规则及其应用

5.2.1　溶度积规则

在温度一定时，任意状态下的难溶电解质溶液中，其组成离子相对浓度幂的乘积，称

为离子积，用符号 Q_i 表示。 例如，在任意难溶电解质 A_mB_n 溶液中，存在关系式

$$Q_i(A_mB_n)=c^m(A^{n+})\cdot c^n(B^{m-}) \tag{5-4}$$

式中　$Q_i(A_mB_n)$——难溶电解质 A_mB_n 的离子积，1；

$c(A^{n+})$，$c(B^{m-})$——任意状态下难溶电解质溶液中 A^{n+}，B^{m-} 的相对浓度，1。

难溶电解质的沉淀溶解平衡是一种动态平衡。一定温度下，当溶液中的离子浓度变化时，平衡就会发生移动，直至离子积等于溶度积为止。因此，根据 Q_i 和 $K_{sp}^{\ominus}$ 的关系，可以判断沉淀的生成或溶解方向。即

(1) $Q_i>K_{sp}^{\ominus}$，溶液处于过饱和状态，有沉淀生成。

(2) $Q_i=K_{sp}^{\ominus}$，溶液处于饱和状态，沉淀和溶解达到动态平衡。

(3) $Q_i<K_{sp}^{\ominus}$，溶液处于未饱和状态，无沉淀生成或难溶电解质溶解。

上述三种关系是难溶电解质的沉淀溶解平衡规律，称为**溶度积规则**。利用该规则，可以通过控制离子浓度实现沉淀的生成、溶解、转化和分步沉淀。

5.2.2　溶度积规则的应用

1. 沉淀的生成

根据溶度积规则，在难溶电解质溶液中，若 $Q_i>K_{sp}^{\ominus}$，则有沉淀生成。

【例 5-3】 25 ℃时，将等体积 0.020 mol/L $BaCl_2$ 溶液和 0.020 mol/L Na_2SO_4 溶液混合，判断有无 $BaSO_4$ 沉淀生成？

解　稀溶液混合后，其体积有加和性，因此等体积混合后，体积增大一倍，浓度减小至原来的 1/2。

$$c(SO_4^{2-})=c(Na_2SO_4)=0.5\times0.020=0.010\ \text{mol/L}$$

$$c(Ba^{2+})=c(BaCl_2)=0.5\times0.020=0.010\ \text{mol/L}$$

$$Q_i=c(Ba^{2+})\cdot c(SO_4^{2-})=0.010^2=1.0\times10^{-4}$$

由附录二查得，$K_{sp}^{\ominus}=1.1\times10^{-10}$，即

$$Q_i>K_{sp}^{\ominus}$$

所以有 $BaSO_4$ 沉淀生成。

练一练

25 ℃时，将浓度均为 0.20 mol/L 的 $CaCl_2$ 溶液和 Na_2CO_3 溶液等体积混合，试判断有无 $CaCO_3$ 沉淀生成？

【例 5-4】 25 ℃时，在 $BaSO_4$ 饱和溶液中加入沉淀剂 $BaCl_2$ 溶液，并使 $BaCl_2$ 溶液的浓度为0.010 mol/L，试计算 $BaSO_4$ 的溶解度。

解　设 25 ℃时，加入沉淀剂后 $BaSO_4$ 的溶解度为 s，则

$$BaCl_2 \longrightarrow Ba^{2+} + 2Cl^-$$

$$BaSO_4(s) \rightleftharpoons Ba^{2+} + SO_4^{2-}$$

平衡浓度/(mol/L)　　　　$0.010+s$　　s

$$K_{sp}^{\ominus}=[Ba^{2+}]\cdot[SO_4^{2-}]=(0.010+s)\cdot s$$

查附录二，得 $BaSO_4$ 的溶度积为 1.1×10^{-10}，很小，因此可近似认为

$$0.010+s\approx0.010$$

则 $$1.1\times10^{-10}=(0.010+s)s\approx0.010s$$

$$s=1.1\times10^{-8}$$

即 $$s=1.1\times10^{-8}\ \text{mol/L}$$

想一想

比较**【例 5-3】【例 5-4】**的计算结果，说明由于相同离子 Ba^{2+} 的加入，对难溶电解质 $BaSO_4$ 的沉淀溶解平衡产生怎样的影响？

这种在难溶电解质的饱和溶液中，加入含有相同离子的易溶强电解质而使其溶解度减小的现象，称为沉淀溶解平衡中的同离子效应。在实际生产和实验中，常采用加入过量沉淀剂的方法使某种离子沉淀完全。例如，用硝酸银和盐酸生产 AgCl 时，加入过量盐酸可使贵金属离子 Ag^+ 沉淀完全；洗涤 $BaSO_4$ 沉淀中的杂质时，用稀 H_2SO_4 溶液可防止 $BaSO_4$ 流失。

用沉淀反应制备、分离及精制产品时，人们最为关心的是沉淀是否完全，由于受沉淀溶解平衡的限制，无论加入多少沉淀剂，都不会使某种离子的浓度降低为零。通常，在定性分析中，当被沉淀的离子浓度小于 1.0×10^{-5} mol/L 时，即可认为沉淀完全；而在定量分析中，则要求小于 1.0×10^{-6} mol/L。

应用同离子效应使沉淀完全时，沉淀剂一般以过量 20%～50%为宜，若过多，则会引起盐效应、配位效应或其他副反应。

在难溶电解质的饱和溶液中加入易溶强电解质而使其溶解度增大的现象，称为盐效应。如图 5-1所示，$BaSO_4$ 和 AgCl 在 KNO_3 溶液中的溶解度(s)比在纯水中的溶解度(s_0)大得多，而且 KNO_3 浓度越大，溶解度越大。

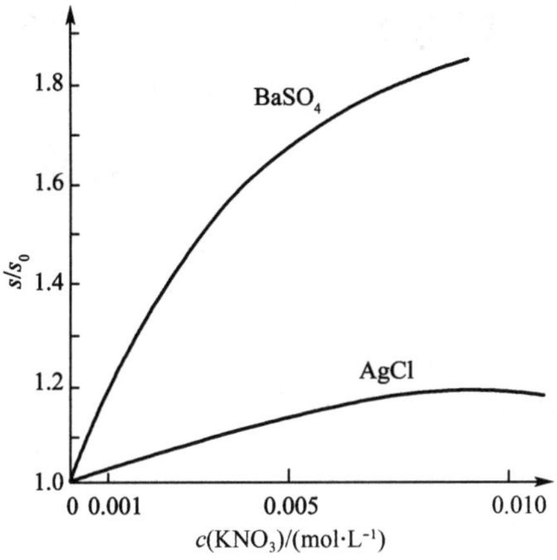

图 5-1 盐效应对 $BaSO_4$ 和 AgCl 的溶解度影响

产生盐效应的主要原因是易溶强电解质的存在增大了溶液中阴、阳离子的浓度，加剧了异电荷离子之间的相互吸引、牵制作用，从而降低了沉淀组成离子的有效浓度，使之在单位时间内碰撞到晶体表面重新生成沉淀的机会减少，因而破坏了沉淀溶解平衡，溶解度增大。

同离子效应和盐效应对难溶电解质溶解度的影响是相互矛盾的，当两者同时存在时，通常同离子效应起主导作用，盐效应影响较小。当沉淀剂过量不超过 0.010 mol/L 时，溶液较稀，盐效应可忽略不计。

在高浓度 Cl^- 存在的条件下，AgCl 在水中的溶解度反而增大。原因是 Cl^- 与 AgCl 形成可溶于水溶液的配合物 $[AgCl_2]^-$。**这种因形成配合物而使难溶电解质溶解度增大的现象，称为配位效应**(有关配合物知识详见第9章)。

  2．沉淀的溶解

  根据溶度积规则，如果能降低难溶电解质饱和溶液中某一种离子的浓度，就会使 $Q_i < K_{sp}^{\ominus}$，沉淀溶解平衡被破坏，则沉淀将溶解。其途径包括：

  (1) 生成气体

  难溶碳酸盐可与足量的盐酸、硝酸等发生作用生成 CO_2 气体，而不断降低 CO_3^{2-} 浓度，使沉淀溶解。

  【实例分析】 向 $CaCO_3$ 饱和溶液中滴加盐酸，$CaCO_3$ 沉淀将逐渐消失。平衡移动过程为

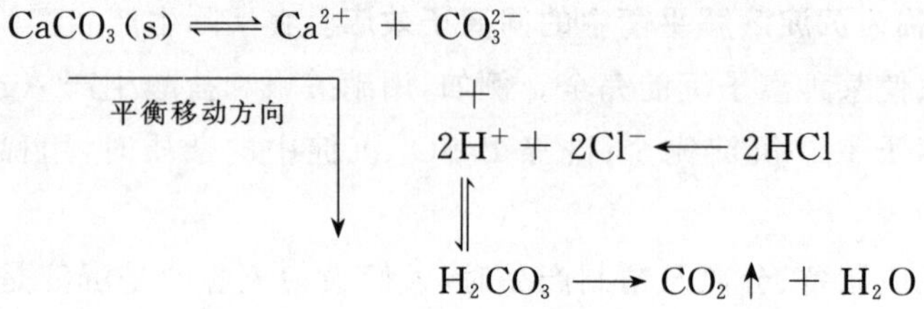

$$CaCO_3(s) \rightleftharpoons Ca^{2+} + CO_3^{2-}$$
$$+$$
$$2H^+ + 2Cl^- \longleftarrow 2HCl$$
$$\rightleftharpoons$$
$$H_2CO_3 \longrightarrow CO_2 \uparrow + H_2O$$

总反应 $\quad CaCO_3 + 2HCl \longrightarrow CaCl_2 + CO_2 \uparrow + H_2O$

  (2) 生成弱电解质

  难溶金属氢氧化物都能与强酸反应生成弱电解质而溶解。

  【实例分析】 向 $Cu(OH)_2$ 饱和溶液中滴加盐酸，则 $Cu(OH)_2$ 沉淀逐渐溶解。

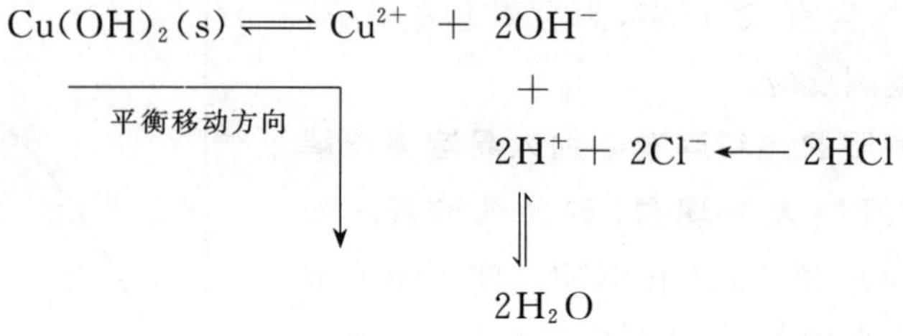

$$Cu(OH)_2(s) \rightleftharpoons Cu^{2+} + 2OH^-$$
$$+$$
$$2H^+ + 2Cl^- \longleftarrow 2HCl$$
$$\rightleftharpoons$$
$$2H_2O$$

总反应 $\quad Cu(OH)_2(s) + 2HCl \longrightarrow CuCl_2 + 2H_2O$

  一些难溶电解质(如 CaC_2O_4，ZnS，FeS 等)能与强酸作用生成弱酸而溶解；而难溶氢氧化物 $Mg(OH)_2$ 能与 NH_4Cl 作用生成弱碱 $NH_3 \cdot H_2O$ 而溶解。

  (3) 生成配离子

  某些试剂能与难溶电解质中的金属离子反应生成配合物，从而破坏沉淀溶解平衡，使沉淀溶解。

  【实例分析】 "定影"时，用硫代硫酸钠($Na_2S_2O_3$)溶液冲洗底片，则未感光的 AgBr 将被溶解，原因就是 $Na_2S_2O_3$ 与 AgBr 作用生成了可溶的配离子 $[Ag(S_2O_3)_2]^{3-}$。

$$AgBr(s) \rightleftharpoons Br^- + Ag^+$$

$$+$$

$$2S_2O_3^{2-} + 4Na^+ \leftarrow 2Na_2S_2O_3$$

平衡移动方向 ↓ ⇌

$$[Ag(S_2O_3)_2]^{3-}$$

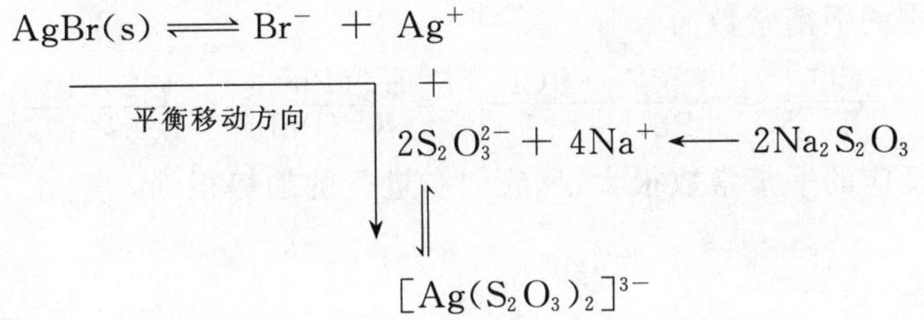

总反应　　　　$AgBr + 2Na_2S_2O_3 \rightleftharpoons Na_3[Ag(S_2O_3)_2] + NaBr$

又如，$Cu(OH)_2$ 能溶于 NH_3 溶液中，总反应(更多反应见第 9 章)为

$$Cu(OH)_2 + 4NH_3 \longrightarrow [Cu(NH_3)_4](OH)_2$$

(4)发生氧化还原反应

例如，CuS 的溶度积很小，既难溶于水，又难溶于稀盐酸，但与强氧化性的硝酸相遇时，则会发生氧化还原反应生成单质 S 而溶解。

$$3CuS(s) \rightleftharpoons 3Cu^{2+} + 3S^{2-}$$

$$+$$

平衡移动方向 ↓　　$(8H^+ + 2NO_3^-) + 6NO_3^- \leftarrow 8HNO_3$

⇌

$$3S\downarrow + 2NO\uparrow + 4H_2O$$

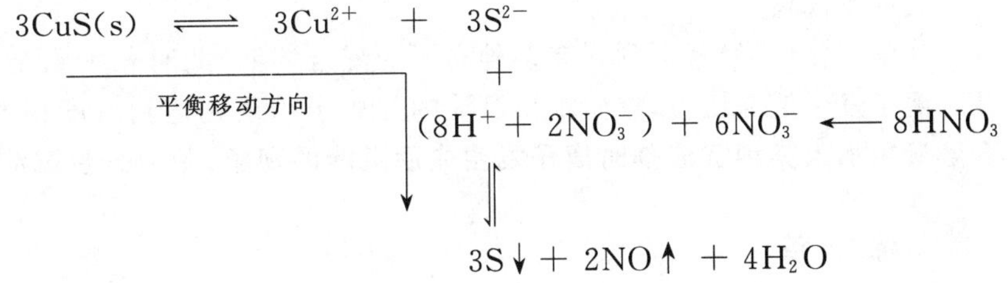

总反应　　　$3CuS + 8HNO_3 \longrightarrow 3Cu(NO_3)_2 + 3S\downarrow + 2NO\uparrow + 4H_2O$

可见，沉淀的溶解是涉及多种平衡的复杂过程。

3. 沉淀的转化

某些难溶电解质采用上述方法也很难使其溶解，这时可采用沉淀转化的方法。

在含有沉淀的溶液中加入适当的沉淀剂，使难溶电解质转化为另一种难溶电解质的过程，称为沉淀的转化。

【实例分析】　向含有 $PbCl_2$ 沉淀及其饱和溶液(约 5 mL)的试管中，逐滴加入 0.10 mol/L KI 溶液，振荡试管，则白色沉淀逐渐转变为黄色沉淀。即

$$PbCl_2(s) \rightleftharpoons 2Cl^- + Pb^{2+}$$

$$+$$

平衡移动方向 ↓　　　　$2I^- + 2K^+ \leftarrow 2KI$

⇌

$$PbI_2$$

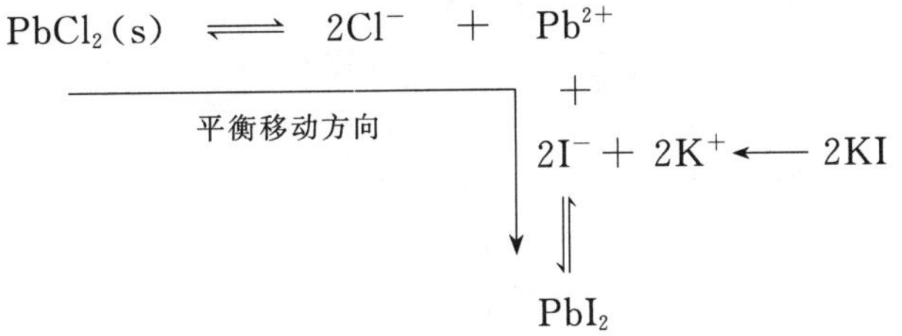

总反应　　　$PbCl_2 + 2KI \rightleftharpoons PbI_2 + 2KCl$
　　　　　　　　　(白色)　　　　(黄色)

$$K_{sp}^{\ominus}(PbCl_2) = 1.2 \times 10^{-5} \quad K_{sp}^{\ominus}(PbI_2) = 8.5 \times 10^{-9}$$

由于 $K_{sp}^{\ominus}(PbI_2) < K_{sp}^{\ominus}(PbCl_2)$，所以向 $PbCl_2$ 饱和溶液中加入 KI 溶液后，将有更难溶的 PbI_2 沉淀生成，溶液中的 Pb^{2+} 浓度降低，致使 $Q_i(PbCl_2) < K_{sp}^{\ominus}(PbCl_2)$，溶液对 $PbCl_2$ 不饱和，其沉淀溶解平衡向右移动。随着 KI 的不断加入，$PbCl_2$ 将逐渐溶解，并转化为 PbI_2 沉淀。

上述反应的平衡常数为

$$K^{\ominus}=\frac{[Cl^-]^2}{[I^-]^2}=\frac{[Pb^{2+}]\cdot[Cl^-]^2}{[Pb^{2+}]\cdot[I^-]^2}=\frac{K_{sp}^{\ominus}(PbCl_2)}{K_{sp}^{\ominus}(PbI_2)}=\frac{1.2\times10^{-5}}{8.5\times10^{-9}}=1.4\times10^3$$

该沉淀转化反应的平衡常数很大,反应向右进行的趋势很强。

想一想

锅炉水垢中含有 $CaSO_4$,若能将其转化为质地疏松且易溶于稀盐酸的 $CaCO_3$,那么水垢便容易清除了,这一设想能否实现? 为什么?

沉淀转化是一种难溶电解质不断溶解,而另一种难溶电解质不断生成的过程。通常由溶解度大的难溶电解质向溶解度小的难溶电解质方向转化,两种沉淀的溶解度相差越大,沉淀转化越容易进行。对于相同类型的难溶电解质,则由 $K_{sp}^{\ominus}$ 较大的向 $K_{sp}^{\ominus}$ 较小的方向进行。

4. 分步沉淀

实际工作中,经常遇到含有多种离子的混合溶液,此时若加入某种沉淀剂,就可能与几种离子发生沉淀反应,首先析出沉淀的是离子积最先达到溶度积的化合物。**这种在混合溶液中加入某种沉淀剂时离子发生先后沉淀的现象,称为分步沉淀。**

练一练

溶液中同时存在 Cl^- 和 I^- 两种离子,其浓度均为 0.010 mol/L,若滴加 $AgNO_3$ 溶液,试判断哪种离子首先被沉淀?

应用分步沉淀原理,可以进行混合离子的分离、提纯。分步沉淀时,各种离子所需沉淀剂的浓度差越大,分离得越完全。

【例 5-5】 在 2.0 mol/L $CuSO_4$ 溶液中,含有 0.010 mol/L Fe^{3+} 杂质,问能否通过控制溶液 pH 的方法来达到除杂的目的?

解 由附录二查得 $Cu(OH)_2$ $K_{sp1}^{\ominus}=2.2\times10^{-20}$

$Fe(OH)_3$ $K_{sp2}^{\ominus}=2.6\times10^{-39}$

欲使 Cu^{2+} 产生沉淀,所需最低 pH 计算如下

$$c(OH^-)=\sqrt{\frac{K_{sp1}^{\ominus}}{c(Cu^{2+})}}=\sqrt{\frac{2.2\times10^{-20}}{2.0}}=1.0\times10^{-10}\ \text{mol/L}$$

$$pOH=-\lg\{c(OH^-)\}=-\lg(1.0\times10^{-10})=10.0$$

$$pH=14-pOH=14-10.0=4.0$$

欲使 Fe^{3+} 开始产生沉淀,所需最低 pH 计算如下

$$c(OH^-)=\sqrt[3]{\frac{K_{sp2}^{\ominus}}{c(Fe^{3+})}}=\sqrt[3]{\frac{2.6\times10^{-39}}{0.010}}=6.4\times10^{-13}\ \text{mol/L}$$

$$pOH=-\lg(6.4\times10^{-13})=12.2$$

$$pH=14-12.2=1.8$$

沉淀 Fe^{3+} 所需 pH 小,首先产生 $Fe(OH)_3$ 沉淀。

当 Fe^{3+} 浓度低于 1.0×10^{-5} mol/L 时,认为已被沉淀完全。沉淀 Fe^{3+} 所需 OH^- 的最低浓度为

$$c(OH^-)=\sqrt[3]{\frac{K_{sp2}^{\ominus}}{1.0\times10^{-5}}}=\sqrt[3]{\frac{2.6\times10^{-39}}{1.0\times10^{-5}}}=6.4\times10^{-12}\ \text{mol/L}$$

$$pOH=-\lg(6.4\times10^{-12})=11.2$$

$$pH=14-11.2=2.8$$

只要控制 $2.8<pH<4.0$，就能够实现除去杂质 Fe^{3+} 的目的。

*5.3 沉淀滴定法

5.3.1 概　述

沉淀滴定法是以沉淀反应为基础的一种滴定分析方法。沉淀反应很多，但能用于滴定分析的沉淀反应必须符合下列几个条件：

(1)沉淀反应必须迅速，并按一定的化学计量关系进行；

(2)生成的沉淀应具有恒定的组成，而且溶解度必须很小；

(3)有确定化学计量点的简便方法；

(4)沉淀的吸附现象不影响滴定终点的确定。

由于上述条件的限制，能用于沉淀滴定法的反应并不多。目前有实用价值的主要是形成难溶性银盐的反应，例如

$$Ag^+ + Cl^- \longrightarrow AgCl\downarrow(\text{白色})$$

$$Ag^+ + SCN^- \longrightarrow AgSCN\downarrow(\text{白色})$$

这种利用生成难溶性银盐的反应进行沉淀滴定的方法称为银量法。银量法主要用于测定 Cl^-，Br^-，I^-，Ag^+，CN^-，SCN^- 等离子及含卤素的有机化合物。

根据滴定方式的不同，银量法可分为直接法和间接法。直接法是用 $AgNO_3$ 标准滴定溶液直接滴定待测组分的方法。间接法是先向待测试液中加入一定量的 $AgNO_3$ 标准滴定溶液，再用 NH_4SCN 标准滴定溶液滴定剩余的 $AgNO_3$ 的方法。

银量法根据确定滴定终点所采用的指示剂不同，分为莫尔法、佛尔哈德法和法扬斯法。

5.3.2 滴定方法

1. 莫尔法

(1)测定原理

莫尔法是1856年由莫尔创立的。**莫尔法是以 K_2CrO_4 作指示剂，在中性或弱碱性介质中用 $AgNO_3$ 标准滴定溶液测定卤素混合物含量的方法。**

以测定 Cl^- 为例，其反应为

$$Ag^+ + Cl^- \longrightarrow AgCl\downarrow(\text{白色})$$

$$2Ag^+ + CrO_4^{2-} \longrightarrow Ag_2CrO_4\downarrow(\text{砖红色})$$

该方法的依据是分步沉淀原理。由于 AgCl 的溶解度比 Ag_2CrO_4 小，因此在用 $AgNO_3$ 标准滴定溶液滴定时，AgCl 首先被析出，当滴定剂 Ag^+ 与 Cl^- 达到化学计量点时，微过量的 Ag^+ 与 CrO_4^{2-} 反应，析出砖红色的 Ag_2CrO_4 沉淀，指示滴定终点的到达。

(2)滴定条件

① 指示剂用量。用 $AgNO_3$ 标准滴定溶液滴定 Cl^-，在化学计量点时

$$[Ag^+]=[Cl^-]=\sqrt{K_{sp}^{\ominus}(AgCl)}=\sqrt{1.8\times10^{-10}}=1.34\times10^{-5}$$

若此时恰有 Ag_2CrO_4 沉淀，则

$$[CrO_4^{2-}]=\frac{K_{sp}^{\ominus}(Ag_2CrO_4)}{[Ag^+]^2}=\frac{1.1\times10^{-12}}{(1.34\times10^{-5})^2}=6.1\times10^{-3}$$

在滴定时，由于 K_2CrO_4 显黄色，当其浓度较高时颜色较深，不易判断砖红色的出现，所以为了能观察到明显的终点，指示剂的浓度应比理论计算值略低一些。实验证明，滴定溶液中 $c(K_2CrO_4)$ 为 5×10^{-3} mol/L 是确定滴定终点的适宜浓度，滴定误差小于 0.1%。

②溶液酸度。在溶液中，CrO_4^{2-} 有反应

$$\underset{\text{黄色}}{2CrO_4^{2-}}+2H^+ \rightleftharpoons 2HCrO_4^- \rightleftharpoons \underset{\text{橙红色}}{Cr_2O_7^{2-}}+H_2O$$

在 pH<5.6 的酸性溶液中，由于上述平衡向右移动，将降低 CrO_4^{2-} 的浓度，致使 Ag_2CrO_4 沉淀出现过迟，甚至不产生沉淀。而在 pH>10.5 的碱性溶液中，则会有褐色的 Ag_2O 沉淀析出，即

$$2Ag^+ + 2OH^- \longrightarrow Ag_2O\downarrow + H_2O$$

因此，莫尔法只能在中性或弱碱性(pH=6.5～10.5)溶液中进行。若溶液酸性过强，可用 $Na_2B_4O_7\cdot10H_2O$ 或 $NaHCO_3$ 中和；若溶液碱性过强，可用稀 HNO_3 中和；而在有 NH_4^+ 存在时，滴定范围应控制在 pH=6.5～7.2。

(3)注意事项

①莫尔法适于直接测定 Cl^- 或 Br^-，当两者共存时，则测定的是两者的总量。

②为防止 Ag_2CrO_4 沉淀溶解度增大及指示剂灵敏度降低，莫尔法要求滴定在室温下进行。

③滴定过程中生成的 AgCl 沉淀易吸附溶液中尚未反应的 Cl^-，造成终点提前，从而产生误差。因此滴定时必须剧烈摇动锥形瓶，使被吸附的 Cl^- 释放出来。

④如果试样中含有能与 Ag^+ 和 CrO_4^{2-} 生成沉淀或配合物的离子或含有在中性或弱碱性溶液中易水解的离子，可采用掩蔽和分离的方法处理后再进行滴定。

⑤莫尔法不宜测定 I^- 和 SCN^-，因为滴定生成的 AgI 和 AgSCN 沉淀表面会强烈吸附 I^- 和 SCN^-，使滴定终点过早出现，造成较大的滴定误差。

⑥莫尔法不适于直接测定 Ag^+，因为加入 K_2CrO_4 指示剂立即生成大量的 Ag_2CrO_4 沉淀，而它转变为 AgCl 沉淀的速率很慢，使滴定无法进行。但若先往溶液中准确加入过量的 NaCl 标准滴定溶液，然后再用 AgCl 标准滴定溶液返滴定剩余的 Cl^-，则可以测定 Ag^+。

⑦莫尔法的选择性差，原因是在中性或弱碱性溶液条件下，许多离子也能与 Ag^+ 或 CrO_4^{2-} 生成沉淀。

知识拓展

国家标准 GB 18186—2000《酿造酱油》中，NaCl 含量的测定采用莫尔法。

酱油中含有的 NaCl 浓度一般不能少于 15%，过少起不到调味作用，且容易变质。若过多，则味变苦，不鲜，感官指标不佳，影响产品质量。通常，酿造酱油中 NaCl 含量为 18%～20%。

2. 佛尔哈德法

佛尔哈德法由佛尔哈德于 1898 年创立。**佛尔哈德法是指在酸性介质中以铁铵矾**

[$NH_4Fe(SO_4)_2 \cdot 12H_2O$]**作指示剂确定滴定终点的一种银量法。**根据滴定方式的不同，佛尔哈德法分为直接滴定法和返滴定法两种。

(1)直接滴定法测定 Ag^+

在含有 Ag^+ 的 HNO_3 介质中，以铁铵矾作指示剂，用 NH_4SCN 标准滴定溶液直接滴定，当滴定到化学计量点时，微过量的 SCN^- 与 Fe^{3+} 结合，生成红色的 $(FeSCN)^{2+}$，即为滴定终点。其反应为

$$Ag^+ + SCN^- \longrightarrow AgSCN\downarrow \text{(白色)}$$

$$Fe^{3+} + SCN^- \longrightarrow (FeSCN)^{2+} \text{(红色)}$$

由于指示剂中的 Fe^{3+} 在中性或碱性溶液中将形成 $Fe(OH)^{2+}$，$Fe(OH)_2^+$ 等深色配合物，碱度再大还会产生 $Fe(OH)_3$ 沉淀，因此滴定应在酸性(0.3～1 mol/L HNO_3)溶液中进行。

用 NH_4SCN 溶液滴定 Ag^+ 溶液时，生成的 AgSCN 沉淀能吸附溶液中的 Ag^+，使 Ag^+ 浓度降低，致使红色出现略早于化学计量点。因此在滴定过程中需剧烈摇动，使被吸附的 Ag^+ 释放出来。

此法的优点在于可用来直接测定 Ag^+ 浓度，并可在酸性溶液中进行滴定。

(2)返滴定法测定卤素离子

佛尔哈德法测定卤素离子(如 Cl^-，Br^-，I^-)和 SCN^- 时应采用返滴定法。即在酸性(HNO_3)待测溶液中，先加入已知过量的 $AgNO_3$ 标准滴定溶液，再用铁铵矾作指示剂，用 NH_4SCN 标准滴定溶液回滴剩余的 Ag^+。其反应为

$$Ag^+\text{(过量)} + Cl^- \longrightarrow AgCl\downarrow \text{(白色)}$$

$$Ag^+\text{(剩余)} + SCN^- \longrightarrow AgSCN\downarrow \text{(白色)}$$

终点指示反应

$$Fe^{3+} + SCN^- \longrightarrow (FeSCN)^{2+} \text{(红色)}$$

用该法测定 Cl^-，滴定到临近终点时，经摇动后形成的红色会褪去。这是因为 AgSCN的溶解度小于 AgCl 的溶解度，加入的 NH_4SCN 将与 AgCl 发生沉淀转化反应

$$AgCl + SCN^- \longrightarrow AgSCN\downarrow \text{(白色)} + Cl^-$$

滴加 NH_4SCN 形成的红色随着溶液的摇动而消失。这种转化作用将继续进行到 Cl^- 与 SCN^- 浓度之间建立一定的平衡关系，才会出现持久的红色，这无疑将多消耗 NH_4SCN 标准滴定溶液。

为避免上述现象的发生，通常采用以下措施：

①试液中加入一定过量的 $AgNO_3$ 标准滴定溶液之后，将溶液煮沸，使 AgCl 沉淀凝聚，以减少 AgCl 沉淀对 Ag^+ 的吸附。滤去沉淀，并用稀 HNO_3 充分洗涤沉淀，然后用 NH_4SCN 标准滴定溶液回滴滤液中的过量 Ag^+。

②在滴入 NH_4SCN 标准滴定溶液之前，加入有机溶剂硝基苯(有毒)或邻苯二甲酸二丁酯或 1,2-二氯乙烷。用力摇动后，有机溶剂将 AgCl 沉淀包住，使 AgCl 沉淀与外部溶液隔离，阻止 AgCl 沉淀与 NH_4SCN 发生沉淀转化反应。

③提高 Fe^{3+} 的浓度，以减小终点时 SCN^- 的浓度，从而减小上述误差。实验证明，一般溶液中 $c(Fe^{3+})=0.2$ mol/L 时，终点误差将小于 0.1%。

佛尔哈德法在测定 Br^-，I^- 和 SCN^- 时，滴定终点十分明显，不会发生沉淀转化，因此

不必采取上述措施。但是在测定碘化物时，必须加入过量 $AgNO_3$ 溶液，之后再加入铁铵矾指示剂，以免因 I^- 对 Fe^{3+} 的还原作用而造成误差。强氧化剂和氮的氧化物以及铜盐、汞盐都与 SCN^- 作用，因而干扰测定，必须预先除去。

想一想

佛尔哈德法测定 Cl^- 时，若未加硝基苯，则分析结果是否正常？是偏低还是偏高？为什么？

3. 法扬斯法

(1)测定原理

法扬斯法是 1923 年由法扬斯创立的一种**以吸附指示剂确定滴定终点的银量法。**吸附指示剂是一类有机染料，按其作用机理可分为两类。一类是阴离子型指示剂，如荧光黄及其衍生物等酸性染料，常以 HFIn 表示，它们都是弱酸，起作用的是阴离子部分。另一类是阳离子型指示剂，它们是在溶液中能解离出阳离子的碱性染料，如甲基紫(以 MV 表示)、罗丹明-6G 等。吸附后结构改变，从而引起颜色的变化，指示滴定终点的到达。现以 $AgNO_3$ 标准滴定溶液滴定 NaCl 为例，说明指示剂荧光黄的作用原理。

荧光黄是一种有机弱酸，在水溶液中可解离为荧光黄阴离子 FI_n^-，呈黄绿色，即

$$HFIn \longrightarrow FI_n^- + H^+$$

在化学计量点前，生成的 AgCl 沉淀吸附 Cl^- 而带负电荷，因而不能吸附指示剂阴离子 FI_n^-，溶液呈黄绿色。达到化学计量点时，微过量的 $AgNO_3$ 可使 AgCl 沉淀吸附 Ag^+ 而带正电荷，因此可吸附荧光黄阴离子 FI_n^-，结构发生变化，呈现粉红色，指示终点的到达。即

$$(AgCl)\cdot Ag^+ + \underset{\text{(黄绿色)}}{FI_n^-} \longrightarrow \underset{\text{(粉红色)}}{(AgCl)\cdot AgFIn}$$

(2)注意事项

为使终点变色敏锐，应用吸附指示剂时应注意以下几点：

①保持沉淀呈胶体状态。由于吸附指示剂的颜色变化发生在沉淀微粒表面上，因此，应尽可能使卤化银沉淀呈胶体状态，在滴定前应加糊精或淀粉等高分子化合物作为保护剂，以防止卤化银沉淀凝聚。

②控制溶液酸度。常用的吸附指示剂大多是有机弱酸，起指示剂作用的是其阴离子。酸度大时，H^+ 与指示剂阴离子结合成不被吸附的指示剂分子，无法指示终点。酸度的大小与指示剂的解离常数有关，解离常数大，酸度可以大一些。

③避免强光照射。卤化银沉淀对光敏感，易分解析出银，使沉淀变为灰黑色，影响滴定终点的观察，因此在滴定过程中应避免强光照射。

④吸附指示剂的选择。沉淀胶体微粒对指示剂离子的吸附能力应略小于其对待测离子的吸附能力，否则指示剂将在化学计量点前变色。

⑤溶液的浓度不能过低，否则产生沉淀过少，观察终点比较困难。

常用的吸附指示剂见表 5-1。

表 5-1 几种常用的吸附指示剂及其应用

指示剂	被测离子	滴定剂	滴定条件
荧光黄	Cl^-，Br^-，I^-	$AgNO_3$	pH＝7～10
二氯荧光黄	Cl^-，Br^-，I^-	$AgNO_3$	pH＝4～10
曙红	Br^-，SCN^-，I^-	$AgNO_3$	pH＝2～10
甲基紫	Ag^+	NaCl	酸性溶液

练一练

取井水 100.0 mL，用 0.090 0 mol/L $AgNO_3$ 溶液滴定，耗去 2.00 mL，计算每升井水中含 Cl^- 多少毫克？

5.3.3 沉淀滴定法应用——水中氯含量的测定

知识拓展

Cl^- 是水和废水中一种常见的无机阴离子，几乎所有的天然水中都有 Cl^- 存在，在人类的生存活动中，氯化物有很重要的生理作用，例如，GB 5749—2006《生活饮用水卫生标准》中，水质的常规指标及限值规定 Cl^- 含量不高于 250 mg/L；水质非常规指标及限值规定 Na^+ 含量不高于 200 mg/L。当水中同时含有较高的 Cl^- 和 Na^+ 时，会感觉到有咸味。当水中 Cl^- 含量高时，会损害金属管道和构筑物，并影响植物生长。

1. 方法原理

在中性或弱碱性溶液中，以 K_2CrO_4 为指示剂，用 $AgNO_3$ 标准滴定溶液滴定氯化物时，由于 AgCl 的溶解度小于 Ag_2CrO_4，所以 Cl^- 被完全沉淀后，CrO_4^{2-} 才以 Ag_2CrO_4 形式沉淀出来，产生砖红色物质，指示 Cl^- 滴定的终点。沉淀滴定反应为

$$Ag^+ + Cl^- \longrightarrow AgCl\downarrow(\text{白色})$$
$$2Ag^+ + CrO_4^{2-} \longrightarrow Ag_2CrO_4\downarrow(\text{砖红色})$$

2. 结果计算

$$\rho = \frac{(V_1 - V_0)\cdot c(Ag^+)\cdot M(Cl^-)\times 1\,000}{V_s} \tag{5-5}$$

式中 ρ——水样中氯化物含量，mg/L；

V_0——蒸馏水消耗硝酸银标准滴定溶液的体积，mL；

V_1——试样消耗硝酸银标准滴定溶液的体积，mL；

$c(Ag^+)$——Ag^+（硝酸银标准滴定溶液）浓度，mol/L；

$M(Cl^-)$——Cl^- 的摩尔质量，g/mol；

V_s——试样体积，mL。

3. 方法讨论

（1）测定中必须加入足量的指示剂，因终点较难判断，故需做空白试验，以作对照判断。

（2）若试样中含有 H_2S，则可用稀硝酸酸化，并煮沸 5～10 min，待冷却后再调节 pH 为 6.5～10.5。

（3）若试样中含有 SO_3^{2-}，则在滴定前用 H_2O_2 将其氧化为 SO_4^{2-}，以防 SO_3^{2-} 与 Ag^+ 作用生成 Ag_2SO_3 而导致测定结果偏高。

（4）若试样颜色过深，会影响滴定终点的观察，可在滴定前用活性炭或明矾吸附脱色。

（5）本方法测定 Cl^- 浓度的适用范围是 10～500 mg/L。

本章小结

- 沉淀溶解平衡和沉淀滴定法
  - 沉淀溶解平衡
    - 溶度积常数
      - $A_mB_n(s) \underset{沉淀}{\overset{溶解}{\rightleftharpoons}} mA^{n+} + nB^{m-}$；$K_{sp}^{\ominus}(A_mB_n) = [A^{n+}]^m \cdot [B^{m-}]^n$
    - 溶度积与溶解度的换算
      - AB 型难溶电解质：$s_{AB} = \sqrt{K_{sp}^{\ominus}}$
      - AB_2 或 A_2B 型难溶电解质：$s_{AB_2(或A_2B型)} = \sqrt[3]{K_{sp}^{\ominus}/4}$
  - 溶度积规则
    - 溶度积规则
      - $Q_i > K_{sp}^{\ominus}$，溶液处于过饱和状态，有沉淀生成
      - $Q_i = K_{sp}^{\ominus}$，溶液处于饱和状态，沉淀和溶解达到动态平衡
      - $Q_i < K_{sp}^{\ominus}$，溶液处于未饱和状态，无沉淀生成或难溶电解质溶解
    - 溶度积规则的应用
      - 沉淀的生成：$Q_i > K_{sp}^{\ominus}$
      - 沉淀的溶解：$Q_i < K_{sp}^{\ominus}$
      - 沉淀的转化：在含有沉淀的溶液中，加入适当的沉淀剂，使难溶电解质转化为另一种难溶电解质的过程
      - 分步沉淀：在混合溶液中加入某种沉淀剂时，离子发生先后沉淀的现象
  - 沉淀滴定法
    - 莫尔法：以铬酸钾为指示剂，以硝酸银作标准滴定溶液，在中性或弱碱性介质中，用直接滴定法测定 Cl^- 和 Br^-
    - 佛尔哈德法：以铁铵矾为指示剂，以硫氰酸铵作标准滴定溶液，在硝酸介质中，用直接滴定法测定 Ag^+；用返滴定法测定 Cl^-，Br^-，I^-，SCN^-
    - 法扬斯法：用吸附指示剂确定滴定终点。常以硝酸银作标准滴定溶液，用直接滴定法测定 Cl^-，Br^-，I^-，SCN^-

自 测 题

一、填空题

1. 通常将室温时溶解度大于________ g/100 g H_2O 的电解质，称为易溶电解质；溶解度为________ g/100 g H_2O 的称为可溶电解质；溶解度为________ g/100 g H_2O 的称为微溶电解质；而溶解度小于________ g/100 g H_2O 的电解质，称为难溶电解质。

2. 在一定温度下，难溶电解质的溶解速率与沉淀速率相等时的状态，称为________。

3. 在定性分析中，当被沉淀的离子浓度小于________ mol/L 时，即可认为沉淀完全；而在定量分析中，则要求小于________ mol/L。

4. 根据溶度积规则，如果能降低难溶电解质饱和溶液中某一离子的浓度，就会使 Q_i ____ $K_{sp}^{\ominus}$，沉淀溶解平衡被破坏，则沉淀溶解。其主要途径如有________、________、________、________。

5. 在混合溶液中加入某种沉淀剂时，离子发生先后沉淀的现象，称为________。

6. 莫尔法测定 Cl^- 时，应控制在________性或________性条件下进行。所用指示剂为________，其浓度应比理论上计算出的浓度略________。

7. 莫尔法仅适用于测定卤素离子中的________和________离子，而不适用于测定________离子，这是因为后者的银盐沉淀对其被测离子的________作用过强。

8. 佛尔哈德法是在________条件下，用________作指示剂，用________作为标准滴定溶液的一种银量法。

9. 在用佛尔哈德法测定碘化物时，指示剂必须在________后才能加入。

10. 在佛尔哈德法测定过程中为使被吸附的 Ag^+ 及时释放出来，在滴定时必须________。

11. 莫尔法和佛尔哈德法测定 Cl^- 时的终点色变，分别为由________色沉淀变为________色沉淀和由________色溶液转变为________色溶液。

二、判断题(正确的画“√”，错误的画“×”)

1. 溶度积是反映难溶电解质溶解性的特征常数，相同温度下溶度积较大的电解质其溶解度较大。 ( )

2. 在难溶电解质溶液中，若 $Q_i \geqslant K_{sp}^{\ominus}$，则有沉淀生成。 ( )

3. 根据同离子效应，沉淀剂过量越多，难溶电解质沉淀越完全。 ( )

4. 在含有沉淀的溶液中，加入适当的沉淀剂，使难溶电解质转化为另一种难溶电解质的过程，称为沉淀的转化。 ( )

5. 沉淀转化通常由溶解度大的难溶电解质向溶解度小的难溶电解质方向转化，两种沉淀的溶解度相差越大，沉淀转化越容易进行。 ( )

6. 分步沉淀时，首先析出沉淀的是离子积最先达到溶度积的化合物。 ( )

7. 标定硝酸银标准滴定溶液可使用氯化钠作为基准物。 ( )

8. $AgNO_3$ 溶液应装在棕色瓶中。 ( )

9. 莫尔法测定氯离子含量时，若溶液的 pH<5，则会造成正误差。 ( )

10. 莫尔法使用的指示剂为 Fe^{3+}，佛尔哈德法使用的指示剂为 K_2CrO_4。 ( )

11. 莫尔法、法扬斯法使用的标准滴定溶液都是 $AgNO_3$ 溶液。 ( )

12. 莫尔法主要用于测定 Cl^-,Br^-。 ( )

13. 法扬斯法中,使用吸附指示剂指示终点。 ( )

三、选择题

1. 一定温度下,$CaCO_3$ 在( )中的溶解度最大。

A. Na_2CO_3 溶液 B. 纯水 C. $CaCl_2$ 溶液 D. KNO_3 溶液

2. 在 $BaSO_4$ 的饱和溶液中,加入稀硫酸,使其溶解度减小的现象称为( )。

A. 盐效应 B. 缓冲作用 C. 同离子效应 D. 配位效应

3. 已知 $K_{sp}^{\ominus}(BaSO_4)=1.1\times10^{-10}$,精制食盐时,用 $BaCl_2$ 除去粗食盐中的 SO_4^{2-},要使 SO_4^{2-} 沉淀完全,需控制 Ba^{2+} 浓度( )。

A. $>1\times10^{-5}$ mol/L B. $>1.1\times10^{-5}$ mol/L

C. $<1.1\times10^{-5}$ mol/L D. $>1.1\times10^{-6}$ mol/L

4. 反应 $CaSO_4+CO_3^{2-} \rightleftharpoons CaCO_3+SO_4^{2-}$ 的平衡常数为( )。

A. $K_{sp}^{\ominus}(CaSO_4)\cdot K_{sp}^{\ominus}(CaCO_3)$ B. $K_{sp}^{\ominus}(CaSO_4)/K_{sp}^{\ominus}(CaCO_3)$

C. $K_{sp}^{\ominus}(CaCO_3)/K_{sp}^{\ominus}(CaSO_4)$ D. $K_{sp}^{\ominus}(CaSO_4)+K_{sp}^{\ominus}(CaCO_3)$

5. 在含有 $PbCl_2$ 白色沉淀的饱和溶液中,加入 KI 溶液而产生黄色 PbI_2 沉淀的现象称为( )。

A. 分步沉淀 B. 沉淀的生成 C. 沉淀的溶解 D. 沉淀的转化

6. 莫尔法采用 $AgNO_3$ 标准滴定溶液测定 Cl^- 时,其滴定条件是( )。

A. pH=2~4 B. pH=6.5~10.5 C. pH=3~5 D. pH≥12

7. 莫尔法所用 K_2CrO_4 指示剂的浓度(或用量)和理论计算值相比应( )。

A. 高一些 B. 低一些 C. 与理论值一致 D. 是理论值的 2 倍

8. 莫尔法中所用指示剂 K_2CrO_4 的量过大时,会引起( )。

A. 测定结果偏高 B. 测定结果偏低

C. 滴定终点的提早出现 D. 无影响

9. 下列有关莫尔法操作中的叙述,错误的是( )。

A. 指示剂 K_2CrO_4 用量应大些 B. 被测卤素离子的浓度不应太小

C. 振摇能减免沉淀的吸附现象 D. 滴定条件应为中性或弱碱性

10. 以铁铵钒为指示剂,用 NH_4SCN 标准滴定溶液滴定 Ag^+ 的滴定条件是( )。

A. 酸性 B. 中性 C. 微酸性 D. 碱性

11. 应用佛尔哈德法测定 Cl^- 时,若没有加入硝基苯,则测定结果将会( )。

A. 偏高 B. 偏低 C. 无变化 D. 难预测

12. 下列有关佛尔哈德法应用中的叙述,正确的是( )。

A. 测定氯离子时,应当采取措施消除沉淀的转化

B. 测定溴离子时,应防止 AgBr 沉淀转化为 AgSCN 沉淀

C. 测定碘离子时必须加入硝基苯,以防沉淀转化

D. 由于 AgSCN 沉淀的吸附作用而使终点延迟到达

四、计算题

1. 计算 25 ℃时,下列电解质在水中的溶解度。

(1)$CaCO_3$ (2)$PbCl_2$ (3)PbI_2 (4)$CaSO_4$ (5)$Mg(OH)_2$

2. 25 ℃时,将等体积 0.020 mol/L $CaCl_2$ 溶液和 0.020 mol/L Na_2CO_3 溶液混合,判

断有无 $CaCO_3$ 沉淀生成？

3. 在 10 mL 0.001 5 mol/L $MnSO_4$ 溶液中，加入 5 mL 0.15 mol/L NH_3 溶液，是否能产生 $Mn(OH)_2$ 沉淀？

4. 25 ℃时，在 AgCl 饱和溶液中加入沉淀剂 NaCl，并使 NaCl 的浓度为 0.010 mol/L，试计算 AgCl 的溶解度。

5. 硬水中的 Ca^{2+} 可用加入 CO_3^{2-} 的方法，使其沉淀为 $CaCO_3$ 而除去，试计算 Ca^{2+} 沉淀完全时，需要 CO_3^{2-} 的最低浓度。

6. 某溶液中含有 0.01 mol/L Ba^{2+} 和 0.1 mol/L Ag^+，若滴加 Na_2SO_4 溶液（忽略体积的变化），则哪种离子先被沉淀？继续滴加 Na_2SO_4 溶液时，能否实现 Ba^{2+} 与 Ag^+ 的分离？

7. 已知某溶液含有 0.10 mol/L Ni^{2+} 和 0.10 mol/L Fe^{3+}，问能否通过控制溶液 pH 的方法来达到除杂的目的？

8. 称取某试样 0.500 0 g，经一系列处理后得纯 NaCl 和 KCl 共 0.180 3 g，将此混合物溶于水后，加入 $AgNO_3$ 溶液，得 0.390 4 g AgCl，计算试样中 Na_2O 和 K_2O 的质量分数？

五、问答题

1. 写出在一定温度下，下列难溶电解质的沉淀溶解平衡表达式及溶度积常数表达式。

(1) AgBr　　(2) Ag_3PO_4　　(3) $Ba_3(PO_4)_2$　　(4) $PbCl_2$

2. 举例说明什么是沉淀溶解平衡中的同离子效应？

3. 根据溶度积规则，说明为什么 $Mg(OH)_2$ 能溶解于盐酸溶液中。

4. 何谓银量法？常见银量法分为几种方法？其分类原则是什么？

本章关键词

沉淀溶解平衡 precipitate-dissolution equilibrium

溶解度 solubility

溶度积常数 solubility product constant

溶度积 solubility product

溶度积规则 the rule of solubility product

盐效应 salt effect

分步沉淀 fractional precipitate

沉淀的转化 inversion of precipitate

沉淀滴定法 precipitate titrimetry

银量法 argentimetry

莫尔法 Mohr method

佛尔哈德法 Vo1hard method

法扬斯法 Fajans method

吸附指示剂 adsorption indicator

第6章

原子结构与元素周期律

知识目标

1. 了解核外电子运动特征，理解原子轨道及电子云描述的意义，理解四个量子数的意义和取值范围，掌握多电子原子轨道的能级规律。

2. 掌握基态原子核外电子分布规律和元素周期表结构。

3. 掌握主族元素性质的周期性变化规律。

能力目标

1. 能区分 s、p、d 电子云的形状及伸展方向，能比较原子轨道能级高低，会判断等价轨道及能级交错现象。

2. 会书写 1～36 号元素原子及其离子的核外电子分布式、原子实表示式、价电子构型和轨道表示式，能指出元素在周期表中的位置（族、周期、区）。

3. 能根据元素周期律，比较、判断主族元素单质及其化合物性质的差异，会计算元素的氧化数。

6.1 核外电子的运动状态

6.1.1 核外电子的运动特征

20 世纪初，人们了解到光既有波动性，又有粒子性。光在传播过程中的干涉、衍射等实验现象说明光具有波动性；而光电效应、原子光谱等现象又说明光具有粒子性。所以**光既有波动性又有粒子性，这称为光的波粒二象性。**

电子的发现和光电效应等实验，早就证实了电子的粒子性。电子的质量和体积都很小，但它在原子核外运动的速度却大得惊人，接近光速（约 3×10^{8} m/s）。受到光的波粒二象性的启发，1924 年法国物理学家德布罗意大胆地提出了电子、原子、分子等实物微粒也具有波粒二象性的假设。1927 年戴维逊和革末进行了电子衍射实验（如图 6-1 所示）。当将一束高速电子流通过镍晶体（光栅）射到荧光屏上时，得到了和光衍射现象相似的一系列明暗交替的衍射环纹，这种现象称为电子衍射。衍射是一切波动的共同特性，由此充分证明了高速电子流除有粒子性外，也有波动性，即电子的波粒二象性。除光子和电子外，其他微观粒子如质子、中子、原子、分子等也具有波粒二象性。

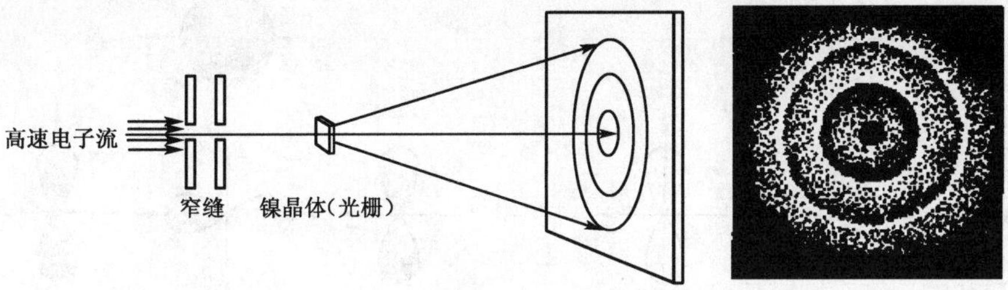

图 6-1　电子衍射示意图

这种具有波粒二象性的微观粒子，其运动状态和宏观物体的运动状态不同。例如，飞船、导弹、人造卫星等的运动，在任何瞬间，人们都能根据经典力学理论，准确地同时测定它的位置和动量(动量等于质量和速度的乘积，$p=mv$)；也能够精确地预测出它的运行轨道。但电子这类微观粒子的运动，由于兼具波动性，它的位置和动量在任何瞬间都不能准确地同时测定到；它也没有确定的运动轨道，因此经典力学理论无法描绘电子的运动状态。现代研究表明，用量子力学理论能较好地描述原子核外电子的运动状态。

知识拓展

量子力学是研究原子、分子、原子核和电子等粒子运动规律的科学。微观粒子的运动不同于宏观物体，其特点为能量变化量子化，运动具有波粒二象性。所谓量子化，是指辐射能的吸收和放出不是连续的，而是按照一个基本量或基本量的整数倍来进行的，这个最小的基本量称为量子或光子。

6.1.2　原子轨道与电子云

1. 原子轨道

量子力学是用波函数(描述波的数学函数式，用 ψ 表示)来描述核外电子运动状态的，并借用经典力学描述宏观物体运动的轨道概念，将波函数 ψ 称为原子轨道函数，甚至就叫原子轨道。因此波函数 ψ 和原子轨道是同义词，但此处的原子轨道绝无宏观物体固定轨道的含义，它只是反映了核外电子运动状态所表现出的波动性和统计性规律，如图 6-2 所示。

2. 电子云

对于原子核外高速运动的电子，并不能肯定某一瞬间它在空间所处的位置，只能用统计方法推算出它在空间各处出现的概率。我们将电子在空间单位体积内出现的概率，称为概率密度。**为形象描述电子在原子核外呈概率密度分布的情况，常用密度不同的小黑点来表示，这种图像称为电子云。**黑点较密处，表示电子出现的概率密度大；黑点较稀疏处，表示电子出现的概率密度小。图 6-3 为电子云的轮廓示意图。

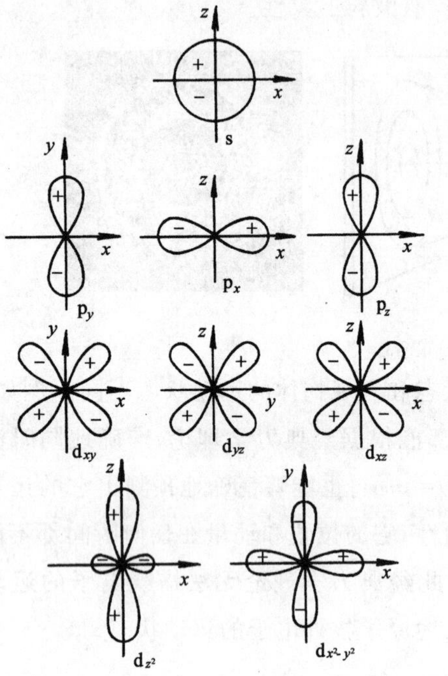

图 6-2 s,p,d 亚层的原子轨道剖面图

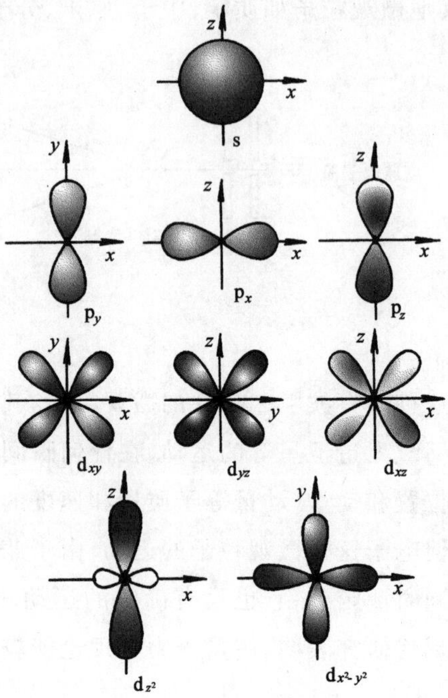

图 6-3 s,p,d 亚层电子云轮廓示意图

s 亚层电子云是球形对称的,电子在核外空间半径相同的各个方向上出现的概率密度相同。

p 亚层电子沿着某一轴方向上出现的概率密度最大,电子云主要集中在该方向上。在另两个轴和原子核附近出现的概率密度几乎为零。p 亚层电子云的形状为无柄哑铃形,它在空间有三种不同的取向,根据其极值的分布情况,分为 p_x,p_y 和 p_z。

d 亚层电子云为花瓣形,在核外空间有五种不同的分布。

类似于做原子轨道的角度分布图,也可以做电子云的角度分布图。两种图形基本相似,仅有两点区别:其一,原子轨道的角度分布图带有正、负号,而电子云的角度分布图均为正值,通常不标出;其二,电子云的角度分布图比较“瘦”。

知识拓展

原子轨道和电子云是不同的概念。与宏观物体的运动轨道不同,原子轨道表示核外电子运动的空间区域,用波函数的角度分布作为其直观形象,因此它和波函数是同义词,原子轨道有“+”“-”之分,用以表示波函数的正、负值,在讨论化学键的形成时,有一定意义;电子云是电子在核外空间某处出现概率密度大小的形象化描绘,其图像与原子轨道相似,只是略“瘦”些,且均为正值,常用黑点图(用小黑点的疏密表示核外电子运动概率密度的大小)或界面图(能包含 95%电子运动概率的等密度面)表示。

6.1.3 四个量子数

要想使波函数的解具有特定物理意义,就必须用三个量子数作为边界条件,此外电子还有自旋。因此,确定原子核外电子的运动状态,必须同时用四个量子数来描述。

1. 主量子数(n)

主量子数 n 的取值为正整数($n=1,2,3,\cdots,n$)。主量子数表示原子轨道离核的远近,又称为电子层数。n 越大,电子离核平均距离越远,n 相同的电子离核平均距离比较接近,即所谓电子处于同一电子层。电子离核越近,其能量越低,因此电子的能量随 n 的增大而升高。n 是决定电子能量的主要量子数。n 又代表电子层数,不同的电子层用不同的光谱符号表示。主量子数的取值、光谱符号及能量变化见表 6-1。

表 6-1　主量子数的取值、光谱符号及能量变化

主量子数	1	2	3	4	5	6	7
光谱符号	K	L	M	N	O	P	Q
能量变化	从左到右能量依次升高						

2. 角量子数(l)

根据光谱实验及理论推导得出:即使在同一电子层中,电子能量也有所差别,原子轨道(或电子云)的形状也不相同。角量子数(又称为副量子数、电子亚层或亚层)就是描述核外电子运动所处原子轨道(或电子云)形状的量子数,它是决定电子能量的次要因素。

角量子数取值为 $l \leqslant n-1$,每个 l 代表一个亚层。第 1 电子层只有一个亚层,第 2 电子层有两个亚层,依此类推。

角量子数的取值、光谱符号及能量变化见表 6-2。

表 6-2　角量子数的取值、光谱符号及能量变化

角量子数	0	1	2	3	…
光谱符号	s	p	d	f	…
原子轨道或电子云形状	球形	哑铃形	花瓣形	花瓣形	…
能量变化	从左到右能量依次升高				

当电子层(n)相同时,l 越大,原子轨道的能量越高,即 $E_{ns}<E_{np}<E_{nd}<E_{nf}$。不同的 n 和 l 组成的各亚层(如 2s,3p,4d,…)其能量必然不同。所以从能量角度讲,每一个亚层有不同的能量,称之为相应的能级。

多电子原子中电子的能级决定于主量子数 n 和角量子数 l。与主量子数决定的电子层间的能量差相比,角量子数决定的亚层间的能量差要小得多。

3. 磁量子数(m)

根据光谱线在磁场中会发生分裂的现象得出:原子轨道不仅有一定的形状,并且还具有不同的空间伸展方向。磁量子数就是用来描述原子轨道在空间的伸展方向的量子数。

m 取值受 l 限制,其取值是从 $+l$ 到 $-l$(包括 0 在内)的任何整数值,两者关系为 $|m| \leqslant l$,即 $m=0,\pm1,\pm2,\cdots,\pm l$。

当 $l=0$ 时,$m=0$,即 s 亚层只有 1 个伸展方向(如图 6-3 所示)。当 $l=1$ 时,$m=+1,0,-1$,即 p 亚层有 3 个伸展方向,分别沿直角坐标系的 x,y,z 轴方向伸展,依次称为 p_x,p_y,p_z 轨道。当 $l=2$ 时,$m=+2,+1,0,-1,-2$,即 d 亚层有 5 个伸展方向,其中,d_{xy} 轨道沿 x,y 轴角平分线方向伸展;d_{yz} 轨道沿 y,z 轴角平分线方向伸展;d_{xz} 轨道沿 x,z 轴角平分线方向伸展;$d_{x^2-y^2}$ 轨道沿 x 轴和 y 轴方向伸展;d_{z^2} 轨道沿 z 轴方向伸展。同理,f 亚层有 7 个伸展方向。

当 n,l,m 有确定值时，电子在核外运动的空间区域就已确定。因此，将 n,l,m 有确定值的核外电子运动状态称为一个原子轨道，即 s,p,d,f 亚层分别有 1,3,5,7 个原子轨道；**而当 n 和 l 都相同时，原子轨道的能量也相同，故称其为等价轨道**，p,d,f 亚层分别有 3,5,7 个等价轨道。

原子轨道与三个量子数之间的关系，见表 6-3。

表 6-3　　原子轨道与三个量子数之间的关系

n	1	2		3			…	n	电子层不同
l	0	0	1	0	1	2	…	$0,\cdots,(n-1)$	亚层(形状)不同
亚层名称	1s	2s	2p	3s	3p	3d	…	$ns,np,nd,\cdots$	由 n 和 l 决定
m	0	0	$0,\pm1$	0	$0,\pm1$	$0,\pm1,\pm2$	…	$0,\cdots,\pm l$	空间取向不同
轨道数	1	1	3	1	3	5	…	1,3,5,7,…	$2l+1$
轨道总数	1	1+3=4		1+3+5=9			…	n^2	由 n 决定
电子总数	2	8		18			…	$2n^2$	每条轨道填充两个电子

4. 自旋量子数(m_s)

电子除绕核运动外，本身还做两种相反方向的自旋运动，描述电子自旋运动的量子数称为自旋量子数。取值为 $+1/2$ 或 $-1/2$，分别用符号“↑”和“↓”表示。

综上所述，**在量子力学中，只有同时用主量子数、角量子数、磁量子数和自旋量子数这四个量子数，才能准确描述核外电子的运动状态。**

【实例分析】 $_3$Li 的 3 个电子分布在 1s 和 2s 两个能级上，它们的运动状态用四个量子数来描述，即

$1s^2$：$n=1,l=0,m=0,m_s=+1/2$

$n=1,l=0,m=0,m_s=-1/2$

$2s^1$：$n=2,l=0,m=0,m_s=+1/2$

【例 6-1】 有一多电子原子，试讨论在其第三电子层中：

(1)亚层数有多少？并用符号表示各亚层。

(2)各亚层上的轨道数是多少？该电子层上的轨道总数是多少？

(3)哪些是等价轨道？

解　第三电子层即主量子数 $n=3$。

(1)亚层数由角量子数 l 决定。$n=3$ 时，l 的取值有 0,1,2。故第 3 电子层中有 3 个亚层，分别为 3s,3p,3d。

(2)亚层上的轨道数由磁量子数 m 决定。因此，各亚层中可能有的轨道数是：

当 $n=3,l=0$ 时，$m=0$，即只有 1 个 3s 轨道；

当 $n=3,l=1$ 时，$m=0,\pm1$，即可有 3 个 3p 轨道；

当 $n=3,l=2$ 时，$m=0,\pm1,\pm2$，即可有 5 个 3d 轨道；

即第 3 电子层中总共有 9 个轨道。

(3)等价轨道是能量相同的原子轨道，其能量主要取决于 n，其次是 l，所以 n 和 l 相同的轨道具有相同的能量。故等价轨道分别为 3 个 3p 轨道和 5 个 3d 轨道。

练一练

1. 指出下列未知量子数的取值范围。

(1)$n=?, l=2, m=0, m_s=+1/2$　　(2)$n=2, l=?, m=-1, m_s=-1/2$

(3)$n=4, l=3, m=0, m_s=?$　　(4)$n=3, l=1, m=?, m_s=+1/2$

2. 用一套量子数表示某一核外电子的运动状态，下列选项哪些不能存在？

(1)3,3,2,+1/2　　(2)3,1,−1,+1/2　　(3)2,2,2,2

(4)1,0,0,0　　(5)2,−1,0,−1/2　　(6)2,0,−2,+1/2

6.1.4 多电子原子轨道的能级

多电子原子是指原子核外电子数大于1的原子(即除H以外的其他元素的原子)。

由于核外电子的能量取决于主量子数和角量子数，即各电子层的不同亚层都有一个对应的能级，因此2s,2p,3d等亚层又分别称为2s,2p,3d能级。

在多电子原子中，由于电子间的互相排斥作用，原子轨道能级关系较为复杂。原子中各原子轨道能级的高低主要根据光谱实验确定，常用美国化学家鲍林的原子轨道近似能级图(图6-4)表示。

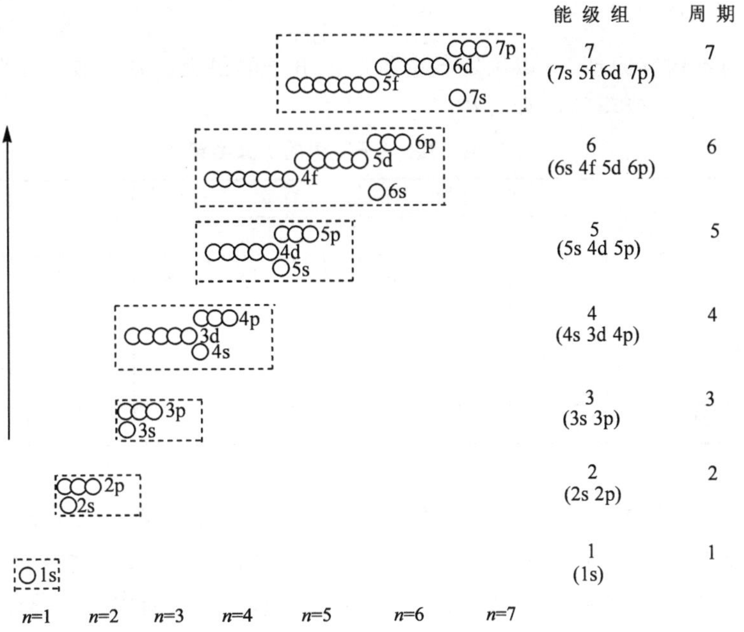

图6-4　鲍林的原子轨道近似能级图

图6-4中原子轨道位置的高低表示能级的相对大小，等价轨道并列在一起。按由低到高顺序，将能级相近的原子轨道划分为7个能级组，同一能级组内的原子轨道能量差很小，不同能级之间其能量差较大。

原子轨道能级规律如下：

(1)当n不同而l相同时，其能量关系为$E_{1s}<E_{2s}<E_{3s}<E_{4s}$，即不同电子层的相同亚层，其能级随电子层序数增大而升高。

(2)当 n 相同而 l 不同时，其能量关系为 $E_{ns}<E_{np}<E_{nd}<E_{nf}$，即相同电子层的不同亚层，其能级随亚层序数增大而升高。

(3)当 n 和 l 均不同时，由于多电子原子中电子间的相互作用，引起某些电子层较大的亚层的能级反而低于某些电子层较小的亚层，这种现象称为“能级交错”。例如，$E_{4s}<E_{3d}$；$E_{5s}<E_{4d}$；$E_{6s}<E_{4f}$；$E_{7s}<E_{5f}$。

6.2 原子核外电子分布与元素周期表

6.2.1 基态原子核外电子分布规律

根据原子光谱实验结果和对元素周期律的分析、归纳和总结，科学家提出，基态(处于能量最低的稳定态)原子核外电子分布符合下列三个规律：

1. 泡利不相容原理

泡利不相容原理是指**在同一原子中不允许有 4 个量子数完全相同的电子存在。**换言之，每个原子轨道中，最多只能容纳两个自旋相反的电子。

若用“○”或“□”表示一个原子轨道，则可表示如下

(↑↓) 或 [↑↓]

应用泡利不相容原理，可以确定各电子层中电子的最大容量。表 6-4 归纳了 1～4 电子层的电子层、电子亚层的最大容量。

表 6-4　　不同电子层、电子亚层的最大容量

电子层	1	2		3			4			
	K	L		M			N			
电子亚层	1s	2s	2p	3s	3p	3d	4s	4p	4d	4f
亚层轨道数	1	1	3	1	3	5	1	3	5	7
亚层电子最大容量	2	2	6	2	6	10	2	6	10	14
电子层轨道数	1	4		9			16			
电子层最大容量	2	8		18			32			

2. 能量最低原理

自然界的任何体系总是能量越低，所处状态越稳定，原子核外电子的分布也是如此。**基态原子核外电子分布时，总是尽先占据能量最低的轨道，只有当能量最低的轨道占满后，电子才依次进入能量较高的轨道，这一规律称为能量最低原理。**根据能量最低原理和近似能级图可确定基态多电子原子核外电子的分布顺序。

用电子分布式(将原子核外电子分布按电子层序数依次排列，电子数标注在能级符号右上角的式子，又称电子结构式)可清楚表示基态多电子原子核外电子分布。例如

$_{3}Li$：$1s^22s^1$　　$_{6}C$：$1s^22s^22p^2$　　$_{15}P$：$1s^22s^22p^63s^23p^3$

$_{19}K$：$1s^22s^22p^63s^23p^64s^1$　　$_{25}Mn$：$1s^22s^22p^63s^23p^63d^54s^2$

原子实(原子结构内层与稀有气体原子核外电子分布相同的那部分实体)表示式可简化核外电子分布。原子实通常用加有方括号的稀有气体元素符号表示，而其余外围电子

仍用电子分布式表示。例如：

$_{6}C$：[He]$2s^2 2p^2$　　$_{15}P$：[Ne]$3s^2 3p^3$　　$_{19}K$：[Ar]$4s^1$　　$_{25}Mn$：[Ar]$3d^5 4s^2$

在化学反应时，原子中能参与形成化学键的电子称为价电子。价电子在原子核外的分布称为价电子构型（又称价层电子构型、价电子层结构）。应用价电子构型可方便讨论化学反应规律。

主族元素的价电子构型为 $ns^{1\sim2}np^{1\sim6}$，副族元素为 $(n-1)d^{1\sim10}ns^{1\sim2}$（镧系和锕系元素除外）。例如：

$_{6}C$：$2s^2 2p^2$　　$_{15}P$：$3s^2 3p^3$　　$_{19}K$：$4s^1$　　$_{25}Mn$：$3d^5 4s^2$

练一练

写出下列基态原子核外电子分布式、原子实表示式及价电子构型。

(1) $_{7}N$　　(2) $_{12}Mg$　　(3) $_{17}Cl$　　(4) $_{26}Fe$　　(5) $_{35}Br$

需要指出，无论是实验结果还是理论推导都证明：原子在失去电子时的顺序与分布时的顺序并不相同。基态原子电子分布顺序为 $ns \to (n-2)f \to (n-1)d \to np$，而失去外层电子的顺序却是 $np \to ns \to (n-1)d \to (n-2)f$，即原子失去电子的顺序是按电子层从外到内的顺序依次进行的。

例如，$_{25}Mn^{2+}$ 的核外电子分布是[Ar]$3d^5$，而不是[Ar]$3d^3 4s^2$。

3. 洪德规则

1925 年德国化学家洪德根据光谱实验的结果指出：**在等价轨道上分布的电子，将尽可能分占不同的轨道，且自旋相同，这个规律称为洪德规则。**

例如，基态 C 原子核外电子分布的轨道表示式为

$_{6}C$ 

练一练

写出基态 $_{15}P$ 原子核外电子分布的轨道表示式。

洪德根据光谱实验及量子力学计算又总结出：**等价轨道处于全充满（p^6，d^{10}，f^{14}）、半充满（p^3，d^5，f^7）和全空（p^0，d^0，f^0）状态时，具有较低的能量，比较稳定，这一规律通常又称为洪德规则的特例。**

【实例分析】 铬和铜原子核外电子的排布式分别表示如下：

$_{24}Cr$ 不是 $1s^2 2s^2 2p^6 3s^2 3p^6 3d^4 4s^2$，而是 $1s^2 2s^2 2p^6 3s^2 3p^6 3d^5 4s^1$；

$_{29}Cu$ 不是 $1s^2 2s^2 2p^6 3s^2 3p^6 3d^9 4s^2$，而是 $1s^2 2s^2 2p^6 3s^2 3p^6 3d^{10} 4s^1$。

练一练

下列各元素原子的电子分布式写法分别违背了什么原理？请加以改正。

(1) $_{5}B$：$1s^2 2s^3$　　(2) $_{7}N$：$1s^2 2s^2 2p_x^2 2p_y^1$　　(3) $_{4}Be$：$1s^2 2p_y^2$

由光谱实验结果得到的原子序数 1～36 各元素基态原子中的核外电子分布情况列于表 6-5。

表 6-5　原子序数为 1～36 的各元素基态原子核外电子分布情况

周期	原子序数	元素符号	元素名称	电子层									
				1	2		3			4			
				1s	2s	2p	3s	3p	3d	4s	4p	4d	4f
1	1	H	氢	1									
	2	He	氦	2									
2	3	Li	锂	2	1								
	4	Be	铍	2	2								
	5	B	硼	2	2	1							
	6	C	碳	2	2	2							
	7	N	氮	2	2	3							
	8	O	氧	2	2	4							
	9	F	氟	2	2	5							
	10	Ne	氖	2	2	6							
3	11	Na	钠	2	2	6	1						
	12	Mg	镁	2	2	6	2						
	13	Al	铝	2	2	6	2	1					
	14	Si	硅	2	2	6	2	2					
	15	P	磷	2	2	6	2	3					
	16	S	硫	2	2	6	2	4					
	17	Cl	氯	2	2	6	2	5					
	18	Ar	氩	2	2	6	2	6					
4	19	K	钾	2	2	6	2	6		1			
	20	Ca	钙	2	2	6	2	6		2			
	21	Sc	钪	2	2	6	2	6	1	2			
	22	Ti	钛	2	2	6	2	6	2	2			
	23	V	钒	2	2	6	2	6	3	2			
	24	Cr	铬	2	2	6	2	6	5	1			
	25	Mn	锰	2	2	6	2	6	5	2			
	26	Fe	铁	2	2	6	2	6	6	2			
	27	Co	钴	2	2	6	2	6	7	2			
	28	Ni	镍	2	2	6	2	6	8	2			
	29	Cu	铜	2	2	6	2	6	10	1			
	30	Zn	锌	2	2	6	2	6	10	2			
	31	Ga	镓	2	2	6	2	6	10	2	1		
	32	Ge	锗	2	2	6	2	6	10	2	2		
	33	As	砷	2	2	6	2	6	10	2	3		
	34	Se	硒	2	2	6	2	6	10	2	4		
	35	Br	溴	2	2	6	2	6	10	2	5		
	36	Kr	氪	2	2	6	2	6	10	2	6		

元素周期表中，除 Cr 和 Cu 以外，属于洪德规则特例的还有原子序数为 42，46，47，64，79，96 的 6 种元素；此外，原子序数为 41，44，45，57，58，78，89，90，91，92，93 的 11 种元素，其原子核外电子分布用上述三个原理仍不能做出满意解释，这说明原子结构理论还有待于进一步完善、发展。

6.2.2　基态原子核外电子分布与元素周期表

元素单质及其化合物的性质随原子序数(核电荷数)递增而呈周期性的变化规律，称为元素周期律。元素周期律总结和揭示了元素性质从量变到质变的特征和内在规律及联系。元素周期律的图表形式称为元素周期表。

1. 周期与能级组

周期的划分与能级组的划分完全一致(图 6-4)，每个能级组都独自对应一个周期，共有 7 个能级组，所以共有 7 个周期，见表 6-6。其中

周期序数＝该周期元素原子的电子层数($_{46}$Pd 除外)＝能级组数

各周期元素的数目＝相应能级组中原子轨道所能容纳的电子总数

表 6-6　　**周期与最外能级组的对应关系**

周期序数	最外能级组	最外能级组序数	最外能级组轨道总数	最外能级组可容纳的电子总数	周期内元素种数	电子层数
1(特短周期)	1s	1	1	2	2	1
2(短周期)	2s～2p	2	1+3=4	8	8	2
3(短周期)	3s～3p	3	1+3=4	8	8	3
4(长周期)	4s～3d～4p	4	1+5+3=9	18	18	4
5(长周期)	5s～4d～5p	5	1+5+3=9	18	18	5
6(特长周期)	6s～4f～5d～6p	6	1+7+5+3=16	32	32	6
7(完成周期)	7s～5f～6d～7p	7	1+7+5+3=16	32	32	7

2. 族

元素周期表中共有 18 列，划分为 18 个族：8 个 A 族(主族)，8 个 B 族(副族)，族序号用罗马数字表示。其中

主族序数＝最外层电子数＝(ns＋np)电子数

ⅢB～ⅦB 族序数＝外层电子数＝[(n－1)d＋ns]电子数

ⅠB，ⅡB 族序数＝ns 电子数

ⅧB 族：外层[(n－1)d＋ns]电子数为 8，9，10 的三列

由于 B 族元素位于元素周期表的中部，因此又习惯称其为过渡元素。

知识拓展

为便于国际学术交流，消除不同国家使用不同符号的乱象，1986 年 IUPAC(国际纯粹与应用化学联合会)推荐将元素周期表从左至右划分 18 族，并用阿拉伯数字标出(见书末元素周期表第一横标)。同时分别用符号★(黑色)、★(红色)标识镧系、锕系元素。

3. 周期表元素分区

周期表中的元素除了按周期和族划分外，还按价电子构型划分为 s，p，d，ds，f 5 个区，如图 6-5 所示。

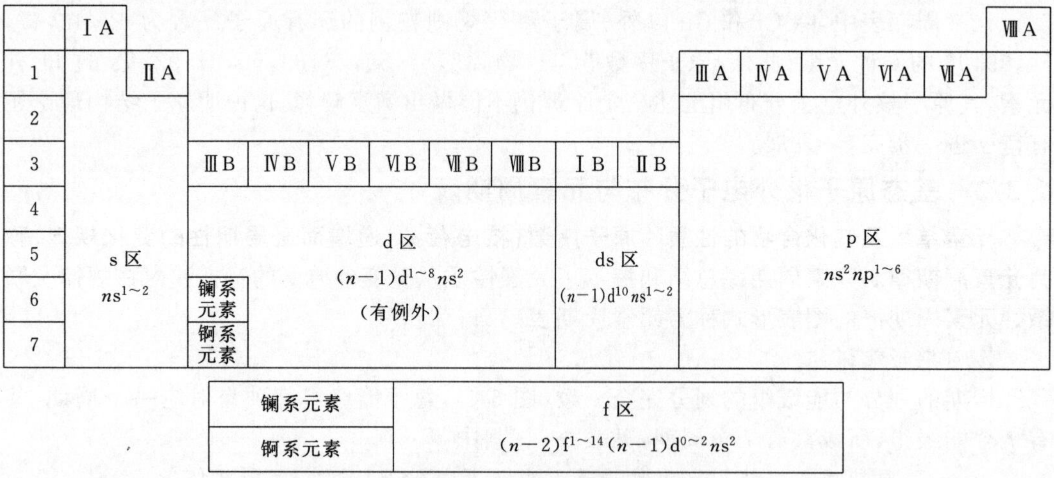

图 6-5　原子外层电子构型与周期表分区

(1)s 区元素:包括ⅠA 和ⅡA 族元素,价电子构型为 $ns^{1\sim2}$。

(2)p 区元素:包括ⅢA～ⅧA 族元素,价电子构型为 $ns^2np^{1\sim6}$(He 除外)。

(3)d 区元素:包括ⅢB～ⅧB 族元素,价电子构型为 $(n-1)d^{1\sim8}ns^2$(ⅥB 族的 Cr,Mo 及ⅧB 族的 Pd,Pt 例外)。

(4)ds 区元素:包括ⅠB 和ⅡB 族元素,价电子构型为 $(n-1)d^{10}ns^{1\sim2}$。

(5)f 区元素:包括镧系和锕系元素。电子层结构在 f 亚层上增加电子,价电子构型为 $(n-2)f^{1\sim14}(n-1)d^{0\sim2}ns^2$。

知识拓展

镧系元素和ⅢB 族中的 Sc、Y 共 17 种元素合称为稀土元素。稀土元素是 18 世纪沿用下来的名称,当时认为这些元素稀有,且它们的氧化物既难溶又难熔,因而得名。中国的稀土资源十分丰富,有开采价值的储量占世界第一位。虽然稀土元素性质相似,并在矿物中共生,难以分离,但因其具有特殊的物质结构,因而具有优异的物理、化学、磁、光、电学性能,有着极为广泛的用途。例如:

(1)结构材料。在钢铁中加入适量稀土金属或稀土金属的化合物,可以使钢得到良好的塑性、韧性、耐磨性、耐热性、抗氧化性、抗腐蚀性等。

(2)磁性材料。稀土金属可制成永磁材料,稀土永磁材料是 20 世纪 60 年代发展迅速的新型功能材料。稀土金属能制成磁光存储记录材料,用于生产磁光盘等。

(3)发光材料。稀土金属的氧化物可作发光材料,如彩色电视机显像管中使用的稀土荧光粉,使画面亮度和色彩的鲜艳度都提高了许多。金属卤化物发光材料能制成节能光源。稀土金属还能制成固体激光材料、电致发光材料等,电致发光材料可用于大面积超薄型显示屏。

(4)贮氢材料。用稀土金属制成的贮氢材料广泛用于高容量充电电池的电极。

(5)催化剂。在石油化工中,稀土金属主要用来作为催化活性高、寿命长的分子筛型的催化剂,可以用于石油裂化、合成橡胶等工业。近年来,科学家正致力于研究用稀土金属作为汽车尾气净化的催化剂。

(6)超导材料。北京有色金属研究总院发明的"混合稀土—钡—铜—氧超导体"为高温超导体的研究和应用开拓了新的途径，荣获第23届国际发明展览会金奖。

(7)特种玻璃。在玻璃工业中，用稀土金属作澄清剂、着色剂，可以使玻璃长期保持良好的透明度。玻璃中若加入某些稀土金属的氧化物可使玻璃染成黄绿色、紫红色、橙红色、粉红色等。

(8)精密陶瓷。在陶瓷电容器的材料中加入某些稀土金属，可提高电容器的稳定性，延长使用寿命。

(9)在农、林、牧、医等方面的应用。稀土金属元素可制成微量元素肥料，促进作物对氮、磷、钾等常用肥料的吸收。施用混合稀土肥料后，小麦、水稻、棉花、玉米、高粱、油菜等可增产10%左右，红薯、大豆等可增产50%左右。稀土金属可制成植物生长调节剂、矿物饲料添加剂等。但是，稀土金属对农作物的作用机制，以及长期使用对环境、生理等的影响，还需做更深入的研究。

(10)在环境保护方面的应用。如硝酸镧可以很有效地除去污水中的磷酸盐。含磷酸盐的污水如果被排放到自然水中去，会促使水藻增殖，使水质恶化。

(11)引火合金。稀土金属可以用来作引火合金，如做民用打火石和炮弹引信。打火石一般含稀土金属70%左右，而其中铈又占了40%，以铈为主的混合轻稀土金属与粗糙表面摩擦时，其粉末就会自燃。

练一练

填写下表。

原子序数	电子分布式	价电子构型	周期	族
35				
	$1s^2 2s^2 2p^6$			
		$3d^5 4s^1$		
			6	ⅡB

6.3　元素基本性质的周期性变化

6.3.1　原子半径

核外电子在原子核外空间是按概率密度分布的，没有明确的界面，因此原子大小无法直接测定。原子半径(r)是根据原子不同存在形式来定义的，常用以下三种：

(1)金属半径。将金属晶体看成是由金属原子紧密堆积而成的，则两相邻金属原子核间距离的一半称为该金属原子的金属半径。

(2)共价半径 r_c。同种元素的两个原子以共价键结合时核间距离的一半称为该原子的共价半径。

(3)范德华半径 r_v。在分子晶体中，分子间以范德华力相结合，这时相邻分子间两个非键结合的同种原子核间距离的一半，称为该原子的范德华半径。同一元素原子的范德华半径大于共价半径。例如,氯原子的共价半径为99 pm,其范德华半径为180 pm,两者区别如图6-6所示。

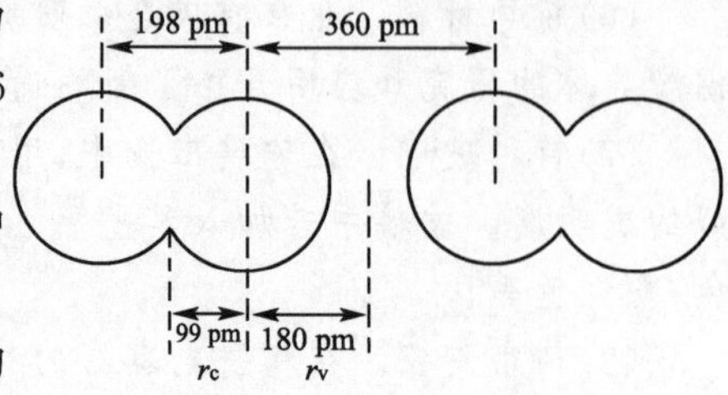

图 6-6 氯原子半径示意图

三种半径定义不同,没有可比性,元素周期表中部分元素的原子半径见表6-7。

由表6-7可知,同一周期从左至右,主族元素的原子半径递减,这是因为随核电荷数的增加,原子核对各电子层的引力增大所引起的;副族元素的原子半径减小缓慢,且不规则,原因是增加的$(n-1)$d电子对最外层ns电子的排斥,部分抵消了原子核的吸引力;同样,镧系元素由于增加的$(n-2)$f电子对最外层ns电子的排斥作用,使其原子半径收缩幅度更为减小,这种现象称为镧系收缩;稀有气体的原子半径明显大,这不仅与其外电子层达到ns^2np^6有关,而且更重要的是它们均采用范德华半径,因此与其他元素无可比性。

表 6-7 **元素的原子半径 r** pm

H																	He
32																	93
Li	Be											B	C	N	O	F	Ne
123	89											82	77	70	66	64	112
Na	Mg											Al	Si	P	S	Cl	Ar
154	136											118	117	110	104	99	154
K	Ca	Sc	Ti	V	Cr	Mn	Fe	Co	Ni	Cu	Zn	Ga	Ge	As	Se	Br	Kr
203	174	144	132	122	118	117	117	116	115	117	125	126	122	121	117	114	169
Rb	Sr	Y	Zr	Nb	Mo	Te	Ru	Rh	Pb	Ag	Cd	In	Sn	Sb	Te	I	Xe
216	191	162	145	134	130	127	125	125	128	134	148	144	140	141	137	133	190
Cs	Ba	★Lu	Hf	Ta	W	Re	Os	Ir	Pt	Au	Hg	Tl	Pb	Bi	Po	At	Rn
235	198	158	144	134	130	128	126	127	130	134	144	148	147	146	146	145	220

★	La	Ce	Pr	Nd	Pm	Sm	Eu	Gd	Tb	Dy	Ho	Er	Tm	Yb
	169	165	164	164	163	162	185	162	161	160	158	158	158	170

同一主族从上到下,随电子层数增加,原子半径显著增大;但副族元素的原子半径增大幅度减小,且不规则,这与其核电荷数显著增多有关。

知识拓展

有效核电荷数(Z^*)是指作用于某一电子上的实际核电荷数。由于电子之间相互排斥,内层电子及同层电子对某一电子具有排斥作用,抵消了原子核对该电子的吸引,使实际作用于外层电子的有效核电荷数比实际核电荷数低。元素周期表中有效核电荷数的变化规律与核电荷数变化规律基本相似。

6.3.2 电离能

电离能(I)又称电离势,是指使气态原子失去电子变成气态阳离子,克服核电荷引力所需消耗的能量,单位为kJ/mol。从元素气态原子失去一个电子成为+1价气态阳离子所需消耗的能量,称为第一电离能(I_1);从+1价气态阳离子再失去一个电子成为+2价气态阳离子所需消耗的能量,称为第二电离能(I_2);依此类推。同一元素各级电离能的

大小顺序是 $I_1 < I_2 < I_3$。通常电离能均指第一电离能。

第一电离能的大小用来衡量原子失去电子的难易程度,进而判断金属活泼性强弱。元素第一电离能越小,原子失去电子越容易,相应金属越活泼。例如,Cs 的第一电离能很小,是一个非常活泼的金属,在光的照射下,即可以失去最外层电子。

电离能都是正值,因为使原子失去外层电子总是需要吸收能量来克服原子核对电子的吸引力。元素第一电离能的周期性变化如图 6-7 所示。

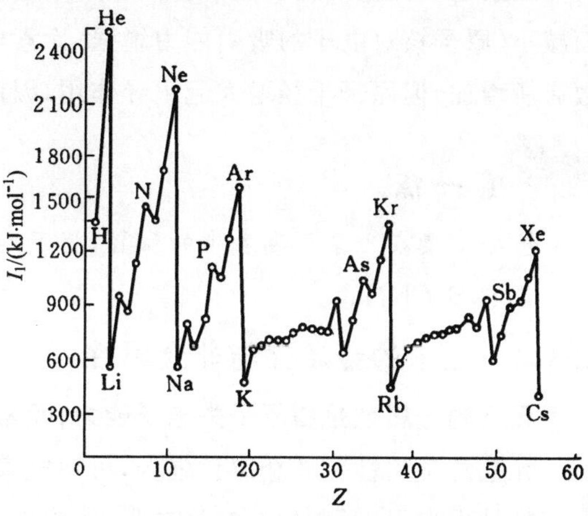

图 6-7 元素第一电离能的周期性变化

由图 6-7 可看出,同一周期从左到右,主族元素第一电离能逐渐增大,ⅤA 族、ⅧA 族元素反常高。这是因为随核电荷数的增加,原子半径减小,原子核对最外层电子的吸引力逐渐增强的缘故;而ⅤA 族、ⅧA族元素最外层电子分别处于半充满、全充满状态,失去电子需要消耗更高的能量,因此第一电离能相对较高。

同一主族从上到下,随电子层的递增,原子半径增大,原子核对最外层电子的吸引力逐渐减小,故元素的第一电离能逐渐减小。

副族元素的第一电离能主要决定于原子半径,变化不规则。

6.3.3 元素电负性

原子在分子中吸引成键电子的能力称为元素电负性。元素电负性(X)越大,该元素原子在分子中吸引成键电子的能力越强,反之则越弱。

人们常采用美国化学家鲍林提出的电负性的概念。他指定最活泼非金属元素氟的电负性为 4.0,并借助热化学数据计算求得其他元素的电负性,见表 6-8。

表 6-8 元素的电负性

H																
2.1																
Li	Be											B	C	N	O	F
1.0	1.5											2.0	2.5	3.0	3.5	4.0
Na	Mg											Al	Si	P	S	Cl
0.9	1.2											1.5	1.8	2.1	2.5	3.0
K	Ca	Sc	Ti	V	Cr	Mn	Fe	Co	Ni	Cu	Zn	Ga	Ge	As	Se	Br
0.8	1.0	1.3	1.5	1.6	1.6	1.5	1.8	1.9	1.8	1.9	1.6	1.6	1.8	2.0	2.4	2.8
Rb	Sr	Y	Zr	Nb	Mo	Tc	Ru	Rh	Pd	Ag	Cd	In	Sn	Sb	Te	I
0.8	1.0	1.2	1.4	1.6	1.8	1.9	2.2	2.2	2.2	1.9	1.7	1.7	1.8	1.9	2.1	2.5
Cs	Ba	La~Lu	Hf	Ta	W	Re	Os	Ir	Pt	Au	Hg	Tl	Pb	Bi	Po	At
0.7	0.9	1.0~1.2	1.3	1.5	1.7	1.9	2.2	2.2	2.2	2.4	1.9	1.8	1.9	1.9	2.0	2.2
Fr	Ra	Ac~Lr														
0.7	0.9	1.1~1.3														

元素电负性的大小可全面衡量原子得失电子的能力，进而判断元素金属性和非金属性的相对强弱。电负性大，原子易得电子；反之，易失电子。通常非金属元素的电负性在2.0以上，金属元素的电负性在2.0以下。

元素电负性呈周期性变化。同一周期从左到右，主族元素原子半径随核电荷数增加而减小，原子核对电子的吸引能力增强，元素电负性递增；同一主族从上到下，虽然核电荷数有所增加，但原子半径增大起主导作用，因而原子吸引电子能力逐渐减弱，电负性递减。

练一练

根据元素在元素周期表中的位置，将下列原子按电负性由高到低的次序排列：

O,F,S,Cl,Na。

6.3.4 元素的金属性与非金属性

元素的金属性是指原子失电子能力；元素的非金属性是指原子得电子能力。

元素的金属性和非金属性强弱，可用电离能或电负性来衡量。电离能或电负性越小，原子越易失电子，元素的金属性越强；元素电负性越大，原子越易得电子，元素的非金属性越强。其变化规律如表6-9所示。

表6-9　　主族元素金属性与非金属性的递变规律

主族			ⅠA	ⅡA	ⅢA	ⅣA	ⅤA	ⅥA	ⅦA	
周期			原子半径减小　电负性增大　非金属性逐渐增强 →							
	二	↓ 原子半径增大 电负性减小 金属性逐渐增强	Li	Be	B	C	N	O	F	↑ 非金属性逐渐增强
	三		Na	Mg	Al	Si	P	S	Cl	
	四		K	Ca	Ga	Ge	As	Se	Br	
	五		Rb	Sr	In	Sn	Sb	Te	I	
	六		Cs	Ba	Tl	Pb	Bi	Po	At	
	七		Fr	Ra						
			← 金属性逐渐增强							
最高化合价			+1	+2	+3	+4	+5	+6	+7	
负化合价						−4	−3	−2	−1	

元素周期表中，同一周期从左至右，主族元素金属性递减，非金属性递增。同一主族从上到下，元素金属性递增，非金属性递减。副族元素变化不规律。

沿B、Si、As、Te、At和Be、Al、Ge、Sb、Po之间画一条虚线，线的左边是金属元素，右边是非金属元素。线两侧的元素既表现出某些金属性质，又表现出某些非金属性质。其中，Si、Ge、As、Te等又常称为半金属，是典型的半导体材料。从整个周期表看，左下角是金属性强的元素，右上角是非金属性强的元素。

元素的金属性及非金属性强弱主要表现在元素性质上。主族元素金属性越强，其单质越易从水或酸中置换出氢气，其对应氢氧化物的碱性越强。例如，第 3 周期元素金属性最强的 Na 遇冷水就能剧烈反应，置换出氢气，并生成强碱 NaOH；而 Mg 则需与沸水接触才能发生反应，生成的 $Mg(OH)_2$ 为弱碱。元素的非金属性越强，其单质越易与氢气化合，生成的气态氢化物越稳定，且高价含氧酸的酸性越强。例如，卤素气态氢化物的稳定顺序与卤素的非金属性强弱顺序一致。即

$$HF > HCl > HBr > HI$$

$HClO_4$ 是最强的高价含氧酸，原因是 Cl 的电负性最大（不能形成高价含氧酸的 O，F 除外）。

练一练

根据元素在元素周期表中的位置，指出 S，Cl 和 F 下列性质的递变规律：

(1)金属性　(2)电负性　(3)原子半径　(4)第一电离能

6.3.5 元素的氧化数

元素的氧化数（或称氧化值）是指某元素一个原子的形式电荷数，这种电荷数是由假设化学键中的电子指定给电负性较大的原子而求得的。

氧化数反映元素的氧化状态，有正、负、零之分，也可以是分数。元素周期表中元素的最高氧化数与原子的价电子构型密切相关（表 6-10），呈周期性变化。

表 6-10　　元素的最高氧化数和价电子构型的关系

主族	ⅠA	ⅡA	ⅢA	ⅣA	ⅤA	ⅥA	ⅦA	ⅧA
价电子构型	ns^1	ns^2	ns^2np^1	ns^2np^2	ns^2np^3	ns^2np^4	ns^2np^5	ns^2np^6
最高氧化数	+1	+2	+3	+4	+5	+6	+7	+8（部分元素）
副族	ⅠB	ⅡB	ⅢB	ⅣB	ⅤB	ⅥB	ⅦB	ⅧB
价电子构型	$(n-1)d^{10}ns^1$	$(n-1)d^{10}ns^2$	$(n-1)d^1ns^2$	$(n-1)d^2ns^2$	$(n-1)d^3ns^2$	$(n-1)d^{4\sim5}ns^{1\sim2}$	$(n-1)d^5ns^2$	$(n-1)d^{6\sim10}ns^{1\sim2}$
最高氧化数	+3（部分元素）	+2	+3	+4	+5	+6	+7	+8（部分元素）

由表 6-9 可见，ⅠA～ⅦA 族（F 除外）、ⅡB～ⅦB 族元素的最高氧化数等于价电子总数，也等于其族序数；ⅠB 族、ⅧA 族、ⅧB 族元素的最高氧化数变化不规律。例如，ⅠB 族元素最高氧化数不等于族序数，Cu 为+2，Ag 为+3，Au 为+3；ⅧA 族、ⅧB 族元素中，至今只有少数元素（如 Xe，Kr 和 Ru，Os 等）有氧化数为+8 的化合物。

非金属元素的最高氧化数与负氧化数的绝对值之和等于 8。

元素的氧化数通常按如下方法确定：

(1)任何形态的单质中，元素的氧化数都等于零。

(2)H 与比其电负性大的元素化合时，氧化数为+1，如 H_2O；反之为-1，如 LiH。

(3)在氧化物中，O 的氧化数为-2；但在过氧化物如 H_2O_2，Na_2O_2 中，O 的氧化数是

-1;在氟氧化物 OF_2 中,O 的氧化数是 $+2$。

(4)氟在化合物中的氧化数均为 -1。

(5)化合物中各元素原子氧化数的代数和等于零。

【例 6-2】 计算 Fe_3O_4 中 Fe 的氧化数。

解 已知 O 的氧化数为 -2,设 Fe 的氧化数为 x,因化合物中各元素原子氧化数代数和为零,故

$$4\times(-2)+3x=0$$

则

$$x=+\frac{8}{3}$$

(6)共价化合物中,将共用电子对指定归电负性较大的原子所有,此时的形式电荷即为它们的氧化数。

(7)简单离子的氧化数等于它所带的电荷数,如 K^+ 中 K 氧化数为 $+1$;Cl^- 中 Cl 的氧化数为 -1。

(8)复杂离子中,各元素原子的氧化数代数和等于离子电荷数。

练一练

指出下列物质中,带“ $\cdot$ ”元素原子的氧化数:

(1)$K\underset{\cdot}{Mn}O_4$ (2)$Na_2\underset{\cdot}{S}_2O_3$ (3)$Na_2\underset{\cdot}{S}_2O_4$ (4)$K_2\underset{\cdot}{Cr}_2O_7$

本章小结

- 原子结构与元素周期律
  - 核外电子的运动状态
    - 核外电子的运动特征——具有波粒二象性，能量变化不连续，运动规律需用量子力学描述
    - 原子轨道与电子云
      - 原子轨道——描述核外电子运动状态的波函数
      - 电子云——描述电子在原子核外呈概率密度分布的图像
    - 量子数
      - 主量子数（电子层）——n 取正整数，n 越大，电子离核越远，电子的能量越高
      - 角量子数（电子亚层）——$l \leqslant n-1$，描述电子云形状；n 相同时，l 越大，电子的能量越高
      - 磁量子数——$|m| \leqslant l$，描述原子轨道的伸展方向
      - 自旋量子数——$m_s=+1/2, -1/2$，用"↑""↓"表示，描述电子自旋方式
    - 原子轨道的能级——鲍林近似能级图——7 个能级组的能级顺序：1s → 2s,2p → 3s,3p → 4s,3d,4p → 5s,4d,5p → 6s,4f,5d,6p → 7s,5f,6d,7p
  - 原子核外电子分布与元素周期律
    - 基态原子核外电子分布规律
      - 泡利不相容原理——每个原子轨道中最多只能容纳两个自旋相反的电子
      - 能量最低原理——电子在原子核外分布时，总是先占据能级最低的轨道
      - 洪德规则——等价轨道中，电子将尽可能分占不同轨道且自旋相同，特例：全充满、半充满、全空更稳定
    - 核外电子分布与元素周期律
      - 周期——7 个周期，周期序数 = 能级组数 = 电子层数
      - 族——16 个族：8 个 A 族、8 个 B 族
      - 区——按价电子构型划分为 s,p,d,ds,f 5 个区
  - 元素基本性质的周期性变化
    - 原子半径——主族元素：同周期从左至右 r↓，同族从上至下 r↑
    - 电离能——主族元素：同周期从左至右 I↑，同族从上至下 I↓
    - 电负性——主族元素：同周期从左至右 X↑，同族从上至下 X↓
    - 金属性与非金属性——主族元素：同周期从左至右金属性减弱，非金属性增强。同族从上至下：金属性增强，非金属性减弱
    - 氧化数——除 ⅠB 族，ⅧA 族，ⅧB 族外，最高氧化数等于族序数

自测题

一、填空题

1. 量子力学是用波函数来描述核外电子运动状态的,习惯上,又将波函数称为____________。

2. 电子云是描述电子在原子核外呈__________分布的图像。

3. 当主量子数为 3 时,包含有______、______、______三个亚层,各亚层分别包含______、______、______个轨道,最多能容纳______、______、______个电子。

4. 同时用 n,l,m 和 m_s 四个量子数可表示原子核外某电子的______;用 n,l,m 三个量子数表示核外电子运动的一个______;用 n,l 两个量子数确定原子轨道的______。

5. 改错。

原子	核外电子分布	违背哪条原理	正确的电子分布式
$_3Li$	$1s^3$		
$_{15}P$	$1s^22s^22p^63s^23p_x^23p_y^1$		
$_{24}Cr$	$1s^22s^22p^63s^23p^63d^44s^2$		
$_{22}Ti$	$1s^22s^22p^63s^23p^63d^34s^1$		

6. 基态原子核外电子分布时,总是尽先占据能量最低的轨道,这一规律称为______。

7. 完成下表。

原子序数	元素符号	原子实表示式	价电子构型	周期	族	区	最高氧化数
35							
	Mn						
		$[Ar]3d^54s^1$					
			$3s^23p^3$				
				四	ⅣB		
				三		p	+7

8. 元素周期表中,周期序数______该周期元素原子的电子层数($_{46}Pd$ 除外)______能级组数,共有 7 个周期。由于每个周期元素的数目______相应能级组所能容纳的电子总数,因此每个周期应含有元素数目分别为______、______、______、______、______、______、______。

二、判断题(正确的画"√",错误的画"×")

1. 原子核外电子运动具有波粒二象性特征,其运动规律要用量子力学来描述。 (　　)

2. s 电子云是球形对称的,凡处于 s 状态的电子,在核外空间中半径相同的各个方向上出现的概率相同。 (　　)

3. 3p 亚层又可称为 3p 能级。 (　　)

4. 磁量子数为1的轨道都是p轨道。 (　　)

5. 每个电子层中最多只能容纳两个自旋相反的电子。 (　　)

6. 每个原子轨道必须同时用 n, l, m 和 m_s 四个量子数来描述。 (　　)

7. ⅠB～ⅦB及ⅧB族元素统称为过渡元素。 (　　)

8. 元素的第一电离能(I_1)越小，其金属性越强，非金属性越弱。 (　　)

9. $_{26}Fe^{2+}$ 的核外电子分布是[Ar]$3d^6$，而不是[Ar]$3d^4 4s^2$。 (　　)

10. 根据元素在元素周期表中的位置，可以断定 $Mg(OH)_2$ 的碱性比 $Al(OH)_3$ 强。(　　)

三、选择题

1. 下列各符号中，表示第2电子层沿 x 轴方向伸展p轨道的是(　　)。

A. p　　B. 2p　　C. $2p_x$　　D. $2p_x^1$

2. 下列原子轨道中，属于等价轨道的一组是(　　)。

A. 2s，3s　　B. $2p_x$，$3p_x$　　C. $2p_x$，$2p_y$　　D. 3d，4s

3. 核外某电子的运动状态可用一套量子数来描述，下列表示正确的是(　　)。

A. 3，1，2，+1/2　　B. 3，−2，−1，+1/2

C. 3，2，0，−1/2　　D. 3，2，1/2，0

4. 基态多电子原子中，$E_{3d} > E_{4s}$ 的现象，称为(　　)。

A. 能级交错　　B. 镧系收缩　　C. 洪德规则　　D. 洪德规则特例

5. 下列能级中，不可能存在的是(　　)。

A. 4s　　B. 2d　　C. 3p　　D. 4f

6. 在连四硫酸钠 $Na_2S_4O_6$ 中，S元素的氧化数是(　　)。

A. +6　　B. +4　　C. +2　　D. +5/2

7. 根据元素在元素周期表中的位置，下列气态氢化物中最稳定的是(　　)。

A. CH_4　　B. H_2S　　C. HF　　D. NH_3

8. 根据元素在元素周期表中的位置，下列酸中最强酸是(　　)。

A. HNO_3　　B. $HClO_4$　　C. H_3PO_4　　D. $HBrO_4$

四、问答题

1. 举例说明什么是等价轨道。

2. 举例说明什么是价电子构型。

3. 试述元素周期表中，同周期从左至右，同族从上到下，主族元素的原子半径、电离能、电负性、氧化数、元素的金属性与非金属性等基本性质的变化规律。

4. 某元素的原子序数为35，试回答：

(1)该元素原子中的电子数是多少？

(2)写出该元素原子核外电子分布式、原子实表示式和价电子构型。

(3)指出该元素在元素周期表中的位置(周期、族、区)及最高氧化数。

5. 某元素原子的最外层上仅有1个电子，该电子的量子数是 $n=4, l=0, m=0, m_s=+1/2$(或 $-1/2$)。问：

(1)符合上述条件的元素可以有几种？原子序数各为多少？

(2)写出相应元素的元素符号、电子分布式和价电子构型，并指出其在周期表中的区和族。

本章关键词

原子结构 atomic structure
核电荷数 nuclear charge number
电子云 electron cloud
原子序数 atomic number
基态 ground state
电子层数 electron shell number
能级 energy level
亚层 subshell
原子轨道 atomic orbit
泡利不相容原理 Pauli exclusion principle
洪特规则 Hund's rule
价电子构型 valence electron configuration
原子半径 atomic radius
共价半径 covalent radius
范德华半径 van der Waals radius
金属半径 metallic radius
电负性 electronegativity
元素周期律 periodic law of elements
元素周期表 periodic table of elements
周期 period
族 group

第7章

分子结构与晶体类型

知识目标

1. 理解化学键的概念及离子键、共价键和金属键的本质、特征，掌握共价键类型、离子电子构型和离子半径变化规律。

2. 理解 s-p 型杂化轨道与分子构型的关系。

3. 理解分子的极性，分子间力类型及其变化规律，氢键的形成条件、本质及特征，掌握分子间力和氢键对物质性质的影响规律。

4. 掌握晶体的类型、特点，了解离子极化概念，理解不同晶体性质差异的原因及离子极化对物质性质的影响规律。

能力目标

1. 能判断极性键和非极性键、σ 键和 π 键，会推断 1～36 号元素离子的电子构型及比较主族元素离子半径大小。

2. 能用杂化轨道理论解释常见分子的形成及其分子构型。

3. 会判断分子的极性，比较共价化合物的熔、沸点高低，溶解性强弱等性质。

4. 能判断分子间力、氢键及离子极化对物质物理性质的影响。

7.1 化学键

7.1.1 化学键

在自然界的物质中，除稀有气体以单原子形式存在以外，其他物质均以分子（或晶体）形式存在。**分子是保持物质化学性质的一种粒子，**物质间进行化学反应的实质是分子的分解和形成。

分子（或晶体）中相邻原子（或离子）间的强烈相互作用，称为化学键。

化学变化的特点是原子核组成不变，只是核外电子运动状态发生了变化，即化学键的形成与分解只与原子核外电子的运动有关。按电子运动方式不同，化学键分为离子键、共价键（含配位键）和金属键。

7.1.2 离子键

1. 离子键的本质、特征

当电负性相差较大的两种元素的原子相互接近成键时，电子从电负性较小的原子转

移到电负性较大的原子，从而形成了阳离子和阴离子。例如，钠在氯气中燃烧形成离子化合物 NaCl 的过程可表示为

$$\mathrm{Na}_{\times} + \cdot\ddot{\underset{\cdot\cdot}{\mathrm{Cl}}}: \longrightarrow \mathrm{Na}^{+}[\ \overset{\cdot\cdot}{\underset{\cdot\cdot}{\times \mathrm{Cl}}}:\ ]^{-}$$

$$[\mathrm{Ne}]3s^1 \quad [\mathrm{Ne}]3s^2 3p^5 \quad\quad [\mathrm{Ne}][\mathrm{Ar}]$$

在带相反电荷的 Na^+ 与 Cl^- 因静电引力而相互靠近的同时，原子核之间同性电荷的排斥作用也逐渐增强，当吸引、排斥达到平衡时，就形成了稳定的化学键。**这种阴、阳离子间通过静电作用而形成的化学键，称为离子键。**离子键的本质是静电作用。

离子键的特征是无方向性、无饱和性。离子的电场分布是球形对称的，可以从任何方向吸引带异号电荷的离子，故离子键无方向性。只要离子周围空间允许，各种离子将尽可能多地吸引带异号电荷的离子，因此离子键无饱和性，如氯化钠晶体中，当一个 Na^+ 与一个 Cl^- 相互靠近成键时，阴、阳离子的电荷并没有相互抵消，每个离子仍能继续吸引不同方向的异电荷离子，但受两个原子核之间的平衡距离限制，每个 Na^+（或 Cl^-）周围空间只允许与 6 个 Cl^-（或 Na^+）相结合。

含有离子键的化合物都是离子化合物，如 CaO，$BaSO_4$，NaOH 等。

2. 离子电荷

简单离子的电荷是由原子得到或失去电子形成的，电荷的绝对值为得到或失去的电子数。例如

$$\underset{1s^2 2s^2 2p^5}{\mathrm{F}} + e^- \longrightarrow \underset{1s^2 2s^2 2p^6}{\mathrm{F}^-}$$

$$\underset{[\mathrm{Ar}]3d^5 4s^2}{\mathrm{Mn}} - 2e^- \longrightarrow \underset{[\mathrm{Ar}]3d^5}{\mathrm{Mn}^{2+}}$$

复杂离子（称为根）的电荷等于其氧化数，如 H_3PO_4 分子中的磷酸根带 3 个负电荷，即 PO_4^{3-}。

离子电荷越大，阴、阳离子之间的静电引力越大，离子键越牢固。

3. 离子的电子构型

离子的电子构型是指原子得到或失去电子形成离子时的外层电子构型。由不同电子构型的离子形成的离子化合物，其性质、化学键略有不同。

所有简单阴离子的电子构型都是 8 电子型，并与其相邻稀有气体相同。例如，Cl^-（$3s^2 3p^6$），S^{2-}（$3s^2 3p^6$）与 Ar 的相同，Br^-（$4s^2 4p^6$）与 Kr 的相同。

阳离子电子构型可分为如下几种：

(1) 2 电子型（氦型）。如 Li^+，Be^{2+} 均为 $1s^2$。

(2) 8 电子型。主族金属原子失去最外层电子后，均能形成 8 电子型。例如，Na^+，K^+，Ba^{2+}，Al^{3+} 等均为 $ns^2 np^6$。

(3) 18 电子型。ds 区元素失去全部最外层 s 电子后，均能形成 18 电子型，如 Ag^+，Zn^{2+}，Sn^{4+} 等均为 $ns^2 np^6 nd^{10}$。

(4) 18＋2 电子型。由ⅣA 族、ⅤA 族元素失去全部最外层 p 电子后所形成，如 Sn^{2+}，Bi^{3+} 等均为 $(n-1)s^2(n-1)p^6(n-1)d^{10}ns^2$。

(5) 9～17 电子型。由 d 区和 ds 区元素失去全部最外层 s 电子和部分次外层 d 电子后所形成，如 Fe^{2+}，Fe^{3+}，Cu^{2+}，Pt^{2+} 等均为 $ns^2 np^6 nd^{1\sim9}$。

练一练

写出下列各离子的核外电子构型，并指出其分别属于哪种电子构型：

Al^{3+}，Fe^{2+}，Bi^{3+}，Mn^{2+}，Cu^{2+}，Zn^{2+}，Mg^{2+}，Cl^{-}。

4. 离子半径

离子半径是假定在离子晶体中相邻离子彼此相接触，其离子间距为正、负离子的半径之和所推算出来的。

根据实验数据，归纳出离子半径的规律如下：

(1)阳离子半径小于其原子半径，简单阴离子半径大于其原子半径。例如

$$r(Na)>r(Na^{+}),r(F^{-})>r(F)$$

(2)同一周期电子层结构相同的阳离子半径随离子电核数的增加而减小。例如

$$r(Na^{+})>r(Mg^{2+})>r(Al^{3+})$$

(3)同族元素离子电荷数相同的阴(或阳)离子半径随电子层数的增多而增大。例如

$$r(Cl^{-})>r(F^{-}),r(K^{+})>r(Na^{+})$$

(4)同一元素形成带不同电荷的阳离子时，电荷数高的半径小。例如

$$r(Sn^{2+})>r(Sn^{4+}),r(Fe^{2+})>r(Fe^{3+})$$

练一练

(1)下列离子中半径最大的是(　　)。

A. Na^{+}　　B. Mg^{2+}　　C. S^{2-}　　D. Cl^{-}

(2)下列离子晶体中，相邻离子间距离最大的是(　　)。

A. NaF　　B. KI　　C. KCl　　D. NaBr

7.1.3 共价键

1. 共价键的本质

原子间通过共用电子对而形成的化学键，称为共价键。例如

$$H\cdot + {}^{\times}H \longrightarrow H\overset{\cdot}{\times}H$$

共价键的本质是原子轨道重叠。共价键形成的本质是1927年由海勒和伦敦用量子力学处理 H_2 分子的形成时而阐明的。如图7-1所示，E 为1个H原子的能量，当两个H原子相互靠近时，如果电子自旋相反，则两个1s轨道发生重叠，核间电子云密度增大，这既增强了两核对电子云的吸引，又削弱了原子核之间的相互排斥，因而能形成稳定的 H_2 分子，直至两原子核之间达到平衡距离(74 pm)时，系统的能量降到最低点(E_0)，形成稳定的 H_2 分子，此状态称为 H_2 分子的基态，如图7-2所示；反之，若两电子自旋相同，核间排斥增大，系统能量升高，则处于不稳定状态，不能形成 H_2 分子。

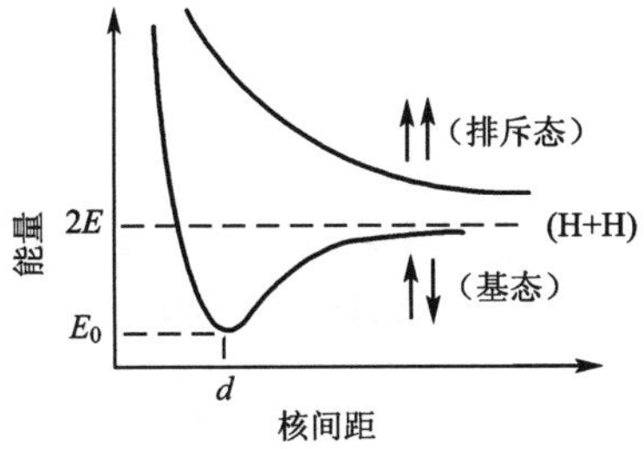

图7-1　H_2 分子能量曲线

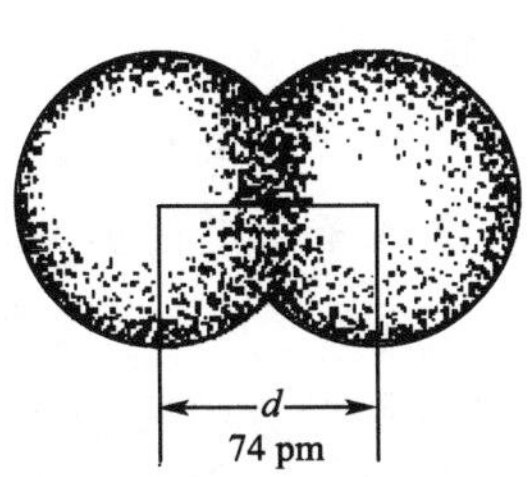

图7-2　基态 H_2 分子示意图

2. 价键理论要点

(1)电子配对原理。将 H_2 分子形成的结果推广到其他分子便形成了价键理论,又称为电子配对理论。电子配对理论认为:只有自旋相反且具有未成对电子(一个原子轨道只分布一个电子)的两个原子相互靠近时,才能形成稳定的共价键。因此每个未成对电子只能与一个自旋相反的未成对电子配对成键,一个原子有几个未成对电子,就可以形成几个共价键。

例如,H 原子只有一个未成对电子,因此两个 H 原子只能通过一对共用电子对相结合形成共价单键,可分别用电子式或结构式表示为

$$H\dot{\times}H \quad 或 \quad H—H$$

O 原子有两个未成对电子,因此可与两个 H 原子以共用电子对结合形成两个共价单键,用电子式或结构式表示为

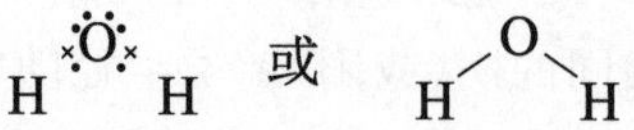

只由共价键结合形成的化合物称为共价化合物。例如,HCl,H_2O,NH_3 等。

(2)最大重叠原理。形成共价键时,原子轨道将尽可能达到最大有效重叠,以使系统能量最低,共价键最牢固。

3. 共价键的特征

(1)有饱和性。根据电子配对原理,原子间形成的共价键数,受未成对电子数限制,这称为共价键的饱和性。例如,He,Ne,Ar 等稀有气体原子没有未成对电子,其单质只能为单原子分子,而 N 原子有 3 个未成对电子,所以 N_2 分子为三键结合,即 N≡N。

(2)有方向性。原子轨道中,除 s 轨道是球形对称、没有方向性外,其他轨道均有一定的伸展方向。在形成共价键时,原子轨道只有沿电子云密度最大的方向进行同号重叠,才能达到最大有效重叠,使系统能量处于最低状态,这称为共价键的方向性。因此除 H_2 分子外,其他化学键的形成均有方向性限制。图 7-3 为 HCl 分子成键示意图。

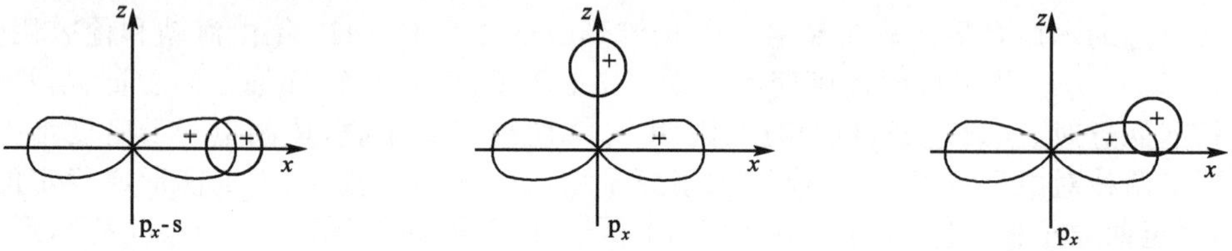

(a) 最大有效重叠　　(b) 无重叠　　(c) 部分重叠

图 7-3　HCl 分子成键示意图

练一练

每个氨分子中 1 个氮原子只能与 3 个氢原子结合,这是(　　)。

A. 由 N,H 原子的半径比决定的　　B. 由 N,H 两元素的非金属性决定的

C. 由 N,H 两原子的电子总数决定的　　D. 由共价键的饱和性和方向性决定的

4. 共价键的类型

(1)非极性键和极性键。由同种原子组成的共价键,如 H_2,O_2,N_2,Cl_2 等单质分子中

的共价键，由于元素的电负性相同，所以电子云在两核中间均匀分布（并无偏向），这类共价键称为非极性共价键。

另一些化合物如 HCl，H_2O，NH_3，CH_4，H_2S 等分子中的共价键是由不同元素原子形成的。由于元素的电负性不同，对电子对的吸引能力也不同，所以共用电子对偏向电负性较大的元素原子。电负性较大的元素原子一端电子云密度大，带部分负电荷而显负电性；电负性较小的一端，则显正电性。于是在共价键的两端出现了正极和负极，这样的共价键称为极性共价键。其极性大小可用成键的两元素电负性之差（ΔX）来衡量。ΔX 越大，键的极性越强；ΔX 越小，键的极性就越弱。

知识拓展

化学键的极性大小还可用离子性来表示。所谓化学键的离子性，就是把完全由得、失电子而构成的离子键定为离子性 100%；把非极性共价键定为离子性 0%。

通常当 $\Delta X>1.7$ 时，离子性>50%，可以认为该化学键属于离子键。但是，最典型的离子化合物 CsF，其化学键的离子性也只达到 92%，仍有 8% 的共价性成分，显然纯粹的离子键是没有的。绝大多数化学键，既不是纯粹的离子键，也不是纯粹的共价键，它们都具有双重性。对某一确定的化学键而言，只是其中一种性质占优势而已。ΔX 与键的离子性的关系见表 7-1。

表 7-1　ΔX 与键的离子性的关系

ΔX	0.8	1.2	1.6	1.8	2.2	2.8	3.2
键的离子性/%	15	30	47	55	70	86	95

练一练

（1）下列共价键属于极性共价键的是________。

A. HCl　　B. H_2　　C. Cl_2　　D. Br_2

（2）下列物质中同时存在离子键和非极性共价键的是________。

A. NH_4Cl　　B. H_2O　　C. Na_2O_2　　D. NaOH

（2）σ 键和 π 键。**原子轨道沿键轴以“头碰头”方式重叠而形成的共价键，称为 σ 键。** σ 键的特点是重叠部分集中于两核之间，通过并对称于键轴，即沿键轴旋转时，其重叠程度及符号不变。形成 σ 键的电子称为 σ 电子，可形成 σ 键的轨道有 s-s，s-p_x，p_x-p_x 等。例如，H—H 键、H—Cl 键、Cl—Cl 键均为 σ 键，如图 7-4(a)所示。

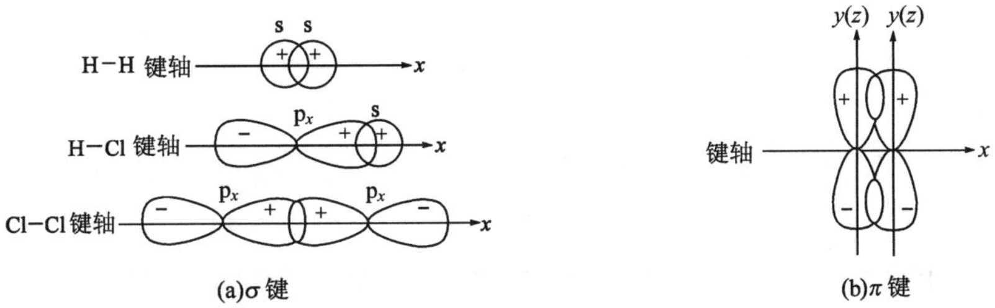

图 7-4　σ 键、π 键示意图

原子轨道垂直于两核连线,以“肩并肩”方式重叠而形成的共价键,称为 π 键。 π 键重叠部分在键轴的两侧并对称于与键轴垂直的平面,如图 7-4(b)所示。例如,N 原子的价电子构型为 $2s^2 2p^3$,3 个未成对的 2p 电子分布在三个互相垂直的 $2p_x$,$2p_y$,$2p_z$ 原子轨道上。当两个 N 原子形成 N_2 分子时,两个 $2p_x$ 轨道以“头碰头”方式重叠形成 σ 键,而垂直于 σ 键键轴的 $2p_y$,$2p_z$ 轨道只能分别以“肩并肩”方式重叠形成 π 键。因此,N_2 分子的两个 N 原子是由一个 σ 键和两个 π 键相结合的。

形成 π 键的电子为 π 电子。由于 π 键重叠程度比 σ 键小,π 电子能量较高,因此 π 键容易断裂而发生化学反应,如烯烃、炔烃、芳香烃及醛、酮等有机化合物的加成反应都是由 π 键断裂引起的。

想一想

(1)s 电子与 s 电子间形成的键是 σ 键,p 电子与 p 电子间形成的键是 π 键,这种说法对吗？为什么？

(2)共价单键均为 σ 键,对吗？

(3)配位键。**由一个原子提供共用电子对而形成的共价键,称为配位共价键,简称配位键。** 在配位键中,提供电子对的原子称为电子给予体;接受电子对的原子称为电子接受体。配位键用符号“→”表示,箭头指向电子接受体。

例如,C 和 O 原子的价层电子分别为 $2s^2 2p_x^1 2p_y^1$ 和 $2s^2 2p_x^2 2p_y^1 2p_z^1$,两原子的 2p 轨道上各有 2 个未成对电子,可以形成 2 个共价键;此外,C 原子的 2p 轨道上还有一个空轨道,O 原子的 2p 轨道上又有一对成对电子(称孤对电子),正好与 C 原子的空轨道共用而形成配位键,如图 7-5 所示。

配位键的形成必须具备如下条件:电子给予体的价电子层有孤对电子;电子接受体的价电子层有空轨道。

配位键是共价键的一种,也具有方向性和饱和性的特征。此类共价键在无机化合物中是大量存在的,如 NH_4^+,SO_4^{2-},PO_4^{3-},ClO_4^- 等离子中都有配位共价键。

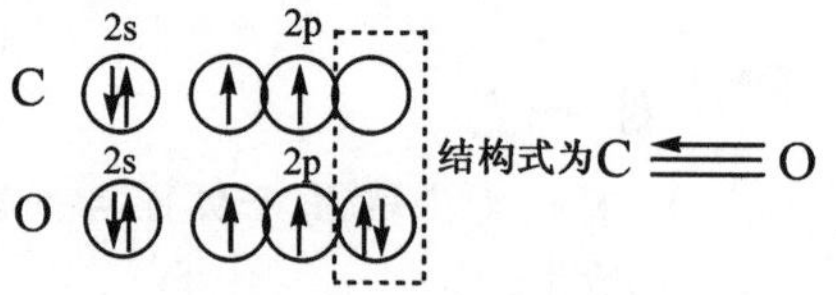

图 7-5　CO 分子中的配位键形成示意图

练一练

(1)下列各组物质中全部以共价键结合的是________。

A. H_2S,NH_3,CO_2　　B. $MgBr_2$,CaO,HCl

C. CO_2,H_2O,NaCl　　D. $CaCO_3$,H_3PO_4,P_4

(2)配位键属于________。

A. 离子键　　B. 金属键　　C. 共价键　　D. 氢键

5. 键参数

表征化学键性质的物理量,统称为键参数,常见键参数有键能、键长、键角等。

(1)键能。键能是反映化学键强弱的量度。在 25 ℃和 100 kPa 下,断裂气态分子的单位物质的量的化学键(6.02×10^{23} 个化学键),使其变成气态原子或原子团时所需要的能量称为键能,符号为 E,单位为 kJ/mol。对于双原子分子,键能在数值上等于键离解能

(D)；对于 A_mB 或 AB_n 类的多原子分子，指的是 m 或 n 个共价键离解能的平均值。由表 7-2看出，共价键是一种很强的结合力。键能越大，表明该键越牢固，断裂该键所需要的能量越大。

表 7-2　　一些共价键的键长和键能

键	键长/pm	键能/(kJ·mol^{-1})	键	键长/pm	键能/(kJ·mol^{-1})
H—H	74	436	C—C	154	356
H—F	92	566	C=C	134	596
H—Cl	127	432	C≡C	120	513
H—Br	141	366	N—N	146	1 160
H—I	161	299	N≡N	110	946
F—F	128	158	C—H	109	416
Cl—Cl	199	242	N—H	101	3 391
Br—Br	228	193	O—H	96	467
I—I	267	151	S—H	136	347

(2)键长。键长是反映分子空间构型的重要物理量。分子中成键两原子核之间的平均距离(核间距)，称为键长或键距，单位为 pm。用 X 射线衍射方法可以精确地测得各种化学键的键长(表 7-2)。一般情况下，键合原子的半径越小，成键电子对越多，其键长越短，键能越大，共价键越牢固。

(3)键角。键角也是反映分子空间构型的重要物理量。分子内同一原子形成的两个化学键之间的夹角称为键角。例如 H_2O 分子中，两个 O—H 键的夹角为 104°45′，这就决定了 H_2O 分子是 V 形构型；而在 CO_2 分子中，两个 C=O 键的夹角是 180°，说明 CO_2 是直线形分子。

键长、键角可通过 X 射线衍射、光谱等实验的方法进行精确测定。

7.1.4　金属键

在已知的 118 种元素中，金属占 80%以上。金属与非金属之间通过离子键或配位键结合，非金属之间则通过共价键结合，而金属原子之间的结合又有所不同。

金属原子的特征是价电子电离能小，很容易失去电子形成阳离子。在金属晶体中，从原子中脱落下来的价电子并不固定在某一原子附近，而是在整个晶体中做自由运动，故称其为自由电子。带负电的自由电子时而与金属离子结合，时而脱落下来，将金属离子和金属原子紧密地结合起来。**这种依靠自由电子的运动而将金属原子和离子结合起来的化学键，称为金属键(图 7-6)。**金属键的本质是静电作用。

由于整个金属晶体中的原子和离子共用全部自由电子，因此有时又称金属键为改性共价键，但自由电子可做自由运动，故金属键没有饱和性、方向性。

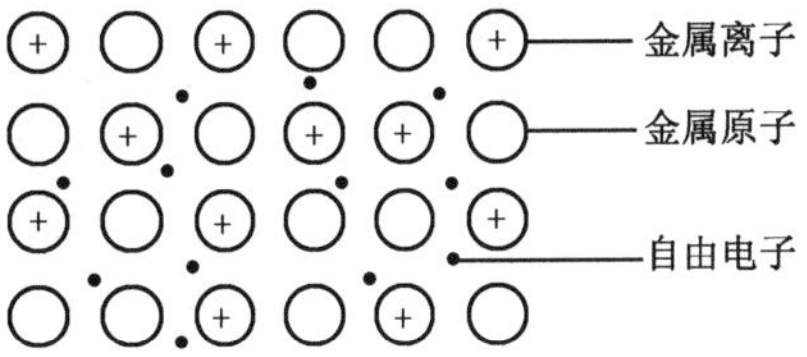

图 7-6　金属内部微粒示意图

不论金属或合金，在其晶体或熔融体中，自由电子都可移动。在一定条件下，自由电子向一个方向移动，就产生电流，所以一般金属是电的良好导体。金属的其他物理性质如光泽、延性、展性和导热性等都与金属键有关系。

7.2 杂化轨道与分子构型

7.2.1 杂化与杂化轨道

【实例分析】 C原子的电子分布是$1s^2 2s^2 2p_x^1 2p_y^1$，仅有2个未成对的2p价电子，但事实上甲烷分子却为CH_4，4个C—H键性质相同，键角为109°28′，分子空间构型为正四面体；而O原子的2个未成对价电子分布在互相垂直的2p轨道中，与H结合形成的H_2O分子，呈V形，键角为104°45′，而不是90°；N原子的3个未成对价电子分布在互相垂直的2p轨道中，与H结合形成的NH_3分子，键角为107°18′，呈三角锥形。所有这些只有用杂化轨道理论，才能做出圆满解释。

鲍林的杂化轨道理论是对价键理论的发展。该理论认为：**在形成共价键的过程中，同一原子能级相近的某些原子轨道可以“混合”起来，重新组成相同数目的新轨道，这个过程称为杂化。杂化后所形成的新轨道称为杂化轨道。**杂化轨道与原子轨道不同，其成键能力更强，形成的分子更稳定。

7.2.2 s-p型杂化与分子构型

1. sp^3杂化

由同一原子的1个ns轨道和3个np轨道发生的杂化称为sp^3杂化。例如，在CH_4分子形成过程中，基态C原子价电子层的1个2s电子被激发到2p能级的空轨道中，随之与3个2p轨道发生杂化，形成4个等价的sp^3杂化轨道，每个sp^3杂化轨道含有1个未成对价电子。即

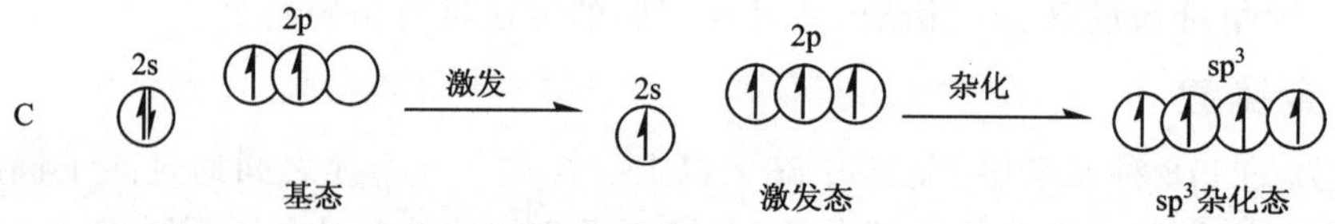

如图7-7所示，sp^3杂化形成的各轨道，形状一头大、一头小，大头分别指向正四面体的四个顶点，轨道夹角为109°28′。每个杂化轨道较大的一端与H原子的1s轨道发生“头碰头”重叠，形成正四面体构型的CH_4分子。

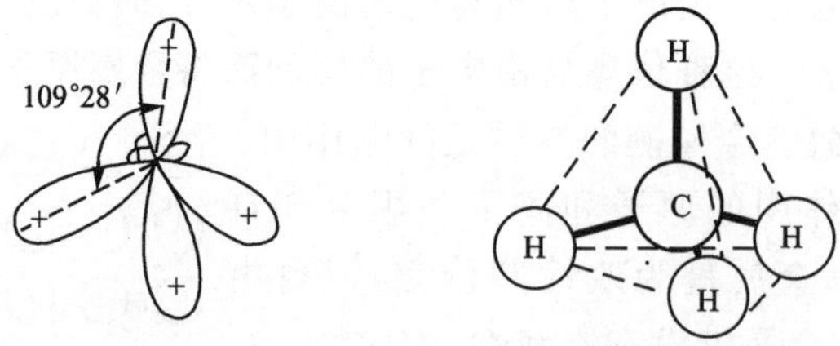

(a) sp^3杂化轨道伸展方向　　(b) CH_4分子构型

图7-7　sp^3杂化轨道伸展方向和CH_4分子构型

练一练

原子间成键时，同一原子中能量相近的某些原子轨道要先杂化，其原因是(　　)。

A. 保持共价键的方向性　　　　　B. 进行电子重排

C. 增加成键能力　　　　　　　　D. 使不能成键的原子轨道能够成键

2. sp^2 杂化

由同一原子的1个 ns 轨道和2个 np 轨道发生的杂化称为 sp^2 杂化。例如，BF_3 分子中，中心原子B的杂化。

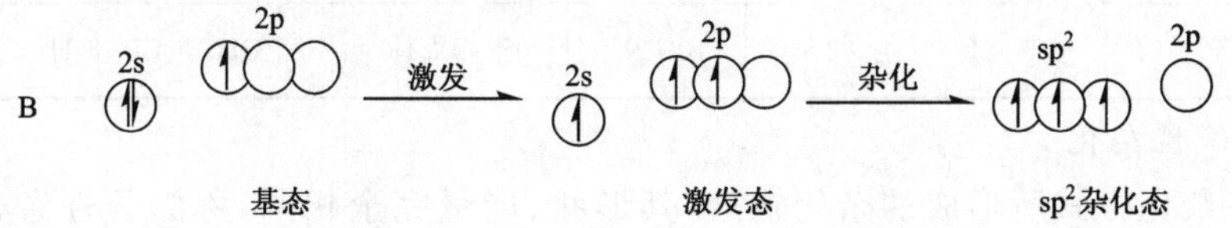

B原子的3个 sp^2 杂化轨道各与1个F原子的 $2p_x$ 轨道进行“头碰头”同号重叠，形成平面三角形的 BF_3 分子，如图7-8所示。

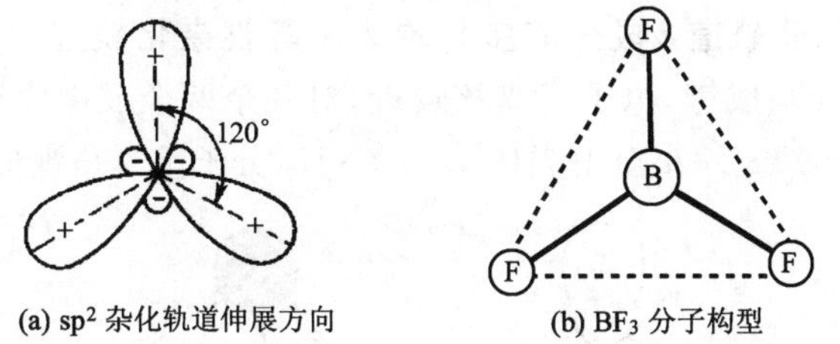

图7-8　sp^2 杂化轨道伸展方向和 BF_3 分子空间构型

练一练

在 C_2H_4 分子中，C原子只有2个2p轨道参与形成 sp^2 杂化，另1个未参与杂化的2p轨道保持原状，并与 sp^2 轨道相垂直，试写出其杂化及分子形成过程。

3. sp 杂化

由同一原子的1个 ns 轨道和1个 np 轨道发生的杂化称为sp杂化。例如，$BeCl_2$ 分子中，中心原子Be的杂化。

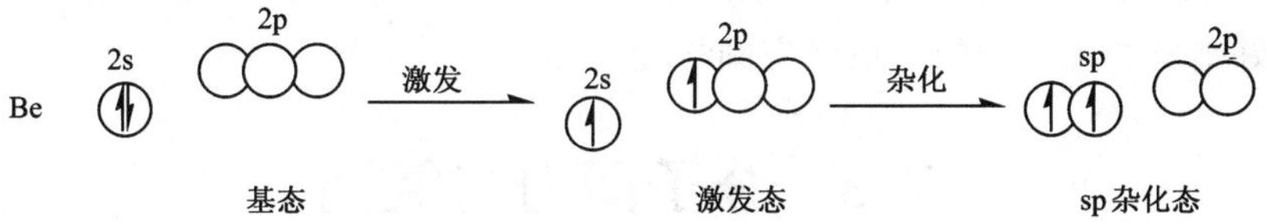

sp杂化轨道伸展方向和 $BeCl_2$ 分子空间构型如图7-9所示。

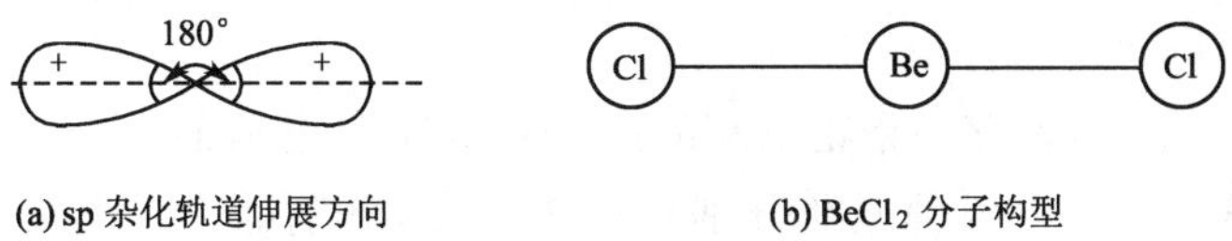

图7-9　sp杂化轨道的伸展方向和 $BeCl_2$ 的分子构型

s-p型杂化各方式的性质及常见实例见表7-3。s-p型杂化中s成分越多，能量越低，其成键能力越强。

表 7-3　　s-p 型杂化及其空间构型

杂化方式	杂化轨道数目	s 成分	p 成分	轨道夹角	空间构型	实　例
sp	2	1/2	1/2	180°	直线形	CS_2, CO_2, $BeCl_2$, C_2H_2, $HgCl_2$
sp^2	3	1/3	2/3	120°	平面三角形	BF_3, BCl_3, C_2H_4, C_6H_6
sp^3	4	1/4	3/4	109°28′	正四面体	CH_4, CCl_4, SiH_4, SiF_4, NH_4^+

*4. 不等性杂化

上述各杂化方式所形成的杂化轨道，其形状、能量完全相同，称为等性杂化轨道。但在 NH_3 分子中，N 原子形成 sp^3 杂化时参与杂化的 1 个 2s 轨道和 3 个 2p 轨道中，有一对孤对电子，**这种有孤对电子参与形成的杂化轨道，如图 7-10(a)所示，其能量不完全等同(孤对电子所占据的杂化轨道 s 成分略多)，称为不等性杂化轨道**。由于孤对电子占据的 1 个 sp^3 杂化轨道不参与成键，电子云离核较近，对其余两个成键轨道施以同电相斥作用，使键角(∠HNH)由 109°28′缩小至 107°18′，因此 NH_3 分子呈三角锥形，如图 7-10(b)所示。

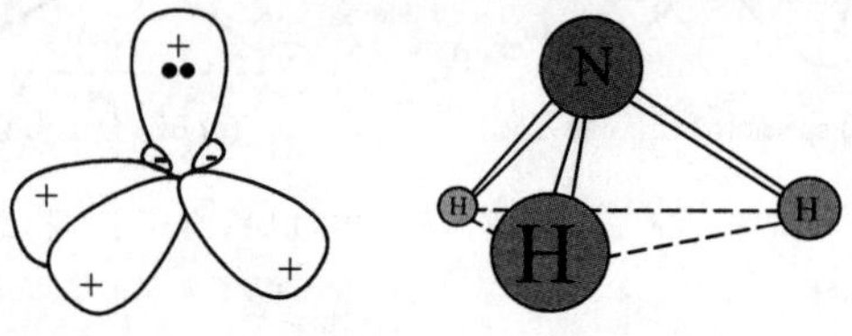

(a) N 原子 sp^3 不等性杂化　　(b) NH_3 分子构型

图 7-10　N 原子 sp^3 不等性杂化和 NH_3 分子构型示意图

在 PH_3 与 NF_3 分子中，中心原子 P 和 N 均采取 sp^3 不等性杂化。此外，在 H_2O，H_2S 和 OF_2 分子中，中心原子也都采取 sp^3 不等性杂化，只是各有被孤对电子占据的2 个杂化轨道不参与成键，分子构型均为 V 形。

除 s-p 型杂化外，还有 d 轨道参与的杂化，如 dsp^2，d^2sp^3，sp^3d^2 等杂化(详见第 9 章)，它们能较好地解释配合物的形成和空间构型。

7.3　分子间力与氢键

7.3.1　分子的极性

任何共价键分子中，都存在带正电荷的原子核和带负电荷的电子。尽管整个分子是电中性的，但可设想分子中两种电荷分别集中于一点，分别称为正电荷重心和负电荷重心，即“+”极和“−”极。**如果正、负电荷重心重合，则分子无极性，称为非极性分子。否则，称为极性分子。**

双原子分子的极性和化学键的极性是一致的。例如 H_2，O_2，N_2，Cl_2 等分子都是由非极性共价键相结合的，它们都是非极性分子；HF，HCl，HBr，HI 等分子由极性共价键结合，正、负电荷重心不重合，它们都是极性分子。

多原子分子的极性由分子组成和结构决定。若分子构型是对称性的，则为非极性分子；反之，则为极性分子。例如，CO_2 分子中的 C═O 键虽为极性键，但由于 CO_2 分子是直线形，结构对称（图 7-11），两边键的极性相互抵消，整个分子的正、负电荷重心重合，因此 CO_2 分子是非极性分子；而 H_2O 分子是 V 形的，构型不对称，分子正、负电荷重心不重合，故为极性分子（图 7-12）。

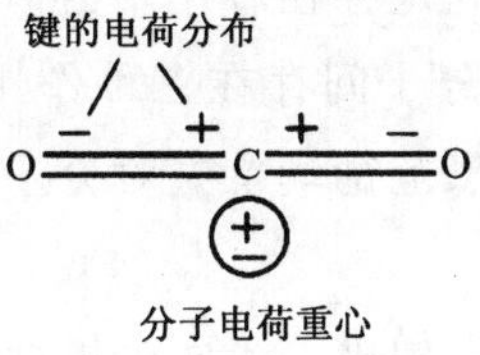

图 7-11　CO_2 分子中的正、负电荷重心分布

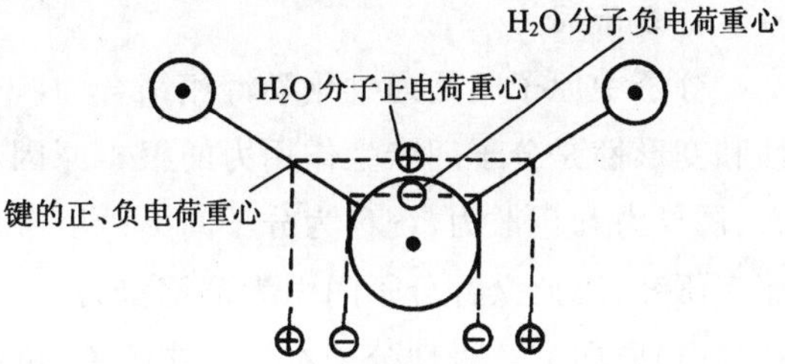

图 7-12　H_2O 分子中的正、负电荷重心分布

多原子分子的类型、空间构型、极性及常见实例见表 7-4。

表 7-4　　多原子分子的类型、空间构型、极性及常见实例

类型		空间构型	极性	常见实例
三原子分子	ABA	直线形	非极性	CO_2，CS_2，$BeCl_2$，$HgCl_2$
	ABA	弯曲形	极性	H_2O，H_2S，SO_2
	ABC	直线形	极性	HCN，HClO
四原子分子	AB_3	平面三角形	非极性	BF_3，BCl_3，BBr_3，BI_3
	AB_3	三角锥形	极性	NH_3，NF_3，PCl_3，PH_3
五原子分子	AB_4	正四面体	非极性	CH_4，CCl_4，SiH_4，$SnCl_4$
	AB_3C	四面体	极性	CH_3Cl，$CHCl_3$，CF_2Cl_2

分子极性的大小可用偶极矩来衡量。即

$$\mu = qd \tag{7-1}$$

式中　μ——偶极矩，C·m；

q——分子正电荷重心的电量，C；

d——正、负电荷重心的距离，m。

偶极矩是矢量，规定方向由正电荷重心指向负电荷重心。

偶极矩可由实验测出。根据 μ 的大小，可以判断分子的极性及推断分子构型。非极性分子 $\mu=0$；极性分子 $\mu>0$，μ 越大，分子的极性越大。

【例 7-1】　实验测得 CS_2 分子和 H_2S 分子的偶极矩分别为 $\mu(CS_2)=0$，$\mu(H_2S)=3.67\times10^{-30}$ C·m。试据此推断上述两分子的构型。

解　CS_2 分子的偶极矩为 $\mu=0$，是非极性分子，则根据 CS_2 的成键情况，3 个原子在空间只能是直线形。

H_2S 分子的偶极矩为 $\mu=3.67\times10^{-30}$ C·m>0，是极性分子，则根据 H_2S 的成键情况，其空间构型一定是 V 形。

练一练

下列分子中偶极矩为零的是(　　)。

A. NF_3　　B. NO_2　　C. PCl_3　　D. BCl_3

7.3.2　分子间力及其对物质性质的影响

1. 分子间力

分子中原子间是通过化学键相结合的。分子与分子间也存在着作用力。分子具有极性和变形性是分子间产生作用力的根本原因。目前认为分子间存在三种作用力,即取向力、诱导力和色散力,统称为分子间力。由于荷兰物理学家范德华首先对分子间力进行了深入研究,因此又称分子间力为范德华力。

(1)取向力。极性分子本身存在的正、负两极称为固有偶极。当两个极性分子充分靠近时,固有偶极就会发生同极相斥、异极相吸的取向(或有序)排列(图 7-13)。**这种固有偶极之间产生的作用力称为取向力。**

图 7-13　极性分子间取向示意图

取向力存在于极性分子与极性分子之间。

取向力的本质是静电引力,其大小取决于极性分子的偶极矩。分子的极性越强,偶极矩越大,取向力越大。此外,取向力还受温度的影响,温度越高,取向力越弱。

(2)诱导力。极性分子的固有偶极是一个微小的电场,当非极性分子与其充分靠近时,就会被极性分子所极化(在电场的作用下,分子正、负电荷重心发生偏离而产生或增大偶极的现象),进而产生诱导偶极(图 7-14),这种**诱导偶极与极性分子固有偶极之间的作用力称为诱导力。**

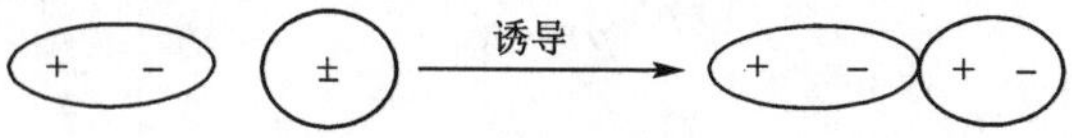

图 7-14　极性分子诱导非极性分子示意图

诱导力存在于极性分子与非极性分子之间、极性分子与极性分子之间。

诱导力的本质是静电引力,极性分子的极性越强,分子越易变形,诱导力越强;分子间的距离越大,诱导力越弱,且诱导力随距离增大而迅速递减。诱导力与温度无关。

(3)色散力。非极性分子的偶极矩为零,似乎不存在相互作用。事实上,分子内的原子核和电子在一刻不停地运动,在某一瞬间,正、负电荷重心发生相对位移,使分子产生瞬时偶极。当两个或多个非极性分子在一定条件下充分靠近时,就会由于瞬时偶极而发生异极相吸的作用(图 7-15)。**这种由瞬时偶极而产生的相互作用力,称为色散力。**

瞬时偶极很短暂,稍现即逝。但由于原子核和电子时刻在运动,瞬时偶极不断出现,异极相邻的状态也时刻出现,所以分子间始终存在色散力。

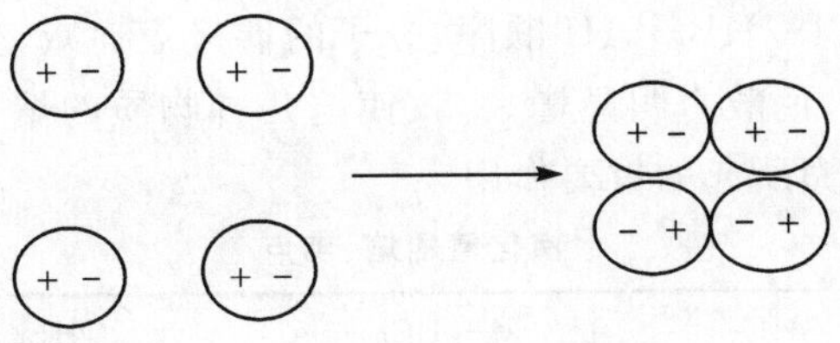

图 7-15　非极性分子相互作用示意图

任何分子都会产生瞬时偶极，因此色散力不仅是非极性分子之间的作用力，也存在于极性分子与极性分子、极性分子与非极性分子的相互作用之中。

色散力的本质也是静电引力，其大小与分子的变形性有关。通常组成、结构相似的分子，相对分子质量越大，分子越易变形，其色散力就越大。

例如，稀有气体从 He 到 Xe，卤素单质从 F_2 到 I_2，卤化硼从 BF_3 到 BI_3，卤素氢化物从 HCl 到 HI 等，随着相对分子质量的增大，色散力递增。

分子间力比化学键弱得多，即使在分子晶体中或分子靠得很近时，其作用力也仅是化学键的 1%～10%，并且只有在分子间距小于 500 pm 时，才表现出分子间力，并随分子间距的增加而迅速减小，因此分子间力是短程力。

三种分子间力中，色散力存在于一切分子之间，通常也是分子间的主要作用力(除强极性分子 HF，H_2O 外)，取向力次之，诱导力最小，某些物质分子间的作用能及其构成见表 7-5。

表 7-5　　某些物质分子间作用能及其构成

分　子	$E_{取向}/(kJ\cdot mol^{-1})$	$E_{诱导}/(kJ\cdot mol^{-1})$	$E_{色散}/(kJ\cdot mol^{-1})$	$E_{总}/(kJ\cdot mol^{-1})$
Ar	0.000	0.000	8.49	8.49
CO	0.003	0.008 4	8.74	8.75
HCl	3.305	1.004	16.82	21.13
HBr	0.686	0.502	21.92	23.11
HI	0.025	0.113 0	25.86	26.00
NH_3	13.31	1.548	14.94	29.80
H_2O	36.38	1.929	8.996	47.30

注：两分子间距离 $d=500$ pm，温度 $t=25$ ℃。

练一练

下列每组分子之间存在着什么形式的分子间力？

(1)I_2 和 CCl_4　　(2)CH_3OH 和 H_2O　　(3)HBr 气体

2.分子间力对物质性质的影响

(1)对物质熔、沸点的影响。共价化合物的熔化与汽化，需要克服分子间力。分子间力越强，物质的熔、沸点越高。在元素周期表中，由同族元素生成的单质或同类化合物，其熔、沸点往往随着相对分子质量的增大而升高。

例如，按 He－Ne－Ar－Kr－Xe 的顺序，相对分子质量增加，分子体积增大，变形性增大，色散力随着增大，故熔、沸点依次升高。卤素单质都是非极性分子，常温下 F_2 和 Cl_2 是气体，Br_2 是液体，而 I_2 是固体，也反映了从 F_2 到 I_2 色散力依次增大的事实。卤化氢分子是极性分子，按 HCl－HBr－HI 顺序，分子的偶极矩递减，变形性递增，分子间的取向力和诱导力依次减小，色散力明显增大，致使这几种物质的熔、沸点依次升高(表7-6)，这也说明在分子间色散力所起的重要作用。

表 7-6　　卤化氢的熔、沸点

卤化氢	HF	HCl	HBr	HI
熔点/℃	－83	－115	－87	－51
沸点/℃	19.4	－85	－67	－35

(2)对溶解性的影响。结构相似的物质易于相互溶解。极性分子易溶于极性溶剂之中，非极性分子易溶于非极性溶剂之中。这个规律称为“相似相溶”规律，原因是这样溶解前、后分子间力的变化较小。

例如，结构相似的乙醇(CH_3CH_2OH)和水(HOH)可以任意比互溶，极性相似的 NH_3 和 H_2O 有极强的互溶能力；非极性的碘单质(I_2)易溶于非极性的苯()或四氯化碳(CCl_4)溶剂中，而难溶于水。

依据“相似相溶”规律，在工业生产和实验室中可以选择合适的溶剂进行物质的溶解或混合物的萃取分离。

练一练

按沸点由低到高的顺序依次排列下列两组物质。

(1)H_2，CO，Ne，HF　　(2)CI_4，CF_4，CBr_4，CCl_4

7.3.3　氢键的形成及氢键对物质性质的影响

1. 氢键的形成

查一查

比较表 7-6 中卤素氢化物的熔、沸点数据，可以得出什么结论？

由表 7-6 可知，卤化氢中 HF 的相对分子质量最小，但沸点却最高，类似情况也存在于ⅤA，ⅥA 族元素氢化物中(图 7-16)。这是由于 HF，H_2O，NH_3 等单质分子之间除范德华力外，还存在着另一种特殊的分子间力，这就是氢键，氢键的本质也是静电引力。

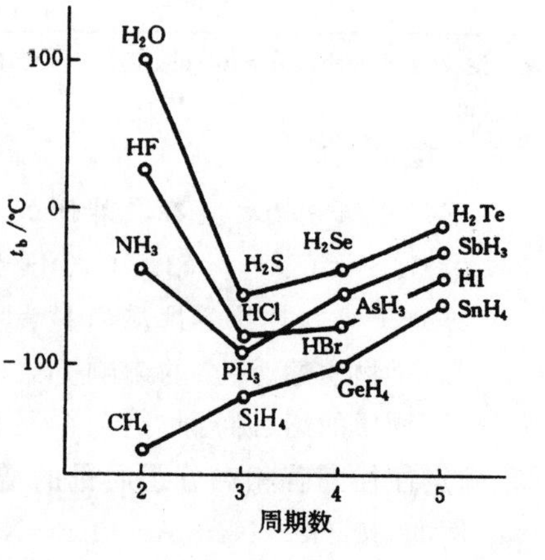

图 7-16　ⅣA～ⅦA 族元素氢化物的沸点递变情况

在 HF 分子中，由于 F 原子的半径小、电负性大，共用电子对强烈偏向于 F 原子一方，使 H 原子的核几乎“裸露”出来。这个半径很小、又无内层电子的带正电荷的氢核，能和相邻 HF 分子中 F 原子的孤对电子相吸引，这种静电吸引力就是氢键。即**已经和电负性很大的原子形成共价键的 H 原子，**

又与另一个电负性很大且含有孤对电子的原子之间较强的静电吸引作用称为氢键。 氢键通常用虚线表示。

由于氢键的形成，使 HF 分子发生缔合，形成缔合分子$(HF)_n$，如图 7-17 所示。

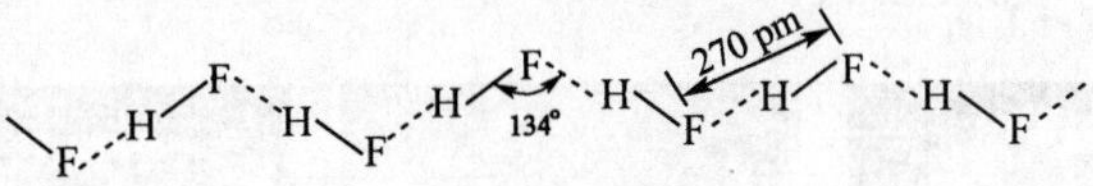

图 7-17 HF 分子间氢键示意图

氢键的组成可用 X—H┄Y 来表示，其中 X 和 Y 代表电负性大、半径小、有孤对电子且具有局部负电荷的原子，一般是 F,O,N 等原子。X 和 Y 可以是不同原子，也可以是相同原子。氢键既可在同种分子（如 HF,H_2O,NH_3 等分子）中或不同分子之间形成（图 7-18），又可在分子内（如在 HNO_3 或 H_3PO_3 中）形成。

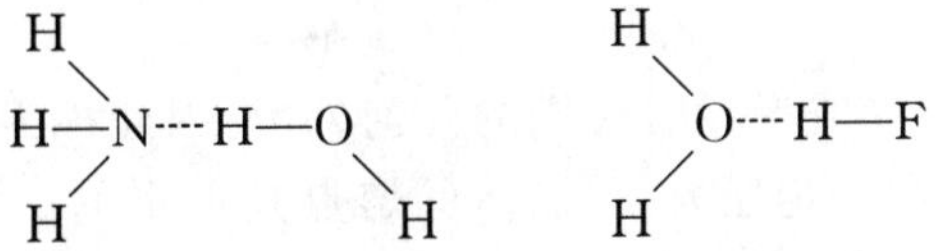

图 7-18 一些不同物质的分子间氢键示意图

想一想

N_2、O_2、F_2 等非极性分子能与 H_2O、NH_3 形成氢键吗？为什么？

与共价键相似，氢键也有饱和性和方向性。即每个 X—H 只能与一个 Y 原子相互吸引形成氢键；Y 与 H 形成氢键时，尽可能取 X—H 键键轴的方向，使 X—H┄Y 在一条直线上。

2. 氢键对物质性质的影响

氢键不是化学键，简单分子形成缔合分子后并不改变其化学性质，但会对物质的某些物理性质产生较大影响。

氢键的结合能远比化学键小，但通常又比分子间力大许多。例如，HF 的氢键结合能为 28 kJ/mol，当 HF、H_2O、NH_3 由固态转化为液态，或由液态转化为气态时，除需克服分子间力外，还需破坏比分子间力更大的氢键，需要消耗更多的能量，此即 HF、H_2O、NH_3 的熔、沸点出现异常的原因。

如果溶质分子与溶剂分子间能形成氢键，将有利于溶质的溶解。NH_3 在水中有较大的溶解度就与此有关。

想一想

在室温下，为什么水是液体而 H_2S 是气体呢？

7.4 晶体类型

7.4.1 晶体的特征及内部结构

1. 晶体的特征

固体是有一定体积和形状的物质。固体分为晶体和非晶体两大类，自然界中的固态物质大多数都是晶体。晶体具有以下特征：

(1)规则的几何外形。一块完整的晶体在显微镜下可以观察到其规则的几何外形，如食盐(NaCl)晶体是立方体，明矾[$KAl(SO_4)_2 \cdot 12H_2O$]晶体是正八面体，石英(SiO_2)晶体是六角柱体，如图 7-19 所示。

(a) 食盐　　(b) 明矾　　(c) 石英

图 7-19　几种晶体的外形

非晶体如玻璃、松香、沥青等没有规则的几何外形，因此称为无定形体。

(2)有固定的熔点。在一定压力下，晶体的熔点是一定的。例如，常压下冰的熔点为 0 ℃，当冰没有完全融化之前，冰水混合物的温度是不会改变的。

非晶体没有固定的熔点，只有一段软化温度范围，在此温度范围内非晶体先软化成黏稠状，最后逐渐转变成液体，如松香的软化温度范围是 50～70 ℃。

(3)各向异性。取一张云母薄片，在其上面涂上很薄的一层石蜡，然后用烧热的钢针接触其反面，发现熔化的石蜡呈椭圆形扩张；如果用玻璃做同样的实验，则熔化的石蜡呈圆形，这说明云母的导热性沿不同方向是有差异的。这种晶体的某些物理性质(如导热性、导电性、光学性质和力学性质等)沿不同方向有不同值的现象，称为各向异性。

非晶体是各向同性的，如打碎一块玻璃时，它并不是沿着一定的方向破裂，而是得到不同形状的碎片。

因此，**晶体是具有整齐规则的几何外形、有固定的熔点、各向异性的固体。**

2. 晶体的内部结构

晶体与非晶体性质上的差异，主要是由内部结构决定的。晶体是由在空间排列得很有规律的粒子(原子、离子、分子等)组成的，晶体中粒子的排列按一定的方式不断重复出现，这种性质叫做晶体结构的周期性。晶体的一些特性都和粒子排列的规律有关。

为便于研究晶体的几何结构及周期性，将晶体中的粒子抽象为几何学中的点，无数这样的点在空间按照一定的规律重复排列而组成的几何图形叫做晶格(或点阵)，每个粒子的位置就是晶格结点(或点阵)。

晶格中最小的重复单位，即能体现晶格一切特征的最小单元称为晶胞，通常是一个六面体。晶胞是晶体结构的基本重复单位，无数个晶胞在空间紧密排列就组成了晶体。根据晶胞的特征，可划分为 7 个晶系，14 种晶格。最常见的晶格为简单立方、面心立方、体心立方和简单六方四种，如图 7-20 所示。

按构成晶体的粒子种类和粒子间的作用力不同，可将晶体划分为离子晶体、原子晶体、分子晶体和金属晶体。

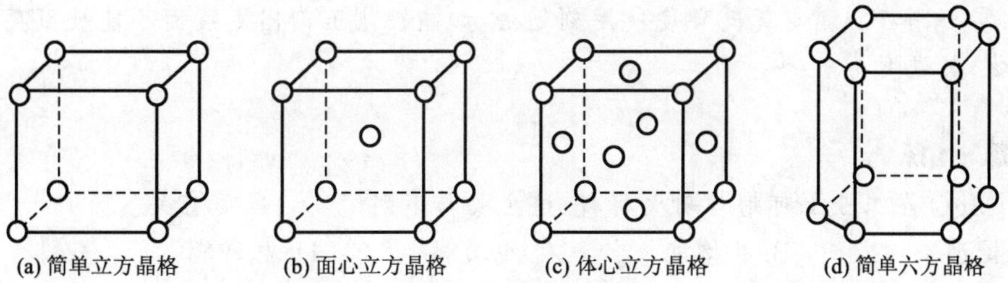

图 7-20　几种常见晶格

7.4.2　晶体的基本类型

1. 离子晶体

离子晶体是指晶格结点上交替排列着阴、阳离子，且两者之间以离子键相结合的晶体。这类晶体中不存在独立的小分子，整个晶体就是一个巨型分子，常以其化学式表示其组成。例如，NaCl 晶体就是典型的离子晶体，如图 7-21 所示。

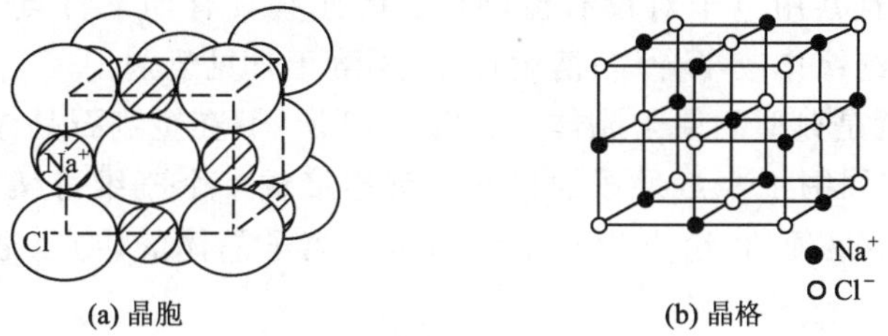

图 7-21　NaCl 晶体的结构

晶体的特性主要取决于晶格结点上粒子的种类及其相互作用力。离子晶体主要有如下特征：离子晶体晶格结点上粒子间的作用力为阴、阳离子以离子键相结合，结合力强。因此，离子晶体的硬度大，熔、沸点高，常温下均为固体。离子晶体因其极性强，故多数易溶于极性较强的溶剂（如 H_2O）。离子晶体中，阴、阳离子被束缚在相对固定的位置上，不能自由移动，故离子晶体不导电。但在熔融状态或水溶液中，离子能自由移动，在外电场作用下可导电。离子晶体在水中的溶解性差别较大，如 NaOH，NaCl，KNO_3 等易溶于水，而 $CaCO_3$，$BaSO_4$，AgCl 等则难溶于水。

离子晶体的牢固程度可以用晶格能来衡量。在标准状态下，由气态阴、阳离子生成 1 mol 离子晶体时所放出的能量叫做晶格能(U)。晶格能越大，离子键越强，晶体越稳定。通常晶格能较大的离子晶体有较高的熔点和较大硬度，见表 7-7。

表 7-7　　离子晶体的晶格能与熔点和硬度

化合物	离子电荷	$(r_+ + r_-)$/pm	U/(kJ·mol^{-1})	t_f/℃	莫氏硬度
NaCl	+1，−1	95+181=276	780	801	2.5
BaO	+2，−2	135+140=275	3 152	1 923	3.3
MgO	+2，−2	65+140=205	3 889	2 800	6.5

知识拓展

莫氏硬度是由德国矿物学家莫氏提出的，他将常见的十种矿物按其硬度依次排列，将最软的滑石硬度确定为 1，最硬的金刚石硬度确定为 10。十种矿物的硬度按由小到大的顺序排列为：①滑石；②石膏；③方解石；④萤石；⑤磷灰石；⑥正长石；⑦石英；⑧黄石；

⑨刚玉;⑩金刚石。测定莫氏硬度使用刻划法,如能被刚玉刻出划痕而不能被石英刻出划痕的矿物,其硬度为7～9。

练一练

(1)MgO在工业上可用作耐火材料,这主要与下列(　　)性质有关。

A.键型　　B.晶格能　　C.电负性　　D.电离能

(2)下列各组晶体的晶格能比较正确的是(　　)。

A. CaO＞KCl＞MgO＞NaCl　　B. NaCl＞KCl＞RbCl＞SrO

C. MgO＞RbCl＞SrO＞BaO　　D. MgO＞CaO＞NaCl＞KCl

2.原子晶体

晶格结点上排列着原子且原子之间以共价键相结合的晶体,称为原子晶体。

原子晶体中分辨不出单个分子,整个晶体是个大分子。其结构特征是以共价键相结合的,结合力很强,且共用电子对没有流动性。因此其具有如下特点:硬度很大;熔点很高;导电性差,多为绝缘体或半导体;溶解性差,不溶于常见溶剂。

例如,金刚石就是典型的原子晶体。如图7-22所示,在金刚石晶体中,每个C原子以4个sp^3杂化轨道与周围4个C原子通过共价键连接成一个三维骨架结构。金刚石硬度为10,是所有材料中最硬的,熔点为3 570 ℃,也比离子晶体的熔点(通常低于2 700 ℃)高得多。

常见原子晶体还有金刚砂(SiC)、石英(SiO_2)、氮化硼(BN)、氮化铝(AlN)等。

3.分子晶体

晶格结点上排列的粒子是分子(非极性分子或极性分子)且分子间靠分子间力结合起来的晶体,称为分子晶体。

固态CO_2(干冰)就是一种典型的分子晶体,如图7-23所示。此外,非金属单质如H_2,O_2,N_2,P_4,S_8,卤素和非金属化合物如NH_3,H_2O,SO_2及大部分有机化合物,在固态时也都是分子晶体。

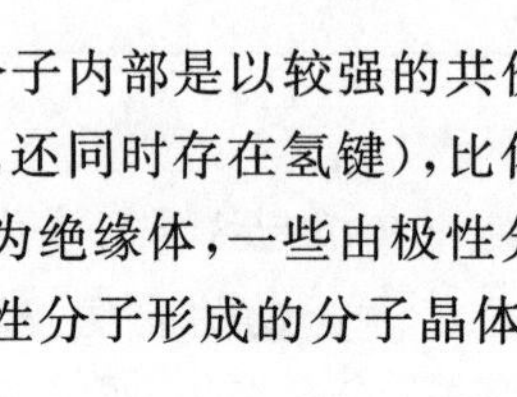

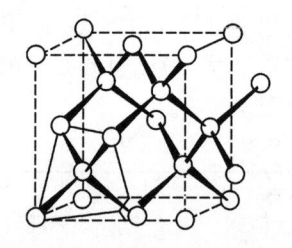

图7-22　金刚石结构示意图

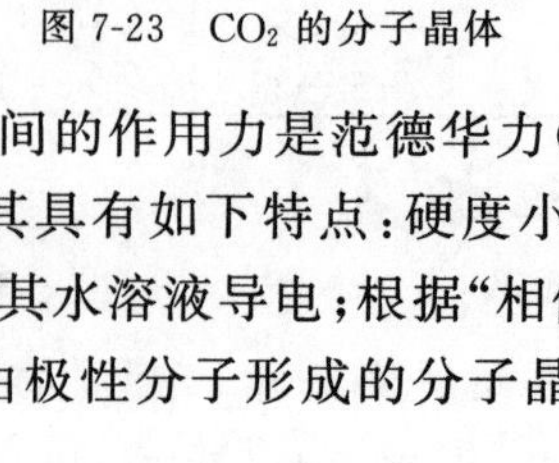

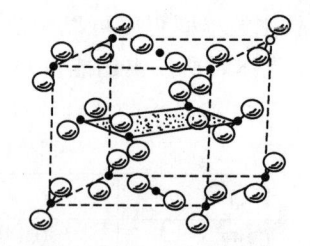

图7-23　CO_2的分子晶体

虽然分子内部是以较强的共价键结合的,但分子之间的作用力是范德华力(有些分子晶体,如冰,还同时存在氢键),比化学键弱得多。因此其具有如下特点:硬度小;熔点低;导电性差,为绝缘体,一些由极性分子组成的分子晶体,其水溶液导电;根据"相似相溶"规律,由非极性分子形成的分子晶体易溶于非极性溶剂,由极性分子形成的分子晶体易溶于极性溶剂。

想一想

解释下列现象：

(1)在室温下，CCl_4 是液体，CH_4 及 CF_4 是气体，而 CI_4 是固体。

(2)SiO_2 的熔点远远高于 SO_2。

4. 金属晶体

在晶格结点上，排列着金属原子或离子，并通过金属键结合而形成的晶体，称为金属晶体。

由于金属键是金属晶体中的金属原子、金属离子跟维系它们的自由电子间产生的结合力，自由电子为无数金属原子和金属离子所共用，可在整个晶体中自由运动，因此能迅速传递电能和热能，是电和热的良导体。当金属受外力作用时，原子和离子之间的滑动可产生变形，但由于自由电子的作用，金属键并没被破坏，因此金属有良好的延展性。

金属键的强弱差别很大，因此金属的熔点、硬度相差较大。例如 Hg，Na，Sn，Pb，Zn 的熔点分别是 −39 ℃，98 ℃，232 ℃，327 ℃，420 ℃；而 Cu，Fe，Au，W 的熔点分别是 1 083 ℃，1 535 ℃，1 064 ℃，3 410 ℃。Na，Pb，Zn，Cr 的硬度分别为 0.4，1.5，2.5 和 9。

表 7-8 归纳了离子晶体、原子晶体、分子晶体和金属晶体四种晶体的基本性质。

表 7-8　四种晶体的内部结构及性质特点

晶体类型	晶格结点上的粒子	粒子间的作用力	晶体的一般性质	实　例
离子晶体	阴、阳离子	离子键	熔点较高，硬度大而脆，固态不导电，熔融态或水溶液导电	NaCl，MgO，CaO，$BaSO_4$
原子晶体	原子	共价键	熔点很高，硬度很大，不导电	金刚石，SiC
分子晶体	分子	分子间力（有的是氢键）	熔点低，硬度小，不导电	CO_2，I_2，H_2O，NH_3
金属晶体	原子、离子	金属键	熔点一般较高，硬度一般较大，能导电、导热，具有延展性	W，Au，Cu

练一练

下列物质按熔点由高到低的顺序排列为________。

(1)SiC　　(2)Au　　(3)CO_2　　(4)HCl

5. 混合型晶体

在离子晶体、原子晶体、分子晶体、金属晶体这四种基本类型的晶体中，同一类晶体晶格结点上粒子间的作用力都是相同的。另有一些晶体，其晶格结点上粒子间的作用力并不完全相同，这种晶体称为混合型晶体。石墨晶体结构如图 7-24 所示。

实验测得石墨晶体是层状结构。同层相邻两 C 原子之间距离为 142 pm；层与层之间距离为 335 pm。每个 C 原子均以 3 个 sp^2 杂化轨道与同一平面的 3 个 C 原子形成 3 个 σ 键，键角为 120°。这种结构不断重复延展，构成由无数个正六边形图形组成的石墨层状网平面。此外，每个 C 原子还有一个未杂化的 2p 轨道垂直于该平面，它和相邻的其他 C

原子的 2p 轨道以“肩并肩”方式重叠，形成了由多个原子参与的一个 π 键整体。这种由多个原子(2 个以上原子)形成的 π 键，称为大 π 键(通常写作 π_n^m，m 为大 π 键中的电子数，n 为组成大 π 键的原子数)。大 π 键垂直于网状平面，其 π 键电子并不固定在两个原子之间，而是在整个层中各原子间自由运动，类似于金属中的自由电子，所以大 π 键中的电子是非定域电子或称离域电子，大 π 键也称非定域键。由于石墨晶体中同层离域电子可以在同层自由运动，所以石墨具有金属光泽和较好的导电性(层向电导率比垂直于层向的电导率高出 1×10^4 倍)，常用作电极材料。石墨相邻两层之间距离较大，以微弱的范德华力相结合，当受到与层向平行的外力作用时，层间容易滑动或裂成薄片，所以石墨又可用作润滑剂和铅笔芯等。

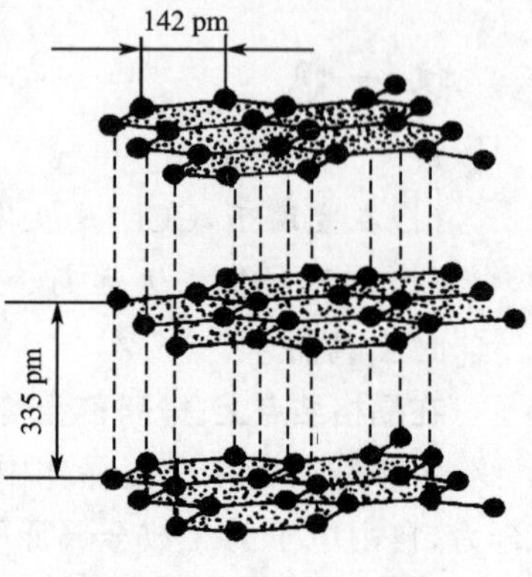

图 7-24 石墨晶体结构

可见，石墨晶体中既有共价键，又有分子间力，是兼有原子晶体、分子晶体和金属晶体特征的混合型晶体。其他如云母、氮化硼等也是层状结构的混合型晶体，而一些既有离子键成分，又有共价键成分的过渡晶体，如 AgCl，AgBr 等也属于混合型晶体。

分子结构中的大 π 键不仅在很多无机化合物分子中存在，而且更多地存在于有机化合物的分子中。

练一练

根据晶体的有关知识填写下表。

物质	晶格结点上的粒子	粒子间作用力	晶体类型	熔、沸点(高或低)
SiC				
$MgCl_2$				
Cu				
SiO_2				
冰				
MgO				

*7.4.3 离子极化

1. 离子极化的概念

【实例分析】 某些离子半径相近，电荷相同的二元化合物性质差异很大。例如，NaCl[$r(Na^+)=95$ pm]远比 $CuCl_2$[$r(Cu^+)=96$ pm]在水中的溶解度大，这是由离子的极化引起的。

离子极化理论是离子键理论的重要补充。离子极化理论认为：离子化合物中除了起主要作用的静电引力之外，诱导力也起着很重要的作用。**阴、阳离子相互靠近时，由于静电作用而相互产生诱导偶极的过程，称为离子极化**，如图 7-25 所示。

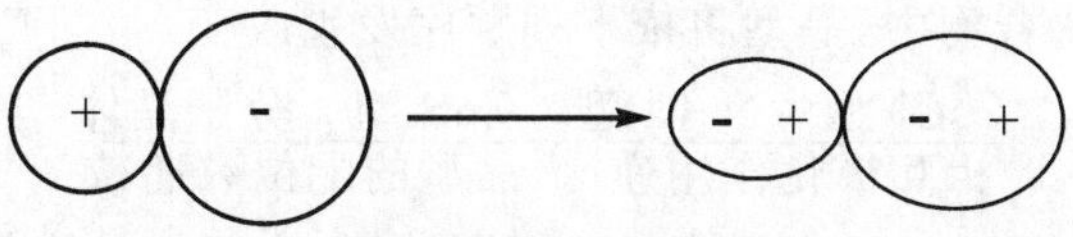

图 7-25 离子极化示意图

离子极化程度主要取决于阳离子的极化作用和阴离子的变形性。异性离子都可以使对方极化，但阳离子具有多余的正电荷，半径较小，在外层上缺少电子，因此对相邻的阴离子的诱导作用显著，即通常以极化作用为主；而阴离子半径较大，在外层上有较多的电子，容易被诱导产生诱导偶极而使电子云变形，即通常以变形性为主。

2.影响阳离子极化作用的主要因素

阳离子的极化作用与离子的电荷、半径和外层电子构型有关。

(1)离子电荷。当离子外层的电子构型相同、半径相近时，离子电荷数较高的阳离子有较强的极化作用。例如

$$Al^{3+} > Mg^{2+} > Na^{+}$$

(2)外层电子构型。当离子电荷数相等、半径相近时，不同外层电子构型的阳离子，其极化作用大小顺序为

18电子型，18+2电子型，2电子型（如 Ag^{+}，Pb^{2+}，Li^{+} 等） > 9～17电子型（如 Fe^{2+}，Ni^{2+}，Cr^{3+} 等） > 8电子型（如 Na^{+}，Ca^{2+}，Mg^{2+} 等）

(3)离子半径。当离子外层电子构型相同、离子电荷数相等时，半径越小，离子极化作用越大。

由于阳离子半径差别不大，所以阳离子的电荷数及外层电子构型对极化作用影响较大。

3.影响阴离子变形性的主要因素

阴离子的变形性主要取决于离子半径，其次是离子电荷数。

(1)离子半径。当电荷数相同时，阴离子半径越大，其变形性越大。例如

$$F^{-} < Cl^{-} < Br^{-} < I^{-}$$

(2)离子电荷数。当阴离子半径相近时，随阴离子电荷数的增加（电子云蓬松），其变形性将逐渐增大。

4.离子附加极化

上面着重讨论了阳离子对阴离子的极化作用，而当阳离子也容易变形时，阴离子对阳离子也会产生极化。两种离子相互极化，可使诱导偶极进一步拉长，这种现象称为附加极化。附加极化加大了离子间引力，因而会对化合物性质产生一定的影响。

通常，具有18电子型和18+2电子型的阳离子（如 Ag^{+}、Cu^{+}、Cd^{2+}、Hg^{2+}、Bi^{3+} 等），还具有较大的变形性，可以产生附加极化。

同族元素当离子电荷数相同时，附加极化随离子半径的增大而增大。例如，在ⅡB族元素锌、镉、汞的碘化物中，总极化作用依 Zn^{2+}、Cd^{2+}、Hg^{2+} 顺序增大。

5.离子极化对化合物性质的影响

(1)晶型发生转变。在典型的离子化合物中，可以根据离子半径比规则（由阳离子与阴离子的半径比推算两种离子的配位数，进而推断离子晶体类型）确定离子晶格类型。但是，如果阴、阳离子之间有强烈的相互极化作用，则会缩短离子间的距离，从而使离子晶格

发生转变。在AB型化合物中,晶型将依下列顺序发生改变:

$$\underline{\text{CsCl 型} \quad \text{NaCl 型} \quad \text{ZnS 型} \quad \text{分子晶体}}$$
$$\text{相互极化作用递增,晶型的配位数递减}$$

例如AgCl,AgBr和AgI按离子半径比规则计算,它们的晶体都应该属于NaCl型晶格(配位数为6)。但由于AgI离子间有很强的附加极化作用,离子愈加靠近,致使AgI转变为ZnS型晶格。

(2)熔、沸点降低。离子极化作用加强可引起化学键类型发生变化,使离子键逐渐向极性共价键过渡,导致晶格能降低。例如AgCl与NaCl同属于NaCl型晶体,但Ag^+的极化力和变形性远大于Na^+,所以AgCl的键型为过渡型,晶格能小于NaCl。因而AgCl的熔点(455 ℃)远远低于NaCl的熔点(800 ℃)。

(3)颜色变深。阴、阳离子相互极化的结果可引起电子能级发生改变,致使激发态和基态间的能量差变小,以至于只吸收可见光部分的能量即可引起激发,从而呈现颜色。极化作用愈强,激发态和基态能量差愈小,化合物的颜色就愈深。离子极化对化合物物质的影响见表7-9,从上到下,离子极化作用递增,化合物颜色变深。

表7-9　　离子极化对化合物性质的影响

	Hg^{2+}	Pb^{2+}	Bi^{3+}	Ni^{2+}
Cl^-	白	白	白	黄褐
Br^-	白	白	橙	棕
I^-	红	黄	黑	黑

(4)溶解度降低。根据“相似相溶”规律,离子化合物在偶极水分子的吸引作用下,是可溶的,而共价型的无机晶体则难溶于水。水的介电常数(约为80)大,离子化合物中阴、阳离子间的吸引力在水中可以减弱至1/80,当受热运动及溶剂分子撞击时,很容易解离并溶解;而当离子相互极化作用强烈,离子间吸引力很大时,则会引起键型变化,由离子键向共价键过渡,因此会增大溶解难度。即随着化合物中离子间相互极化作用的增强,共价程度增强,其溶解度下降。离子极化对卤化银溶解性的影响见表7-10,从左向右,离子极化作用增强,卤化银在水中的溶解性(溶度积)降低。

表7-10　　离子极化对卤化银溶解性的影响

	AgCl	AgBr	AgI
溶度积 $K_{sp}^{\ominus}$	1.8×10^{-10}	5.4×10^{-13}	8.5×10^{-17}

(5)热稳定性下降。在离子化合物中,如果阳离子极化力强,阴离子变形性大,受热时则因相互作用强烈,阴离子的价电子振动剧烈,可越过阳离子外层电子斥力进入阳离子的原子轨道而为阳离子所有,从而使化合物分解。

对于同一阴离子的二元化合物,阳离子极化力越大,化合物越不稳定。例如AgBr的稳定性远远小于KBr的稳定性;对于同一阳离子的二元化合物,阴离子变形性越大,电子越容易被阳离子吸引,化合物越不稳定,越容易分解。离子极化对卤化铜热稳定性的影响见表7-11。

表 7-11　　离子极化对卤化铜热稳定性的影响

铜(Ⅱ)的卤化物	CuF_2	$CuCl_2$	$CuBr_2$	CuI_2
热分解温度/℃ ($2CuX_2 \longrightarrow 2CuX + X_2$)	950	500	490	不存在

在含氧酸中，阳离子极化力大的盐对相邻氧原子的电子云争夺力强，受热时容易形成金属氧化物使盐分解。离子极化对碳酸盐热稳定性的影响见表 7-12。

表 7-12　　离子极化对碳酸盐热稳定性的影响

碳酸盐	$BaCO_3$	$MgCO_3$	$ZnCO_3$	Ag_2CO_3
分解温度/℃ ($MCO_3 \longrightarrow MO + CO_2$)	1 360	540	300	218

与含氧酸盐相比较，对应的含氧酸的热稳定性小得多。

(6)对溶液酸碱性的影响。盐类溶于水后，由于阳离子或阴离子与水分子作用生成弱酸、弱碱(习惯称为盐类水解)，会使溶液保持一定的酸碱性。水解作用的强弱与阴、阳离子的电场力大小有关。若离子电场力大，对水分子的极化作用大，则能引起水分子变形产生较大偶极，甚至断裂成 OH^- 和 H^+，进而与异电荷离子结合形成水解产物。对于盐来说，阴、阳离子不一定会同时发生水解，阴离子水解产生弱酸，溶液显碱性，水解度越大，碱性越强；反之，阳离子水解，溶液显酸性，水解度越大，酸性越强。阳离子的水解能力与离子极化力成正比。

本章小结

- 分子结构与晶体类型
  - 化学键
    - 化学键——分子(或晶体)中相邻原子(或离子)间的强烈相互作用
    - 离子键——本质:静电作用;特征:无饱和性、无方向性
    - 共价键
      - 本质:原子轨道重叠;特征:有饱和性、有方向性
      - 非极性键:$\Delta X = 0$,共用电子对无偏向;极性键:$\Delta X > 0$,共用电子对有偏向。σ 键:"头碰头"重叠;π 键:"肩并肩"重叠,容易断裂。配位键:由一个原子提供共用电子对而形成的共价键
      - 键参数:表征化学键的性质,常用的有键能、键长、键角
    - 金属键——依靠自由电子的运动而将金属原子和离子结合起来的化学键
  - 杂化轨道与分子构型
    - 杂化与杂化轨道——同一原子能级相近的某些原子轨道"混合"成相同数目新轨道的过程,称为杂化;所形成的新轨道,叫做杂化轨道
    - s-p 型杂化与分子构型——sp 杂化轨道夹角为 180°,其空间构型为直线形;sp^2:120°,平面三角形;sp^3:109°28′,正四面体。不等性杂化:有孤对电子参与形成的杂化轨道,压缩成键轨道,改变键角
    - 分子的极性——正、负电荷重心重合的为非极性分子,不重合的为极性分子;分子的极性与共价键的极性及分子的对称性有关
  - 分子间力与氢键
    - 分子间力及其对物质性质的影响
      - 取向力只存在于极性分子之间;诱导力存在于极性分子之间,极性分子与非极性分子之间;色散力存在于任何分子之间
      - 对物质性质的影响:分子间力增大,熔点升高,沸点升高;"相似相溶"规律:结构或极性相似的物质易于相互溶解
    - 氢键及其对物质性质的影响
      - 氢键:X－H…Y,X 和 Y 一般为 O,N,F 等原子;有饱和性、方向性
      - 对物质性质的影响:熔、沸点升高,溶解性等增强
  - 晶体类型
    - 晶体的特征及内部结构
      - 晶体特征:有整齐规则的几何外形,有固定的熔点,各向异性
      - 内部结构:晶体中排列粒子的位置称为晶格结点;能代表晶格特征的最小部分称为晶胞
    - 晶体的基本类型——离子晶体、原子晶体、分子晶体、金属晶体、混合型晶体
    - 离子极化
      - 离子极化:阴、阳离子相互靠近时,由于静电作用而相互产生诱导偶极的过程。主要取决于阳离子的极化作用和阴离子的变形性
      - 离子极化影响化合物的晶型,熔、沸点,颜色,溶解度,热稳定性,溶液酸碱性等性质

自测题

一、填空题

1. 分子(或晶体)中相邻原子(或离子)间的________称为化学键。其中,阴、阳离子间通过静电作用而形成的化学键称为________,其本质是________,特征是________、________。

2. 原子间通过共用电子对而形成的化学键称为________,其本质是________,形成条件是两个具有________的原子轨道,尽可能达到________。

3. 表征化学键性质的物理量统称为________,常用的有________、________、________。

4. NH_3 分子构型为________形,中心原子 N 采取______杂化,键角____ 109°28′。

5. 由一个原子提供共用电子对而形成的共价键称为________。在该化学键中,提供电子对的原子称为________;接受电子对的原子称为________。

6. 完成下表。

物质	杂化方式	空间构型	分子的极性
H_2O			
CH_2Cl_2			
CS_2			

7. 填表(用"√"或"×"表示有或无)。

作用力	I_2 和 CCl_4	CH_4 和 NH_3	HF 和 H_2O	O_2 和 H_2O
取向力				
诱导力				
色散力				
氢键				

8. 晶体是具有整齐规则的________,有________,各向________的固体。

9. 按构成晶体的粒子种类和粒子间的作用力不同,可将晶体划分为________、________、________和________。

10. 填充下表。

物质	晶格结点上的粒子	晶格结点上粒子间的作用力	晶体类型	熔点(高或低)	导电性
NaCl					
Cu					
SiC					
N_2					
H_2O					

11. 石墨晶体是兼有________、________和________特征的混合型晶体。

12. 阴、阳离子相互靠近时,由于静电作用而相互产生诱导偶极的过程,称为________,其程度大小主要取决于阳离子的________和阴离子的________。

二、判断题(正确的画"√",错误的画"×")

1. ⅠA 族元素阳离子电子构型均为 8 电子型。 (　　)
2. 所有的共价键都具有饱和性和方向性。 (　　)
3. 共价单键均为 σ 键,共价双键、三键均为 π 键。 (　　)
4. 依靠自由电子的运动而将金属原子和离子结合起来的化学键,称为金属键。 (　　)
5. NF_3 和 BF_3 分子的中心原子杂化方式相同,分子构型也相同。 (　　)
6. 多原子分子中,键的极性越强,分子的极性越强。 (　　)
7. 色散力存在于一切分子之间。 (　　)
8. CCl_4 的熔、沸点低,所以分子不稳定。 (　　)
9. "相似相溶"规律是指结构或极性相似的物质易于相互溶解。 (　　)
10. 极性分子的分子间力大,所以其熔、沸点一定比非极性分子高。 (　　)
11. 氢键不仅影响物质的物理性质,也影响物质的化学性质。 (　　)
12. 凡是以共价键结合的物质都可形成原子晶体。 (　　)
13. 金属晶体中晶格结点上的粒子是金属原子、金属离子和自由电子。 (　　)
14. 卤化银的熔点从 AgF 到 AgI 依次升高。 (　　)

三、选择题

1. 根据元素在元素周期表中的位置,指出下列化合物中化学键极性最大的是(　　)。

A. H_2S　　B. H_2O　　C. NH_3　　D. CH_4

2. 下列离子的电子构型,属于 18 电子型的是(　　)。

A. Mg^{2+}　　B. Sn^{2+}　　C. Cu^+　　D. Mn^{2+}

3. 下列离子半径的比较错误的是(　　)。

A. $r(Mg) > r(Mg^{2+})$　　B. $r(K^+) > r(Ca^{2+})$

C. $r(Br^-) > r(Cl^-)$　　D. $r(Fe^{3+}) > r(Fe^{2+})$

4. 下列离子半径最大的是(　　)。

A. S^{2-}　　B. Cl^-　　C. K^+　　D. Ca^{2+}

5. 下列化合物中,具有共价键和配位键的离子化合物是(　　)。

A. NaOH　　B. CO_2　　C. NH_4Cl　　D. $CaCl_2$

6. 下列物质中,中心原子采取 sp^2 杂化的是(　　)。

A. BF_3　　B. $BeCl_2$　　C. NH_3　　D. H_2O

7. 下列分子中,偶极矩不为零的是(　　)。

A. O_2　　B. CS_2　　C. BF_3　　D. $CHCl_3$

8. 下列不属于范德华力的是(　　)。

A. 取向力　　B. 诱导力　　C. 色散力　　D. 氢键

9. 下列各组物质之间,能形成氢键的是(　　)。

A. HCl,H_2O　　B. CH_4,HCl　　C. N_2,H_2O　　D. HF,H_2O

10. 下列各组物质沸点比较正确的是(　　)。

A. $CH_3OH < CH_3CH_2OH$　　B. $NH_3 < PH_3$

C. $CCl_4 < CH_4$　　D. $F_2 > Cl_2$

11. 下列晶体中，只需克服色散力就能熔化的是(　　)。

A. H_2O　　B. CO_2　　C. NH_3　　D. HCN

12. 下列各组化合物中，熔点最高的是(　　)。

A. NaCl　　B. NaBr　　C. AgBr　　D. AgCl

四、问答题

1. 共价键是如何形成的？其本质和特征是什么？

2. 离子的电子构型分为哪几种？写出 K^+，Cu^{2+}，Fe^{3+} 和 Sn^{2+} 的电子构型，并指出其所属种类。

3. 如何判断极性键和非极性键的强弱？

4. 指出配位键的形成条件及其表示方法。

5. 指出下列分子中，中心原子可能采用的杂化轨道类型，并预测分子构型。

(1)$HgCl_2$　　(2)PCl_3　　(3)BCl_3　　(4)CS_2

6. 为什么 H_2O 分子呈 V 形，键角为 104°45′，而不是 90°？

7. 为什么卤素单质 F_2、Cl_2、Br_2、I_2 的熔、沸点逐渐升高？

8. 为什么 I_2 易溶于 CCl_4 而难溶于水？

9. 氢键的通式和形成条件是什么？为什么 CH_4 和 HCl 不能形成氢键？

10. 解释为什么 $FeCl_2$ 的熔点高于 $FeCl_3$。

本章关键词

分子 molecule
原子 atom
化学键 chemical bond
共价键 covalent bond
离子键 ionic bond
金属键 metallic bond
阳离子 cation
阴离子 anion
静电力 electrostatic force
价键理论 valence bond theory
配位键 coordinate bond
孤对电子 lone pair electron
键参数 bond parameter
键能 bond energy
键长 bond length
键角 bond angle
非极性共价键 nonpolar covalent bond
极性共价键 polar covalent bond
杂化轨道理论 hybrid orbital theory
杂化 hybridization
等性杂化 equivalent hybridization
不等性杂化 nonequivalent hybridization
偶极矩 dipole moment
固有偶极 permanent dipole
诱导偶极 induced dipole
分子间 intermolecular
取向力 orientation force
诱导力 induction force
色散力 dispersion force
氢键 hydrogen bond
单键 single bond
三键 triple bond
自由电子 free electron
非极性分子 nonpolar molecule
极性分子 polar molecule
极性键 polar bond
晶格能 lattice energy

第8章

氧化还原平衡和氧化还原滴定法

知 识 目 标

1. 掌握氧化还原反应概念和离子-电子法氧化还原反应方程式的方法。

2. 了解原电池的组成、原理及其表示方法，理解电极电势产生和标准电极电势的意义，掌握电极电势的影响因素。

3. 掌握电极电势的应用。

*4. 了解氧化还原滴定法的特点，理解条件电极电势的意义，掌握高锰酸钾法、重铬酸钾法、碘量法的原理及滴定条件。了解测定水中化学耗氧量COD法的原理及计算方法。

能 力 目 标

1. 能用离子-电子法配平氧化还原反应方程式。

2. 会用原电池符号表示原电池，会查取标准电极电势，能用能斯特方程计算氧化还原电对的电极电势。

3. 会判断原电池的正、负极，能比较氧化剂、还原剂的氧化还原能力相对强弱，会判断氧化还原反应方向和进行程度，能利用元素标准电势图判断歧化反应能否发生。

*4. 能绘制氧化还原滴定曲线，并据此选择合适的指示剂，能根据待测物性质选择合适的滴定剂，能进行溶液配制、标定的有关计算。

8.1 氧化还原反应方程式的配平

8.1.1 氧化还原反应

1. 氧化还原反应的概念

氧化还原反应是一类物质间有电子转移(电子得失或共用电子对偏移)的反应。其基本特征是反应前、后元素的氧化数发生了变化。

【实例分析】

失去 $2e^-$，氧化数升高(被氧化)

$$Zn + Cu^{2+} \longrightarrow Zn^{2+} + Cu$$

得到 $2e^-$，氧化数降低(被还原)

反应可分为以下两个部分：

氧化反应：$Zn - 2e^- \rightleftharpoons Zn^{2+}$

还原反应：$Cu^{2+} + 2e^- \rightleftharpoons Cu$

2. 氧化剂与还原剂

在氧化还原反应中，元素氧化数的变化是电子得失的结果。**失去电子氧化数升高的物质称为还原剂，获得电子氧化数降低的物质称为氧化剂。**氧化剂与还原剂在反应中既相互对立，又相互依存。

物质的氧化还原性质是相对的。有时，同一物质与强氧化剂作用，表现出还原性；而与强还原剂作用，又表现出氧化性。例如，二氧化硫和氯气在水中的反应

$$SO_2 + Cl_2 + 2H_2O \longrightarrow H_2SO_4 + 2HCl$$

因为 Cl_2 是强氧化剂，所以 SO_2 作为还原剂。但当 SO_2 和 H_2S 作用时

$$SO_2 + 2H_2S \longrightarrow 3S\downarrow + 2H_2O$$

因为 H_2S 是强还原剂，所以 SO_2 作为氧化剂。

处于中间氧化数的元素可同时向较高氧化数和较低氧化数转化，这种氧化还原反应称为歧化反应。例如将 Cl_2 通入热的 NaOH 溶液中，生成 NaCl 和 $NaClO_3$ 的反应

$$3\overset{0}{Cl_2} + 6NaOH \longrightarrow 5Na\overset{-1}{Cl} + Na\overset{+5}{Cl}O_3 + 3H_2O$$

从所标的氧化数可以看出，Cl_2 既是氧化剂又是还原剂。

无机反应中常见的氧化剂一般是活泼的非金属单质（如 F_2，Cl_2，Br_2，O_2，S 等）和高氧化数元素化合物（如 $KMnO_4$，$K_2Cr_2O_7$，$FeCl_3$，H_2SO_4，HNO_3，$HClO_4$ 等）；还原剂一般是活泼的金属（如 Na，K，Ca，Mg，Zn 等）和低氧化数元素的化合物（如 KI，$FeSO_4$，$SnCl_2$ 等）。

8.1.2 氧化还原反应方程式的配平——离子-电子法

氧化还原反应方程式的配平原则：

(1)原子守恒：反应前、后各元素的原子总数相等。

(2)电荷守恒：方程式两边的离子电荷总数相等。

(3)得失相等：氧化剂得电子总数与还原剂失电子总数相等。

【实例分析】 用离子-电子法配平高锰酸钾和亚硫酸钾在稀硫酸中的反应

$$KMnO_4 + K_2SO_3 + H_2SO_4 \longrightarrow MnSO_4 + K_2SO_4 + H_2O$$

(1)写出未配平的离子反应方程式

$$MnO_4^- + SO_3^{2-} + SO_4^{2-} \longrightarrow Mn^{2+} + SO_4^{2-} + H_2O$$

(2)将离子反应式分解为两个半反应方程式，一个代表还原反应，另一个代表氧化反应。

还原半反应：$MnO_4^- \longrightarrow Mn^{2+}$

氧化半反应：$SO_3^{2-} \longrightarrow SO_4^{2-}$

(3)将两个半反应式配平。首先配平原子数，然后在半反应的左边或右边加上适当电子数来配平电荷数。

$$MnO_4^- + 8H^+ + 5e^- \longrightarrow Mn^{2+} + 4H_2O$$

$$SO_3^{2-} + H_2O \longrightarrow SO_4^{2-} + 2H^+ + 2e^-$$

(4)找出两个半反应方程式得、失电子数目的最小公倍数，将两个半反应各项分别乘以相应的系数，使其得、失电子数目相同，然后将两式相加、整理，即得配平的离子反应方程式

$$MnO_4^- + 8H^+ + 5e^- \longequal Mn^{2+} + 4H_2O \quad \times 2$$

$$(+) \quad SO_3^{2-} + H_2O \longequal SO_4^{2-} + 2H^+ + 2e^- \quad \times 5$$

$$2MnO_4^- + 5SO_3^{2-} + 6H^+ \longequal 2Mn^{2+} + 5SO_4^{2-} + 3H_2O$$

(5)加上原来未参与氧化还原的离子,改写成分子方程式,核对方程式两边各元素原子个数相等,完成方程式配平。

$$2KMnO_4 + 5K_2SO_3 + 3H_2SO_4 \longequal 2MnSO_4 + 6K_2SO_4 + 3H_2O$$

利用原子守恒原理配平半反应方程式时,若反应物和生成物所含氧原子数目不同,可根据介质的酸碱性,在半反应式中加 H^+、H_2O 或 OH^- 使反应式两边的氧原子数目相同。当氧化还原反应方程式配平后,在酸性介质中不能出现 OH^-;在碱性介质中不能出现 H^+。通常的规律是:在酸性介质中,O 原子少的一侧加 H_2O,另一侧加 2 倍的 H^+;在碱性介质中,O 原子多的一侧加 H_2O,另一侧加 2 倍的 OH^-;而在中性介质中,氧原子数不平时,一律左侧加 H_2O,右侧加 2 倍的 OH^- 或 H^+。

【例 8-1】 配平 $\underset{\text{紫红色}}{KMnO_4} + K_2SO_3 \xrightarrow{OH^-} \underset{\text{深绿色}}{K_2MnO_4} + K_2SO_4$

解

$$MnO_4^- + e^- \longequal MnO_4^{2-} \quad \times 2$$

$$(+) \quad SO_3^{2-} + 2OH^- \longequal SO_4^{2-} + H_2O + 2e^- \quad \times 1$$

$$2MnO_4^- + SO_3^{2-} + 2OH^- \longequal 2MnO_4^{2-} + SO_4^{2-} + H_2O$$

$$2KMnO_4 + K_2SO_3 + 2KOH \longequal 2K_2MnO_4 + K_2SO_4 + H_2O$$

想一想

【例 8-1】的反应可否将 NaOH 作为碱性介质?

【例 8-2】 配平中性介质中进行的氧化还原反应

$$\underset{\text{紫红色}}{KMnO_4} + K_2SO_3 \longrightarrow \underset{\text{棕色}}{MnO_2} \downarrow + K_2SO_4$$

解

$$MnO_4^- + 2H_2O + 3e^- \longequal MnO_2 + 4OH^- \quad \times 2$$

$$(+) \quad SO_3^{2-} + H_2O - 2e^- \longequal SO_4^{2-} + 2H^+ \quad \times 3$$

$$2MnO_4^- + 3SO_3^{2-} + H_2O \longequal 2MnO_2 \downarrow + 3SO_4^{2-} + 2OH^-$$

补入合适的阴、阳离子,把离子方程式改为分子方程式

$$2KMnO_4 + 3K_2SO_3 + H_2O \longequal 2MnO_2 \downarrow + 3K_2SO_4 + 2KOH$$

离子-电子法能反映出水溶液中反应的实质,特别对有介质参加的反应配平比较方便。此法不仅有助于书写半反应式,而且对根据反应设计电池,书写电极反应及电化学计算都是很有帮助的。但应注意,离子-电子法仅适用于配平水溶液中的氧化还原反应。

练一练

用离子-电子法配平下列化学反应式:

(1)$KMnO_4 + HCl \longrightarrow MnCl_2 + Cl_2$ (酸性介质)

(2)$Cr_2O_7^{2-} + SO_3^{2-} \longrightarrow Cr^{3+} + SO_4^{2-}$ (酸性介质)

(3)$Cu + HNO_3$(浓)$\longrightarrow Cu(NO_3)_2 + NO_2 \uparrow$ (酸性介质)

(4)$Cl_2 + NaOH \xrightarrow{\triangle} NaCl + NaClO_3 + H_2O$

(5)$CrO_2^- \longrightarrow CrO_4^{2-}$　(碱性介质)

知识拓展

氧化数配平法的原则是:氧化数升、降总数相等;方程式两边各种元素的原子数相等。以 $KMnO_4$ 与双氧水(H_2O_2)反应为例,说明氧化数法配平氧化还原反应方程式的步骤。

(1)根据实验结果写出反应物和生成物的化学反应方程式。

$$KMnO_4 + H_2O_2 + H_2SO_4 \longrightarrow MnSO_4 + K_2SO_4 + O_2 + H_2O$$

(2)求元素氧化数的变化值。

标出氧化数有变动的元素的氧化数。用生成物的氧化数减去反应物的氧化数,求出氧化剂元素氧化数降低的值和还原剂元素氧化数增加的值。

(3)调整系数,使氧化数变化相等。根据最小公倍数乘以相应的系数,使氧化数升、降总数相等。

氧的氧化数升高(1×2)×5

$$K\overset{+7}{Mn}O_4 + H_2\overset{-2}{O_2} + H_2SO_4 \longrightarrow \overset{+2}{Mn}SO_4 + K_2SO_4 + \overset{0}{O_2}\uparrow + H_2O$$

锰的氧化数降低 5×2

得　$2KMnO_4 + 5H_2O_2 + H_2SO_4 \longrightarrow 2MnSO_4 + K_2SO_4 + 5O_2\uparrow + H_2O$

(4)观察法配平反应前后氧化数未发生变化的原子数

$$2KMnO_4 + 5H_2O_2 + 3H_2SO_4 = 2MnSO_4 + K_2SO_4 + 5O_2\uparrow + 8H_2O$$

8.2　原电池和电极电势

8.2.1　原电池

1. 原电池的组成

将锌片放在 $CuSO_4$ 溶液中,可以看到 $CuSO_4$ 溶液的蓝色逐渐变浅,析出紫红色的 Cu,此现象表明 Zn 与 $CuSO_4$ 溶液之间发生了氧化还原反应

$$Zn + CuSO_4 \longrightarrow ZnSO_4 + Cu$$

Zn 与 Cu^{2+} 之间发生了电子转移。但这种电子转移不是电子的定向移动,不能产生电流。反应中化学能转变成热能,并在溶液中耗散掉了。

若该氧化还原反应在如图 8-1 所示的装置内进行时,会发现当电路接通后,检流计的指针发生偏转,这表明导线中有电流通过,同时锌片开始溶解,而铜片上有 Cu 沉积。由检流计指针偏转方向可知,电子从 Zn 电极流向 Cu 电极。

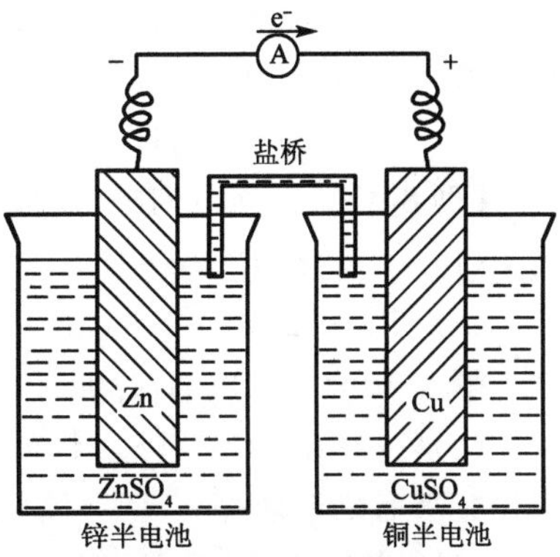

图 8-1　Zn-Cu 原电池示意图

这种借助于氧化还原反应自发产生电流的装置称

为原电池。 在原电池反应中化学能转变成为电能。

上述装置称为 Zn-Cu 原电池。Zn-Cu 原电池是由两个半电池组成的，一个半电池为锌片和 $ZnSO_4$ 溶液，另一个半电池为铜片和 $CuSO_4$ 溶液，两溶液间用盐桥相连。盐桥是一支装满饱和 KCl(或 KNO_3)溶液的琼脂冻胶 U 形管，它起到固定溶液、沟通电路、使溶液保持电中性的作用。

在原电池中，电子流出的电极是负极，发生氧化反应；电子流入的电极是正极，发生还原反应。 因此，锌片为负极，铜片为正极，其反应为

负极：$Zn \longrightarrow Zn^{2+} + 2e^-$ （氧化反应）

正极：$Cu^{2+} + 2e^- \longrightarrow Cu$ （还原反应）

电池反应：$Zn + Cu^{2+} \longrightarrow Zn^{2+} + Cu$

原电池中与电解质溶液相连的导体称为电极。在电极上发生的氧化或还原反应则称为电极反应或半电池反应；两个半电池反应合并构成的原电池总反应称为电池反应。

每个半电池含有同一元素不同氧化数的两种物质，其中高氧化数的称为氧化型物质，如 Zn-Cu 原电池中锌半电池的 Zn^{2+} 和铜半电池的 Cu^{2+}；低氧化数的称为还原型物质，如锌半电池的 Zn 和铜半电池的 Cu。氧化型物质和还原型物质构成氧化还原电对，并可以用符号表示，如 Zn^{2+}/Zn，Cu^{2+}/Cu。

任意的一个氧化还原电对，原则上都可以构成一个半电池，其半反应一般都采用还原反应的形式书写，即

$$\text{氧化型物质} + ne^- \rightleftharpoons \text{还原型物质}$$

2. 原电池的表示方法

为了科学方便地表示原电池的结构和组成，原电池装置可用符号表示。如 Zn-Cu 原电池可表示为

$$(-)\ Zn \mid ZnSO_4(c_1) \parallel CuSO_4(c_2) \mid Cu\ (+)$$

正确书写原电池符号的规则如下：

(1)负极写在左边，正极写在右边。

(2)金属材料写在外面，电解质溶液写在中间。

(3)相接界面用实垂线“|”或“,”隔开，盐桥的符号用双垂线“‖”表示。

(4)注明温度、压强(如不注明，一般分别指 298 K 和 100 kPa)和溶液浓度。

(5)若电极反应中无金属导体，则需用惰性电极 Pt 电极或 C 电极，它只起导电作用，而不参与电极反应，例如

$$(-)Pt, H_2(p) \mid H^+(c_1) \parallel Fe^{3+}(c_2), Fe^{2+}(c_3) \mid Pt\ (+)$$

【例 8-3】 根据下列电池反应写出相应的电池符号。

(1) $H_2 + 2Ag^+ \longrightarrow 2H^+ + 2Ag$

(2) $Cu + 2Fe^{3+} \longrightarrow Cu^{2+} + 2Fe^{2+}$

解 (1)$(-)Pt, H_2(p) \mid H^+(c_1) \parallel Ag^+(c_2) \mid Ag(+)$

(2)$(-)Cu \mid Cu^{2+}(c_1) \parallel Fe^{3+}(c_2), Fe^{2+}(c_3) \mid Pt\ (+)$

3. 原电池电动势

用导线连接原电池的两极时有电流通过，说明两极之间有电势差。原电池正、负极之

间的平衡电势差就是原电池的电动势，即

$$E=\varphi_{(+)}-\varphi_{(-)} \tag{8-1}$$

式中　E——原电池的电动势，V；

$\varphi_{(+)}$——原电池正极的平衡电势，V；

$\varphi_{(-)}$——原电池负极的平衡电势，V。

原电池的电动势大小不仅与电池反应中各物质的性质有关，还与溶液的浓度和温度等因素有关。在标准状态下测得的电动势称为标准电动势（$E^{\ominus}$）。标准状态是指电池反应中的液体或固体都是纯净物，溶液中各离子浓度为 1.0 mol/L，气体的分压为 100 kPa。

知识拓展

用电池装置把化学能直接转化为电能，从理论上讲是完全可行的，日常用的干电池、蓄电池就属于这一类装置。不过商业电池均不用盐桥，其外壳锌皮是负极，中间石墨棒是正极。

8.2.2　电极电势

1. 电极电势的产生

在一定条件下，当把金属放入含有该金属离子的盐溶液时，有两种反应倾向存在：一方面，金属表面的离子进入溶液和水分子结合成为水合离子，某种条件下达到平衡时金属表面带负电荷，靠近金属附近的溶液带正电荷，如图 8-2(a)所示；另一方面，溶液中的水合离子有从金属表面获得电子，沉积到金属上的倾向，平衡时金属表面带正电荷，而溶液带负电荷，如图 8-2(b)所示。金属和金属离子建立了动态平衡

$$M \rightleftharpoons M^{n+} + ne^-$$

这样，金属表面与其盐溶液就形成了带异种电荷的双电层。

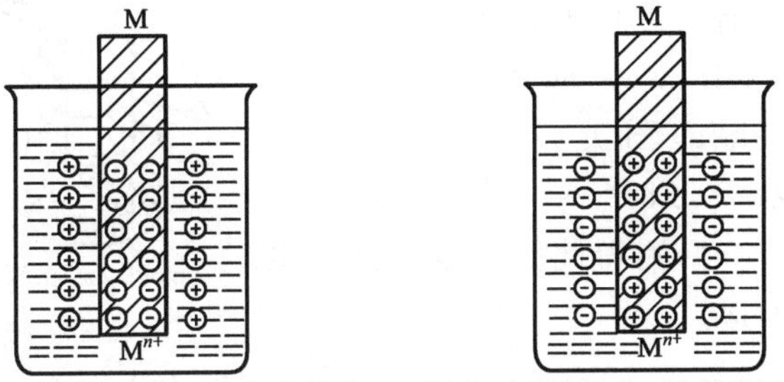

(a)金属溶解的趋势大于离子沉积的趋势　(b)离子沉积的趋势大于金属溶解的趋势

图 8-2　金属的电极电势

这种金属表面与其盐溶液形成的双电层间的电势差称为该金属的电极反应电势，简称电极电势，用符号“φ”表示。金属越活泼，溶解成离子的倾向越大，离子沉积的倾向越小，达到平衡时，电极电势越低；反之，电极电势越高。

电极电势的大小不仅取决于电极的性质，还与温度和溶液中离子的浓度有关。不仅金属及其盐溶液接触可以产生电势差，不同的金属、不同的电解质溶液之间在接触面上也可以产生电势差。前面我们提到的盐桥的作用就是消除不同液体间的接界电势。

2. 标准电极电势

电极电势是一个重要的物理量。但电极电势绝对值是无法测定的，只能选择某一标准来测定其相对值。为此，规定标准氢电极作为比较电极电势高低的标准。

(1) 标准氢电极。标准氢电极如图 8-3 所示，将镀有一层海绵状铂黑的铂片，浸入 H^+ 浓度为 1.0 mol/L 的硫酸溶液中。在 25 ℃时不断通入压力为 100 kPa 的纯氢气流，使铂黑电极上吸附氢气达到饱和，被铂黑吸附的氢气与溶液中 H^+ 构成平衡

$$2H^+(1.0\ mol/L) + 2e^- \rightleftharpoons H_2(p^\ominus)$$

此种条件下电对 H^+/H_2 中的物质都处于标准状态，电极即为标准氢电极。规定在 25 ℃时，标准氢电极的电极电势为零，即

$$\varphi^\ominus(H^+/H_2)=0.00\ V \qquad (8\text{-}2)$$

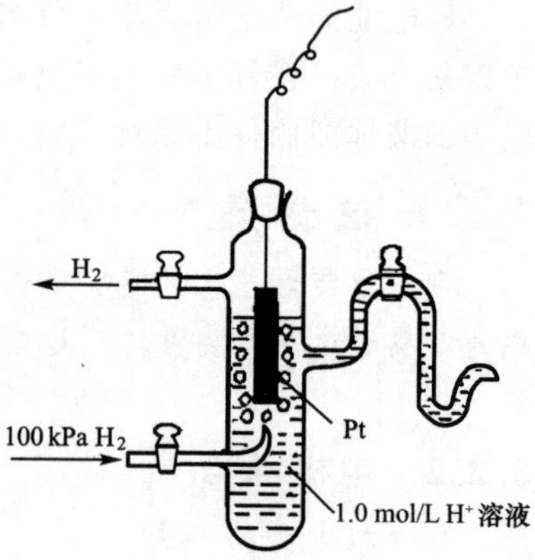

图 8-3 标准氢电极

(2) 标准电极电势。电极反应物质均处于标准态①下的电极电势，称为电极的标准电极电势，用 $\varphi^\ominus$(氧化型/还原型)表示。

将待测电极与标准氢电极组成原电池，判断待测电极与氢电极的正、负极，测定该原电池的标准电动势 $E^\ominus$，再根据 $E^\ominus=\varphi^\ominus_{(+)}-\varphi^\ominus_{(-)}$，确定出待测电极的标准电极电势值。

【实例分析】 测定锌电极的标准电极电势。

将处于标准态的锌电极与标准氢电极按图 8-4 组成原电池。根据检流计指针偏转方向，可知电流由氢电极通过导线流向锌电极，所以标准氢电极为正极，标准锌电极为负极。原电池符号为

$(-)Zn \mid Zn^{2+}(1.0\ mol/L) \parallel H^+(1.0\ mol/L) \mid Pt, H_2(100\ kPa)(+)$

电池反应为 $Zn + 2H^+ = H_2 + Zn^{2+}$

298.15 K (25 ℃)时，测得此原电池的标准电动势 $E^\ominus = 0.7618\ V$，则

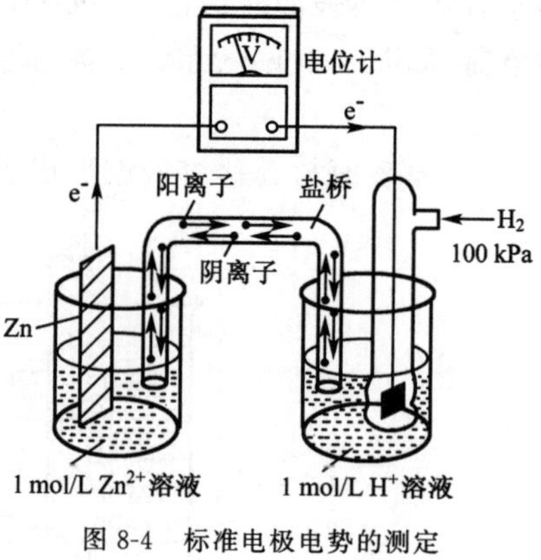

图 8-4 标准电极电势的测定

$$E^\ominus=\varphi^\ominus_{正}-\varphi^\ominus_{负}=\varphi^\ominus(H^+/H_2)-\varphi^\ominus(Zn^{2+}/Zn) = 0.7618\ V$$

所以 $$\varphi^\ominus(Zn^{2+}/Zn) = -0.7618\ V$$

用同样方法可以测出一系列其他电极的标准电极电势。将不同电极的标准电极电势数值，按电极种类数值从低到高排列，可得到标准电极电势数据表。

标准电极电势表的建立：

①电极反应习惯用"氧化型 + ne^- $\rightleftharpoons$ 还原型"表示；

---

①为方便热力学数据统一使用，国际上规定了热力学标准态(简称标准态)：气体标准态是指温度为 T、压强为 $p^\ominus$ ($p^\ominus=100$ kPa，称为标准压强)下，处于理想气体状态的纯物质；液体和固体标准态是指温度为 T、压强为 $p^\ominus$ 下的固态或液态纯物质。

②标准电极电势按由低向高的顺序排列而成；

③电极反应的标准电势的大小只与电对有关，而与电极反应的计量数无关；

④一些电极在不同的介质中，电极反应和电极电势不同；

⑤标准电极电势仅适用于水溶液，对非水溶液和固相反应不适用。

附录三中列出了 25 ℃时一些常用电对的标准电极电势。查表时要注意溶液的酸碱性，电极在不同的介质中 $\varphi^{\ominus}$ 一般不同。

通常，电极反应中出现 OH^- 时或在碱性溶液中进行的反应，查碱表($\varphi_B^{\ominus}$)，否则查酸表($\varphi_A^{\ominus}$)。

知识拓展

标准氢电极的电极电势随温度改变很小，但是它对使用条件要求得十分严格。因此在实际中往往采用其他电极作为参比电极，最常用的是甘汞电极(图 8-5)。

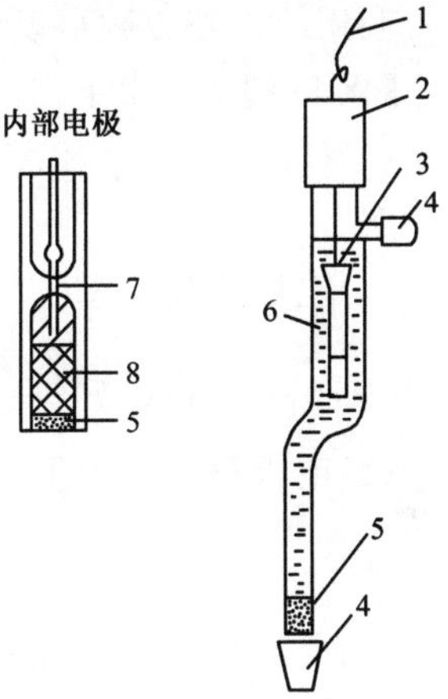

图 8-5　甘汞电极

1—导线；2—绝缘体；3—内部电极；4—橡皮帽；5—多孔素瓷塞；6—KCl 饱和溶液；7—铂丝；8—甘汞＋汞

甘汞电极是金属-难溶盐电极。它由两个玻璃套管组成，内套管下部有一个多孔素瓷塞，并盛有由汞和甘汞(Hg_2Cl_2)混合而成的糊状物，中间插有作为导线的铂丝。外套管最底部也是一个多孔素瓷塞，上方盛有 KCl 饱和溶液。多孔素瓷塞允许溶液中离子自由迁移。甘汞电极可以表示为

$Hg(l) \mid Hg_2Cl_2(s) \mid Cl^-$ 或 $Cl^- \mid Hg_2Cl_2(s) \mid Hg(l)$

电极反应为

$$Hg_2Cl_2(s) + 2e^- \rightleftharpoons 2\,Hg(l) + 2\,Cl^-$$

以标准氢电极的电极电势为基准，可测得饱和甘汞电极的电极电势为 0.241 5 V。

3.影响电极电势的因素

电极电势的大小首先取决于构成电对物质的性质，同时也受温度、溶液中离子的浓度和溶液酸碱度的影响。对某指定电极，其影响关系可用能斯特方程表示。

$$a\,氧化型 + ne^- \rightleftharpoons b\,还原型$$

$$\varphi = \varphi^{\ominus} - \frac{RT}{nF}\ln\frac{[还原型]^b}{[氧化型]^a} \qquad (8\text{-}3)$$

式中　φ——电对在任一温度、浓度时的电极电势，V；

$\varphi^{\ominus}$——电对的标准电极电势，V；

R——摩尔气体常数，8.314 J/(mol · K)；

F——法拉第常数，96 485 C/mol；

T——热力学温度，K；

n——电极反应式中转移的电子数。

$[氧化型]^a$、$[还原型]^b$ 分别表示电极反应中氧化型和还原型一侧各物质相对浓度幂的乘积，若是气体则用相对分压表示。各物质相对浓度或相对分压的指数 a，b 等于电极

反应中各相应物质的化学计量数,固体和纯液体不列入式 8-3。

若温度为 298.15 K,将自然对数换为常用对数,则

$$\varphi=\varphi^{\ominus}-\frac{0.0592}{n}\lg\frac{[还原型]^{b}}{[氧化型]^{a}} \tag{8-4}$$

或

$$\varphi=\varphi^{\ominus}+\frac{0.0592}{n}\lg\frac{[氧化型]^{a}}{[还原型]^{b}} \tag{8-5}$$

由能斯特方程可知,氧化型物质浓度增大或还原型物质浓度减小,都会使电极电势增大。相反,电极电势则减小。

利用能斯特方程可以计算电对在各种浓度下的电极电势。

【例 8-4】 写出下列电对的能斯特方程。

(1)Cu^{2+}/Cu　(2)Cl_2/Cl^-　(3)MnO_4^-/Mn^{2+}　(4)$AgCl/Ag$

解

(1)电极反应　$Cu^{2+}+2e^- \rightleftharpoons Cu$

$$\varphi(Cu^{2+}/Cu)=\varphi^{\ominus}(Cu^{2+}/Cu)+\frac{0.0592}{2}\lg[Cu^{2+}]$$

(2)电极反应　$Cl_2+2e^- \rightleftharpoons 2Cl^-$

$$\varphi(Cl_2/Cl^-)=\varphi^{\ominus}(Cl_2/Cl^-)+\frac{0.0592}{2}\lg\frac{p'(Cl_2)}{[Cl^-]^2}$$

(3)电极反应　$MnO_4^-+8H^++5e^- \rightleftharpoons Mn^{2+}+4H_2O$

$$\varphi(MnO_4^-/Mn^{2+})=\varphi^{\ominus}(MnO_4^-/Mn^{2+})+\frac{0.0592}{5}\lg\frac{[MnO_4^-]\cdot[H^+]^8}{[Mn^{2+}]}$$

(4)电极反应　$AgCl(s)+e^- \rightleftharpoons Ag(s)+Cl^-$

$$\varphi(AgCl/Ag)=\varphi^{\ominus}(AgCl/Ag)+0.0592\lg\frac{1}{[Cl^-]}$$

练一练

写出下列电对的能斯特方程表达式。

(1)Zn^{2+}/Zn　(2)$Cr_2O_7^{2-}/Cr^{3+}$　(3)Fe^{3+}/Fe^{2+}　(4)H^+/H_2

【例 8-5】 若 $c(MnO_4^-)=c(Mn^{2+})=1$ mol/L,试计算 298.15 K 时,电对 MnO_4^-/Mn^{2+} 在下列条件下的电极电势。

(1)$c(H^+)=1$ mol/L　(2)$c(H^+)=0.001$ mol/L

解　电极反应　$MnO_4^-+8H^++5e^- \rightleftharpoons Mn^{2+}+4H_2O$

查附录三得　$\varphi^{\ominus}(MnO_4^-/Mn^{2+})=1.507$ V

$$\varphi(MnO_4^-/Mn^{2+})=\varphi^{\ominus}(MnO_4^-/Mn^{2+})+\frac{0.0592}{5}\lg\frac{[MnO_4^-]\cdot[H^+]^8}{[Mn^{2+}]}$$

$$=1.507+\frac{0.0592}{5}\lg[H^+]^8$$

(1)当 $c(H^+)=1$ mol/L 时,

$$\varphi(MnO_4^-/Mn^{2+})=1.507+\frac{0.0592}{5}\lg1^8=1.507\ V$$

(2)当 $c(H^+) = 0.001$ mol/L 时，

$$\varphi(MnO_4^-/Mn^{2+}) = 1.507 + \frac{0.0592}{5}\lg 0.001^8 = 1.223\ \text{V}$$

想一想

(1)从上面的实例中你能得到什么结论？含氧酸作氧化剂时，如何提高其氧化能力？

(2)还原型物质和氧化型物质的浓度改变会给电极电势带来什么影响？

8.3　电极电势的应用

8.3.1　判断原电池正、负极及计算原电池电动势

像水从高处向低处流的自然规律一样，原电池的电流也是由高电势电极向低电势电极流动。定义电极电势较大的电极为正极，电极电势较小的电极为负极，则原电池电动势恒为正值。

【例 8-6】 试判断下列原电池的正、负极，并计算其在 25 ℃时的电动势。

$$Zn \mid Zn^{2+}(0.001\ \text{mol/L}) \parallel Zn^{2+}(1\ \text{mol/L}) \mid Zn$$

解　根据能斯特方程，盐桥左、右两侧的电极电势分别为

$$\varphi_{(左)} = \varphi(Zn^{2+}/Zn) = \varphi^{\ominus}(Zn^{2+}/Zn) + \frac{0.0592}{2}\lg[Zn^{2+}]$$

$$= -0.7618 + \frac{0.0592}{2}\lg 0.001$$

$$= -0.8506\ \text{V}$$

$$\varphi_{(右)} = \varphi^{\ominus}(Zn^{2+}/Zn) = -0.7618\ \text{V}$$

因为 $\varphi_{(右)} > \varphi_{(左)}$，所以盐桥左边为负极，盐桥右边为正极，其电池电动势为

$$E = \varphi_{(+)} - \varphi_{(-)} = -0.7618 - (-0.8506) = 0.0888\ \text{V}$$

正确的原电池符号为

$$(-)Zn \mid Zn^{2+}(0.001\ \text{mol/L}) \parallel Zn^{2+}(1\ \text{mol/L}) \mid Zn(+)$$

上述原电池正、负两极的电对相同，只是半电池内 Zn^{2+} 浓度不同，这种原电池称为浓差电池。

8.3.2　判断氧化剂、还原剂的相对强弱

在标准电极电势表中，电极电势越大，其氧化型物质在标准态下的氧化能力越强；电极电势越小，其还原型物质在标准状态下的还原能力越强。

【例 8-7】 根据标准电极电势，指出在标准状态下，下列电对中最强的氧化剂和最强的还原剂，并列出各氧化型物质的氧化能力和各还原型物质的还原能力强弱的次序。

$$MnO_4^-/Mn^{2+} \qquad Fe^{3+}/Fe^{2+} \qquad I_2/I^-$$

解　查附录三得

$$MnO_4^- + 8H^+ + 5e^- \rightleftharpoons Mn^{2+} + 4H_2O \qquad \varphi^{\ominus}(MnO_4^-/Mn^{2+}) = 1.507\ \text{V}$$

$$Fe^{3+} + e^- \rightleftharpoons Fe^{2+} \qquad \varphi^\ominus(Fe^{3+}/Fe^{2+}) = 0.771\ V$$

$$I_2 + 2e^- \rightleftharpoons 2I^- \qquad \varphi^\ominus(I_2/I^-) = 0.535\ 5\ V$$

因为 $\varphi^\ominus(MnO_4^-/Mn^{2+}) > \varphi^\ominus(Fe^{3+}/Fe^{2+}) > \varphi^\ominus(I_2/I^-)$

所以，在标准状态下，最强的氧化剂是 MnO_4^-，最强的还原剂是 I^-。

各氧化型物质在标准状态下氧化能力的顺序为 $MnO_4^- > Fe^{3+} > I_2$；各还原型物质在标准状态下还原能力的顺序为 $I^- > Fe^{2+} > Mn^{2+}$。

知识拓展

根据氧化还原电对标准电极电势，可以得出还原型物质的还原能力由强到弱的顺序：K，Ca，Na，Mg，Al，Zn，Fe，Sn，Pb，(水合氘)，(水合氕)，Cu，Hg，Ag，Pt，Au，此即金属活动顺序表。金属活动顺序表表示在标准态下金属单质在水溶液中还原能力的大小。

若电极反应处于非标准态，则需用能斯特方程计算出各电对的电极电势，然后再进行比较，而不能直接用标准电极电势判断氧化性或还原性的高低。

8.3.3 判断氧化还原反应方向

1. 对角线反应法

氧化还原反应总是自发地由强氧化剂与强还原剂反应，向生成弱氧化剂和弱还原剂的方向进行，即标准电极电势表的右上角向左下角画对角线，对角线连接的物质之间在标准态能自发地进行氧化还原反应。例如

氧化型	+	ne^-	$\rightleftharpoons$	还原型	$\varphi^\ominus$/V
Zn^{2+}	+	$2e^-$	$\rightleftharpoons$	Zn	−0.761 8
Fe^{2+}	+	$2e^-$	$\rightleftharpoons$	Fe	−0.447
Ni^{2+}	+	$2e^-$	$\rightleftharpoons$	Ni	−0.257
$2H^+$	+	$2e^-$	$\rightleftharpoons$	H_2	0.000 0
Cu^{2+}	+	$2e^-$	$\rightleftharpoons$	Cu	0.341 9
I_2	+	$2e^-$	$\rightleftharpoons$	$2I^-$	0.535 5
$2Fe^{3+}$	+	$2e^-$	$\rightleftharpoons$	$2Fe^{2+}$	0.771
$Br_2(l)$	+	$2e^-$	$\rightleftharpoons$	$2Br^-$	1.066
Cl_2	+	$2e^-$	$\rightleftharpoons$	$2Cl^-$	1.358 3

氧化型物质的氧化性增强 ↓　　还原型物质的还原性增强 ↑

由对角线物质反应而组成的原电池的电动势大于零，所以反应能自发进行。

【例 8-8】 判断反应 $2Fe^{3+} + Cu \longrightarrow 2Fe^{2+} + Cu^{2+}$ 在标准状态下的反应方向。

解 查附录三得 $Cu^{2+} + 2e^- \rightleftharpoons Cu \qquad \varphi^\ominus(Cu^{2+}/Cu) = 0.341\ 9\ V$

$$Fe^{3+} + e^- \rightleftharpoons Fe^{2+} \qquad \varphi^\ominus(Fe^{3+}/Fe^{2+}) = 0.771\ V$$

根据对角线反应法，画线连接着的是 Fe^{3+} 和 Cu，即 Fe^{3+} 和 Cu 之间的反应能自发进行。即反应 $2Fe^{3+} + Cu \longrightarrow 2Fe^{2+} + Cu^{2+}$ 在标准状态下自发向正反应方向进行。

2. 电动势法

按照给定反应组成原电池(氧化剂电对为正极，还原剂电对为负极)，计算该电池的电动势，若 $E > 0$，则反应正向自发进行；若 $E < 0$，则反应逆向自发进行。

【例 8-9】 已知 $\varphi^{\ominus}(Pb^{2+}/Pb) = -0.126\ 2\ V$，$\varphi^{\ominus}(Sn^{2+}/Sn) = -0.137\ 5\ V$，试判断反应 $Pb^{2+} + Sn \longrightarrow Pb + Sn^{2+}$

(1)在标准状态下能否自发向右进行？

(2)当 $c(Sn^{2+}) = 1\ mol/L$，$c(Pb^{2+}) = 0.1\ mol/L$ 时能否自发向右进行？

解 (1)按照给定反应方向，写出电极反应

正极反应：$Pb^{2+} + 2e^- \rightleftharpoons Pb \quad \varphi^{\ominus}(Pb^{2+}/Pb) = -0.126\ 2\ V$

负极反应：$Sn \rightleftharpoons Sn^{2+} + 2e^- \quad \varphi^{\ominus}(Sn^{2+}/Sn) = -0.137\ 5\ V$

则

$$E^{\ominus} = \varphi^{\ominus}_{(+)} - \varphi^{\ominus}_{(-)} = \varphi^{\ominus}(Pb^{2+}/Pb) - \varphi^{\ominus}(Sn^{2+}/Sn)$$
$$= -0.126\ 2 - (-0.137\ 5) = 0.011\ 3\ V > 0$$

因此，反应在标准状态下能正向自发进行。

(2)当 $c(Sn^{2+}) = 1\ mol/L$，$c(Pb^{2+}) = 0.1\ mol/L$ 时，

$$\varphi(Pb^{2+}/Pb) = \varphi^{\ominus}(Pb^{2+}/Pb) + \frac{0.059\ 2}{n}\lg[Pb^{2+}]$$
$$= -0.126\ 2 + \frac{0.059\ 2}{2}\lg 0.1 = -0.156\ 0\ V$$
$$E = \varphi_{(+)} - \varphi_{(-)} = \varphi(Pb^{2+}/Pb) - \varphi^{\ominus}(Sn^{2+}/Sn)$$
$$= -0.156\ 0 - (-0.137\ 5) = -0.018\ 5\ V < 0$$

所以，在该反应条件下反应逆向自发进行。

实际工作中，当 $E^{\ominus} > 0.2\ V$ 时，通常可直接用 $E^{\ominus}$ 判断氧化还原反应自发进行的方向；但当 $E^{\ominus} < 0.2\ V$ 时，改变有关离子的浓度，可能会改变氧化还原反应进行的方向。

想一想

已知 $E^{\ominus} = \varphi^{\ominus}(MnO_2/Mn^{2+}) - \varphi^{\ominus}(Cl_2/Cl^-) < 0$，为什么在加热条件下，实验室能够用 MnO_2 与浓 HCl 反应制备 Cl_2？

8.3.4 判断氧化还原反应进行的程度

平衡常数是衡量化学反应进行程度的特征常数。氧化还原反应的标准平衡常数可以通过两个电对的标准电极电势来求得。

【例 8-10】 计算 Zn-Cu 原电池反应的标准平衡常数。

解 Zn-Cu 原电池反应为

$$Zn + Cu^{2+} \rightleftharpoons Zn^{2+} + Cu$$

根据能斯特方程得

$$\varphi(Zn^{2+}/Zn) = \varphi^{\ominus}(Zn^{2+}/Zn) + \frac{0.059\ 2}{2}\lg[Zn^{2+}]$$
$$\varphi(Cu^{2+}/Cu) = \varphi^{\ominus}(Cu^{2+}/Cu) + \frac{0.059\ 2}{2}\lg[Cu^{2+}]$$

当反应达到平衡状态时，

$$\varphi(Zn^{2+}/Zn) = \varphi(Cu^{2+}/Cu)$$

即

$$\varphi^{\ominus}(Zn^{2+}/Zn) + \frac{0.059\ 2}{2}\lg[Zn^{2+}] = \varphi^{\ominus}(Cu^{2+}/Cu) + \frac{0.059\ 2}{2}\lg[Cu^{2+}]$$

则 $$E^{\ominus}=\varphi^{\ominus}(Cu^{2+}/Cu)-\varphi^{\ominus}(Zn^{2+}/Zn)=\frac{0.0592}{2}\lg\frac{[Zn^{2+}]}{[Cu^{2+}]}=\frac{0.0592}{2}\lg K^{\ominus}$$

$$\lg K^{\ominus}=\frac{2E^{\ominus}}{0.0592}=\frac{2\times[0.3419-(-0.7618)]}{0.0592}=37.3$$

$$K^{\ominus}=1.995\times 10^{37}$$

标准平衡常数非常大，说明反应进行得很完全。

298.15 K 时，任一氧化还原反应的标准平衡常数的表达式可写成通式

$$\lg K^{\ominus}=\frac{nE^{\ominus}}{0.0592}=\frac{n(\varphi^{\ominus}_{(+)}-\varphi^{\ominus}_{(-)})}{0.0592} \tag{8-6}$$

即氧化还原反应标准平衡常数的大小，由氧化剂和还原剂两电对的标准电极电势差决定，电势差越大，平衡常数越大，反应也越完全。

练一练

计算 $MnO_2 + 4H^+ + 2Cl^- \rightleftharpoons Mn^{2+} + Cl_2(g) + 2H_2O$ 的平衡常数。

8.3.5 元素标准电势图及其应用

某元素的不同氧化态之间可形成多个氧化还原电对。例如，Cu 具有 0，+1，+2 三种氧化数，可形成三个氧化还原电对，对应的电对反应及相应的标准电极电势分别为

$$Cu^{2+} + 2e^- \rightleftharpoons Cu \qquad \varphi^{\ominus}(Cu^{2+}/Cu)=0.3419\ V$$

$$Cu^{2+} + e^- \rightleftharpoons Cu^+ \qquad \varphi^{\ominus}(Cu^{2+}/Cu^+)=0.17\ V$$

$$Cu^+ + e^- \rightleftharpoons Cu \qquad \varphi^{\ominus}(Cu^+/Cu)=0.521\ V$$

对于具有多种氧化态的某元素，可将其各种氧化态按氧化数由高到低的顺序排列成一行，在每两种氧化态之间用直线连接表示一个电对，并在直线上标明相应电极反应的标准电极电势。例如

$$\varphi^{\ominus}/V \quad Cu^{2+} \xrightarrow{0.17} Cu^+ \xrightarrow{0.521} Cu \qquad (Cu^{2+} \to Cu:\ 0.3419)$$

这种表示一种元素各种氧化数之间标准电极电势关系的图称为元素电势图或拉铁默图，元素电势图对于了解元素及其化合物的氧化还原性很方便，主要应用在以下几个方面：

1. 判断氧化剂的相对强弱

元素电势图能更加方便地比较在标准电极电势表中某种元素不同氧化态的氧化能力。

【实例分析】 说明氯元素在酸性介质(以 $\varphi^{\ominus}_A$/V 表示)和碱性介质(以 $\varphi^{\ominus}_B$/V 表示)中各氧化态的氧化能力。

$$\varphi^{\ominus}_A/V \quad ClO_4^- \xrightarrow{1.189} ClO_3^- \xrightarrow{1.214} ClO_2^- \xrightarrow{1.645} ClO^- \xrightarrow{1.611} Cl_2 \xrightarrow{1.3583} Cl^- \qquad (ClO_3^- \to Cl_2:\ 1.47)$$

$$\varphi^{\ominus}_B/V \quad ClO_4^- \xrightarrow{0.36} ClO_3^- \xrightarrow{0.33} ClO_2^- \xrightarrow{0.66} ClO^- \xrightarrow{0.42} Cl_2 \xrightarrow{1.36} Cl^- \qquad (ClO_3^- \to Cl_2:\ 0.48)$$

由氯元素的电势图可知，在酸性介质中氯元素的电极电势均为较大的正值，说明氯元素的各种氧化型物质均具有较强的氧化能力，都是较强的氧化剂；在碱性介质中，各氧化

型物质的氧化能力都很小，只有 Cl_2/Cl^- 电对的电极电势不受溶液酸碱性的影响，氯气仍为较强的氧化剂。

2. 判断能否发生歧化反应

【实例分析】 在碱性介质中，单质溴是否会歧化为 Br^- 和 BrO^-。

已知 Br 的电势图

$$\varphi_B^\ominus/V \quad BrO^- \xrightarrow[(左)]{0.335} Br_2 \xrightarrow[(右)]{1.066} Br^-$$

即
$$Br_2 + 2e^- \rightleftharpoons 2Br^- \quad \varphi_{(右)}^\ominus = \varphi^\ominus(Br_2/Br^-) = 1.066\ V$$

$$BrO^- + H_2O + e^- \rightleftharpoons \frac{1}{2}Br_2 + 2OH^- \quad \varphi_{(左)}^\ominus = \varphi^\ominus(BrO^-/Br_2) = 0.335\ V$$

反应式为
$$Br_2 + 2OH^- \longrightarrow Br^- + BrO^- + H_2O$$

则该反应的电动势 $E^\ominus = \varphi_{(+)}^\ominus - \varphi_{(-)}^\ominus = \varphi_{(右)}^\ominus - \varphi_{(左)}^\ominus = 0.731\ V$，说明上述反应能自发从左向右进行，即能发生歧化反应。同样，在碱性介质中 Cl_2 也能发生歧化反应，生成 HClO 和 Cl^-。

总之，当 $\varphi_{(右)}^\ominus > \varphi_{(左)}^\ominus$ 时，处于中间氧化数的物质在热力学标准态下可以发生歧化反应，生成氧化数较高的物质和氧化数较低的物质；相反，则发生逆歧化反应，由氧化数较高的物质和氧化数较低的物质生成中间氧化型物质。

又如，在酸性介质中

$$\varphi_A^\ominus/V \quad HClO \xrightarrow{1.611} Cl_2 \xrightarrow{1.358\ 3} Cl^-$$

因 $\varphi_{(右)}^\ominus < \varphi_{(左)}^\ominus$，故 HClO 和 Cl^- 在热力学标准态下可发生逆歧化反应，生成 Cl_2。反应式为

$$HClO + Cl^- + H^+ \longrightarrow Cl_2 + H_2O$$

练一练

已知，汞的电势图为

$$\varphi_A^\ominus/V \quad Hg^{2+} \xrightarrow{0.920} Hg_2^{2+} \xrightarrow{0.797\ 8} Hg$$

试说明(1) Hg_2^{2+} 在溶液中能否发生歧化反应；(2)反应 $Hg + Hg^{2+} \rightleftharpoons Hg_2^{2+}$ 能否正向进行。

*8.4　氧化还原滴定法

8.4.1　概述

氧化还原滴定法是以氧化还原反应为基础的滴定分析方法。其应用范围很广，能直接或间接测定许多有机物和无机物。根据滴定剂不同，氧化还原滴定法又可分为高锰酸钾法、重铬酸钾法和碘量法等。

氧化还原滴定法与其他滴定分析方法相比，有如下特点：

(1)氧化还原反应副反应多，反应不能定量进行。

(2)氧化还原反应较慢。对反应相对较快且化学计量关系已知的反应，一般认为可由两个可逆的半反应得来，当反应达到平衡时，两个半反应的电极电势相等。

(3)氧化还原滴定法可用氧化剂作滴定剂，也可用还原剂作滴定剂，因此有多种方法。

(4)氧化还原滴定法主要用于测定氧化剂或还原剂，对于某些没有变价的元素，也可通过转化为具有氧化还原性质的物质进行间接测定，应用范围较广。

8.4.2 滴定原理

1.条件电极电势

实际应用中，人们通常知道物质在溶液中的浓度，而不是其活度(有效浓度，离子活度的大小与离子间的静电作用有关)。为简化起见，常常忽略溶液中离子强度(溶液中离子电荷形成静电场的量度，与离子浓度及电荷大小有关)的影响，用浓度代替活度进行计算。但当浓度较大，尤其是高价离子参与电极反应时，或在其他强电解质存在的条件下，计算结果将与实际测定结果有较大偏差，因此引入条件电极电势的概念。

在一定的介质条件下，氧化态和还原态的分析浓度均为 1 mol/L 时、校正了各种外界因素影响后的实际电极电势，称为条件电极电势，用 $\varphi^{\ominus\prime}$ 表示。

条件电极电势反映了离子强度和各种副反应影响的总结果，是氧化还原电对在客观条件下的实际氧化还原能力。它在一定条件下为一常数。在进行氧化还原平衡计算时，应采用与给定介质条件相同的条件电极电势。若缺乏相同条件的 $\varphi^{\ominus\prime}$，可采用介质条件相近的 $\varphi^{\ominus\prime}$ 数据。对于没有相应 $\varphi^{\ominus\prime}$ 的氧化还原电对，则采用标准电极电势。

2.氧化还原滴定曲线

在氧化还原滴定的过程中，反应物和生成物的浓度不断改变，使有关电对的电极电势也发生变化，这种电势改变的情况可以用滴定曲线表示。滴定过程中各点的电势可以通过仪器测量，也可以根据能斯特方程计算。化学计量点的电势以及滴定突跃电势是选择指示剂终点的依据。

(1)曲线制作

用 0.100 0 mol/L $Ce(SO_4)_2$ 标准滴定溶液在 0.5 mol/L H_2SO_4 溶液中滴定 20.00mL 0.100 0 mol/L $FeSO_4$ 溶液，其滴定反应为

$$Ce^{4+} + Fe^{2+} \longrightarrow Ce^{3+} + Fe^{3+}$$

滴定过程中溶液组成发生如下变化：

①化学计量点前

加入的 Ce^{4+} 几乎全部被 Fe^{2+} 还原为 Ce^{3+}，达到平衡时 $c(Ce^{4+})$ 很小，电极电势不易直接求得。但若已知滴定百分数 $a(\%)$，则可求得 $[Fe^{3+}]/[Fe^{2+}]$，进而计算出电极电势。

$$\varphi(Fe^{3+}/Fe^{2+}) = \varphi^{\ominus\prime}(Fe^{3+}/Fe^{2+}) + 0.059\ 2\lg\frac{a}{100-a}\ \text{V} \tag{8-7}$$

当滴入 0.100 0 mol/L $Ce(SO_4)_2$ 标准滴定溶液 12.00 mL 时，则溶液中

$$a(Fe^{3+}) = \frac{12.00}{20.00}\times 100\% = 60\%$$

$$a(Fe^{2+}) = \frac{20.00-12.00}{20.00}\times 100\% = 40\%$$

从有关化学数据表查得，此介质条件下，$\varphi^{\ominus\prime}(Fe^{3+}/Fe^{2+}) = 0.68$ V，则

$$\varphi(Fe^{3+}/Fe^{2+}) = \varphi^{\ominus\prime}(Fe^{3+}/Fe^{2+}) + 0.059\ 2\lg\frac{a}{100-a}$$

$$=0.68+0.059\,2\lg\frac{60}{40}=0.69\ \text{V}$$

②化学计量点后

Fe^{2+}几乎全部被Ce^{4+}氧化为Fe^{3+}，$[Fe^{2+}]$很小，不易直接求得，但只要知道加入Ce^{4+}过量的百分数，就可以用$[Ce^{4+}]/[Ce^{3+}]$计算出电极电势。设加入Ce^{4+}为b(%)，则过量的Ce^{4+}为$(b-100)$%。

$$\varphi(Ce^{4+}/Ce^{3+})=\varphi^{\ominus\prime}(Ce^{4+}/Ce^{3+})+0.059\,2\lg\frac{b-100}{100} \tag{8-8}$$

当Ce^{4+}有0.1%过量(即加入20.02 mL)时，从有关化学数据表查得，此介质条件下，$\varphi^{\ominus\prime}(Ce^{4+}/Ce^{3+})=1.44$ V，则

$$\varphi(Ce^{4+}/Ce^{3+})=\varphi^{\ominus\prime}(Ce^{4+}/Ce^{3+})+0.059\,2\lg\frac{b-100}{100}$$

$$=1.44+0.059\,2\lg\frac{0.1}{100}=1.26\ \text{V}$$

③化学计量点时

Ce^{4+}和Fe^{2+}分别定量地转变为Ce^{3+}和Fe^{3+}，未反应的$[Ce^{4+}]$和$[Fe^{2+}]$很小，不能直接求得，此时有

$$\varphi=\frac{n_1\varphi_1^{\ominus\prime}+n_2\varphi_2^{\ominus\prime}}{n_1+n_2} \tag{8-9}$$

式中　φ——化学计量点时的电极电势，V；

$\varphi_1^{\ominus\prime}$，$\varphi_2^{\ominus\prime}$——氧化剂与还原剂的条件电极电势，V。

因此，在达到化学计量点时，

$$\varphi=\frac{\varphi^{\ominus\prime}(Fe^{3+}/Fe^{2+})+\varphi^{\ominus\prime}(Ce^{4+}/Ce^{3+})}{2}=\frac{1.44+0.68}{2}=1.06\ \text{V}$$

滴定过程的电极电势计算结果见表8-1。

表 8-1　　滴定过程电极电势计算结果

加入Ce^{4+}溶液体积V/mL	Fe^{2+}被滴定的百分数a/%	电极电势φ/V
1.00	5.0	0.60
2.00	10.0	0.62
4.00	20.0	0.64
8.00	40.0	0.67
10.00	50.0	0.68
12.00	60.0	0.69
18.00	90.0	0.74
19.80	99.0	0.80
19.98	99.9	0.86 } 突跃范围
20.00	100.0	1.06 } 突跃范围
20.02	100.1	1.26 } 突跃范围
22.00	110.0	1.38
30.00	150.0	1.42
40.00	200.0	1.44

④滴定曲线

以滴定剂加入的百分数为横坐标、电对的电极电势为纵坐标作图，可得氧化还原滴定

曲线，如图 8-6 所示。

(2)滴定突跃

由式(8-9)可以看出，化学计量点附近电势突跃大小取决于两电对的电子转移数和条件电极电势。条件电极电势越大，滴定突跃越大；电对的电子转移数越小，滴定突跃越大。图 8-7 是以不同的氧化剂分别滴定还原剂 Fe^{2+} 时所绘成的滴定曲线。

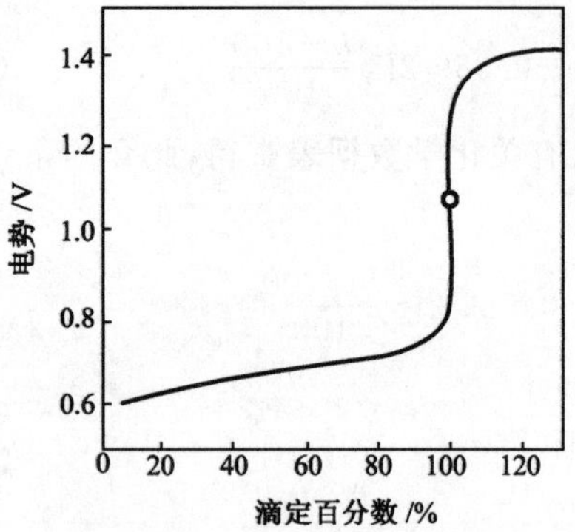

图 8-6　0.100 0 mol/L $Ce(SO_4)_2$ 标准滴定溶液滴定 20.00 mL 0.100 0 mol/L $FeSO_4$ 溶液的滴定曲线

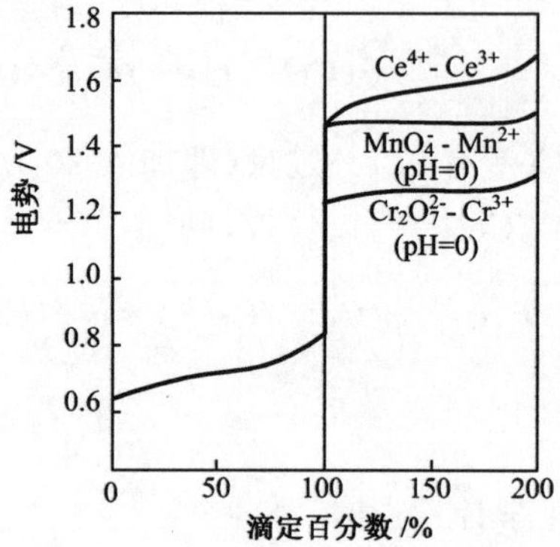

图 8-7　不同的氧化剂滴定还原剂 Fe^{2+} 时所绘成的滴定曲线

一般两个电对的条件电极电势(或标准电极电势)之差大于 0.2 V 时，突跃范围较明显，才有可能进行滴定分析。差值大于 0.40 V 时，可选用氧化还原指示剂指示终点，也可采用电位计法。

3. 氧化还原指示剂

(1)自身指示剂

这类滴定剂以本身颜色指示滴定终点。例如 $KMnO_4$ 本身显紫红色，用它来滴定 Fe^{2+} 溶液时，反应产物 Mn^{2+} 与 Fe^{3+} 的颜色很浅或是无色，滴定到化学计量点后，只要 $KMnO_4$ 稍微过量(半滴)，就能使溶液呈现淡红色，到达指示滴定终点。

(2)显色指示剂(专属指示剂)

这种指示剂本身并不具有氧化还原性，但能与滴定剂或被测定物质发生显色反应，而且显色反应是可逆的，因而可以指示滴定终点。这类指示剂中最常用的是淀粉，它与碘溶液反应生成深蓝色的吸附产物，当 I_2 被还原为 I^- 时，蓝色立即褪去。

(3)氧化还原指示剂

这类指示剂本身是氧化剂或还原剂，它的氧化型和还原型物质具有不同的颜色。在滴定过程中，指示剂由氧化型转变为还原型或由还原型转变为氧化型时，溶液颜色随之发生变化，从而指示滴定终点。例如用 $K_2Cr_2O_7$ 滴定 Fe^{2+} 时，常用二苯胺磺酸钠为指示剂。二苯胺磺酸钠的还原型为无色，当滴定至化学计量点时，稍过量的 $K_2Cr_2O_7$ 可使二苯胺磺酸钠由还原型转变为氧化型，溶液显紫红色，到达指示滴定终点。

若以 In(ox)和 In(red)分别代表指示剂的氧化型和还原型，则滴定过程中，指示剂的电极反应式为

$$\mathrm{In(ox)} + ne^- \rightleftharpoons \mathrm{In(red)}$$

$$\varphi=\varphi^{\ominus}{}'+\frac{0.059\ 2}{n}\lg\frac{[\mathrm{In(ox)}]}{[\mathrm{In(red)}]} \tag{8-10}$$

随着滴定过程中溶液电位的改变，浓度比也在改变，因而溶液的颜色也发生变化。肉眼可见溶液颜色变化的电势范围，称为氧化还原指示剂的变色范围，它相当于两种形式浓度比从 1/10 变到 10 时的电势变化范围。即

$$\varphi=\varphi^{\ominus}{}'\pm\frac{0.059\ 2}{n} \tag{8-11}$$

当被滴定溶液的电势恰好等于 $\varphi^{\ominus}{}'$时，指示剂呈现中间颜色，称为变色点。一些常用氧化还原指示剂见表 8-2。

表 8-2　一些常用氧化还原指示剂

指示剂	$\varphi^{\ominus}{}'$/V $c(\mathrm{H^+})=1$ mol/L	颜色	
		氧化型	还原型
次甲基蓝	0.52	蓝色	无色
二苯胺磺酸钠	0.85	紫红色	无色
邻苯氨基苯甲酸	0.89	紫红色	无色
邻二氮菲亚铁	1.06	浅蓝色	红色

选择氧化还原指示剂的原则是：指示剂变色点的电极电势应当处在滴定体系的电极电势突跃范围内。例如，在 1 mol/L H_2SO_4 溶液中，用 Ce^{4+} 滴定 Fe^{2+}，由表 8-1 可知电势突跃范围是 0.86～1.26 V。显然，选择邻苯氨基苯甲酸和邻二氮菲亚铁是合适的。若选择二苯胺磺酸钠，终点会提前，终点误差将会大于允许误差。

知识拓展

氧化还原滴定法始于 18 世纪末，在其发展过程中滴定仪器也不断得到改进。特别是有了适宜的指示剂以后，在 19 世纪这种滴定方法才占据了重要地位。

1774 年，舍勒发现了氯气，之后氯气应用到纺织工业中，其漂白质量与次氯酸盐的浓度大小有直接关系。1795 年法国人德克劳西以靛蓝的硫酸溶液滴定次氯酸，至溶液颜色变绿为止，成为最早的氧化还原滴定法。其后，1826 年比拉狄厄制得碘化钠，以淀粉为指示剂，用于次氯酸钙滴定，开创了碘量法的应用和研究。19 世纪 40 年代以来又发展出高锰酸钾法、重铬酸钾法等多种利用氧化还原反应和特定指示剂相结合的滴定方法，使定量分析得到迅速发展。

8.4.3　常用的氧化还原滴定法

氧化还原滴定法常根据所用滴定剂的名称命名，如高锰酸钾法、重铬酸钾法、碘量法、铈量法、溴酸钾法等，各种方法都有其特点和应用范围。

1. 高锰酸钾法

(1)方法概述

高锰酸钾是一种强氧化剂，其氧化能力和还原产物与溶液的酸度有关。在强酸性溶液中，$KMnO_4$ 与还原剂作用，被还原为 Mn^{2+}。

$$MnO_4^- + 8H^+ + 5e^- \rightleftharpoons Mn^{2+} + 4H_2O \qquad \varphi^{\ominus}(MnO_4^-/Mn^{2+})=1.507\ \mathrm{V}$$

在强酸性溶液中 $KMnO_4$ 有强氧化性。高锰酸钾滴定法一般多在 H_2SO_4 介质中使用，而不使用盐酸介质，这是由于盐酸具有还原性，能诱发一些副反应，干扰滴定。硝酸由于有氧化性，容易产生副反应，也很少采用。

在弱酸性、中性或碱性溶液中，$KMnO_4$ 被还原为棕色的 MnO_2 沉淀，妨碍终点观察，所以很少使用。

但当 pH>12(如浓度大于 2 mol/L NaOH 溶液)时，由于 $KMnO_4$ 氧化有机物的反应比在酸性条件下更快，所以常用 $KMnO_4$ 在强碱性溶液中测定有机物。

(2)特点

①$KMnO_4$ 氧化能力强，应用广泛，可直接或间接测定多种无机物和有机物。

②$KMnO_4$ 溶液呈紫红色，可以自身作指示剂，滴定时不需要外加指示剂。

③$KMnO_4$ 氧化能力强，因此方法的选择性欠佳，而且 $KMnO_4$ 与还原性物质的反应历程比较复杂，易发生副反应。

④$KMnO_4$ 标准滴定溶液不能直接配制，且标准滴定溶液不够稳定，不能久置，需经常标定。

(3)高锰酸钾标准滴定溶液的制备

市售高锰酸钾试剂常含有少量 MnO_2 及其他杂质，因此 $KMnO_4$ 标准滴定溶液不能直接配制，需先配成近似浓度的溶液，静置 1 周后，滤去沉淀，再用基准物质标定。

标定 $KMnO_4$ 溶液的基准物质有很多，如 $Na_2C_2O_4$，$H_2C_2O_4 \cdot 2H_2O$，$(NH_4)_2Fe(SO_4)_2 \cdot 6H_2O$和纯铁丝等。常用的是 $Na_2C_2O_4$，这是因为它易提纯，且性质稳定，不含结晶水，在 105～110 ℃烘 2 h 至恒重即可使用。标定反应为

$$2MnO_4^- + 5C_2O_4^{2-} + 16H^+ \longrightarrow 2Mn^{2+} + 10CO_2\uparrow + 8H_2O$$

此时，$KMnO_4$ 的基本单元为$\frac{1}{5}KMnO_4$，而 $Na_2C_2O_4$ 的基本单元为$\frac{1}{2}Na_2C_2O_4$。

为使标定反应定量进行，应注意以下滴定条件：

①温度。加热至 70～85 ℃再进行滴定。不能使温度超过 90 ℃，否则 $H_2C_2O_4$分解，发生如下反应，导致标定结果偏高。

$$H_2C_2O_4 \longrightarrow H_2O + CO_2\uparrow + CO\uparrow$$

②酸度。一般控制酸度为 0.5～1 mol/L，滴定接近终点时为 0.2～0.5 mol/L。酸度不足，易生成 MnO_2 沉淀；酸度过高，则会使 $H_2C_2O_4$ 分解。

③滴定速率。开始时反应很慢，当有 Mn^{2+} 生成之后，反应逐渐加快。因此，开始滴定时，应该等第一滴 $KMnO_4$ 溶液褪色后，再加第二滴，此后，生成的 Mn^{2+} 自动起催化作用，加快了反应。此时，可略加快滴定，但不能过快，否则加入的 $KMnO_4$ 溶液会在热的酸性溶液中分解，发生如下反应，导致滴定结果偏低。

$$4MnO_4^- + 12H^+ \longrightarrow 4Mn^{2+} + 6H_2O + 5O_2\uparrow$$

④滴定终点。用 $KMnO_4$ 溶液滴定至溶液呈淡粉红色，30 s 不褪色即为终点。若放置时间过长，空气中还原性物质能使 $KMnO_4$ 还原而褪色。

放置一段时间后，若发现有 MnO_2 沉淀析出，则应重新过滤并标定。

练一练

已知 $M(KMnO_4)=158$ g/mol，若配制 1.5 L $c(1/5KMnO_4)=0.2$ mol/L 的 $KMnO_4$ 溶液，应称取 $KMnO_4$ 多少克？

2. 重铬酸钾法

(1)方法概述

重铬酸钾($K_2Cr_2O_7$)是一种常用的强氧化剂，它在酸性介质中被还原为 Cr^{3+}，其电极反应为

$$Cr_2O_7^{2-}+14H^++6e^- \rightleftharpoons 2Cr^{3+}+7H_2O \qquad \varphi^{\ominus}(Cr_2O_7^{2-}/Cr^{3+})=1.33\ V$$

$K_2Cr_2O_7$ 的基本单元为 $1/6K_2Cr_2O_7$。

$K_2Cr_2O_7$ 的氧化能力不如 $KMnO_4$ 强，因此其可以测定的物质不如 $KMnO_4$ 广泛。但与 $KMnO_4$ 法相比，它有自己的优点。

(2)特点

①$K_2Cr_2O_7$ 易提纯，可以制成基准物质，在 140～150 ℃烘 2 h 后，可直接称量，配制标准溶液。

②室温下，当 HCl 溶液浓度低于 3 mol/L 时，$Cr_2O_7^{2-}$ 不会诱导氧化 Cl^-，因此 $K_2Cr_2O_7$ 法可在盐酸介质中滴定 Fe^{2+}。

③$K_2Cr_2O_7$ 标准滴定溶液相当稳定，保存在密闭容器中，浓度可长期保持不变。

④用 $K_2Cr_2O_7$ 制成的标准滴定溶液，与大多数有机物反应速率很慢，一般不会发生干扰。

重铬酸钾法常用的指示剂为二苯胺磺酸钠或邻苯氨基苯甲酸。

3. 碘量法

(1)方法概述

碘量法是利用 I_2 的氧化性和 I^- 的还原性进行滴定的分析方法，其基本反应为

$$I_2+2e^- \rightleftharpoons 2I^- \qquad \varphi^{\ominus}(I_2/I^-)=0.535\ 5\ V$$

固体 I_2 在水中溶解度很小(25 ℃时为 1.18×10^{-3} mol/L)，且易挥发。通常将 I_2 溶解于 KI 溶液中，此时它以 I_3^- 形式存在，半反应为

$$I_3^-+2e^- \rightleftharpoons 3I^- \qquad \varphi^{\ominus}(I_3^-/I^-)=0.536\ V$$

可见，I_2(或 I_3^-)是较弱的氧化剂，能与较强的还原剂作用；I^- 是中等强度的还原剂，能与许多氧化剂作用。因此，可以用直接碘量法和间接碘量法两种方式进行滴定。

碘量法既可测定氧化剂，又可测定还原剂。I_3^-/I^- 电对反应可逆性好，副反应少，又有很灵敏的淀粉指示剂指示终点，因此碘量法的应用范围很广。

①直接碘量法(又称碘滴定法)。用 I_2 配成的标准滴定溶液可用来直接滴定电势比 $\varphi^{\ominus}(I_2/I^-)$小的还原性物质。直接碘量法不能在碱性溶液中进行滴定，因为碘与碱发生歧化反应

$$I_2+2OH^- \longrightarrow IO^-+I^-+H_2O$$

$$3IO^- \longrightarrow IO_3^-+2I^-$$

②间接碘量法(又称滴定碘法)。电势比 $\varphi^{\ominus}(I_2/I^-)$高的氧化性物质可在一定的条件

下用 I^- 还原，然后用 $Na_2S_2O_3$ 标准滴定溶液滴定释放出的 I_2，利用这一方法，可以测定很多氧化性物质，如 Cu^{2+}，$Cr_2O_7^{2-}$，IO_3^-，BrO_3^-，ClO^-，ClO_3^-，H_2O_2，MnO_4^- 和 Fe^{3+} 等。

(2)特点

①应用范围很广。利用 I_2 的氧化性可测定还原性物质，利用 I^- 的还原性可测定多种氧化性物质。

② I_3^-/I^- 电对反应可逆性好，副反应少，当 pH<9 时，酸度不影响滴定。

③碘量法用淀粉指示剂指示终点时，它与 I_2 生成的深蓝色配合物灵敏度很高，即使在浓度为 5.0×10^{-5} mol/L 的溶液中也能生成深蓝色配合物。

(3)反应条件

在间接碘量法中，为不影响分析结果，必须要注意以下几点。

①控制溶液酸度。必须在中性或弱酸性溶液中进行，因为在碱性溶液中 I_2 与 $S_2O_3^{2-}$ 将发生反应

$$S_2O_3^{2-} + 4I_2 + 10OH^- \longrightarrow 2SO_4^{2-} + 8I^- + 5H_2O$$

同时，I_2 在碱性溶液中还会发生歧化反应

$$3I_2 + 6OH^- \longrightarrow IO_3^- + 5I^- + 3H_2O$$

在强酸性溶液中，$Na_2S_2O_3$ 溶液会发生分解反应

$$S_2O_3^{2-} + 2H^+ \longrightarrow SO_2 + S\downarrow + H_2O$$

而 I^- 在酸性溶液中易被空气中的 O_2 氧化

$$4I^- + 4H^+ + O_2 \longrightarrow 2I_2\downarrow + 2H_2O$$

②防止 I_2 挥发和 I^- 被氧化。碘量法的误差来源主要有 I_2 挥发及酸性溶液中 I^- 被空气中的氧所氧化。因此，应采取以下措施：

测定时要加入过量的 KI，使 I_2 生成 I_3^-，并使用碘量瓶，滴定时不要剧烈摇动，以减少 I_2 的挥发。由于 I^- 被空气氧化的反应随光照及酸度增高而加快，因此在反应时应将碘量瓶置于暗处，滴定前调节好酸度，析出 I_2 后立即用 $Na_2S_2O_3$ 标准滴定溶液进行滴定。此外，Cu^{2+}，NO_2^- 等能催化空气对 I^- 的氧化，应设法消除干扰。

③终点。淀粉指示剂所用的淀粉必须是可溶性淀粉，不能在热溶液中进行滴定。直接碘量法用淀粉指示剂指示终点时，应在滴定开始时加入，终点时溶液由无色突变为蓝色。间接碘量法用淀粉指示剂指示终点时，应等滴定至 I_2 的黄色很浅时再加入淀粉指示剂(若过早加入淀粉，它与 I_2 形成的蓝色配合物会吸收部分 I_2，往往易使终点提前且不明显)，终点时溶液由蓝色变为无色。

淀粉指示剂(5 g/L)的用量一般为 2～5 mL。

8.4.4 氧化还原滴定法的应用——水中化学耗氧量(COD)的测定

化学耗氧量(COD)是指 1 L 水中还原性物质在一定条件下被氧化时所消耗的氧含量，单位为 mg/L。它是反映水体被还原性物质污染程度的主要指标。还原性物质包括有机物、亚硝酸盐、亚铁盐和硫化物等，水受有机物污染极为普遍，因此，化学耗氧量可作为有机物污染程度的指标，目前它已经成为环境监测分析的主要项目之一。

1. 方法原理

COD 的测定方法是：在酸性条件下，加入过量的 $KMnO_4$ 标准滴定溶液，将水样中的

某些有机物及还原性物质氧化，反应后加入过量的 $Na_2C_2O_4$ 还原剩余的 $KMnO_4$，再用 $KMnO_4$ 标准滴定溶液返滴定过量的 $Na_2C_2O_4$，从而计算出水样中所含还原性物质所消耗的 $KMnO_4$，再换算为 COD。测定过程所发生的有关反应为

$$4KMnO_4 + 6H_2SO_4 + 5C \longrightarrow 2K_2SO_4 + 4MnSO_4 + 5CO_2\uparrow + 6H_2O$$

$$2MnO_4^- + 5C_2O_4^{2-} + 16H^+ \longrightarrow 2Mn^{2+} + 8H_2O + 10CO_2\uparrow$$

2. 结果计算

$$COD = \frac{[(V_1+V_2)K - 15.00]c(1/2Na_2C_2O_4)\times 8\times 1\,000}{100.00} \tag{8-12}$$

式中 COD——化学耗氧量，mg/L；

100.00——水样的体积，mL；

V_1+V_2——测定水样时用去 $KMnO_4$ 标准滴定溶液的总体积，mL；

15.00——测定水样时，加入的 $Na_2C_2O_4$ 标准滴定溶液的体积，mL；

$c(1/2Na_2C_2O_4)$——以 $1/2Na_2C_2O_4$ 为基本单元时的标准滴定溶液浓度，mol/L；

8——以 $1/4O_2$ 为基本单元时 $1/4O_2$ 的摩尔质量，g/mol；

K——1 mL $KMnO_4$ 标准滴定溶液相当于 $Na_2C_2O_4$ 标准滴定溶液的体积，mL/ mL。

3. 注意事项

(1)本方法只适用于测定较为清洁的水样；

(2)水样中加入 H_2SO_4 量应足够；

(3)水样中加入 $KMnO_4$ 溶液后应在沸水浴中加热至 75～85 ℃；

(4)控制 $KMnO_4$ 标准滴定溶液的滴定速度。

本章小结

- 氧化还原平衡和氧化还原滴定法
  - 氧化还原反应方程式的配平
    - 氧化还原反应
      - 氧化还原反应：一类物质间有电子转移(电子得失或共用电子对偏移) 的反应
      - 还原剂：失去电子氧化数升高的物质；氧化剂：获得电子氧化数降低的物质
    - 离子-电子法配平 — 氧化剂得电子总数与还原剂失电子总数相等，原子守恒，电子守恒
  - 原电池和电极电势
    - 原电池
      - 原电池：借助于氧化还原反应自发产生电流的装置
      - 负极：电子流出(氧化反应)，如 $Zn \rightarrow Zn^{2+} + 2e^-$；正极：电子流入(还原反应)，如 $Cu^{2+} + 2e^- \rightarrow Cu$
      - 电池符号：$(-)\ Zn \mid ZnSO_4(c_1) \parallel CuSO_4(c_2) \mid Cu(+)$
      - 电池电动势：$E = \varphi_{(+)} - \varphi_{(-)}$
    - 电极电势
      - 电极电势：金属表面与其盐溶液形成的双电层间的电势差
      - 标准电极电势：电极反应物质均处于标准状态
      - 影响因素(能斯特方程)：$\varphi = \varphi^{\ominus} + \dfrac{0.059\ 2}{n}\lg\dfrac{[\text{氧化型}]^a}{[\text{还原型}]^b}$
  - 电极电势的应用
    - 判断原电池正、负极 — 负极：φ 较小；正极：φ 较大；$E \geqslant 0$
    - 判断氧化剂强弱 — φ 较大，氧化态氧化能力强；φ 较小，还原态还原能力强
    - 判断反应方向 — 按照给定反应方向：$E > 0$ 反应正向自发进行；$E < 0$ 反应逆向自发进行
    - 判断反应程度 — $\lg K^{\ominus} = nE^{\ominus}/0.059\ 2 = n(\varphi^{\ominus}_{(+)} - \varphi^{\ominus}_{(-)})/0.059\ 2$
    - 判断歧化反应 — 能发生歧化反应：$\varphi_{(右)} > \varphi_{(左)}$
  - 氧化还原滴定法
    - 滴定原理
      - 氧化还原滴定法：以氧化还原反应为基础的滴定分析方法
      - 滴定曲线：电极电势随滴定剂加入百分数变化的曲线
      - 氧化还原指示剂：自身指示剂、显色指示剂(专属指示剂)、氧化还原指示剂
    - 常用方法 — 高锰酸钾法，重铬酸钾法，碘量法
    - 实际应用 — 水中化学耗氧量(COD) 的测定

自　测　题

一、填空题

1. 在 $KMnO_4$ 中，锰元素的氧化数为________，在 $Na_2S_2O_4$ 中，硫元素的氧化数为________。

2. 原电池是________的装置，在原电池中，电子由________流向________。原电池工作时，外电路中电流由________极流向________极。

3. 电极电势的标准状态是指一定温度下，气体压力 p 为________ kPa，溶液中各离子浓度为________ mol/L，且气体为________纯物质，固体、液体为固态、气态________物质。

4. 在原电池中，φ 大的氧化还原电对为________极，发生________反应；φ 小的氧化还原电对为________极，发生________反应。

5. 在氧化还原反应中，氧化数 ________（升高或降低），________（得到或失去）电子的物质是氧化剂。

6. 由氧化还原反应 $2FeCl_3 + Cu \longrightarrow 2FeCl_2 + CuCl_2$ 构成的原电池，用符号表示为________________，负极发生的电极反应为________________，正极发生的电极反应为________________。

7. 已知 $\varphi^{\ominus}(Cr_2O_7^{2-}/Cr^{3+}) = 1.33V$，$\varphi^{\ominus}(Fe^{3+}/Fe^{2+}) = 0.771V$，$\varphi^{\ominus}(SO_4^{2-}/H_2SO_3) = 0.153V$，上述氧化还原电对中，各氧化型物质氧化性由强到弱的顺序为________，各还原性物质还原性由强到弱的顺序为________。

8. 已知 $\varphi^{\ominus}(Fe^{3+}/Fe^{2+}) = 0.771\ V$，$\varphi^{\ominus}(Fe^{2+}/Fe) = -0.447\ V$，根据铁元素的标准电势图可知，$Fe^{2+}$ 在水中________（填能或不能）发生歧化反应，在配制其盐溶液时，常常放入适量的铁粉防止 Fe^{2+} 被________。

9. 氧化还原滴定中，采用的指示剂类型有________、________和________。

10. 高锰酸钾标准滴定溶液应采用________配制，重铬酸钾标准滴定溶液应采用________ 配制。

11. 标定硫代硫酸钠标准滴定溶液一般可选择________作基准物，标定高锰酸钾标准滴定溶液一般选用________作基准物。

12. 碘量法中使用的指示剂为________，高锰酸钾法采用的指示剂一般为________。

13. 在氧化还原滴定前，经常要把欲测组分处理成一定的价态，这一步骤称为________。

14. $KMnO_4$ 在强酸介质中被还原为________，在微酸、中性或弱碱性介质中被还原为________，在强碱性介质中被还原为________。

15. $KMnO_4$ 滴定法终点的粉红色不能持久的原因是________________。因此，一般只要粉红色在________内不褪色便可认为终点已到。

16. 碘量法的主要误差来源是________ 和________。

二、判断题(正确的画“√”，错误的画“×”)

1. 在氧化还原反应中，氧化剂失电子的总数与还原剂得电子的总数相等。　（　）

2. 物质失去电子的反应，即氧化数升高的反应，是氧化反应。 (　　)

3. 原电池中标准电极电势大的电对作正极，标准电极电势小的电对作负极。 (　　)

4. 在原电池中，电子总是由正极流向负极。 (　　)

5. 凡氧化数升高的物质都是氧化剂。 (　　)

6. 在 25 ℃及标准态下，测定氢的电极电势为零。 (　　)

7. 某电极反应 $A + 2e^- \rightleftharpoons A^{2-}$，增大 A^{2-} 浓度时，其电极电势增大。 (　　)

8. 据标准电极电势判定 $I_2 + Sn^{2+} \rightleftharpoons 2I^- + Sn^{4+}$ 反应只能自发逆向进行。 (　　)

9. $KMnO_4$ 溶液作为滴定剂时，必须装在酸式滴定管中。 (　　)

10. 直接碘量法的终点是从蓝色变为无色。 (　　)

11. 已知 $K_2Cr_2O_7$ 溶液的浓度为 0.05 mol/L，则 $c(1/6K_2Cr_2O_7)=0.3$ mol/L。 (　　)

12. 用基准试剂 $Na_2C_2O_4$ 标定 $KMnO_4$ 溶液时，需将溶液加热至 75～85 ℃进行滴定，若超过此温度，会使测定结果偏低。 (　　)

13. 用间接碘量法测定试样时，最好在碘量瓶中进行，并应避免阳光照射，为减少 I^- 与空气接触，滴定时不宜过度摇动。 (　　)

14. 重铬酸钾法要求在酸性溶液中进行。 (　　)

15. 在碘量法中使用碘量瓶可以防止碘的挥发。 (　　)

三、选择题

1. 关于原电池的下列叙述中，错误的是(　　)。

A. 盐桥中的电解质可以保持两个半电池中的电荷平衡

B. 盐桥用于维持电池反应的进行

C. 电子通过盐桥流动

D. 离子通过盐桥流动

2. 在实验室里配制 $FeCl_2$ 溶液时，为防止被氧化，经常加入一些(　　)。

A. 铁钉　　B. Fe^{2+}　　C. Fe^{3+}　　D. 盐酸

3. 已知 $\varphi^\ominus(Fe^{3+}/Fe^{2+})=0.771$ V，$\varphi^\ominus(Cu^{2+}/Cu)=0.341\,9$ V，$\varphi^\ominus(Fe^{2+}/Fe)=-0.447$ V，则下列反应不能自发正向进行的是(　　)。

A. $Cu^{2+} + 2Fe^{2+} \rightleftharpoons Cu + 2Fe^{3+}$　　B. $Fe + 2Fe^{3+} \rightleftharpoons 3Fe^{2+}$

C. $Cu^{2+} + Fe \rightleftharpoons Cu + Fe^{2+}$　　D. $Cu + 2Fe^{3+} \rightleftharpoons 2Fe^{2+} + Cu^{2+}$

4. 已知 $\varphi^\ominus(Fe^{3+}/Fe^{2+})=0.771$ V，$\varphi^\ominus(Br_2/Br^-)=1.066$ V，$\varphi^\ominus(I_2/I^-)=0.535\,5$ V，则下列反应能自发正向进行的是(　　)。

A. $2Fe^{3+} + 2Br^- \rightleftharpoons 2Fe^{2+} + Br_2$　　B. $I_2 + 2Fe^{2+} \rightleftharpoons 2Fe^{3+} + 2I^-$

C. $2Fe^{2+} + Br_2 \rightleftharpoons 2Fe^{3+} + 2Br^-$　　D. $I_2 + 2Br^- \rightleftharpoons 2I^- + Br_2$

5. 向电极反应 $Cu^{2+} + 2e^- \rightleftharpoons Cu$ 的溶液中加入浓氨水，则 Cu 的还原性(　　)。

A. 无影响　　B. 增强　　C. 减弱　　D. 消失

6. 若 $Cu^{2+} + 2e^- \rightleftharpoons Cu$，$\varphi^\ominus = 0.341\,9$ V，则 $1/2Cu \rightleftharpoons 1/2Cu^{2+} + e^-$，$\varphi^\ominus$ 为(　　)。

A. 0.170 95 V　　B. −0.170 95 V　　C. 0.341 9 V　　D. −0.341 9 V

7. 已知 $\varphi^\ominus(Fe^{3+}/Fe^{2+})=0.771$ V，$\varphi^\ominus(Br_2/Br^-)=1.066$ V，$\varphi^\ominus(I_2/I^-)=0.535\,5$ V，则下列电对中不能共存的是(　　)。

A. Br_2，Fe^{2+}　　B. Br^-，I_2　　C. Fe^{3+}，Br^-　　D. Br^-，Fe^{2+}

8. 已知 $\varphi^{\ominus}(Fe^{3+}/Fe^{2+}) = 0.771$ V，$\varphi^{\ominus}(Cu^{2+}/Cu) = 0.341\ 9$ V，$\varphi^{\ominus}(Fe^{2+}/Fe) = -0.447$ V，则在水溶液中能够共存的电对是(　　)。

A. Cu^{2+}，Fe^{2+}　　B. Cu，Fe^{3+}　　C. Fe，Fe^{3+}　　D. Cu^{2+}，Fe

9. 下列各组溶液在酸性条件下不能共存的是(　　)。

A. Fe^{3+}，$Cr_2O_7^{2-}$　　B. Zn^{2+}，Cl^-　　C. Fe^{2+}，NO_2^-　　D. Cu^{2+}，Fe^{3+}

10. 已知反应 $H_2 + Cu^{2+} \rightleftharpoons 2H^+ + Cu$ 在标准状态下能自发正向进行，则(　　)。

A. $\varphi^{\ominus}(H^+/H_2) > \varphi^{\ominus}(Cu^{2+}/Cu)$　　B. $\varphi^{\ominus}(H^+/H_2) < \varphi^{\ominus}(Cu^{2+}/Cu)$

C. $\varphi^{\ominus}(H^+/H_2) = \varphi^{\ominus}(Cu^{2+}/Cu)$　　D. 无法判断

11. S 和 Al 完全反应生成 1 mol Al_2S_3 时，电子转移的数目是(　　)。

A. 1 mol　　B. 2 mol　　C. 3 mol　　D. 6 mol

12. 已知 $\varphi^{\ominus}(MnO_4^-/Mn^{2+}) = 1.507$ V，$\varphi^{\ominus}(Fe^{3+}/Fe^{2+}) = 0.771$ V，$\varphi^{\ominus}(Cr_2O_7^{2-}/Cr^{3+}) = 1.33$ V，$\varphi^{\ominus}(Cl_2/Cl^-) = 1.358\ 3$ V，$\varphi^{\ominus}(Br_2/Br^-) = 1.066$ V，$\varphi^{\ominus}(I_2/I^-) = 0.535\ 5$ V，则在含有 Cl^-，Br^-，I^- 的混合溶液中，欲使 I^- 被氧化成 I_2，而 Br^-，Cl^- 不被氧化，应选择的氧化剂是(　　)。

A. $KMnO_4$　　B. $FeCl_3$　　C. $K_2Cr_2O_7$　　D. Cl_2

13. 在电极反应 $Fe^{2+} + 2e^- \rightleftharpoons Fe$ 中，若增大 Fe^{2+} 的浓度，则单质 Fe 的(　　)。

A. 还原性增强　　B. 还原性减弱　　C. 氧化性增强　　D. 氧化性减弱

14. 在电极反应 $I_2 + 2e^- \rightleftharpoons 2I^-$ 中，若增大 I^- 的浓度，则单质 I_2 的(　　)。

A. 还原性增强　　B. 还原性减弱　　C. 氧化性增强　　D. 氧化性减弱

15. 电极电势不能判定(　　)。

A. 氧化还原反应速率　　B. 氧化还原反应方向

C. 氧化还原能力大小　　D. 氧化还原的完全程度

16. 标定 $KMnO_4$ 标准滴定溶液时，常用的基准物质是(　　)。

A. $K_2Cr_2O_7$　　B. $Na_2C_2O_4$　　C. $Na_2S_2O_3$　　D. KIO_3

17. 在酸性介质中，用 $KMnO_4$ 标准滴定溶液滴定草酸盐溶液时，滴定应(　　)。

A. 像酸碱滴定那样快速进行

B. 在开始时缓慢，以后逐步加快，近终点时又减慢滴定速度

C. 始终缓慢地进行

D. 开始时快，然后缓慢

18. 在间接碘量法中，加入淀粉指示剂的适宜时间是(　　)。

A. 滴定开始时　　B. 滴定近终点时

C. 滴入标准滴定溶液近 30%时　　D. 滴入标准滴定溶液近 50%时

19. 下列物质中可以用氧化还原滴定法测定的是(　　)。

A. 草酸　　B. 醋酸　　C. 盐酸　　D. 硫酸

20. 二苯胺磺酸钠是 $K_2Cr_2O_7$ 法滴定 Fe^{2+} 的常用指示剂,它属于(　　)。

A. 自身指示剂　　B. 特殊指示剂　　C. 氧化还原指示剂　　D. 其他指示剂

21. 用 $KMnO_4$ 标准滴定溶液滴定 $Na_2C_2O_4$ 溶液时,第一滴 $KMnO_4$ 溶液的褪色最慢,但以后就逐渐变快,原因是(　　)。

A. $KMnO_4$ 电势很高,干扰多,影响反应速度

B. 该反应分步进行,但只要反应一经形成,速度就快了

C. 当第一滴 $KMnO_4$ 溶液与 $Na_2C_2O_4$ 溶液反应后,产生反应热,加快反应速度

D. 反应产生 Mn^{2+},它是 $KMnO_4$ 与 $Na_2C_2O_4$ 反应的催化剂

22. 用 $KMnO_4$ 标准滴定溶液滴定 H_2O_2 溶液,开始时褪色很慢,以后逐渐变快,其原因是(　　)。

A. 滴定过程中消耗 H^+,使反应速率加快

B. 滴定过程中产生 H^+,使反应速率加快

C. 滴定过程中反应物浓度越来越少,使反应速率越来越快

D. 反应产生 Mn^{2+},它是 $KMnO_4$ 与 H_2O_2 反应的催化剂

23. 在实验室里配制 $FeSO_4$ 溶液时,经常在溶液中加入一只纯铁钉,其原因是(　　)。

A. 除去溶液中杂质,使溶液更纯净

B. 阻止 Fe^{2+} 被氧化成 Fe^{3+}

C. 消除溶液中过量的酸

D. 能产生适量氢气,使瓶内保持正压,容易打开瓶塞

四、计算题

1. 由镍片与 1 mol/L Ni^{2+} 溶液,锌片与 1 mol/L Zn^{2+} 溶液构成的原电池,哪个是正极?哪个是负极?写出电池反应式,并计算其标准电动势。

2. 有一电池

$$Pt,H_2(50.7\ kPa)\ |\ H^+(0.5\ mol/L)\ \|\ Sn^{4+}(0.7\ mol/L),Sn^{2+}(0.05\ mol/L)\ |\ Pt$$

(1) 写出半电池反应;(2)计算电极电势,并指出原电池的正、负极;(3)写出电池反应;(4)计算该电池的电动势。

3. 计算氧化还原反应 $Fe + 2Fe^{3+} \rightleftharpoons 3Fe^{2+}$ 的标准平衡常数。

4. 已知 25 ℃时,

$$Pb^{2+} + 2e^- \rightleftharpoons Pb \qquad \varphi^{\ominus} = -0.126\ 2\ V$$

$$Sn^{2+} + 2e^- \rightleftharpoons Sn \qquad \varphi^{\ominus} = -0.137\ 5\ V$$

试判断,当 $c(Pb^{2+})=0.1$ mol/L,$c(Sn^{2+})=1.0$ mol/L 时,反应

$$Pb^{2+} + Sn \rightleftharpoons Pb + Sn^{2+}$$

自发进行的方向。

5. 称取 0.400 0 g 软锰矿样品,用 50.00 mL $c(1/2H_2C_2O_4)=0.200\ 0$ mol/L 的 $H_2C_2O_4$ 溶液处理,过量的 $H_2C_2O_4$ 用 $c(1/5KMnO_4)=0.115\ 2$ mol/L 的 $KMnO_4$ 溶液返滴定,消耗 $KMnO_4$ 溶液 10.55 mL,试计算软锰矿中 MnO_2 的质量分数。

6. 将 0.150 0 g 的铁矿样品处理成 Fe^{2+},用 $c(1/5KMnO_4)=0.100\ 0$ mol/L 的 $KMnO_4$ 标

准滴定溶液滴定，消耗 15.03 mL，试计算该铁矿石中 Fe_2O_3 的质量分数？

7. 称取稀土试样 1.000 0 g，用 H_2SO_4 溶解后，稀释至 100.0 mL，取 25.00 mL，用 $c(Fe^{2+})=0.050\ 00$ mol/L 的 Fe^{2+} 标准滴定溶液滴定，用去 6.32 mL，试计算该稀土中 $CeCl_4$ 的质量分数（反应式为 $Fe^{2+} + Ce^{4+} \longrightarrow Fe^{3+} + Ce^{3+}$）。

8. 测定 0.166 6 g 的磁铁矿样品，经溶解、氧化使 Fe^{3+} 沉淀为 $Fe(OH)_3$，灼烧后得 Fe_2O_3 质量为 0.137 0 g，计算试样中 Fe 和 Fe_3O_4 的质量分数。

五、问答题

1. 配平下列氧化还原反应方程式

(1) $Cu + HNO_3$(稀) $\longrightarrow Cu(NO_3)_2 + NO\uparrow + H_2O$

(2) $KMnO_4 + H_2S + H_2SO_4 \longrightarrow MnSO_4 + S\downarrow + K_2SO_4 + H_2O$

(3) $CuS + HNO_3 \longrightarrow Cu(NO_3)_2 + S\downarrow + NO\uparrow + H_2O$

(4) $MnO_4^- + H^+ + SO_3^{2-} \longrightarrow Mn^{2+} + SO_4^{2-} + H_2O$

(5) $I_2 + KOH \longrightarrow KI + KIO_3 + H_2O$

2. 写出下列原电池的电极反应和电池反应

(1) $(-)Pt, H_2(p) \mid H^+(c_1) \parallel Ag^+(c_2) \mid Ag(+)$

(2) $(-)Zn, Zn^{2+}(c_1) \parallel Sn^{2+}(c_2), Sn^{4+}(c_3) \mid Pt(+)$

3. 为什么高锰酸钾滴定法一般多在 H_2SO_4 介质中使用，而不在盐酸介质中使用？

4. 为什么 $KMnO_4$ 标准滴定溶液不能直接配制，而必须先配成近似浓度的溶液，放置 1 周后，滤去沉淀，再用基准物质标定？

5. 为什么规定用 $KMnO_4$ 溶液滴定至溶液呈淡粉红色，30 s 不褪色即为终点？

6. 简述 $K_2Cr_2O_7$ 法的特点。

7. 什么是碘量法？碘量法又分为几种？

本章关键词

氧化 oxidation	还原 reduction
还原剂 reducing agent	氧化剂 oxidizing agent
原电池 primary cell	盐桥 salt bridge
正极 positive electrode	负极 negative electrode
氧化还原电对 redox couple	双电层 double layer
电极反应电势 electrode reaction potential	标准电极电势 standard electrode potential
能斯特方程 Nernst equation	条件电极电势 conditional potential
自身指示剂 self indicator	显色指示剂 color indicator
淀粉 starch	氧化还原指示剂 redox indicator
高锰酸钾 potassium permanganate	重铬酸钾 potassium dichromate
碘量法 iodimetry	化学耗氧量(COD) chem-oxygen demand

第9章

配位平衡和配位滴定法

知 识 目 标

1. 掌握配合物的概念、组成、命名及化学式的书写方法。
2. 了解配合物的价键理论。
3. 理解配位平衡常数的意义，掌握有关配位平衡的计算方法。

*4. 掌握 EDTA 及其配合物的解离平衡，理解酸效应系数和条件稳定常数的意义。

*5. 掌握配位滴定基本原理及配位滴定判据，了解酸效应曲线的应用及金属指示剂的作用原理。

能 力 目 标

1. 会正确书写、命名配合物，并指出其组成。
2. 能说明中心离子杂化类型与配合物空间构型的关系。
3. 能根据配位平衡进行有关计算。

*4. 会计算条件稳定常数。

*5. 会确定金属离子准确滴定及连续测定的酸度条件，能进行水中钙、镁含量测定的计算。

9.1 配合物的基本概念

9.1.1 配合物的定义

【实例分析】 向一支盛有 5 mL 0.1 mol/L $CuSO_4$ 溶液的试管内逐滴加入 2.0 mol/L $NH_3 \cdot H_2O$ 溶液，直至溶液变为深蓝色。然后将该溶液分成 3 份，一份滴加几滴 0.1 mol/L $BaCl_2$ 溶液，发现有白色的 $BaSO_4$ 沉淀生成，说明溶液中仍有游离的 SO_4^{2-} 存在；另一份滴加几滴 1.0 mol/L NaOH 溶液，既没有生成 $Cu(OH)_2$ 沉淀，也没有放出 NH_3 气味的气体，说明溶液中没有明显游离的 Cu^{2+} 和 NH_3 存在；最后一份溶液中加入几滴酒精（降低溶解度），发现有深蓝色结晶析出。

化学分析确定，深蓝色结晶的组成是 $Cu(NH_3)_4SO_4$，利用 X 射线分析得知，在 $Cu(NH_3)_4SO_4$ 中，Cu^{2+} 与 NH_3 以配位键结合形成了复杂的配离子（铜氨配离子）。其反应为

$$Cu^{2+} + 4NH_3 = [Cu(NH_3)_4]^{2+}$$

这种复杂的配离子在溶液和晶体中都能稳定存在。其电子式和构造式分别为

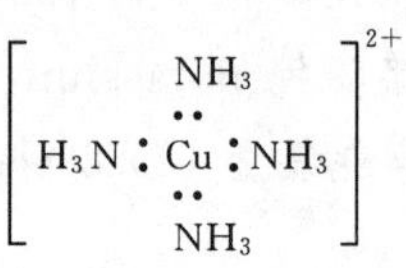

和

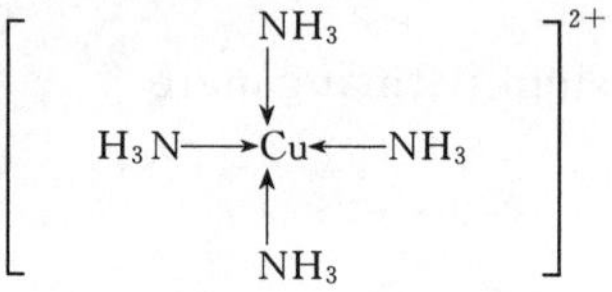

类似的还有$[HgI_4]^{2-}$，$[PtCl_6]^{2-}$，$[Co(NH_3)_6]^{3+}$，$[Ag(NH_3)_2]^+$，$[Ni(CO)_4]$等。

这种由一个阳离子(或原子)和一定数目的中性分子或阴离子以配位键相结合形成的能稳定存在的复杂离子或分子，称为配离子或配分子。配分子或含有配离子的化合物称为配合物，习惯上，也称配离子为配合物。与常见的无机化合物一样，配合物也有酸、碱、盐之分。例如，$H_2[PtCl_6]$为配位酸；$[Cu(NH_3)_4](OH)_2$为配位碱；$K_2[HgI_4]$，$[Ag(NH_3)_2]Cl$，$[Cu(NH_3)_4]SO_4$，$K_3[Fe(CN)_6]$为配位盐。

知识拓展

复盐如明矾$[KAl(SO_4)_2 \cdot 12H_2O]$、铬钾矾$[KCr(SO_4)_2 \cdot 12H_2O]$等尽管从组成上看很像配合物，但由于其在水溶液中能全部解离出一般离子，所以还是与配合物有着根本区别的。如

$$KAl(SO_4)_2 \cdot 12H_2O \longrightarrow K^+ + Al^{3+} + 2SO_4^{2-} + 12H_2O$$

9.1.2　配合物的组成

配合物一般由内界和外界两部分组成。内界是配合物的特征部分，它是由中心离子(或原子)和配位体组成的配离子或配分子，书写化学式时，要用方括号括起来，外界通常为一般离子。配分子只有内界，没有外界，如图 9-1 所示。

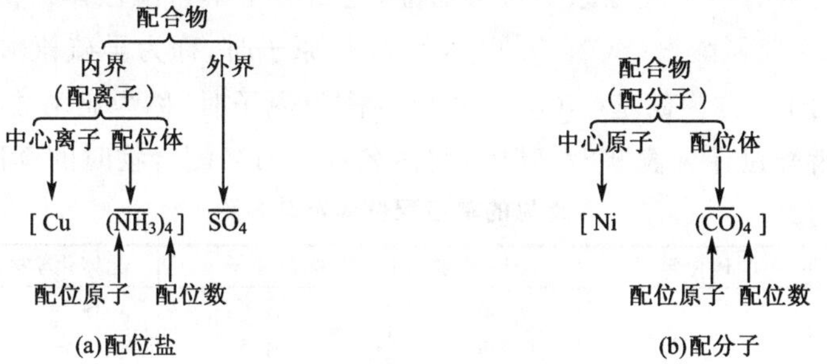

图 9-1　配合物组成示意图

1. 中心离子(或中心原子)

中心离子(或中心原子)是配合物的形成体，位于配合物的中心，是配合物的核心。

中心离子的特点是能提供空轨道，是孤对电子的接受体。见表 9-1，常见中心离子多

表 9-1　中心离子在元素周期表中的分布

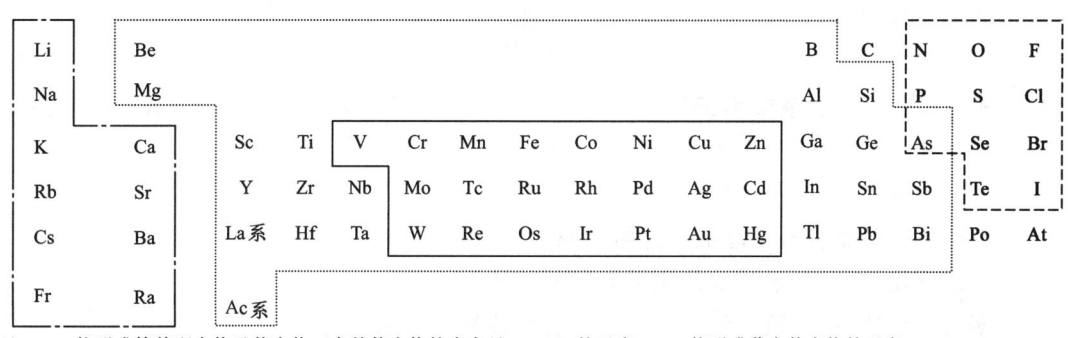

H																
Li	Be											B	C	N	O	F
Na	Mg											Al	Si	P	S	Cl
K	Ca	Sc	Ti	V	Cr	Mn	Fe	Co	Ni	Cu	Zn	Ga	Ge	As	Se	Br
Rb	Sr	Y	Zr	Nb	Mo	Tc	Ru	Rh	Pd	Ag	Cd	In	Sn	Sb	Te	I
Cs	Ba	La系	Hf	Ta	W	Re	Os	Ir	Pt	Au	Hg	Tl	Pb	Bi	Po	At
Fr	Ra	Ac系														

注：——能形成简单配合物及螯合物（有关螯合物的内容见 9.1.4）的元素；┈┈能形成稳定螯合物的元素；

—·—仅能形成少数螯合物的元素；----可作为配位原子的元素。

为副族元素离子，如 Cr^{3+}，Fe^{3+}，Fe^{2+}，Co^{3+}，Co^{2+}，Ni^{2+}，Cu^{2+}，Cu^{+}，Ag^{+}，Zn^{2+}，Pt^{4+}，Pt^{2+}，Au^{+}，Hg^{2+} 等；少数副族金属原子和高氧化态的主族元素离子也可分别作为中心原子和中心离子。例如，$[Fe(CO)_5]$，$[Ni(CO)_4]$，$[AlF_6]^{3-}$，$[SiF_6]^{2-}$，$[BF_4]^{-}$ 中的 Fe，Ni，Al^{3+}，Si^{4+}，B^{3+} 等。

通常，中心离子半径越小，电荷数越多，形成配合物的能力越强。

2. 配位体和配位原子

在配合物中，与中心离子结合的阴离子或中性分子称为配位体，简称配体。配体中直接与中心离子以配位键相结合的原子，称为配位原子。例如，在$[Cu(NH_3)_4]SO_4$ 中，配位体是 NH_3，配位原子是 N；$[CoCl_2(NH_3)_4]Cl$ 中，配位体是 Cl^- 和 NH_3，配位原子是 Cl 和 N。

配位原子是孤对电子的给予体，常见配位原子均为电负性较大的非金属原子，如 C，N，O，S 及 X(卤素原子)等。

只含有一个配位原子的配位体，称为单齿配位体(或单基配位体)；含有两个或两个以上配位原子的配位体，称为多齿配位体(或多基配位体)，如乙二胺 $H_2N—CH_2—CH_2—NH_2$ 分子(简写为 en)中，两个 N 原子都是配位原子。有些配位体含有两个配位原子，但在形成配合物时只有一个配位原子参与配位，也归类于单齿配位体。例如，SCN^- 以 S 为配位原子时，称为硫氰酸根(SCN^-)，以 N 为配位原子时，称为异硫氰酸根(SCN^-)；NO_2^- 以 N 为配位原子时，称为硝基(NO_2^-)，以 O 为配位原子时，称为亚硝酸根(ONO^-)。

常见的单齿配位体见表 9-2。其中，配体名称是命名配合物时的读法。

表 9-2　　常见的单齿配位体及其名称

配位原子	配体化学式	配体名称	配位原子	配体化学式	配体名称
F	F^-	氟	S	SCN^-	硫氰酸根
Cl	Cl^-	氯	S	$S_2O_3^{2-}$①	硫代硫酸根
Br	Br^-	溴	N	NH_3	氨
I	I^-	碘	N	NCS^-	异硫氰酸根
O	OH^-	羟	N	NO_2^-	硝基
O	H_2O	水	N	NH_2^-	氨基
O	ROH	醇	C	CN^-	氰
O	ONO^-	亚硝酸根	C	O ‖ —C—	羰基

注：①表示 $S_2O_3^{2-}$ 只有一个配位原子，与中心离子的连接方式是 SSO_3^{2-}。

含有配位体的物质称为配位剂。如 NaOH，KCN，KSCN，$Na_2S_2O_3$ 等，有时配位剂本身就是配体，如 NH_3，H_2O 等。

3. 配位数

配合物中的配位原子总数称为中心离子的配位数。

单齿配位体：配位数＝配位原子数＝配位体数

多齿配位体：配位数＝配位原子数＝配位体数×齿数

例如，在$[Ag(NH_3)_2]Cl$ 中，中心离子 Ag^+ 的配位数是 2；$K_3[Fe(CN)_6]$中，中心离子 Fe^{3+} 的配位数是 6；$[Cu(en)_2]^{2+}$ 中，中心离子 Cu^{2+} 的配位数是 4。

常见配位数有2,4,6。通常,中心离子电荷与常见配位数的关系见表9-3。

表9-3 中心离子电荷与常见配位数的关系

中心离子电荷	+1	+2	+3	+4
常见配位数	2	4(或6)	6(或4)	6(或8)

中心离子的配位数主要取决于中心离子和配位体的性质。一般中心离子电荷多、半径大,配位数相对较高;配位体的电荷少、半径小,配位数也高;其次,增大配位体浓度,降低反应温度,也利于形成高配位数的配合物。因此,相同的中心离子,其配位数也可不同。例如,$[AlF_6]^{3-}$,$[AlCl_4]^-$,$[AlBr_4]^-$,$[Hg(S_2O_3)_2]^{2-}$,$[Hg(S_2O_3)_4]^{6-}$,$[Ag(SCN)_2]^-$,$[Ag(SCN)_4]^{3-}$等。

练一练

填写下表:

配合物	中心离子	配位体	配位原子	配位数
$[Cu(NH_3)_4]SO_4$				
$K_2[HgI_4]$				
$[CoCl(NH_3)_5]Cl_2$				
$K_3[Ag(SCN)_4]$				

4. 配离子电荷

带正电荷的配离子叫做配阳离子;带负电荷的配离子叫做配阴离子。配离子电荷等于中心离子电荷与配位体总电荷的代数和。由于配合物是电中性的,因此配离子电荷又等于外界离子总电荷的相反数。例如,配合物$[CoCl_2(NH_3)_3(H_2O)]Cl$中配离子的电荷为

$$+3+2\times(-1)+3\times0+1\times0=+1$$

反之,根据配离子电荷也可推算中心离子的氧化数。例如,配合物$K_3[Fe(CN)_6]$中,外界有3个K^+,因此$[Fe(CN)_6]^{3-}$配离子的电荷是−3,进而可推知中心离子是Fe^{3+}而不是Fe^{2+}。

9.1.3 配合物命名

1. 配离子和配分子命名

配合物分为内界和外界两部分,其中内界的命名最为关键。

(1)配离子命名

配离子的命名顺序和方法为

配位体数目 ⟶ 配位体名称 ⟶ 合 ⟶ 中心离子名称 ⟶ 中心离子氧化数 ⟶ 离子

配位体数目 ↓ 用二、三等数字表示

配位体名称 ↓
①不同配位体之间用"·"分开
②配位体命名顺序:阴离子 ⟶ 中性分子
(阴离子:简单 ⟶ 复杂 ⟶ 有机酸根离子)
(中性分子[①]:NH_3 ⟶ H_2O ⟶ 有机物分子)

中心离子氧化数 ↓ 用(Ⅰ),(Ⅱ)等罗马数字表示

---

①同类配体的名称,按配位原子元素符号的英文字母顺序排列。

例如：

$[Cu(NH_3)_4]^{2+}$	四氨合铜(Ⅱ)离子
$[HgI_4]^{2-}$	四碘合汞(Ⅱ)离子
$[PtCl_6]^{2-}$	六氯合铂(Ⅳ)离子
$[Al(OH)_4]^{-}$	四羟合铝(Ⅲ)离子
$[Co(NH_3)_6]^{3+}$	六氨合钴(Ⅲ)离子
$[Fe(CN)_6]^{4-}$	六氰合铁(Ⅱ)离子
$[Fe(CN)_6]^{3-}$	六氰合铁(Ⅲ)离子
$[CoCl_2(NH_3)_4]^{+}$	二氯・四氨合钴(Ⅲ)离子
$[CoCl_2(NH_3)_3(H_2O)]^{+}$	二氯・三氨・水合钴(Ⅲ)离子

(2)配分子命名

配分子是电中性的，其命名与配离子相同，只是不写“离子”二字。例如：

$[Ni(CO)_4]$	四羰基合镍(0)
$[PtCl_2(NH_3)_2]$	二氯・二氨合铂(Ⅱ)

书写配离子和配分子化学式时，要先写中心离子，再写配位体，整个化学式括在方括号中。其中，配位体的书写顺序从左至右，与命名顺序相同；同类配位体，按配位原子元素符号的英文字母顺序由先到后排列；中性分子和多原子酸根分别用小括号括起来。

命名时，一般多原子酸根要用小括号括上；有机配位体及带倍数的复杂配位体，也要将配位体括在小括号内。例如：

$[Cr(NCS)_4(NH_3)_2]^{-}$	四(异硫氰酸根)・二氨合铬(Ⅲ)离子
$[Cu(en)_2]^{2+}$	二(乙二胺)合铜(Ⅱ)离子

2. 配合物命名

配合物的命名遵循无机物命名原则，配位酸、配位碱、配位盐的命名方法见表 9-4。

表 9-4　　配合物的命名方法

类　型	名　称	组成特征	实　例
配位酸	某酸	内界为配阴离子，外界为 H^+	$H_2[PtCl_6]$
配位碱	氢氧化某	内界为配阳离子，外界为 OH^-	$[Cu(NH_3)_4](OH)_2$
配位盐	某化某	内界为配阳离子，外界酸根离子为简单离子	$[CoCl_2(NH_3)_3(H_2O)]Cl$
	某酸某	酸根离子为复杂离子或配阴离子	$[Cu(NH_3)_4]SO_4$，$K_4[Fe(CN)_6]$

练一练

按配合物命名方法，对表 9-4 中的实例命名。

常见仅含一种配位体的配阴离子，可以将其倍数词头省略，并将“合”字也略去，作为简化名。见表 9-5。

表 9-5　　常见仅含一种配位体的配合物命名

化学式	系统命名	简略命名
$H_2[SiF_6]$	六氟合硅(Ⅳ)酸	氟硅(Ⅳ)酸
$Cu_2[SiF_6]$	六氟合硅(Ⅳ)酸铜	氟硅(Ⅳ)酸铜
$H_2[PtCl_6]$	六氯合铂(Ⅳ)酸	氯铂(Ⅳ)酸

常见配合物除用系统命名法命名以外，往往还沿用习惯命名和俗名。

知识拓展

$K_4[Fe(CN)_6]$和 $K_3[Fe(CN)_6]$是两种常见的配位盐。前者俗称黄血盐，是黄色的晶体，习惯称其为亚铁氰化钾；后者俗称赤血盐，是红色晶体，习惯称其为铁氰化钾。黄血盐与铁离子 Fe^{3+} 作用生成的蓝色亚铁氰化铁$Fe_4[Fe(CN)_6]_3$ 沉淀，俗称普鲁士蓝，用作蓝色颜料，该反应在分析化学上常用来鉴定铁离子；赤血盐与亚铁离子 Fe^{2+} 作用生成蓝色的铁氰化铁$Fe_3[Fe(CN)_6]_2$ 沉淀，俗称滕氏蓝，这一反应在分析化学上常用来鉴定亚铁离子。

9.1.4　螯合物

中心离子与多齿配位体形成的环状配合物称为螯合物，又称内配合物。例如，Cu^{2+} 可与两分子乙二胺形成具有 2 个五元环(五个原子参与成环)的螯合物，如图 9-2 所示。

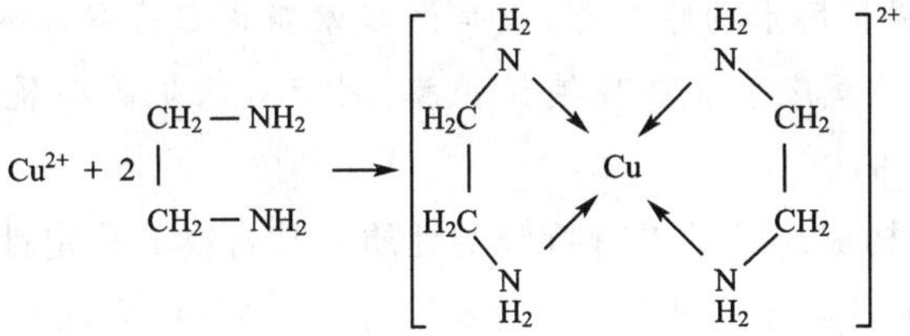

图 9-2　二(乙二胺)合铜(Ⅱ)离子

环状结构是螯合物的最基本特征。理论和实践均证明具有五元环或六元环的螯合物最稳定，而且环数越多，螯合物越稳定，这种**由于成环作用导致配合物稳定性剧增的现象称为螯合效应。**

能和中心离子形成螯合物的多齿配位体称为螯合剂，相应反应称为螯合反应。根据螯合物的特征，螯合剂中的 2 个配位原子之间要间隔 2～3 个原子，而像联氨(NH_2NH_2)这样的配位体，尽管也有两个配位原子，但因距离较近，在与同一中心离子配位时，因分子张力太大，不能成环形成螯合物。

图 9-3 所示为乙二胺四乙酸(EDTA)，是常用的螯合剂。

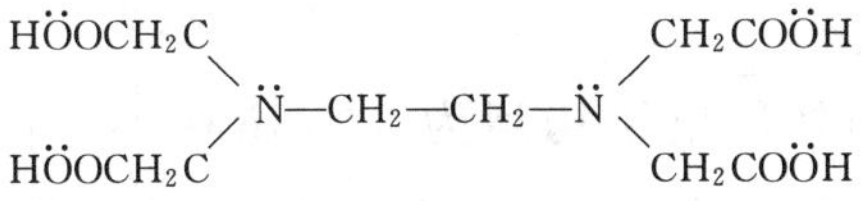

图 9-3　乙二胺四乙酸

EDTA 是具有 6 个配位原子(图 9-3 中带孤对电子的 O，N 原子)的四元酸，通常用 H_4Y 表示。由于 H_4Y 微溶于水，因此常用其二钠盐($Na_2H_2Y \cdot 2H_2O$)作螯合剂，后者易

溶于水而解离为 H_2Y^{2-}，H_2Y^{2-} 的螯合能力极强，几乎能与所有金属离子形成稳定的螯合物，而且螯合比均为 1∶1，如 Ca^{2+} 和 H_2Y^{2-} 的螯合反应

$$Ca^{2+} + H_2Y^{2-} \longrightarrow [CaY]^{2-} + 2H^+$$

配离子 $[CaY]^{2-}$ 具有 5 个五元环(图 9-4)，其中心离子 Ca^{2+} 的配位数为 6。

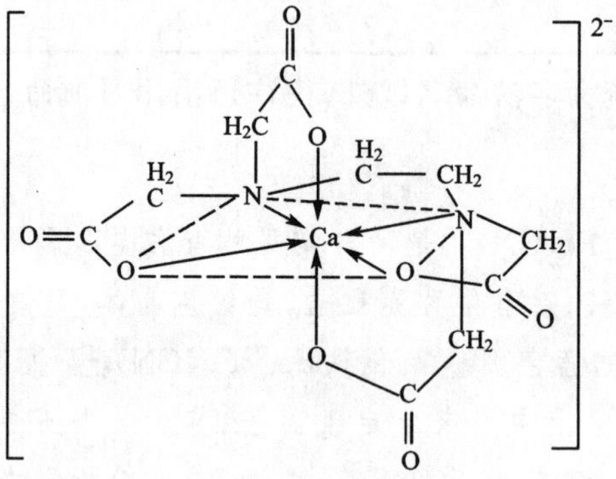

图 9-4 $[CaY]^{2-}$ 的结构

知识拓展

极少数的无机物也有螯合能力，如三聚磷酸钠能与 Ca^{2+}，Mg^{2+}，Fe^{2+} 等形成稳定的螯合物，因此常用作锅炉用水的除垢剂，也是汽车水箱内壁高效快速除垢剂的主要成分。由于 Na_3PO_4 能与钢铁反应生成磷酸铁保护膜，因而对锅炉等金属材料又具有一定的防腐作用。

螯合物的环状结构决定了其具有特殊的性质。螯合物的稳定性极强，难以解离，许多螯合物不易溶于水，而易溶于有机溶剂，且多具有特征颜色，因此被广泛应用于金属离子的溶剂萃取分离、提纯及比色测定、容量分析等方面。

*9.2 配合物的价键理论

9.2.1 配合物的空间构型

1931 年，鲍林将杂化轨道理论应用到配合物中，提出了配合物的价键理论。该理论认为，在配合物中，配位体的配位原子提供孤对电子进入中心离子空轨道形成配位键，即 M← :L，而中心离子的空轨道是通过杂化方式提供的，杂化方式不同，决定了配离子空间构型不同。

1. 配位数为 4 的配离子

【实例分析】 Ni^{2+} 的外层电子构型为 $3d^8$，还有 4s，4p 空轨道。当与 NH_3 形成 $[Ni(NH_3)_4]^{2+}$ 时，4s，4p 空轨道发生 sp^3 杂化，4 个 sp^3 杂化轨道分别接受 NH_3 分子中 N 原子提供的孤对电子形成 4 个配位键(图 9-5)。4 个 sp^3 杂化轨道各指向四面体的顶点，故 $[Ni(NH_3)_4]^{2+}$ 具有四面体构型(图 9-6)。

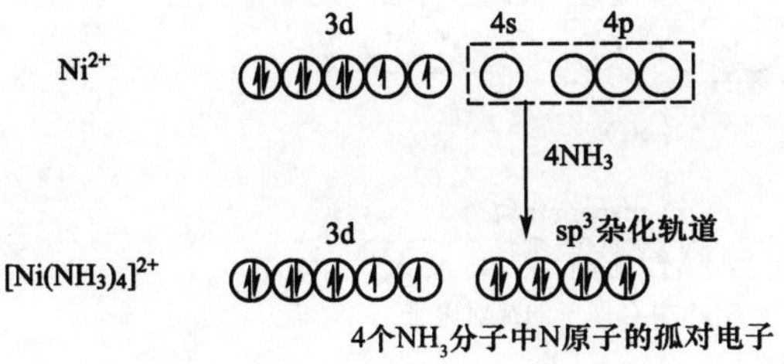

图 9-5　$[Ni(NH_3)_4]^{2+}$ 的形成过程

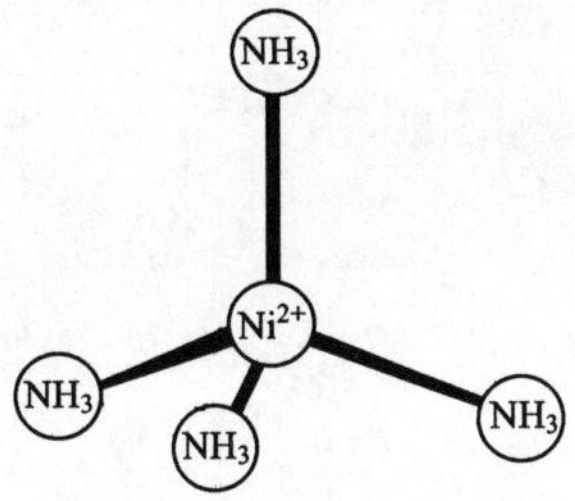

图 9-6　$[Ni(NH_3)_4]^{2+}$ 的构型

【实例分析】 当 Ni^{2+} 与 CN^- 形成$[Ni(CN)_4]^{2-}$时，受配位体 CN^- 的影响，Ni^{2+} 的 2 个未成对 3d 电子合并到一个 d 轨道中，空出的 1 个 3d 轨道与 1 个 4s，2 个 4p 空轨道发生了 dsp^2 杂化，4 个 dsp^2 杂化轨道分别接受 CN^- 中 C 原子提供的孤对电子形成 4 个配位键(图 9-7)。4 个 dsp^2 杂化轨道各指向平面正方形的顶点，故$[Ni(CN)_4]^{2-}$具有平面正方形构型(图 9-8)。

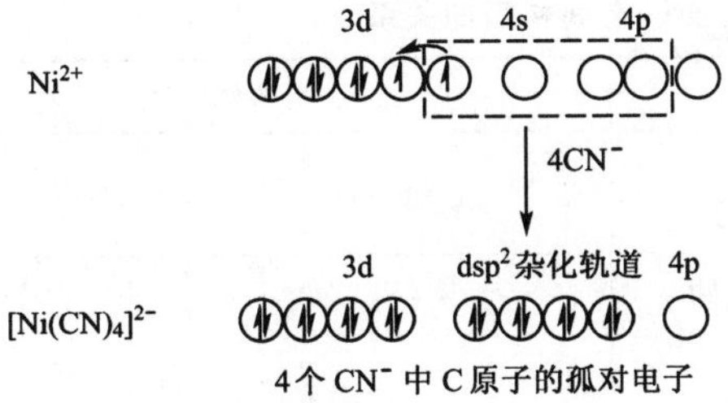

图 9-7　$[Ni(CN)_4]^{2-}$ 的形成过程

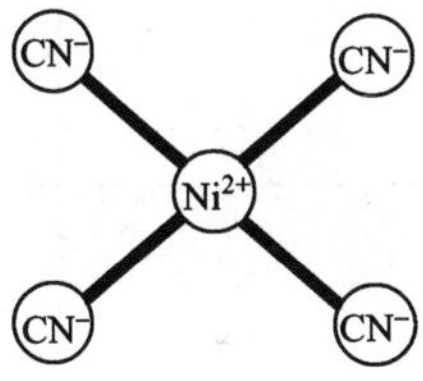

图 9-8　$[Ni(CN)_4]^{2-}$ 的构型

2. 配位数为 6 的配离子

配位数为 6 的配离子的空间构型为八面体。

【实例分析】 图 9-9、图 9-10 所示分别为$[FeF_6]^{3-}$和$[Fe(CN)_6]^{3-}$的形成过程。前者中心离子采取 sp^3d^2 杂化，后者采取 d^2sp^3 杂化。

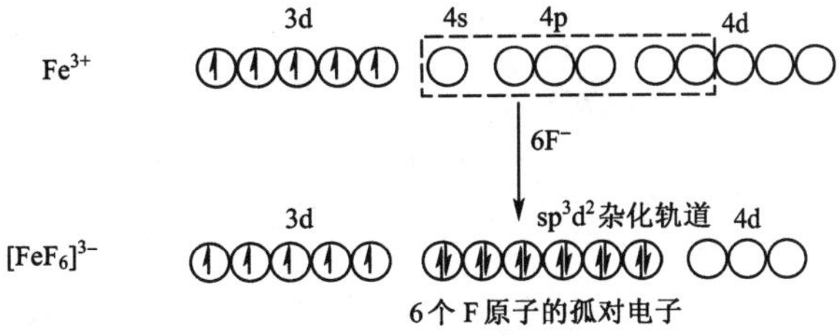

图 9-9　$[FeF_6]^{3-}$ 的形成过程

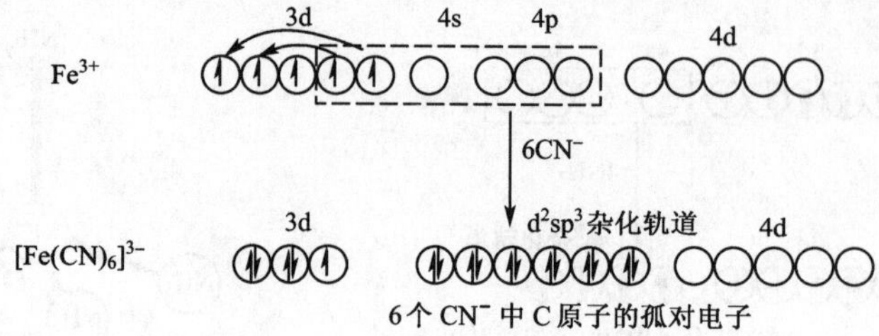

图 9-10 $[Fe(CN)_6]^{3-}$ 的形成过程

知识拓展

当配离子中含有未成对电子时,在外磁场中表现为顺磁性(能被外磁场所吸引),而且未成对电子越多,磁性越大;当配离子没有未成对电子时,表现为反磁性(不能被外磁场所吸引)。物质磁性的大小可由实验测得,由于$[FeF_6]^{3-}$的磁性比$[Fe(CN)_6]^{3-}$大,故推知两者中心离子的杂化方式不同。

表 9-6 列出了常见杂化轨道类型与配离子空间构型的对应关系。

表 9-6　常见杂化轨道类型与配离子空间构型的关系

配位数	杂化轨道类型	空间构型	实例
2	sp	直线形 	$[Ag(NH_3)_2]^+$,$[Ag(CN)_2]^-$
3	sp^2	等边三角形 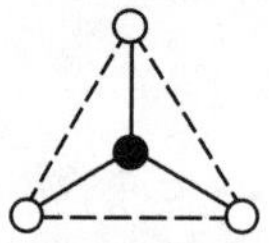	$[CuCl_3]^-$,$[HgI_3]^-$
4	dsp^2	正方形 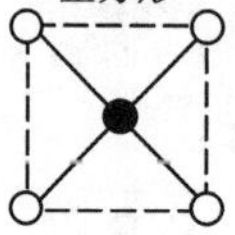	$[Ni(CN)_4]^{2-}$,$[PtCl_2(NH_3)_2]$
	sp^3	正四面体 	$[Ni(NH_3)_4]^{2+}$,$[Zn(NH_3)_4]^{2+}$,$[HgI_4]^{2-}$
5	dsp^3	三角双锥体 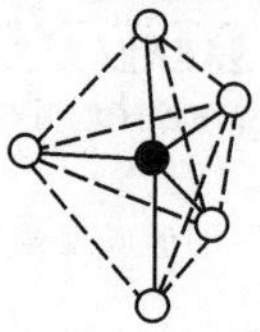	$[Fe(CO)_5]$,$[Ni(CN)_5]^{3-}$

（续表）

配位数	杂化轨道类型	空间构型	实例
6	sp^3d^2	正八面体 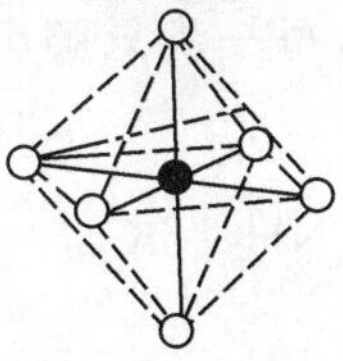	$[FeF_6]^{3-}$，$[CoF_6]^{3-}$，$[Fe(H_2O)_6]^{3+}$
	d^2sp^3		$[Fe(CN)_6]^{3-}$，$[Co(CN)_6]^{3-}$

9.2.2　外轨配合物和内轨配合物

中心离子最外层 ns，np，nd 空轨道采取杂化，接受配位体孤对电子而形成的配合物，称为外轨配合物，如 $[Ni(NH_3)_4]^{2+}$，$[FeF_6]^{3-}$，$[Fe(H_2O)_6]^{3+}$ 等；而中心离子次外层 $(n-1)$d空轨道和最外层 ns，np 空轨道采取杂化，接受配位体的孤对电子而形成的配合物，称为内轨配合物，如 $[Ni(CN)_4]^{2-}$，$[Fe(CN)_6]^{3-}$ 等。

外轨配合物和内轨配合物的形成主要取决于中心离子的电子构型，其次也与配位体及中心离子电荷的多少有关。例如，Cu^{2+}，Ag^+，Zn^{2+}，Cd^{2+} 等具有 $(n-1)d^{9\sim10}$ 构型的中心离子，只能形成外轨配合物；而 Fe^{3+}，Fe^{2+}，Ni^{2+}，Co^{3+} 等中心离子，既能形成外轨配合物，又可以形成内轨配合物。通常，当配位原子（如 F，O）电负性较大时，由于其吸引电子能力强，不易给出孤对电子，对中心离子的外层电子构型影响较小，因此多形成外轨配合物；当配位原子（如 C）电负性较小时，容易给出孤对电子，对中心离子的外层电子构型影响较大，多形成内轨配合物；而 NH_3，Cl^- 等配位体中的配位原子，其电负性大小适中，两类配合物都有，如 $[Co(NH_3)_6]^{2+}$ 为外轨配合物，$[Co(NH_3)_6]^{3+}$ 为内轨配合物，这是因为后者中心离子（Co^{3+}）的电荷比前者（Co^{2+}）大，对配位原子的孤对电子吸引能力增强，使其易于投入到中心离子的内层空轨道而形成内轨配合物的缘故。

由于内层 $(n-1)$d 轨道比外层 nd 轨道的能量低，因此同一中心离子的内轨配合物比外轨配合物能量低，较为稳定。具体表现在，内轨配合物在水溶液中难以解离为简单离子，而外轨配合物则相对较容易。

9.3　配位平衡

9.3.1　配位平衡的解离常数和配位常数

1. 解离常数

配合物的内界与外界是以离子键结合的，在水溶液中能完全解离成配离子和外界离子。例如

$$[Cu(NH_3)_4]SO_4 \longrightarrow [Cu(NH_3)_4]^{2+} + SO_4^{2-}$$

配离子的中心离子与配位体之间是以配位键结合的，在水溶液中只是部分解离。在一定条件下，当达到解离配位平衡时，有一个确定的标准平衡常数存在。

$$[Cu(NH_3)_4]^{2+} \underset{\text{配位}}{\overset{\text{解离}}{\rightleftharpoons}} Cu^{2+} + 4NH_3 \quad K^{\ominus}_{\text{不稳}} = \frac{[Cu^{2+}]\cdot[NH_3]^4}{[Cu(NH_3)_4^{2+}]}$$

$K^{\ominus}_{不稳}$称为配离子的解离常数,又称为不稳定常数。解离常数是表示配离子不稳定程度的特征常数。具有相同配位体数的配合物,其$K^{\ominus}_{不稳}$越大,配离子解离的趋势越大,配离子越不稳定。

配离子在溶液中的解离是逐级进行的,每一步只解离出一个配位体,有一个平衡常数,称为逐级不稳定常数。例如

$$[Cu(NH_3)_4]^{2+} \rightleftharpoons [Cu(NH_3)_3]^{2+} + NH_3 \quad K^{\ominus}_{不稳1}=\frac{[Cu(NH_3)_3^{2+}]\cdot[NH_3]}{[Cu(NH_3)_4^{2+}]}$$

$$[Cu(NH_3)_3]^{2+} \rightleftharpoons [Cu(NH_3)_2]^{2+} + NH_3 \quad K^{\ominus}_{不稳2}=\frac{[Cu(NH_3)_2^{2+}]\cdot[NH_3]}{[Cu(NH_3)_3^{2+}]}$$

$$[Cu(NH_3)_2]^{2+} \rightleftharpoons [Cu(NH_3)]^{2+} + NH_3 \quad K^{\ominus}_{不稳3}=\frac{[Cu(NH_3)^{2+}]\cdot[NH_3]}{[Cu(NH_3)_2^{2+}]}$$

$$[Cu(NH_3)]^{2+} \rightleftharpoons Cu^{2+} + NH_3 \quad K^{\ominus}_{不稳4}=\frac{[Cu^{2+}]\cdot[NH_3]}{[Cu(NH_3)^{2+}]}$$

根据多重平衡规则,有 $K^{\ominus}_{不稳1}\cdot K^{\ominus}_{不稳2}\cdot K^{\ominus}_{不稳3}\cdot K^{\ominus}_{不稳4}=K^{\ominus}_{不稳}$

2. 配位常数

配离子的稳定性还可以用配位常数$K^{\ominus}_{稳}$(又称为稳定常数)表示。例如

$$Cu^{2+} + 4NH_3 \rightleftharpoons [Cu(NH_3)_4]^{2+} \quad K^{\ominus}_{稳}=\frac{[Cu(NH_3)_4^{2+}]}{[Cu^{2+}]\cdot[NH_3]^4}$$

显然

$$K^{\ominus}_{稳}=\frac{1}{K^{\ominus}_{不稳}} \tag{9-1}$$

具有相同配位体数目的配合物,其$K^{\ominus}_{稳}$越大,生成配离子的趋势越大,配离子越稳定,在水中越难解离。由于$K^{\ominus}_{稳}$与$K^{\ominus}_{不稳}$有式(9-1)所示的确定关系,因此只用一种常数表示配离子的稳定性即可,本书用$K^{\ominus}_{稳}$表示。常见配离子的稳定常数见附录四。

配离子的形成也是分步进行的,每一步结合一个配位体,相应平衡常数称为逐级稳定常数,也可以用逐级累积稳定常数表示配离子的稳定性。例如,$[Cu(NH_3)_4]^{2+}$的逐级累积稳定常数表达式为

$\beta_1 = K^{\ominus}_{稳1}$　　第一级累积稳定常数

$\beta_2 = K^{\ominus}_{稳1}\cdot K^{\ominus}_{稳2}$　　第二级累积稳定常数

$\beta_3 = K^{\ominus}_{稳1}\cdot K^{\ominus}_{稳2}\cdot K^{\ominus}_{稳3}$　　第三级累积稳定常数

$\beta_4 = K^{\ominus}_{稳1}\cdot K^{\ominus}_{稳2}\cdot K^{\ominus}_{稳3}\cdot K^{\ominus}_{稳4}$　　第四级累积稳定常数

通常,将最高级累积稳定常数(β_n)称为总稳定常数,简称稳定常数。即

$$\beta_n=K^{\ominus}_{稳1}\cdot K^{\ominus}_{稳2}\cdots K^{\ominus}_{稳n}=\prod_{i}^{n}K^{\ominus}_{i}=K^{\ominus}_{稳} \tag{9-2}$$

生产和实验中配位剂往往是过量的,因此只需用总稳定常数进行有关计算。

练一练

写出配离子$[Cu(NH_3)_4]^{2+}$形成的逐级平衡方程和逐级平衡常数表达式。

【例 9-1】 室温下,将 0.02 mol/L $CuSO_4$ 与 0.28 mol/L NH_3 等体积混合,计算达到配位平衡时,溶液中Cu^{2+},NH_3和$[Cu(NH_3)_4]^{2+}$的浓度。

分析:两种稀溶液等体积混合时,浓度均稀释至原来的1/2,即$c(Cu^{2+})=0.01$ mol/L,

$c(NH_3)=0.14$ mol/L；由于溶液中的 NH_3 过量，可以认为 Cu^{2+} 能定量转化为 $[Cu(NH_3)_4]^{2+}$，而且每形成 1 mol $[Cu(NH_3)_4]^{2+}$ 要消耗 4 mol NH_3，然后再考虑 $[Cu(NH_3)_4]^{2+}$ 的解离。

解 设配位平衡时，Cu^{2+} 的浓度为 x，则

	Cu^{2+}	+	$4NH_3$	$\rightleftharpoons$	$[Cu(NH_3)_4]^{2+}$
起始浓度/(mol/L)	$1/2\times0.02=0.01$		$1/2\times0.28=0.14$		0
平衡浓度/(mol/L)	x		$0.14-4\times(0.01-x)$		$0.01-x$

$$K^{\ominus}_{稳}=\frac{[Cu(NH_3)_4^{2+}]}{[Cu^{2+}]\cdot[NH_3]^4}=\frac{0.01-x}{x(0.10+4x)^4}$$

由附录四查得 $K^{\ominus}_{稳}=2.09\times10^{13}$。

由于 $K^{\ominus}_{稳}$ 较大，说明 $[Cu(NH_3)_4]^{2+}$ 很稳定，不易解离，可近似处理为 $0.10+4x\approx0.10$，$0.01-x\approx0.01$。则

$$2.09\times10^{13}=\frac{0.01}{0.10^4x}$$

解得 $$x=4.78\times10^{-12}$$

即配位平衡时 $$c(Cu^{2+})=4.78\times10^{-12}\ \text{mol/L}$$

$$c(NH_3)=0.10\ \text{mol/L}$$

$$c([Cu(NH_3)_4]^{2+})=0.01\ \text{mol/L}$$

9.3.2 配位平衡移动

配位平衡与其他化学平衡一样，是有条件的、暂时的动态平衡。当外界条件改变时，配位平衡就会发生移动。

1. 配位平衡与酸碱平衡

【实例分析】 在试管中制取 10 mL $[FeF_6]^{3-}$ 溶液①，均分于两试管中，在其中一支试管中逐滴加入 2 mol/L NaOH 溶液，另一支试管中逐滴加入 2 mol/L H_2SO_4 溶液。观察发现，第一支试管中产生红褐色沉淀，说明有 $Fe(OH)_3$ 生成；第二支试管中溶液由无色逐渐变为黄色，说明有更多的 Fe^{3+} 生成。这是因为 $[FeF_6]^{3-}$ 溶液中，存在配位平衡

$$\underset{无色}{[FeF_6]^{3-}}\rightleftharpoons\underset{黄色}{Fe^{3+}}+6F^-$$

当向溶液中加入 NaOH 时，由于 $Fe(OH)_3$ 沉淀的生成，降低了 Fe^{3+} 的浓度，配位平衡被破坏，使 $[FeF_6]^{3-}$ 的稳定性降低。因此，从金属离子考虑，溶液的酸度越大，配离子的稳定性越高。

当向溶液中加入 H_2SO_4 至一定浓度时，由于 H^+ 与 F^- 结合生成了 HF，使 $[FeF_6]^{3-}$ 向解离方向移动，生成 Fe^{3+} 的浓度逐渐增大，配离子稳定性降低。故从配位体考虑，溶液的酸度越大，配离子的稳定性越低。

---

①向 0.1 mol/L $FeCl_3$ 溶液中逐滴加入 1 mol/L NaF 溶液，直至溶液无色时为止。

通常，酸度对配位体的影响较大。当配位体为弱酸根（F^-，CN^-，SCN^-），NH_3 及有机酸根时，都能与 H^+ 结合，形成难解离的弱酸，因此增大溶液酸度，配离子向解离方向移动。但强酸根作配位体形成的配离子如 $[CuCl_4]^{2-}$ 等，酸度增大不影响其稳定性。这种增大溶液的酸度而导致配离子稳定性降低的现象称为酸效应。在一些定性鉴定和容量分析中，为避免酸效应，常控制在一定的 pH 条件下进行。

2. 配位平衡与沉淀溶解平衡

【实例分析】 在盛有 1 mL 含有少量 AgCl 沉淀的饱和溶液中，逐滴加入 2 mol/L NH_3 溶液，振荡试管后发现 AgCl 沉淀能溶于 NH_3 溶液中，其反应为

$$AgCl(s) \rightleftharpoons Ag^+ + Cl^- \qquad K_{sp}^{\ominus}=[Ag^+]\cdot[Cl^-]$$

$$+$$

平衡移动方向 ↓

$$2NH_3$$

$$\Updownarrow$$

$$[Ag(NH_3)_2]^+ \qquad K_{稳}^{\ominus}=\frac{[Ag(NH_3)_2^+]}{[Ag^+]\cdot[NH_3]^2}$$

即转化反应为 $AgCl(s) + 2NH_3 \rightleftharpoons [Ag(NH_3)_2]^+ + Cl^-$

若再向上述溶液中逐滴加入 0.1 mol/L KI 溶液，则又有黄色沉淀 AgI 生成。

$$\underset{无色}{[Ag(NH_3)_2]^+} + I^- \rightleftharpoons \underset{黄色}{AgI\downarrow} + 2NH_3$$

配位平衡与沉淀平衡的关系，实质上是沉淀剂和配位剂对金属离子的争夺关系，转化反应总是向金属离子浓度减小的方向移动。若向含有某种配离子的溶液中加入适当的沉淀剂，所生成沉淀物的溶解度越小（$K_{sp}^{\ominus}$ 越小），则配离子转化为沉淀的反应趋势越大；若向难溶电解质中加入适当的配位剂，所生成的配离子越稳定（$K_{稳}^{\ominus}$ 越大），则难溶电解质转化为配离子的反应趋势越大。

转化反应进行程度的大小可用转化平衡常数来衡量。

？想一想

已知 AgCl 的 $K_{sp}^{\ominus}$ 和 $[Ag(NH_3)_2]^+$ 的 $K_{稳}^{\ominus}$，根据多重平衡规则，反应 $AgCl(s) + 2NH_3 \rightleftharpoons [Ag(NH_3)_2]^+ + Cl^-$ 的转化平衡常数为（　　）。

A. $K^{\ominus}=K_{稳}^{\ominus}\cdot K_{sp}^{\ominus}$　　B. $K^{\ominus}=K_{稳}^{\ominus}/K_{sp}^{\ominus}$　　C. $K^{\ominus}=K_{sp}^{\ominus}/K_{稳}^{\ominus}$　　D. $K^{\ominus}=K_{稳}^{\ominus}+K_{sp}^{\ominus}$

3. 配离子之间的平衡

【实例分析】 取少量 $[Fe(SCN)_6]^{3-}$ 溶液于试管中，再逐滴加入 1 mol/L NaF 溶液，直至血红色褪去。其转化反应为

$$[Fe(SCN)_6]^{3-} \rightleftharpoons Fe^{3+} + 6SCN^-$$

$$+$$

平衡移动方向 ↓

$$6F^-$$

$$\Updownarrow$$

$$[FeF_6]^{3-}$$

即转化反应为　　$[Fe(SCN)_6]^{3-} + 6F^- \rightleftharpoons [FeF_6]^{3-} + 6SCN^-$

血红色　　　　无色

$K^{\ominus}_{稳1} = 1.48 \times 10^3$　　　$K^{\ominus}_{稳2} = 1.0 \times 10^{16}$

转化平衡常数为

$$K^{\ominus} = \frac{[FeF_6^{3-}] \cdot [SCN^-]^6}{[Fe(SCN)_6^{3-}] \cdot [F^-]^6} = \frac{K^{\ominus}_{稳2}}{K^{\ominus}_{稳1}} = 6.8 \times 10^{12}$$

$K^{\ominus}$很大，说明转化反应进行得很完全。

配离子之间的平衡转化总是向着生成更稳定的配离子方向进行；当配体数相同时，反应由 $K^{\ominus}_{稳}$ 较小的配离子向 $K^{\ominus}_{稳}$ 较大的配离子方向转化，且 $K^{\ominus}_{稳}$ 相差越大，转化得越完全。

练一练

由附录四查出配离子的稳定常数，并据此说明下列配离子转化反应的方向。

$$[Ag(NH_3)_2]^+ + 2CN^- \rightleftharpoons [Ag(CN)_2]^- + 2NH_3$$

4. 配位平衡与氧化还原平衡

【实例分析】 将金属铜放入 $Hg(NO_3)_2$ 溶液中，会发生反应

$$Cu + Hg^{2+} \longrightarrow Cu^{2+} + Hg$$

但 Cu 却不能从$[Hg(CN)_4]^{2-}$的溶液中置换出 Hg。其原因是$[Hg(CN)_4]^{2-}$非常稳定（$K^{\ominus}_{稳} = 2.5 \times 10^{41}$），在溶液中解离出的 Hg^{2+} 浓度极低，致使 Hg^{2+} 的氧化能力大大降低。即配位反应改变了金属离子的稳定性。

【例 9-2】 已知 $\varphi^{\ominus}(Hg^{2+}/Hg) = 0.851$ V，$K^{\ominus}_{稳}[Hg(CN)_4]^{2-} = 2.5 \times 10^{41}$，计算反应 $[Hg(CN)_4]^{2-} + 2e^- \rightleftharpoons Hg + 4CN^-$ 的标准电极电势 $\varphi^{\ominus}([Hg(CN)_4]^{2-}/Hg)$。

解　由平衡　　$Hg^{2+} + 4CN^- \rightleftharpoons [Hg(CN)_4]^{2-}$

得

$$K^{\ominus}_{稳} = \frac{[Hg(CN)_4^{2-}]}{[Hg^{2+}] \cdot [CN^-]^4}$$

若反应处于标准态，即当$[Hg(CN)_4^{2-}] = [CN^-] = 1.0$ mol/L 时

$$[Hg^{2+}] = 1/K^{\ominus}_{稳}$$

则根据能斯特方程，电极反应 $Hg^{2+} + 2e^- \rightleftharpoons Hg$ 在 298 K 时的电极电势为

$$\begin{aligned}\varphi(Hg^{2+}/Hg) &= \varphi^{\ominus}(Hg^{2+}/Hg) + \frac{0.0592}{n}\lg[Hg^{2+}] \\ &= \varphi^{\ominus}(Hg^{2+}/Hg) - \frac{0.0592}{2}\lg K^{\ominus}_{稳} \\ &= 0.851 - \frac{0.0592}{2}\lg(2.5 \times 10^{41}) \\ &= -0.374 \text{ V}\end{aligned}$$

此电极反应电势就是反应$[Hg(CN)_4]^{2-} + 2e^- \rightleftharpoons Hg + 4CN^-$的标准电极电势。

即

$$\varphi^{\ominus}([Hg(CN)_4]^{2-}/Hg) = \varphi(Hg^{2+}/Hg) = -0.374 \text{ V}$$

可见 $\varphi^{\ominus}([Hg(CN)_4]^{2-}/Hg)$明显比 $\varphi^{\ominus}(Hg^{2+}/Hg)$低。即金属与其配离子组成电对的标准电极电势要比该金属与其离子组成电对的标准电极电势低得多，并且配离子越稳定，标准电极电势降低得越多。因此，氧化型物质的氧化能力降低，还原型物质的还原能力增强，则金属离子就可在溶液中稳定存在。

总之，配离子的形成对氧化还原反应影响的实质就是浓度对电极电势的影响。

知识拓展

配合物的形成总是伴随着颜色、溶解度、电极电势的变化，因此配合物在生产实验和科研中有广泛的应用，在分析化学中常用于离子鉴定、掩蔽和分离。例如，Co^{2+} 能与 KSCN 反应生成蓝色的 $[Co(SCN)_4]^{2-}$ 而得到鉴定；但血红色 $[Fe(SCN)_6]^{3-}$ 会影响颜色观察，故通常先加入掩蔽剂 NaF，使 Fe^{3+} 生成无色的 $[FeF_6]^{3-}$ 而排除干扰；Al^{3+} 和 Zn^{2+} 均能与 NH_3 溶液作用分别生成沉淀 $Al(OH)_3$ 和 $Zn(OH)_2$，但加入过量的 NH_3 溶液时，后者能形成 $[Zn(NH_3)_4]^{2+}$ 而溶解，因此可过滤分离。

湿法冶金提取 Au，是先用 NaCN 溶液从低品位矿石中浸出，再用 Zn 还原出 Au。即

$$4Au + 8CN^- + 2H_2O + O_2 \longrightarrow 4[Au(CN)_2]^- + 4OH^-$$

$$Zn + 2[Au(CN)_2]^- \longrightarrow 2Au + [Zn(CN)_4]^{2-}$$

电镀工业用形成配离子来控制金属离子的浓度，使其缓慢释放，逐渐析出，可得到光滑、致密、牢固的镀层。生物体内许多重要物质都以配合物形式存在。例如，动物血液中起输送氧气作用的血红素是 Fe^{2+} 的螯合物；植物光合作用中叶绿素是 Mg^{2+} 的螯合物；胰岛素是 Zn^{2+} 的螯合物。此外配合物还广泛应用在配位催化、原子能、半导体、太阳能储存、环境保护、制革、印染、医药等方面。例如配合物顺铂是一种典型的抗癌药品。

*9.4 EDTA 及其配合物

9.4.1 EDTA 的解离平衡

乙二胺四乙酸是一种四元酸，简称 EDTA，用 H_4Y 表示，为白色结晶粉末；室温时溶解度为 0.02 g/100 g H_2O，不溶于酸，能溶于碱和氨水中，其溶解度小，不宜用作滴定剂。

乙二胺四乙酸的二钠盐（$Na_2H_2Y \cdot 2H_2O$），也简称 EDTA，为白色结晶粉末，易溶于水，溶解度为 11.1 g/100 g H_2O，因此通常用其作滴定剂。

在水溶液中，EDTA 分子中两个羧基上的 H^+ 可转移到氮原子上形成双偶极离子，其结构为

$$\text{HOOCH}_2\text{C} \diagdown \overset{+}{\underset{H}{N}}\text{—CH}_2\text{—CH}_2\text{—}\overset{+}{\underset{H}{N}} \diagup \text{CH}_2\text{COO}^- \\ ^-\text{OOCH}_2\text{C} \diagup \qquad\qquad\qquad\qquad \diagdown \text{CH}_2\text{COOH}$$

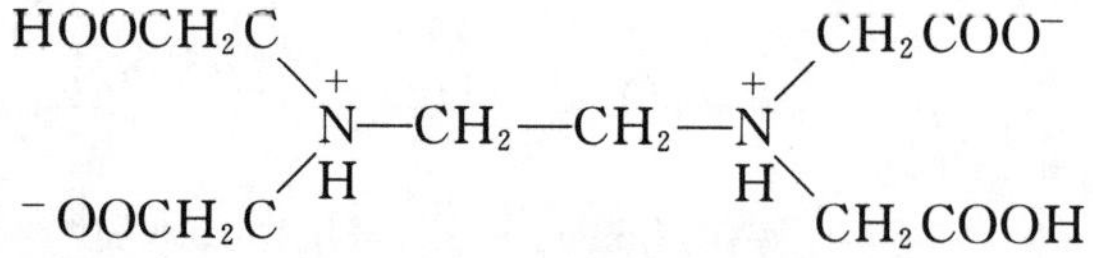

两个羧酸根还可以接受质子。当溶液酸度很高时，EDTA 便以 H_6Y^{2+} 形式存在，这样 EDTA 就相当于六元酸，在水溶液中有六级解离平衡：

$$H_6Y^{2+} \rightleftharpoons H^+ + H_5Y^+ \qquad K_{a1}^\ominus = 1.0 \times 10^{-0.90}$$

$$H_5Y^+ \rightleftharpoons H^+ + H_4Y \qquad K_{a2}^\ominus = 1.0 \times 10^{-1.60}$$

$$H_4Y \rightleftharpoons H^+ + H_3Y^- \qquad K_{a3}^\ominus = 1.0 \times 10^{-2.00}$$

$$H_3Y^- \rightleftharpoons H^+ + H_2Y^{2-} \qquad K_{a4}^\ominus = 1.0 \times 10^{-2.67}$$

$$H_2Y^{2-} \rightleftharpoons H^+ + HY^{3-} \qquad K_{a5}^\ominus = 1.0 \times 10^{-6.16}$$

$$HY^{3-} \rightleftharpoons H^+ + Y^{4-} \qquad K_{a6}^\ominus = 1.0 \times 10^{-10.26}$$

在任何水溶液中,EDTA 总是以上述七种形式存在的,当溶液的 pH 不同时,各种存在形式的浓度也不同(图 9-11)。在这七种形式中,只有 Y(为书写简便,以下叙述中均略去其各种存在形式的电荷)能与金属离子直接配位。因此,溶液的 pH 愈高,EDTA 的配位能力愈强。因此,溶液酸度是影响 EDTA配合物稳定性的重要因素,见表 9-7。

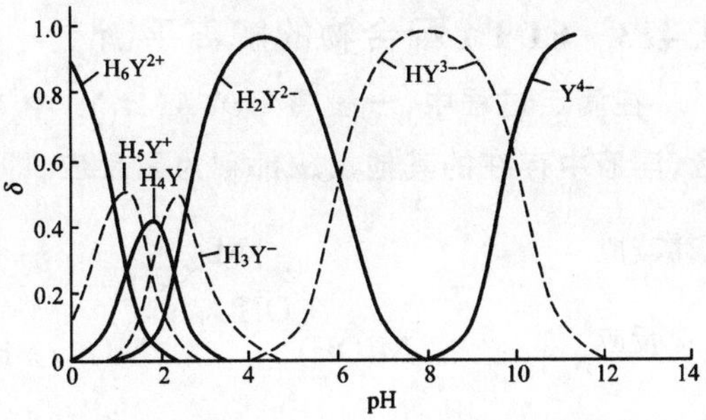

图 9-11 EDTA 各种存在形式分布图

表 9-7 EDTA 在不同酸度下的主要存在形式

pH	<0.9	0.9~1.6	1.6~2.0	2.0~2.67	2.67~6.16	6.16~10.26	>10.26
EDTA 主要存在形式	H_6Y	H_5Y	H_4Y	H_3Y	H_2Y	HY	Y

9.4.2 EDTA 的配合物

$Na_2H_2Y \cdot 2H_2O$ 可以精制成基准试剂,能直接配制成标准滴定溶液。EDTA 分子中有 6 个配位原子能与金属离子形成螯合物。EDTA 与金属离子形成配合物时有如下特点:

(1)EDTA 几乎能与所有金属离子形成具有五个五元环的螯合物,因而配位滴定应用很广泛。

(2)EDTA 配合物配位比简单,多数情况下都形成 1∶1 的配合物,计算简单。

(3)EDTA 配合物易溶于水,这是由于 EDTA 分子中含有 4 个亲水的羧基团,且形成的配合物多带有电荷,因而能溶于水中,并使多数配位反应能在瞬间完成。

(4)EDTA 与金属离子配位时,多数形成无色配合物,有利于指示剂确定滴定终点。但 EDTA 与有色金属离子配位生成的螯合物颜色则更深。例如 $[NiY]^{2-}$ 蓝绿色,$[CuY]^{2-}$ 深蓝色,$[CoY]^{2-}$ 紫红色,$[MnY]^{2-}$ 紫红色等。因此滴定这类离子时,试剂浓度应低些,以便指示剂确定终点。

(5)EDTA 与金属离子的配位能力与溶液酸度密切相关,这是由于 EDTA 是弱酸的缘故。

EDTA 与常见金属离子形成配合物的 $\lg K^{\ominus}_{稳}$ 列于表 9-8。

表 9-8 常见金属离子与 EDTA 所形成配合物的 $\lg K^{\ominus}_{稳}$(MY)(25 ℃)

金属离子	$\lg K^{\ominus}_{稳}$(MY)	金属离子	$\lg K^{\ominus}_{稳}$(MY)	金属离子	$\lg K^{\ominus}_{稳}$(MY)
Ag^{+}	7.32	Co^{2+}	16.31	Mn^{2+}	13.87
Al^{3+}	16.30	Co^{3+}	36.00	Na^{+}	1.66*
Ba^{2+}	7.86*	Cr^{3+}	23.40	Pb^{2+}	18.04
Be^{2+}	9.20	Cu^{2+}	18.80	Pt^{3+}	16.40
Bi^{3+}	27.94	Fe^{2+}	14.32*	Sn^{2+}	22.11
Ca^{2+}	10.69	Fe^{3+}	25.10	Sn^{4+}	7.23
Cd^{2+}	16.46	Li^{+}	2.79*	Sr^{2+}	8.73*
Ce^{3+}	16.00	Mg^{2+}	8.70*	Zn^{2+}	16.50

注:* 表示在 0.1 mol/L KCl 溶液中,其他条件相同。

9.4.3 EDTA 配合物的解离平衡

在滴定过程中,一般将 EDTA(H_4Y)中 Y 与被测金属离子 M 发生的反应称为主反应,溶液中存在的其他反应都称为副反应,即

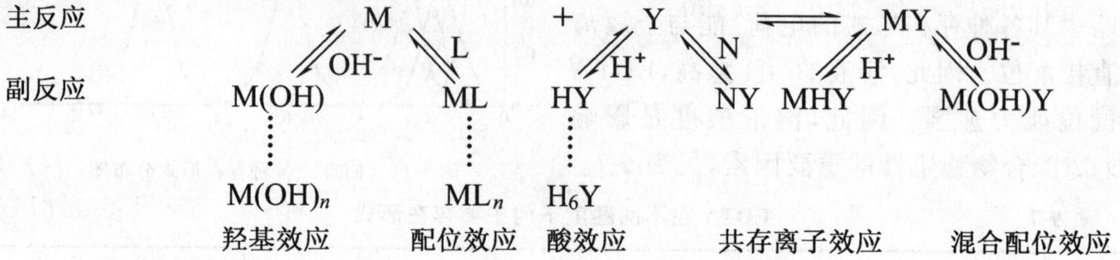
主反应
副反应
M
+
Y
MY
OH⁻
L
H⁺
N
H⁺
OH⁻
M(OH)
ML
HY
NY
MHY
M(OH)Y
M(OH)n
MLn
H6Y
羟基效应
配位效应
酸效应
共存离子效应
混合配位效应

式中,L 为辅助试剂,N 为干扰离子。如果反应物 M 或 Y 发生了副反应,则不利于主反应进行;如果反应产物 MY 发生了副反应,则有利于主反应的进行。

1. 酸效应和酸效应系数

在配位滴定中,溶液的酸度过高,将发生副反应,不利于 MY 的形成。**这种因 H^+ 的存在使配位体 Y 参加主反应能力降低的现象就是酸效应。** 酸效应程度用酸效应系数衡量。EDTA 的酸效应系数用符号 $a\{Y(H)\}$ 表示,它是指在一定酸度下,未与 M 配位的 EDTA 各种存在形式的总浓度[Y′]与滴定剂酸根离子 Y 的平衡浓度[Y]之比。

$$a\{Y(H)\}=[Y']/[Y] \tag{9-3}$$

不同酸度下的 $a\{Y(H)\}$ 计算式为

$$a\{Y(H)\}=1+\frac{[H^+]}{K^{\ominus}_{a6}}+\frac{[H^+]^2}{K^{\ominus}_{a6}\cdot K^{\ominus}_{a5}}+\cdots+\frac{[H^+]^6}{K^{\ominus}_{a6}\cdot K^{\ominus}_{a5}\cdots K^{\ominus}_{a1}} \tag{9-4}$$

式中 $K^{\ominus}_{a6}, K^{\ominus}_{a5}, \cdots, K^{\ominus}_{a1}$ 为 H_6Y 的各级解离常数。

由式(9-4)可知,$a\{Y(H)\}$ 随 pH 的增大而减小。$a\{Y(H)\}$ 越小则[Y]越大,即 EDTA 有效浓度越大,为应用方便,常用其对数 $\lg a\{Y(H)\}$ 表示。表 9-9 列出了不同 pH 的溶液中EDTA 酸效应系数 $\lg a\{Y(H)\}$。

表 9-9　不同 pH 时 EDTA 的 $\lg a\{Y(H)\}$

pH	$\lg a\{Y(H)\}$	pH	$\lg a\{Y(H)\}$	pH	$\lg a\{Y(H)\}$
0	23.64	3.4	9.70	6.8	3.55
0.4	21.32	3.8	8.85	7.0	3.32
0.6	19.94	4.0	8.44	7.5	2.78
0.8	19.08	4.4	7.64	8.0	2.27
1.0	18.01	4.8	6.84	8.5	1.77
1.4	16.02	5.0	6.45	9.0	1.28
1.6	15.04	5.4	5.69	9.5	0.83
1.8	14.27	5.8	4.98	10.0	0.45
2.0	13.51	6.0	4.65	11.0	0.07
2.4	12.19	6.4	4.06	12.0	0.01
2.8	11.09				
3.0	10.60				

从表 9-9 可以看出，多数情况下 $a\{Y(H)\}$ 大于 1，即 $[Y']$ 总是大于 $[Y]$，只有在 $pH>12$ 时，$a\{Y(H)\}$ 才近似等于 1，此时 EDTA 几乎完全解离，EDTA 的配位能力最强。

2. 配位效应和配位效应系数

在 EDTA 滴定中，由于其他配位剂的存在使金属离子参加主反应的能力降低的现象称为配位效应。其影响程度可用配位效应系数来衡量，用 $a\{M(L)\}$ 表示。配位效应系数是没有参加主反应的金属离子总浓度 $[M']$ 与金属离子的平衡浓度 $[M]$ 之比。

$$a\{M(L)\}=[M']/[M]=1+K_1^{\ominus}\cdot[L]+K_1^{\ominus}\cdot K_2^{\ominus}\cdot[L]^2+\cdots+K_1^{\ominus}\cdot K_2^{\ominus}\cdots K_n^{\ominus}\cdot[L]^n \tag{9-5}$$

其中，$K_1^{\ominus}, K_2^{\ominus}, \cdots, K_n^{\ominus}$ 表示配合物的各级稳定常数。

$a\{M(L)\}$ 的大小可用来表示金属离子发生副反应的程度，配位效应系数越大越不利于主反应的进行。配位剂 L 一般是滴定时加入的缓冲剂或为防止金属离子水解所加入的辅助配位剂，也可能是为消除干扰而加的掩蔽剂。

3. 条件稳定常数

当没有任何副反应存在时，配合物 MY 的稳定常数用 $K^{\ominus}(MY)$ 或 $K_{稳}^{\ominus}$ 来表示，它不受溶液浓度、酸度等外界条件的影响，所以又称为**绝对稳定常数**。它只有在 EDTA 全部解离成 Y^{4-} 而且金属离子 M 的浓度未受其他条件影响时才适用。

通过前述副反应对主反应影响的讨论，用绝对稳定常数描述配合物 MY 的稳定性显然是不符合实际情况的。因此，**将考虑到副反应影响而得出的实际稳定常数称为条件稳定常数(又称表观稳定常数)**。它是将各种副反应如酸效应、配位效应、共存离子效应、羟基效应等因素都考虑进去以后配合物 MY 的实际稳定常数，用 $K_{稳}^{\ominus}{}'$ 或 $K^{\ominus\prime}(MY)$ 表示。若只考虑配位效应和酸效应，则用对数式表示为

$$\lg K^{\ominus\prime}(MY)=\lg K^{\ominus}(MY)-\lg a\{Y(H)\}-\lg a\{M(L)\} \tag{9-6}$$

由于 EDTA 是一个多元弱酸，所以酸效应对配位滴定的影响尤为显著。当只有酸效应的影响时

$$\lg K^{\ominus\prime}(MY)=\lg K^{\ominus}(MY)-\lg a\{Y(H)\} \tag{9-7}$$

式(9-7)表明，MY 的条件稳定常数随溶液酸度不同而改变，其大小反映了在相应酸度条件下 MY 的实际稳定程度，也是判断滴定可能性的重要依据。

【例 9-3】 只考虑酸效应，求当 $pH=2.0$ 和 $pH=5.0$ 时 $[ZnY]^{2-}$ 的 $\lg K^{\ominus\prime}(ZnY)$。

解 (1)当 $pH=2.0$ 时，由表 9-8、表 9-9 分别查得

$$\lg K^{\ominus}(ZnY)=16.50 \qquad \lg a\{Y(H)\}=13.51$$

则由式(9-7)得

$$\lg K^{\ominus\prime}(ZnY)=16.50-13.51=2.99$$

(2) $pH=5.0$ 时，由表 9-9 查得 $\lg a\{Y(H)\}=6.45$，则

$$\lg K^{\ominus\prime}(ZnY)=16.50-6.45=10.05$$

练一练

已知 $\lg K^{\ominus}(CaY)=10.69$，只考虑酸效应，计算 $pH=10.0$ 和 $pH=5.0$ 时 $[CaY]^{2-}$ 的条件稳定常数 $\lg K^{\ominus\prime}(CaY)$。

*9.5 配位滴定法

9.5.1 概述

配位滴定法是以生成配位化合物的反应为基础的滴定分析方法。在化学反应中，配位反应非常普遍。但在1945年氨羧配位剂用于分析化学以前，配位滴定法的应用却非常有限，这是由于许多配位反应不符合滴定反应的要求。

能用于滴定的配位反应必须具备如下条件：

(1)配位反应进行必须完全，即生成的配合物的稳定常数应足够大；

(2)反应要按计量方程定量进行，即金属离子与配位剂的配位比恒定；

(3)反应速率快；

(4)有适当的方法确定滴定终点。

配位反应具有极大的普遍性，但不是所有的配位反应及其生成的配合物均可满足上述条件。

9.5.2 配位滴定的基本原理

在配位滴定中，随着滴定剂的加入，溶液中金属离子M的浓度不断减小，在化学计量点附近发生突变，实现了由量变到质变的过程。将配位滴定过程中金属离子浓度的负对数(以pM表示)随滴定剂加入量不同而变化的规律绘制成配位滴定曲线，根据该曲线选择适当的滴定条件，并为选择指示剂提供一个大概的范围。

1. 配位滴定曲线

配位滴定曲线反映了滴定过程中配位滴定剂的加入量与待测金属离子浓度之间的变化关系，曲线可通过计算得出结果进行绘制，也可通过仪器测量得到结果进行绘制。

【实例分析】 以pH＝12.00时用0.010 00 mol/L的EDTA标准滴定溶液滴定20.00 mL 0.010 00 mol/L的Ca^{2+}溶液为例，通过计算滴定过程中的pM说明配位滴定过程中配位剂的加入量与待测金属离子量之间的变化关系。

EDTA与Ca^{2+}的配位反应为

$$Ca^{2+}+Y^{4-}\rightleftharpoons[CaY]^{2-}$$

由于Ca^{2+}既不易水解也不与其他配位剂反应，因此在处理配位平衡时只需考虑EDTA的酸效应。而在pH为12.00条件下，$\lg\{Y(H)\}\approx 0$，即可以认为无副反应影响，因此计算时用绝对稳定常数即可。

(1)滴定前

溶液中只有Ca^{2+}，$c(Ca^{2+})=0.010\ 00$ mol/L，所以pCa＝2.00。

(2)化学计量点前

溶液中有剩余的Ca^{2+}和滴定产物$[CaY]^{2-}$。由于$\lg K^{\ominus}(CaY)$较大，剩余的Ca^{2+}对$[CaY]^{2-}$的解离又有一定的抑制作用，故可忽略$[CaY]^{2-}$的解离，按剩余的Ca^{2+}浓度计算pCa。

当滴入的EDTA溶液体积为19.98 mL时

$$[Ca^{2+}]=\frac{0.02\times 0.010\ 00}{20.00+19.98}=5.003\times 10^{-6}\ \text{mol/L}$$

$$pCa=5.30$$

(3)化学计量点时,Ca^{2+}与 EDTA 几乎全部形成$[CaY]^{2-}$,所以

$$[CaY^{2-}]=\frac{20.00\times 0.010\ 00}{20.00+20.00}=5.000\times 10^{-3}\ \text{mol/L}$$

此时$[Ca^{2+}]=[Y^{4-}]$,查表 9-8 得 $\lg K^{\ominus}_{稳}(CaY)=10.69$。则

$$\frac{[CaY^{2-}]}{[Ca^{2+}]\cdot[Y^{4-}]}=\frac{[CaY^{2-}]}{[Ca^{2+}]^2}=K^{\ominus}(CaY)=1.00\times 10^{10.69}=4.90\times 10^{10}$$

解得
$$[Ca^{2+}]=\sqrt{\frac{[CaY^{2-}]}{K^{\ominus}(CaY)}}=\sqrt{\frac{5.000\times 10^{-3}}{4.90\times 10^{10}}}=3.19\times 10^{-7}\ \text{mol/L}$$

即
$$pCa=6.50$$

(4)化学计量点后,溶液的 pCa 取决于 EDTA 过量的浓度,当加入的 EDTA 溶液体积为 20.02 mL 时

$$[Y^{4-}]=\frac{0.02\times 0.01000}{20.00+20.02}=5.000\times 10^{-6}$$

$$\frac{[CaY^{2-}]}{[Ca^{2+}]\cdot[Y^{4-}]}=K^{\ominus}(CaY)$$

即
$$\frac{5.000\times 10^{-3}}{[Ca^{2+}]\times 5.000\times 10^{-6}}=4.90\times 10^{10}$$

解得
$$[Ca^{2+}]=2.04\times 10^{-8}\ \text{mol/L}$$

则
$$pCa=7.70$$

计算所得数据列于表 9-10。

表 9-10　0.010 00 mol/L EDTA 标准滴定溶液滴定 20.00 mL 0.010 00 mol/L Ca^{2+} 溶液时 pCa 的变化

滴入的 EDTA 溶液量/ mL	剩余 Ca^{2+} 溶液量/ mL	过量 EDTA 溶液量/ mL	pCa
0	20.00	0	2.00
18.00	2.00	0	3.30
19.80	0.20	0	4.30
19.98	0.02	0	5.30
20.00	0	0	6.50
20.02	0	0.02	7.70

根据表 9-10 所列数据,以 pCa 为纵坐标,以加入 EDTA 的体积为横坐标作图,得到如图 9-12 所示的滴定曲线。

从表 9-10 及图 9-12 均可看出,在 pH=12.00 时,用 0.010 00 mol/L EDTA 标准滴定溶液滴定 0.010 00 mol/L Ca^{2+} 溶液,计量点时的 pCa 为 6.50,滴定突跃范围内的 pCa 为5.30～7.70,此范围比较大,可以准确滴定。

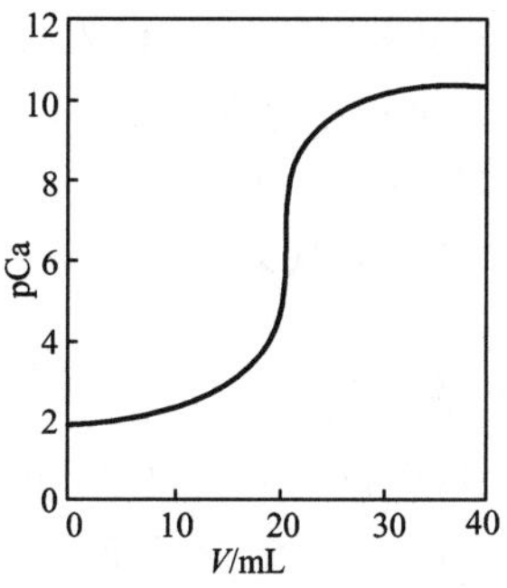

图 9-12　pH=12.00 时用 0.010 00 mol/L EDTA 标准滴定溶液滴定 0.010 00 mol/L Ca^{2+} 溶液的滴定曲线

2. 影响滴定突跃的因素

配合物的条件稳定常数与被滴定金属离子浓度是影响滴定突跃范围的主要因素。

(1)条件稳定常数对滴定突跃范围的影响。当金属离子浓度一定时，配合物的条件稳定常数 $\lg K^{\ominus\prime}$ 越大，滴定突跃(ΔpM)越大，如图 9-13 所示。

(2)浓度对滴定突跃范围的影响。如图 9-14 所示，金属离子浓度越大，滴定曲线起点越低，滴定突跃越大。

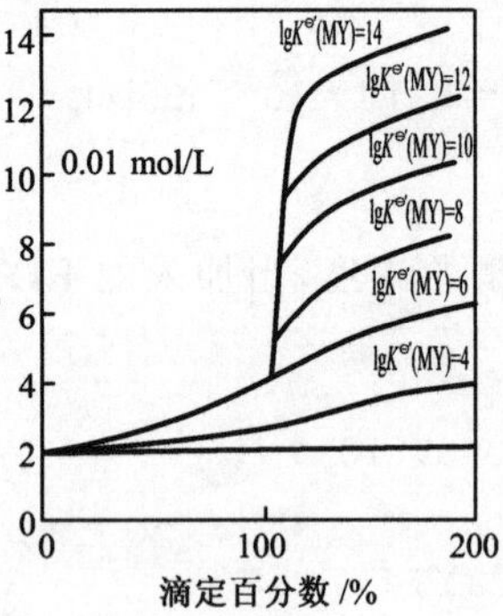

图 9-13　不同 $\lg K^{\ominus\prime}$(MY)的滴定曲线

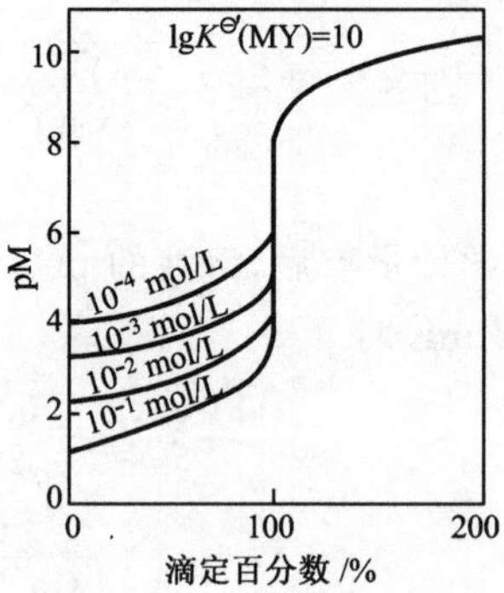

图 9-14　EDTA 滴定不同浓度 Ca^{2+} 溶液的滴定曲线

(3)金属离子能被准确滴定的判据。滴定突跃范围是准确滴定的重要依据之一，在配位滴定中，采用指示剂目测终点时，要求滴定突跃范围大于 0.4pM。根据滴定突跃范围的要求，若终点误差不超过±0.1%，则 $\lg c(\mathrm{M})\cdot K^{\ominus\prime}(\mathrm{MY})\geqslant 6$，金属离子就能够被准确滴定。即金属离子能否被准确滴定的判据为

$$\lg c(\mathrm{M})\cdot K^{\ominus\prime}(\mathrm{MY})\geqslant 6 \tag{9-8}$$

3. 配位滴定的最高允许酸度

若滴定反应中除 EDTA 酸效应外没有其他副反应，则 $\lg K^{\ominus\prime}$(MY)主要取决于溶液的酸度。当溶液酸度高于某一限度时，就不能准确滴定，这一限度就是配位滴定的最高允许酸度(或最低允许 pH)。当被测金属离子的浓度为 0.01 mol/L 时，$\lg K^{\ominus\prime}(\mathrm{MY})\geqslant 8$，金属离子可被准确滴定。因此，

$$\lg K^{\ominus\prime}(\mathrm{MY})=\lg K^{\ominus}(\mathrm{MY})-\lg a\{\mathrm{Y(H)}\}\geqslant 8$$

即

$$\lg a\{\mathrm{Y(H)}\}\leqslant \lg K^{\ominus}(\mathrm{MY})-8 \tag{9-9}$$

将各种金属离子的 $\lg K^{\ominus}$ 代入式(9-9)中，即可求出对应的最大 $\lg a\{\mathrm{Y(H)}\}$，再从表 9-9 查得与它对应的最低允许 pH。

例如，若滴定 0.01 mol/L Zn^{2+} 溶液，以 $\lg K^{\ominus}(\mathrm{ZnY})=16.50$ 代入式(9-9)中，得 $\lg a\{\mathrm{Y(H)}\}\leqslant 8.5$，从表 9-9 可查得 pH≥4.0，即滴定 Zn^{2+} 的最低允许 pH 为 4.0。

练一练

在 pH=2.0 和 pH=5.0 的介质中，能否用 0.010 mol/L 的 EDTA 标准滴定溶液准确滴定 0.010 mol/L 的 Zn^{2+} 溶液？

金属离子的 $\lg K^{\ominus}$(MY)与最低允许 pH 及对应的 $\lg a\{\mathrm{Y(H)}\}$ 与最低允许 pH 绘成的曲线称为酸效应曲线，如图 9-15 所示。

使用酸效应曲线查单独滴定某种金属离子的最低允许 pH 的前提是：金属离子浓度

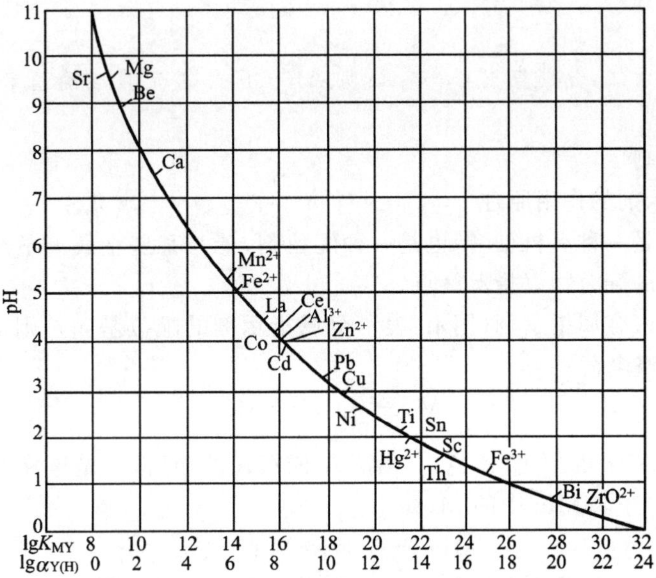

图 9-15　EDTA 酸效应曲线

为0.01 mol/L；允许测定的相对误差为±0.1%；溶液中除 EDTA 酸效应外，金属离子未发生其他副反应。否则，曲线将发生变化，因此要求的 pH 也有所不同。

酸效应曲线可应用在以下几个方面：

(1)选择滴定金属离子的酸度条件。从图 9-15 上找出被测金属离子的位置，由此做水平线，所得 pH 就是滴定单一金属离子的最低允许 pH，如果小于该 pH，就不能配位或配位不完全，滴定就不能定量进行。例如，滴定 Fe^{3+} 时 pH 必须大于 1；滴定 Zn^{2+} 时 pH 必须大于 4。

(2)判断干扰情况。一般地，酸效应曲线上被测金属离子以下的金属离子都干扰测定。例如在 pH=4 时滴定 Zn^{2+}，若溶液中存在着 Pb^{2+}，Cu^{2+}，Ni^{2+}，Fe^{3+} 等，都能与 EDTA 配位而干扰 Zn^{2+} 的测定。位于 Zn^{2+} 上面的金属离子是否干扰，则要看它们与 EDTA 形成的配合物的稳定常数相差多少以及所选用的酸度是否合适而定。经验表明，当 M 和 N 两种离子浓度相近且 $\lg K^{\ominus}(MY)-\lg K^{\ominus}(NY)\geqslant 5$ 时，就可连续滴定两种离子而互不干扰。在横坐标上，从 $\lg K^{\ominus}(NY)+5$ 处做垂线，与曲线相交于一点，再从这点做水平线，所得的 pH 就是滴定 M 的最低允许酸度(即最高允许 pH)。若低于此酸度，则 N 离子开始干扰。

(3)控制酸度进行连续测定。在滴定 M 离子后，如欲连续滴定 N 离子，可从 N 离子的位置做水平线，所得的 pH 就是滴定 N 离子的最高允许酸度。例如，溶液中含有 Bi^{3+}、Zn^{2+}，可在 pH=1.0 时滴定 Bi^{3+}，然后在 pH=4.0～5.0 时滴定 Zn^{2+}。

(4)兼作 pH-$\lg\alpha\{Y(H)\}$表用。图 9-15 中横坐标第二行是用 $\lg\alpha\{Y(H)\}$表示的，它与 $\lg K^{\ominus}(MY)$之间相差 8 个单位，可代替表 9-9 使用。

滴定时，为保证金属离子配位更完全，通常控制 pH 比最低允许值略高些。但酸度也不能过低，否则金属离子将形成 $M(OH)_n$ 沉淀，不仅影响反应速率，使终点难以确定，还影响反应计量关系。因此，需要确定金属离子不被沉淀的最低允许酸度(最高允许 pH)，可通过$M(OH)_n$的溶度积求得。

查一查

利用酸效应曲线，分别查出 Cu^{2+}、Ca^{2+}、Al^{3+}、Fe^{3+} 被定量准确滴定的最高允许酸度是多少？

4. 金属指示剂

(1)金属指示剂的作用原理

金属指示剂是一种有机染料，也是一种配位剂，能与某些金属离子反应，生成与其本身颜色显著不同的配合物以指示终点。

在滴定前加入金属指示剂(用 In 表示金属指示剂的配位基团)，则 In 与待测金属离子 M 有反应(省略电荷)

$$\mathrm{M} + \underset{\text{甲色}}{\mathrm{In}} \rightleftharpoons \underset{\text{乙色}}{\mathrm{MIn}}$$

这时溶液呈 MIn 的颜色(乙色)。当滴入 EDTA 溶液后，Y 先与游离的 M 结合，至化学计量点附近，Y 夺取 MIn 中的 M，即

$$\mathrm{MIn} + \mathrm{Y} \rightleftharpoons \mathrm{MY} + \mathrm{In}$$

使指示剂 In 游离出来，溶液由乙色变为甲色，指示滴定终点的到达。

例如，铬黑 T(EBT)常用 H_2In^- 表示，在溶液中有如下平衡

$$\underset{\text{紫红色}}{\mathrm{H_2In^-}} \rightleftharpoons \underset{\text{蓝色}}{\mathrm{HIn^{2-}}} \rightleftharpoons \underset{\text{橙色}}{\mathrm{In^{3-}}}$$

当 $pH<6.3$ 时，铬黑 T 在水溶液中呈紫红色；当 $pH>11.6$ 时，呈橙色。实验表明最适宜的滴定酸度是 $pH=9\sim10.5$，此时指示剂有明显可分辨的颜色。

铬黑 T 是在弱碱性溶液中滴定 Mg^{2+}、Zn^{2+}、Pb^{2+} 等的常用指示剂。在 $pH=10$ 的水溶液中呈蓝色，其 Mg^{2+} 配合物为红色。若此时用 EDTA 滴定 Mg^{2+}，并先加入铬黑 T 指示剂，则溶液呈红色。随滴定剂的不断加入，EDTA 逐渐与 Mg^{2+} 反应。在化学计量点附近，Mg^{2+} 浓度降至很低，EDTA 可夺取 Mg^{2+}-EBT 中的 Mg^{2+}，使铬黑 T 游离出来，此时溶液呈现出蓝色，指示滴定终点到达。

(2)金属指示剂应具备的条件

①金属指示剂与金属离子形成配合物的颜色应与本身颜色有明显不同。

②金属指示剂与金属离子形成的配合物(MIn)要有适当的稳定性。若 $K^{\ominus}(\mathrm{MIn})$ 过大，则 Y 不易与 MIn 中的 M 结合，使终点推迟，甚至不变色，这种现象称为**指示剂的封闭**。若封闭现象由其他金属离子引起，可加入适当掩蔽剂消除干扰。若由被滴定金属离子本身引起，则它与指示剂形成配合物的颜色变化不可逆，这时可用返滴定法消除。如果 $K^{\ominus}(\mathrm{MIn})$ 过小，则未到达化学计量点时 MIn 就会分解，影响滴定的准确度。通常，要求 $K^{\ominus}(\mathrm{MY})/K^{\ominus}(\mathrm{MIn})\geqslant100$。

③金属指示剂与金属离子反应要迅速，变色要可逆。

④金属指示剂或与金属离子形成的配合物(MIn)应易溶于水，否则滴定剂与金属指示剂配合物(MIn)交换缓慢，使终点拖长，这种现象称为**指示剂僵化**。解决的办法是加入有机溶剂或加热，以增大其溶解度。

(3)常用的金属指示剂

常用金属指示剂适用的 pH 范围、可直接滴定的金属离子和颜色变化见表 9-11。

表 9-11　　常用金属指示剂及其应用范围

指示剂	适用的pH范围	颜色		可以直接滴定的离子	备注
		In	MIn		
铬黑 T (EBT)	8～10	蓝	红	pH＝10：Mg^{2+}，Zn^{2+}，Cd^{2+}，Pb^{2+}，Hg^{2+}，稀土金属	Fe^{3+}，Al^{3+}，Cu^{2+}，Ni^{2+} 等封闭 EBT
钙指示剂 (NN)	12～13	蓝	红	pH＝12～13：Ca^{2+}	Fe^{3+}，Al^{3+}，Ti^{3+}，Cu^{2+}，Co^{2+}，Ni^{2+} 等封闭 NN
二甲酚橙 (XO)	＜6	黄	红紫	pH≤1：ZrO^{2+} pH＝1～2：Bi^{3+} pH＝2.5～3.5：Th^{4+} pH＝5～6：Zn^{2+}，Cd^{2+}，Pb^{2+}，Hg^{2+}，Tl^{3+}，稀土金属	Fe^{2+}，Al^{3+}，Ni^{2+}，Ti^{4+} 等封闭 XO
吡啶偶氮萘酚 (PAN)	2～12	黄	红	pH＝2～3：Bi^{3+}，Th^{4+} pH＝4～5：Zn^{2+}，Cd^{2+}，Pb^{2+}，Cu^{2+}	MIn 溶解度小，为防止 PAN 僵化，滴定时要加热
酸性铬蓝 K	8～13	蓝	红	pH＝10：Mg^{2+}，Zn^{2+}，Mn^{2+} pH＝13：Ca^{2+}	
磺基水杨酸	1.5～2.5	无	紫红	pH＝1.5～2.5：Fe^{3+}	FeY 呈黄色

5.提高配位滴定选择性的方法

EDTA 是一种具有广泛配位性能的配位剂，因此对多种离子共存的试样，必须提高配位滴定的选择性。实际工作中，常采用控制酸度和掩蔽等方法。

(1)控制溶液酸度

当溶液中有 M 与 N 两种离子时，能准确滴定 M 并保证 N 不发生干扰的条件是 $\lg c(\mathrm{M})\cdot K^{\ominus\prime}(\mathrm{MY})\geqslant 6$，且 $\lg c(\mathrm{N})\cdot K^{\ominus\prime}(\mathrm{NY})\leqslant 1$ 或

$$\Delta\lg K^{\ominus}_{稳}=\lg c(\mathrm{M})\cdot K^{\ominus\prime}(\mathrm{MY})-\lg c(\mathrm{N})\cdot K^{\ominus\prime}(\mathrm{NY})\geqslant 5 \tag{9-10}$$

连续滴定是提高配位滴定选择性的重要方法。在连续滴定 M 与 N 时，准确滴定 M 的最高允许酸度由式(9-9)确定；N 存在时滴定 M 的最低允许酸度为

$$\lg a\{\mathrm{Y(H)}\}\geqslant\lg K^{\ominus}(\mathrm{NY})-3 \tag{9-11}$$

也可以利用酸效应曲线确定滴定 M 的 pH 范围。

【例 9-4】 已知溶液中含有 Bi^{3+}、Pb^{2+} 两种离子，浓度均为 0.01 mol/L，试确定准确滴定 Bi^{3+} 的酸度范围。

解 由表 9-8 查得，$\lg K^{\ominus}(\mathrm{BiY})=27.94$　　$\lg K^{\ominus}(\mathrm{PbY})=18.04$

则　　$\Delta\lg K^{\ominus}_{稳}=27.94-18.04=9.90>5$

因此，控制酸度可以选择滴定 Bi^{3+}，而 Pb^{2+} 不产生干扰。

由式(9-9)得　$\lg a\{\mathrm{Y(H)}\}\leqslant\lg K^{\ominus}(\mathrm{BiY})-8=27.94-8=19.94$

则查表 9-9 得，滴定的最低允许 pH＝0.6；

由式(9-11)得　$\lg a\{\mathrm{Y(H)}\}\geqslant\lg K^{\ominus}(\mathrm{PbY})-3=18.04-3=15.04$

则查表 9-9 得，滴定的最高允许 pH＝1.6。

所以，控制 pH＝0.6～1.6 可以准确滴定 Bi^{3+}，而 Pb^{2+} 不产生干扰。

想一想

【例 9-4】中，允许滴定 Bi^{3+} 的最小 pH 可由图 9-15 直接查得，为什么？

(2)掩蔽

常用的掩蔽方法有三种，其中配位掩蔽法应用最广泛。

①配位掩蔽法。它是利用掩蔽剂 L 与干扰离子 N 发生配位反应，形成更稳定的配合物以消除干扰的方法。例如，EDTA 测定水中的 Ca^{2+}、Mg^{2+} 含量时，Fe^{3+}、Al^{3+} 对测定有干扰。若先加入三乙醇胺[$N(CH_2CH_2OH)_3$]与 Fe^{3+}、Al^{3+} 生成更稳定的配合物，就可以在 pH=10 时测定 Ca^{2+}、Mg^{2+} 的总含量。

②沉淀掩蔽法。它是利用掩蔽剂 L 与干扰离子 N 发生沉淀反应，形成沉淀以消除干扰的方法。例如，EDTA 测定水中的钙硬度时，Mg^{2+} 干扰 Ca^{2+} 的测定，可加入 NaOH 溶液并使 pH>12，则 Mg^{2+} 形成 $Mg(OH)_2$ 沉淀，从而消除 Mg^{2+} 的干扰。

③氧化还原掩蔽法。它是利用掩蔽剂 L 与干扰离子 N 发生氧化还原反应，改变 N 的价态，降低 N 与 EDTA 配合物的稳定性以消除干扰的方法。仅适于易发生氧化还原反应的离子，如测定水中的 Bi^{3+} 时，Fe^{3+} 产生干扰，可在溶液中加入还原性物质抗坏血酸或盐酸羟胺，将 Fe^{3+} 还原为 Fe^{2+}，消除干扰。

如果上述方法都无法排除干扰时，只能对试样进行预先分离，再进行滴定分析。或选用其他一些新型的氨羧配位剂，以提高配位滴定的选择性。

9.5.3 配位滴定的方法

在配位滴定中，采用不同的滴定方法，不但可以扩大配位滴定的应用范围，还可提高配位滴定的选择性。

1. 直接滴定法

直接滴定法是配位滴定中最基本的方法。金属离子与 EDTA 的配位反应如能满足滴定分析对反应的要求，并有合适的指示剂，就可以用 EDTA 标准滴定溶液直接进行滴定。方法是将待测组分的溶液调节至所需要的酸度，加入必要的辅助试剂和指示剂，用 EDTA 标准滴定溶液滴定，然后根据标准滴定溶液的浓度和体积计算出被测组分的含量。如 Ca^{2+}、Mg^{2+}、Mn^{2+}、Co^{2+}、Ni^{2+}、Zn^{2+}、Cd^{2+}、Pb^{2+}、Cu^{2+}、Fe^{3+}、Bi^{3+}、Sr^{2+} 等在一定酸度下，都可以用 EDTA 直接滴定。

2. 返滴定法

当被测离子与 EDTA 配位缓慢或在滴定的条件下发生副反应，或使指示剂出现封闭现象、产生僵化，或无合适的指示剂时，均可采用返滴定法。即先加已知过量的 EDTA 标准滴定溶液，使之与被测离子配位，待反应完全后，再用另一种金属离子的标准滴定溶液滴定剩余的 EDTA，由两种标准滴定溶液所消耗的物质的量之差计算被测离子的含量。

例如，Al^{3+} 与 EDTA 配位缓慢，使二甲酚橙等指示剂出现封闭现象，又易水解，因此一般采用返滴定法测定。先加过量的 EDTA 标准滴定溶液于试液中，调节 pH，加热煮沸，使 Al^{3+} 与 EDTA 配位完全，冷却后调节 pH=5～6，加入二甲酚橙，用 Zn^{2+} 标准滴定溶液滴定剩余的 EDTA。

3.置换滴定法

置换滴定法是利用置换反应，从配合物中置换出等物质的量的另一种金属离子或EDTA，然后进行滴定的方法。

例如，$\lg K^{\ominus}(AgY)=7.32$，$Ag^{+}$ 不能用 EDTA 直接滴定，但若将 Ag^{+} 加入到 $[Ni(CN)_4]^{2-}$ 溶液中，则发生置换反应

$$2Ag^{+}+[Ni(CN)_4]^{2-}\longrightarrow 2[Ag(CN)_2]^{-}+Ni^{2+}$$

在 pH=10 的氨溶液中，用 EDTA 滴定置换出来的 Ni^{2+}，即可求出 Ag^{+} 的含量。

4.间接滴定法

有些金属离子(如 Li^{+}、Na^{+}、K^{+}、Rb^{+}、Cs^{+} 等)和一些非金属离子(如 SO_4^{2-}、PO_4^{3-} 等)由于不能与 EDTA 配位，或与 EDTA 形成的配合物不稳定，可采用间接滴定法进行测定。

例如，测定 Na^{+} 时，先沉淀为醋酸铀酰锌钠$[NaZn(UO_2)_3(Ac)_9\cdot 9H_2O]$，然后再分离沉淀，洗净沉淀并将其溶解。最后用 EDTA 标准滴定溶液滴定 Zn^{2+}，从而间接计算出 Na^{+} 的含量。

9.5.4 配位滴定法的应用——水中钙、镁总含量的测定

水中钙、镁总含量是衡量生活用水和工业用水水质的一项重要指标。如锅炉给水经常要进行此项分析，为水处理提供依据。各国对水中钙、镁总含量的表示方法不尽相同，一般采用以下方法表示：

(1)将水中 Ca^{2+}、Mg^{2+} 的总含量折合为 $CaCO_3$ 后，以 1 L 水中所含 Ca^{2+}，Mg^{2+} 的总含量相当于 $CaCO_3$ 的质量来表示①，单位为 mg/L。

(2)将水中 Ca^{2+}、Mg^{2+} 的总含量以物质的量浓度 c 来表示，单位为 mmol/L。

(3)将水中 Ca^{2+}、Mg^{2+} 的总含量折合为 CaO 后，以度表示(1 L 水中含 CaO 10 mg 为 1 度)，单位为度(°)。

1.测定方法原理

通常在 pH=10 的氨缓冲溶液中测定水中 Ca^{2+}、Mg^{2+} 的总含量，以铬黑 T 作指示剂，用 EDTA 标准滴定溶液直接滴定，以溶液由红色变为蓝色为终点。

测定过程中有 CaY、MgY、Mg-EBT、Ca-EBT 四种配合物生成，其稳定性依次为

$$CaY > MgY > Mg\text{-}EBT > Ca\text{-}EBT$$

加入铬黑 T 后，它首先与 Mg^{2+} 结合，生成红色配合物 Mg-EBT；当滴入 EDTA 时，Ca^{2+}、Mg^{2+} 依次与之结合，最后 EDTA 夺取与铬黑 T 结合的 Mg^{2+}，使指示剂游离出来，溶液颜色由红色变为蓝色，指示滴定终点。

2.结果计算

水中钙、镁总含量计算公式为

$$\text{钙、镁总含量}(CaCO_3)=\frac{c(EDTA)\cdot V(EDTA)\cdot M(CaCO_3)\times 10^{3}}{V(H_2O)} \tag{9-12}$$

---

①GB 5749—2006《生活饮用水标准》中规定，饮用水钙、镁总含量以 $CaCO_3$ 计，不超过 450 mg/L。

$$钙、镁总含量\ c=\frac{c(EDTA)\cdot V(EDTA)\times 10^3}{V(H_2O)} \tag{9-13}$$

$$总硬度=\frac{c(EDTA)\cdot V(EDTA)\cdot M(CaO)\times 10^3}{10V(H_2O)} \tag{9-14}$$

式中 c(EDTA)——EDTA 标准滴定溶液的浓度,mol/L;

V(EDTA)——滴定时,用去的 EDTA 标准滴定溶液的体积,mL;

$V(H_2O)$ ——水样的体积,mL;

$M(CaCO_3)$ ——$CaCO_3$ 的摩尔质量,g/mol;

M(CaO)——CaO 的摩尔质量,g/mol。

3.注意事项

(1)滴定速度不能过快,要与反应速度相适应。

(2)硬度较大的水样,应加盐酸(1+1)酸化并煮沸数分钟以除去 CO_2。

(3)滴定时,水样中少量的 Fe^{3+}、Al^{3+} 等干扰离子可用三乙醇胺掩蔽。

(4)滴定时,水样中少量的 Cu^{2+}、Pb^{2+}、Zn^{2+} 等重金属离子可用 KCN、Na_2S 或巯基乙酸来掩蔽。

(5)Mn^{2+} 存在时,可加入还原剂盐酸羟胺防止其氧化。因在碱性条件下,空气将其氧化成 Mn^{4+},它能将铬黑 T 氧化褪色。

知识拓展

钙硬度的测定,可用 NaOH 调节水样使其 pH=12,Mg^{2+} 则形成 $Mg(OH)_2$ 沉淀,加入钙指示剂,用 EDTA 标准滴定溶液滴定,溶液由红色变为蓝色即为终点。水样中如含有 $Ca(HCO_3)_2$,应先加入 HCl 酸化并煮沸使其完全分解。需要注意的是,用 NaOH 调节溶液酸碱度时,用量不宜过多,否则部分 Ca^{2+} 就会被 $Mg(OH)_2$ 吸附,致使测定结果偏低。由总硬度减去钙硬度,即为镁硬度。

本章小结

- 配位平衡和配位滴定法
  - 配合物的基本概念
    - 配合物的定义——由一个阳离子(或原子)和一定数目的中性分子或阴离子以配位键相结合形成的能稳定存在的复杂离子或分子,称为配离子或配分子。配分子或含有配离子的化合物,称为配合物
    - 配合物的组成
      - 外界:一般离子,如 Cl^-,SO_4^{2-},OH^-,K^+ 等
      - 内界:配离子或配分子,含中心离子、配位体
    - 配合物的命名——有酸、碱、盐之分,内界命名最为关键
    - 螯合物——中心离子与多齿配位体形成的环状配合物
  - 配合物的价键理论
    - 配合物的空间构型——配位原子提供孤对电子,中心离子通过杂化方式提供空轨道,杂化方式不同,配离子空间构型不同
    - 内、外轨配合物
      - 内轨配合物:$(n-1)$d 和 ns,np 空轨道杂化
      - 外轨配合物:ns,np,nd 空轨道杂化
  - 配位平衡
    - 配位平衡常数——$K^\ominus_{不稳1}\cdot K^\ominus_{不稳2}\cdot K^\ominus_{不稳3}\cdot K^\ominus_{不稳4}=K^\ominus_{不稳}$,$K^\ominus_{稳}=1/K^\ominus_{不稳}$,$K^\ominus_{稳}=\beta_n=K^\ominus_{稳1}\cdot K^\ominus_{稳2}\cdots K^\ominus_{稳n}$,$K^\ominus_{稳}$越大,配合物越稳定
    - 配位平衡移动——除酸效应外,平衡向中心离子浓度更小的方向移动,进而影响配离子的稳定性和中心离子的氧化性
  - EDTA及其配合物
    - EDTA 的解离平衡——EDTA 为乙二胺四乙酸,四元酸,用 H_4Y 表示,滴定常用其二钠盐 Na_2H_2Y,有 6 个配位原子,相当于六元酸
    - EDTA 的配合物——配位能力强,配位比多为 1∶1,计算简单,配位反应快,配合物易溶于水,但配位能力受酸度影响
    - 配合物的解离平衡——条件稳定常数 $\lg K^{\ominus\prime}(MY)=\lg K^\ominus(MY)-\lg a\{Y(H)\}-\lg a\{M(L)\}$
  - 配位滴定法
    - 配位滴定的基本原理
      - 配位滴定法是以生成配位化合物的反应为基础的滴定分析方法。反应须具备稳定常数大、配位比稳定、反应速率快、终点易于确定等特点
      - 单一金属离子能否被准确滴定的判据为 $\lg c(M)\cdot K^{\ominus\prime}(MY)\geqslant 6$
      - 配位滴定的最高允许酸度(只有酸效应时) $\lg a\{Y(H)\}\leqslant \lg K^\ominus(MY)-8$ 据 $\lg a\{Y(H)\}$ 查 pH
      - 准确滴定 M,而共存离子 N 不发生干扰的条件是 $\Delta\lg K^\ominus_{稳}=\lg c(M)\cdot K^{\ominus\prime}(MY)-\lg c(N)\cdot K^{\ominus\prime}(NY)\geqslant 5$
    - 配位滴定的方法——直接滴定法、返滴定法、置换滴定法、间接滴定法
    - 配位滴定法的应用——示例:水中钙、镁总含量的测定

自 测 题

一、填空题

1.由________阳离子(或原子)和________的中性分子或阴离子以配位键相结合形成的能稳定存在的复杂离子或分子,称为________或________。

2.$[CoCl_2(NH_3)_3(H_2O)]Cl$ 命名为________________,其中心离子为________,配位体有________、________、________,配位原子有________、________、________,配位数为________,配离子的电荷为________。

3.完成下表

化学式	命名	中心离子	配位体	配位原子	配位数	配离子电荷
$H_2[PtCl_6]$						
	氢氧化四氨合铜(Ⅱ)					
		Fe^{3+}	CN^-		6	
$[Al(OH)_4]^-$						
	二氯·二羟·二氨合铂(Ⅳ)					
$[Cu(en)_2]SO_4$						
$K_2[Cu(CN)_4]$						
$[Ag(NH_3)_2]OH$						

4.中心离子与多齿配位体形成的环状配合物称为________,又称________。能和中心离子形成螯合物的多齿配位体称为________,其相应反应称为________。

5.配合物的内界与外界是以____键结合的,在水溶液中能____解离为配离子和外界离子;配离子的中心离子与配位体之间是以____键结合的,在水溶液中只是____解离。

6.影响配位平衡的因素有________和________________。

7.用 EDTA 溶液滴定金属离子的条件是________________。

8.在配位滴定中,若溶液中金属离子 M 与 N 的浓度均为 1.0×10^{-2} mol/L,则当 $\lg c(M)\cdot K^{\ominus\prime}(MY)-\lg c(N)\cdot K^{\ominus\prime}(NY)\geqslant$ ________时,N 离子不干扰 M 离子的滴定。

9.金属指示剂必须具备的主要条件是 $K^{\ominus}(MY)/K^{\ominus}(MIn)\geqslant$ ________,即 $\lg K^{\ominus}(MY)-\lg K^{\ominus}(MIn)\geqslant$ ________。

10.用 EDTA 滴定 Ca^{2+}、Mg^{2+} 总量时,以________作为指示剂,溶液的 pH 必须控制在________。

11.滴定 Ca^{2+} 时,以________作为指示剂,溶液的 pH 应控制在________。

二、判断题(正确的画"√",错误的画"×")

1.中心离子的特点是能提供空轨道,是孤对电子的接受体。（ ）

2.含有两个以上配位原子的配位体,称为多齿配位体。（ ）

3.通常,中心离子半径越小,电荷越高,形成配合物的能力越强。（ ）

4.配合物中,中心原子的配位数等于配位体数。（ ）

5. 环状结构是螯合物的最基本特征，且环数越多，螯合物越稳定。（　）

6. 在配合物中，中心离子的空轨道是通过杂化方式提供的，杂化方式不同，决定了配离子空间构型的不同。（　）

7. 在 $Na_2[Ni(CN)_4]$ 中，中心离子 Ni^{2+} 采取 dsp^2 方式成键，故称其为外轨配合物。（　）

8. 同一中心离子的内轨配合物比外轨配合物能量低，较为稳定，在水溶液中难以解离为简单离子。（　）

9. 最高级累积稳定常数称为总稳定常数，简称稳定常数。（　）

10. 能够形成无机配合物的反应很多，但能满足配位滴定条件的配位反应不多。（　）

11. 由于 EDTA 分子中含有氨氮和羧氧两种配合能力很强的配位原子，所以它能和许多金属离子形成环状结构的配合物，且稳定性较高。（　）

12. 只要金属离子能与 EDTA 形成配合物，就能用 EDTA 直接滴定。（　）

13. 在配位滴定中，通常利用酸效应或配位效应使 $\Delta \lg K^{\ominus}_{稳} \geqslant 5$，使副反应不干扰主反应正常进行。（　）

14. 在配位滴定中，常用掩蔽干扰离子的方法有配位掩蔽法、沉淀掩蔽法和氧化还原掩蔽法。（　）

15. 在 EDTA 滴定中，当溶液中存在某些金属离子与指示剂生成极稳定的配合物时，会产生指示剂封闭现象。（　）

三、选择题

1. 下列配合物中属于配位分子的是（　）。

A. $[Cu(NH_3)_4](OH)_2$　B. $K_2[HgI_4]$　C. $[Ni(CO)_4]$　D. $H_2[PtCl_6]$

2. 配合物 $[Pt(en)(NH_3)(H_2O)]$ 的配位数是（　）。

A. 2　B. 3　C. 4　D. 6

3. EDTA 与金属形成配合物时，其配位数是（　）。

A. 2　B. 3　C. 4　D. 6

4. 某钴氨配合物，用 $AgNO_3$ 溶液沉淀所含的 Cl^- 时，能得到相当于总含氯量的 2/3，则该化合物是（　）。

A. $[CoCl(NH_3)_5]Cl_2$　B. $[CoCl_2(NH_3)_4]Cl$

C. $[CoCl_3(NH_3)_3]$　D. $[Co(NH_3)_6]Cl_3$

5. 配离子的稳定常数和不稳定常数的关系是（　）。

A. $K^{\ominus}_{稳} + K^{\ominus}_{不稳} = 1$　B. $K^{\ominus}_{稳} - K^{\ominus}_{不稳} = 1$　C. $K^{\ominus}_{稳} \cdot K^{\ominus}_{不稳} = 1$　D. $K^{\ominus}_{不稳} / K^{\ominus}_{稳} = 1$

6. 向 $[FeF_6]^{3-}$ 溶液中加入 H_2SO_4，溶液由无色变为黄色的现象称为（　）。

A. 配位效应　B. 同离子效应　C. 螯合效应　D. 酸效应

7. 反应 $AgCl + 2NH_3 \rightleftharpoons [Ag(NH_3)_2]^+ + Cl^-$ 的转化平衡常数为（　）。

A. $K^{\ominus}_{sp} / K^{\ominus}_{稳}$　B. $K^{\ominus}_{sp} \cdot K^{\ominus}_{稳}$　C. $K^{\ominus}_{sp} + K^{\ominus}_{稳}$　D. $K^{\ominus}_{sp} - K^{\ominus}_{稳}$

8. 已知 $\varphi^{\ominus}(Cu^{2+}/Cu) = 0.341\ 9\ V$，$K^{\ominus}_{稳}([Cu(NH_3)_4]^{2+}) = 2.09 \times 10^{13}$，则 $\varphi^{\ominus}([Cu(NH_3)_4]^{2+}/Cu)$ 为（　）。

A. 0.555 V　B. −0.0524 V　C. −1.24 V　D. −0.897 V

9. 在 Ca^{2+}、Mg^{2+} 混合溶液中，用 EDTA 法测定 Ca^{2+}，要消除 Mg^{2+} 的干扰，宜用（　）。

A. 沉淀掩蔽法　　B. 配位掩蔽法　　C. 氧化还原掩蔽法　D. 萃取分离法

10. 在 EDTA 直接配位滴定法中，其终点所呈现的颜色是(　　)。

A. 金属指示剂与被测金属离子形成的配合物的颜色

B. 游离金属指示剂的颜色

C. EDTA 与被测金属离子形成的配合物的颜色

D. 上述 A,B 选项的混合色

11. 在 EDTA 配位滴定中，铬黑 T 指示剂常用于(　　)。

A. 测定钙、镁总量　B. 测定铁、铝总量　C. 测定镍含量　D. NaOH 滴定 HCl

12. 当溶液中有两种金属离子共存时，以 EDTA 溶液滴定 M 离子而 N 离子不干扰的条件是(　　)。

A. $c(M) \cdot K^{\ominus\prime}(MY)/c(N) \cdot K^{\ominus\prime}(NY) \geqslant 10^5$

B. $c(M) \cdot K^{\ominus\prime}(MY)/c(N) \cdot K^{\ominus\prime}(NY) \geqslant 10^{-5}$

C. $c(M) \cdot K^{\ominus\prime}(MY)/c(N) \cdot K^{\ominus\prime}(NY) \geqslant 10^6$

D. $c(M) \cdot K^{\ominus\prime}(MY)/c(N) \cdot K^{\ominus\prime}(NY) \geqslant 10^{-6}$

13. 已知 $\lg K^{\ominus}_{稳}(CaY)=10.69$，当溶液 pH＝9.0 时，若 $\lg a\{Y(H)\}=1.28$，则 $\lg K^{\ominus\prime}_{稳}(CaY)$等于(　　)。

A. 11.96　　B. 10.69　　C. 9.41　　D. 1.28

14. 测定水中 Ca^{2+}、Mg^{2+} 含量时，消除少量 Fe^{3+}、Al^{3+} 干扰的正确方法是(　　)。

A. 向 pH＝10 的氨缓冲溶液中直接加入三乙醇胺

B. 向酸性溶液中加入 KCN，然后调至 pH＝10

C. 向酸性溶液中加入三乙醇胺，然后调至 pH＝10

D. 加入三乙醇胺时不考虑溶液的酸碱性

15. 用于测定水硬度的方法是(　　)。

A. 碘量法　　B. $K_2Cr_2O_7$ 法　　C. EDTA 法　　D. 酸碱滴定法

四、计算题

1. 计算在 25 ℃时，与 0.1 mol/L $[Ag(NH_3)_2]^+$ 和 2.0 mol/L NH_3 溶液成平衡状态的 Ag^+ 浓度。

2. 计算下列转化反应的标准平衡常数。

(1) $AgBr(s) + 2S_2O_3^{2-} \rightleftharpoons [Ag(S_2O_3)_2]^{3-} + Br^-$

(2) $[Ni(NH_3)_4]^{2+} + 4CN^- \rightleftharpoons [Ni(CN)_4]^{2-} + 4NH_3$

3. 称取锡青铜试样 0.200 0 g 制成溶液，加入过量 EDTA 标准滴定溶液，则 Sn^{2+}、Cu^{2+}、Pb^{2+} 等全部生成配合物。剩余的 EDTA 用 0.010 00 mol/L $Zn(Ac)_2$ 标准滴定溶液滴定，然后加入适量的 NH_4F，($SnY + 6F^- \longrightarrow [SnF_6]^{2-} + Y^{4-}$)，再用 $Zn(Ac)_2$ 标准滴定溶液滴定置换出的 EDTA，用去 22.30 mL，试计算锡青铜中锡的质量分数。

4. 测定硫酸盐中的 SO_4^{2-}。称取试样 3.000 g，溶解后配制成 250.00 mL 溶液。吸取 25.00 mL，再加入 25.00 mL 0.050 00 mol/L $BaCl_2$ 溶液加热沉淀后，用0.020 00 mol/L EDTA 溶液滴定剩余的 Ba^{2+}，用去 17.15 mL，试计算硫酸盐试样中 SO_4^{2-} 的质量分数。

5. 取水样 50 mL，调至 pH＝10，以铬黑 T 为指示剂，用 0.020 00 mol/L EDTA 标准

溶液滴定，消耗 15.00 mL；另取水样 50 mL，调至 pH＝12，以钙指示剂为指示剂，用同一 EDTA 标准滴定溶液滴定，消耗 10.00 mL。计算：

(1)水样中钙、镁总量(以 mmol/L 表示)；

(2)水样中钙、镁各自含量(以 mg/L 表示)。

6. 称取含磷试样 0.100 0 g，经处理使磷沉淀成 $MgNH_4PO_4$，将沉淀洗涤后溶解，并调节溶液的 pH＝10.0，以 EBT 为指示剂，用 0.010 00 mol/L EDTA 标准滴定溶液滴定其中的 Mg^{2+}，用去 20.00 mL，试计算试样中 P_2O_5 的质量分数。

五、问答题

1. 简述什么是配位体、配位原子。

2. 写出下列配合物或配离子的化学式。

(1)二氯二氨合铂(Ⅱ)　　(2)氯化二氯四氨合钴(Ⅲ)

(3)六氰合铁(Ⅱ)酸钾　　(4)四羟合铝(Ⅲ)离子

(5)二(硫代硫酸根)合银(I)酸钾　　(6)二氯二氨合铂(Ⅱ)

3. 举例说明何谓酸效应。

4. 判断下列反应进行的方向，并说明原因。

$$[Zn(NH_3)_4]^{2+} + 4CN^- \rightleftharpoons [Zn(CN)_4]^{2-} + 4NH_3$$

5. 简述金属指示剂的作用原理和使用条件。

本章关键词

配合物 complex compound　　内界 inner sphere

外界 outer sphere　　中心离子 central ion

配位体 ligand　　单齿配位体 monodentate

多齿配位体 polydentate　　配位原子 ligating

配离子 complex ion　　配位数 coordination number

螯合物 chelate compound　　螯合效应 chelate effect

螯合剂 chelating agent

外轨配合物 outer-orbital coordination compound

内轨配合物 inner-orbital coordination compound

不稳定常数 unstability constant　　逐级不稳定常数 stepwise unstability constant

累积稳定常数 cumulative stability constant

酸效应 acid effect　　配位滴定法 complexometry

副反应 side reaction　　副反应系数 side reaction coefficient

酸效应系数 acidic effect coefficient　　金属指示剂 metallic indicator

封闭现象 blocking of indicator　　僵化现象 ossification of indicator

稳定常数 stability constant

条件稳定常数 conditional stability constant

乙二胺四乙酸 ethylenediaminetetraacetic acid

第10章 非金属元素

知识目标

1. 了解元素在自然界中的存在形式、分布及在地壳中的丰度，了解非金属元素的通性。

2. 掌握卤素单质、卤化氢、氯的含氧酸及其盐的化学性质，了解氧、硫单质的性质，认识硫的含氧酸，掌握 H_2O_2、H_2S、H_2SO_3、H_2SO_4、$Na_2S_2O_3$ 及过硫酸盐的氧化还原性，了解氮、磷的氧化物及磷的氯化物性质，掌握氨、铵盐、亚硝酸及其盐、硝酸及其盐、亚磷酸和磷酸及其盐的酸碱性、稳定性、氧化还原性规律，了解 B_2O_3、H_3BO_3、硅酸盐、硼砂的性质。

能力目标

1. 能判断非金属氢化物的热稳定性、水溶液酸碱性及含氧酸酸性的强弱。

2. 能书写氯各氧化态之间的转化反应方程式，能判断有关氧化还原反应发生的可能性，会描述反应现象及书写有关化学反应方程式。

10.1 元素的自然资源

10.1.1 元素的丰度

迄今为止已知元素有118种，其中非金属元素有24种，其余均为金属元素；其中94种存在于地壳中，其余为人工合成元素。地球表面为30～40 km厚的地壳，仅占地球总质量的0.7%。**元素在地壳中的含量称为丰度**，通常以质量分数或原子百分数表示。元素的丰度差别较大，其中O、Si、Al、Fe、Ca、Na、K、Mg、H、Ti等10种元素占99%以上，其余元素占不到1%。这10种元素在地壳中的丰度见表10-1。

表10-1 地壳中主要元素的丰度

元素	O	Si	Al	Fe	Ca	Na	K	Mg	H	Ti
质量分数/%	48.6	26.3	7.73	4.75	3.45	2.74	2.47	2.00	0.76	0.42

10.1.2 元素在自然界中的分布

元素在地壳中的存在形式复杂，只有少数以单质存在，如O、N、C、S、Au、Ag、Pt及稀有气体，其余均为化合物形式。化合物主要有氧化物（包括含氧酸盐）和硫化物两大类，前者为亲氧物质，后者为亲硫物质。单质主要存在于大气和矿物中，化合物主要存在于矿物、天然含盐水和大气中。

1. *矿物*

矿物是由地质作用所形成的天然单质或化合物。自然界的矿物约有 3 000 多种，可分为两大类，一类是金属矿物，如金、银、铜、铁、钨矿等；另一类是非金属矿物，如硫铁矿、芒硝、硼砂、磷矿石等，化工矿物多属于这一类。

我国矿产资源总量居世界第三位，分布不平衡，主要富集在中部和西部地区。其中 W、Mo、Sb、Sn、Ti、Li 等储量均居世界前列，W 占世界总储量的 75%，Sb 占 44%。我国稀土金属、硼矿储量均居世界第一位，磷矿储量居第二位。Fe、Hg、Al、Mn 储量也居世界前列。其他如菱镁矿、萤石、白云石和石灰石储量也不少。但贵重金属（Au、Ag 及 Pt 系金属）、金刚石储量不多，钴矿特别稀少。已探明的钾盐、天然碱、天然硫储量也不多，要注意合理开采和利用。

2. 天然含盐水

天然含盐水包括海水、盐湖水、地下卤水和油气井水。海水中含 80 余种元素，多数是金属元素。除含有大量的 Na、K、Ca、Mg、Cl 元素外，还含有各种贵重金属元素如 U、Rb、Sr、Li 等。元素主要以无机盐的形式存在。单位含量虽少，但总量是惊人的。例如，每 1 000 t 海水含铀量虽只有 1.5 g，总量却在 2×10^9 t 以上，而已探明的陆地储量不过为 2×10^6 t。海水中约有 4×10^6 t Au，1.5×10^8 t Ag，7×10^7 t Ni。所以说海洋是元素资源的天然“聚宝盆”。**工业上把每 1 000 g 海水含盐的总质量(g)称为盐度，含氯的总质量(g)称为氯度**。世界上海水的平均盐度约为 3.5%，平均氯度约为 1.9%。

盐湖可分为碳酸盐湖、硫酸盐湖和氯化物湖，我国均有分布。盐湖水主要含有 Na^+、Mg^{2+}、Ca^{2+}、K^+、CO_3^{2-}、SO_4^{2-}、Cl^-、HCO_3^- 等；地下卤水主要含有 Cl^-、Br^-、I^-、Na^+、Mg^{2+}、K^+、Ca^{2+}、Ba^{2+}、Li^+、Pb^+、Cs^+ 等；油气井水中主要有 Na^+、Cl^-、Li^+、Ca^{2+}、Mg^{2+}、NH_4^+、Br^-、I^-、F^-、SO_4^{2-}、HCO_3^- 等。

3. 大气

地球表面约有 100 km 厚的大气层，其平均组成见表 10-2。

表 10-2　　大气层的平均组成

气体	质量分数/%	体积分数/%	气体	质量分数/%	体积分数/%
N_2	75.51	78.09	He	0.000 072	0.000 52
O_2	23.15	20.94	CH_4	0.000 12	0.000 22
Ar	1.28	0.93	Kr	0.000 29	0.000 11
CO_2	0.046	0.031 4	H_2O	0.000 003	0.000 05
Ne	0.001 25	0.001 82	O_3	0.000 036	0.000 001

元素的矿产资源是不可再生的，随着人类活动的消耗，有些元素在十几年或几十年后将枯竭。我国矿产资源人均占有量只有世界平均水平的 58%。我国主要矿产的探明储量有相当部分不能满足经济发展的需要，尤其是需求量大的石油、铜、铁、铝、硫等重要矿产。因此，我们必须持有可持续发展的观点，合理地利用矿物资源，并努力研发替代品，加强废物利用，开发海洋资源。

10.2 非金属元素通论

24 种非金属元素位于周期表 p 区的右上方。除 H 和 He 外，最外层电子都填充在 np 轨道上，价电子构型为 $ns^2np^{1\sim6}$。非金属元素中，以固态存在的有 B、C、Si、P、As、S、Se、Te、I 等 9 种；人工合成的 117 号元素鿬(Ts)可能是固态；以液态存在的只有 Br_2；其余都是气体，包括人工合成的 118 号元素鿫(Og)。

在元素周期表的右侧，从 B 向右下方到 At 这条斜线将所有元素分为金属和非金属两大类。斜线附近的元素 B、Si、Ge、As、Sb、Se、Te 和 Po 为准金属，它们既有金属的性质又有非金属的性质，所以在金属和非金属之间没有绝对的界线。

10.2.1 非金属元素的通性

1. 非金属单质的结构和性质

非金属元素的单质按结构分为三类。

第一类是小分子物质，包括单原子分子的稀有气体，双原子分子的卤素、H_2、O_2 和 N_2。它们在通常状况下多是气体，其固体为分子晶体，熔点、沸点很低。

第二类是多原子分子物质，由一些原子以共价键形成多原子分子，然后由这些分子以分子间力形成分子晶体，如 S_8 和 P_4，它们在通常状况下是固体，熔点、沸点较低。

第三类是无分子结构物质，其中一种是原子晶体，原子间以共价键相连成整体，如金刚石、晶体硅和晶体硼，熔点、沸点很高。另一种是混合型晶体，也是由原子结合而成的物质，但键型复杂，如石墨，熔点、沸点都很高。

绝大多数非金属单质为分子晶体，少数为原子晶体，熔点、沸点差别较大。

2. 非金属元素的化学性质

在常见的非金属元素中，F、Cl、Br、I、O、S、P 较活泼；N、B、C、Si 常温下不活泼。活泼的非金属元素易与金属元素化合。非金属元素之间也可化合形成共价化合物。非金属单质一般不与酸反应，C、S、P、I_2 能被浓硝酸或浓硫酸氧化。许多非金属单质如 Cl_2、Br_2、I_2、S、P、Si、B 能与碱反应。F_2、Cl_2、Br_2 能与水反应，C 在赤热的条件下才与水蒸气反应，其余非金属单质不与水反应。

绝大多数非金属氧化物是酸性氧化物，能与碱反应。准金属氧化物是两性氧化物，既与强酸反应，又与强碱反应。

3. 非金属氢化物的性质

非金属都可与氢原子以共价键结合形成分子型氢化物。例如

B_2H_6	CH_4	NH_3	H_2O	HF
	SiH_4	PH_3	H_2S	HCl
		AsH_3	H_2Se	HBr
			H_2Te	HI

它们的热稳定性在同一周期中从左到右逐渐增强，在同一主族中自上而下逐渐减弱。分子型氢化物的热稳定性与非金属元素的电负性有关，元素电负性越大，非金属性越强，

其氢化物越稳定。

非金属氢化物除 HF 外都有还原性,其还原性在周期表中从右到左、从上到下递增。

氢化物水溶液的酸性在周期表中从左到右、从上到下递增。氧族元素氢化物水溶液显酸性(除 H_2O 外),卤素氢化物的水溶液是酸,氮族元素氢化物的水溶液显碱性。它们在水溶液中解离出 H^+ 的难易程度与非金属原子和氢原子之间的键能及键的极性有关。

4.非金属元素含氧酸的酸性

非金属元素的最高氧化数等于其所在主族的族序数。F 无正氧化态。

非金属元素的最高氧化态的含氧酸,在同一周期从左到右酸性递增。例如 H_3BO_3、H_2CO_3、HNO_3 酸性依次增强;相同氧化态的含氧酸酸性在同一主族从上到下递减,如 HClO、HBrO、HIO 酸性依次减弱;对于同一元素不同氧化态的含氧酸,则是高氧化态的酸性强,如 HClO、$HClO_2$、$HClO_3$、$HClO_4$ 酸性依次增强。

10.2.2 各族非金属元素的通性

1.稀有气体

稀有气体包括氦(He)、氖(Ne)、氩(Ar)、氪(Kr)、氙(Xe)和氡(Rn)、鿫(Og)七种气体。其中氡是半衰期很短的放射性元素。稀有气体的价电子构型除 He($1s^2$)外,均是 ns^2np^6。一般情况下既不能得、失电子,又不能通过共用电子对而成键,化学性质很不活泼,因此被人们称为“惰性气体”,在周期表中列为ⅧA 族。1962 年以后这类气体化合物被相继合成出来,如 $Xe[PtF_6]$(六氟合铂酸氙),卤化物(XeF_2、KrF_2、$XeCl_2$、XeF_4),氧化物(XeO_2、XeO_4),氟氧化物($XeOF_2$、$XeOF_4$),至今已达数百种之多。

空气中含有以 Ar 为主的稀有气体。He 主要来源于天然气,含量高达 7%~8%。

2.卤族元素

卤族元素包括氟(F)、氯(Cl)、溴(Br)、碘(I)、砹(At)和石田(Ts)六种元素,其中 At 是放射性元素。卤素是典型的非金属元素,价电子构型为 ns^2np^5。该族元素的核电荷是同周期元素中最多的,原子半径则最小,故有得到一个电子形成阴离子(X^-)的强烈倾向。因此卤素单质具有最强的非金属性,表现出强的氧化性。

按 F→Cl→Br→I 顺序,原子半径递增,氧化性依次减弱。卤素最常见的氧化数是 −1。在含氧酸及其盐中表现出正氧化数 +1、+3、+5 和 +7。

3.氧族元素

氧族元素包括氧(O)、硫(S)、硒(Se)、碲(Te)、钋(Po)和鉝(Lv)六种元素。除 O 外其余称为硫族元素。随着原子序数的增加,原子半径增大,电负性减小,从典型的非金属元素 O 和 S 过渡到准金属元素 Se、Te,Po 为金属元素(Po 有时也被列为准金属元素),Lv 为弱金属。

氧族元素价电子构型为 ns^2np^4。氧族元素与其他元素原子化合时有共用或夺取两个电子以达到 8 电子型稳定结构的倾向。O 与大多数金属元素形成离子型化合物(如 Li_2O、MgO、Al_2O_3 等);而 S、Se、Te 只与电负性较小的金属元素形成离子型化合物(如 Na_2S、BaS、K_2Se 等),与大多数金属元素形成共价化合物(如 CuS、HgS 等)。O 常见的氧化数是 −2(除过氧化物和氟氧化物 OF_2 外),S 的氧化数有 −2、+4、+6。其他元素常以正氧化态出现，氧化数有+2、+4、+6。从 S 到 Te 正氧化态的化合物的稳定性逐渐增强。

4. 氮族元素

氮族元素包括氮(N)、磷(P)、砷(As)、锑(Sb)、铋(Bi)和镆(Mc)六种元素。随着原子半径的递增，电负性递减，从非金属元素 N 和 P 到准金属元素 As 和 Sb，Bi 和 Mc 为金属元素。

氮族元素的价电子构型为 ns^2np^3，获得 3 个电子形成阴离子较困难。仅电负性较大的 N 和 P 可与碱金属或碱土金属形成极少数离子型固态化合物，如 Li_3N、Na_3P、Mg_3N_2、Ca_3P_2 等。N^{3-} 和 P^{3-} 只能存在于干态，遇水强烈水解生成 NH_3 和 PH_3。

氮族元素形成的化合物大多数是共价化合物，形成−3 氧化数的趋势从 N 到 Sb 降低；Bi 不能形成−3 氧化数的稳定化合物。在氢化物中除 NH_3 外，其余元素氢化物都不稳定。N，P 氧化数为+5 的化合物比+3 的化合物稳定。As 和 Sb 常见氧化数为+3 和+5；Bi 氧化数主要是+3。

5. 碳族元素

碳族元素包括碳(C)、硅(Si)、锗(Ge)、锡(Sn)、铅(Pb)和𫓧(Fl)六种元素。C 和 Si 是非金属元素，Ge 是准金属元素，性质与硅相似，都是半导体材料，Sn 和 Pb 是金属元素，但都有两性，Fl 是弱金属元素。

碳族元素的价电子构型为 ns^2np^2，不易形成离子，以形成共价化合物为特征。在化合物中，C 的主要氧化数有+4 和+2；Si 的氧化数都是+4，而 Ge、Sn、Pb 的氧化数有+2 和+4。C 和 Si 能与氢形成稳定的氢化物。

6. 硼族元素

硼族元素包括硼(B)、铝(Al)、镓(Ga)、铟(In)、铊(Tl)和鉨(Nh)六种元素。B 为非金属元素，其余为金属元素。本族元素均能导电，硼的导电性最差。

硼族元素的价电子构型为 ns^2np^1，与同周期的卤素、氧族元素、氮族元素、碳族元素相比，有较大的给电子趋势，它们的化合物以正氧化数为主要特征，前四种元素都是+3；Tl 主要为+1。B 不能形成正离子，其他元素化合物的离子性比 B 显著。和电负性较大的 O 有较大的亲和力，B 和 Al 尤为突出。

7. 氢

氢是ⅠA 族的非金属元素。氢原子只有一个电子，是所有原子中最简单、半径最小的。氢在自然界有三种同位素：^{1}H(氕)占 99.98%，^{2}H(氘)占 0.016%，^{3}H(氚)含量甚微。

除稀有气体外，氢几乎能和所有的元素化合。与 s 区元素(Be 和 Mg 除外)以离子键化合形成 H^-，如 NaH、CaH_2 等。与多数 p 区元素以共价键结合，如 HX、NH_3、H_2S、PH_3 等。

练一练

比较下列各组化合物的性质。

(1)SiH_4、PH_3、H_2S、HCl 的稳定性强弱。

(2)H_2SiO_3、H_3PO_4、H_2SO_4、$HClO_4$ 的酸性强弱。

(3)$HClO_4$、$HBrO_4$、HIO_4 的水溶液酸性强弱。

(4)HF、HCl、HBr、HI 的水溶液酸性强弱。

10.3 重要非金属

10.3.1 卤素

1. 单质

(1)物理性质

卤素的单质均为双原子的非极性分子。由 F_2 到 I_2，随着分子量的增大，分子间的色散力增强，熔点、沸点依次升高，密度增大，颜色加深。

所有卤素单质均有毒，具有刺激性气味，强烈刺激人的眼、鼻、气管等，吸入较多的蒸气会严重中毒，甚至死亡。它们的毒性从 F_2 到 I_2 逐渐减轻。吸入氯气，会发生窒息，须立即到新鲜空气处，可吸入适量酒精和乙醚混合蒸气或氨气解毒。Br_2 蒸气有催泪作用，液溴会深度灼伤皮肤，造成难以治愈的创伤，若不慎溅到皮肤上，应立即用大量水冲洗，再用 5% $NaHCO_3$ 溶液淋洗，最后敷上药膏。我国规定企业排放的废气中氯含量不得超过 1 mg/m^3。

Cl_2 极易液化，常温时液化压力约为 600 kPa，市售品均以液氯储存在钢瓶中。

I_2 加热时易升华，利用这一性质可进行粗碘精制。

卤素单质在水中的溶解度不大，Cl_2 微溶于水，氯水呈黄绿色；Br_2 溶解度稍大于 Cl_2，溴水呈黄色；I_2 难溶于水；F_2 遇水剧烈反应。卤素在有机溶剂中的溶解度比在水中大得多，如可溶于乙醇、乙醚、氯仿、四氯化碳、二硫化碳等有机溶剂，医用碘酒是含 I_2 5%的酒精溶液。卤素单质的一些物理性质见表 10-3。

表 10-3　　卤素单质的一些物理性质

性　质	氟(F_2)	氯(Cl_2)	溴(Br_2)	碘(I_2)
状态(20 ℃,101.3 kPa)	气体	气体	易挥发的液体	固体，略有金属光泽
颜色	浅黄绿色	黄绿色	深红棕色	紫黑色
熔点/℃	−219.6	−101	−7.2	113.5
沸点/℃	−188.1	−34.6	58.78	184.4
溶解度(20 ℃)/[g·(100 g H_2O)$^{-1}$]	反应	0.732	3.58	0.029
$\varphi^{\ominus}(X_2/X^-)$/V	2.866	1.358 3	1.087	0.535 5

知识拓展

按照 GB/T 7144—2016《气瓶颜色标志》规定，充装氯气的钢瓶要有深绿色涂膜，并以白色“液氯”字为标志；而充装氟气的钢瓶则用白色涂膜，以黑色“氟”字为标志。

使用钢瓶内液氯时，拧开阀门，液氯汽化逸出。由于汽化需要吸热，致使钢瓶内剩余的液氯温度下降，甚至为 0 ℃以下。空气遇冷凝结，使内有液氯部分的钢瓶外壁有一层白霜，由此可判断钢瓶内剩余液氯的多少。

(2)化学性质

①与金属、非金属的反应

F_2 反应活性最大。除 O_2、N_2、He、Ne、Ar 几种气体外，F_2 能与所有的金属和非金属直接化合，且反应剧烈，常伴有燃烧和爆炸。常温下 F_2 与 Fe、Cu、Mg、Pb、Ni 等金属反应,在金属表面形成一层保护性的金属氟化物薄膜,加热时 F_2 与 Au、Pt 生成氟化物。

Cl_2 也能与各种金属和非金属(除 O_2,N_2 及稀有气体外)直接化合,但有些反应需加热,反应比较剧烈,如 Na,Fe,Cu 都能在氯气中燃烧。潮湿的 Cl_2 在加热条件下能与 Au、Pt 反应。干燥的 Cl_2 不与 Fe 反应,因此可用钢瓶盛装液氯。

一般能与 Cl_2 反应的金属(除贵金属)和非金属同样也能与 Br_2、I_2 反应,只是反应活性降低,特别是 I_2,需较高的温度才能进行。

想一想

比较氢与 F_2、Cl_2、Br_2、I_2 的反应条件及剧烈程度,能得出什么结论?

②与水、碱的反应

F_2 与水剧烈反应并放出氧气

$$2F_2 + 2H_2O \longrightarrow 4HF + O_2$$

Cl_2 与水有两种反应,均有氧气缓慢放出。一是氧化反应,置换出水中的氧。

$$2Cl_2 + 2H_2O \longrightarrow 4HCl + O_2$$

二是歧化反应,生成盐酸和次氯酸,次氯酸见光分解而放出氧气。所以氯水有很强的漂白、杀菌作用。

$$Cl_2 + H_2O \longrightarrow HCl + HClO$$

$$2HClO \xrightarrow{光} 2HCl + O_2$$

Br_2 与水的反应与 Cl_2 相同,非常缓慢地放出氧气。

I_2 不与水反应,能与溶液中的 I^- 结合,生成可溶性的 I_3^-。

$$I_2 + I^- \longrightarrow I_3^-$$

Cl_2、Br_2、I_2 都能与冷的碱溶液发生歧化反应。

$$X_2 + 2OH^- \longrightarrow X^- + XO^- + H_2O \qquad (X = Cl_2、Br_2)$$

$$3I_2 + 6OH^- \longrightarrow 5I^- + IO_3^- + 3H_2O$$

Cl_2、Br_2 与热的碱溶液发生另一种反应。

$$3X_2 + 6OH^- \xrightarrow{\Delta} 5X^- + XO_3^- + 3H_2O \qquad (X = Cl_2、Br_2)$$

③卤素间的置换反应

活泼卤素单质能置换溶液中的较不活泼卤素的阴离子。如工业上先将氯气通入到苦卤中置换出 Br_2,后利用歧化和逆歧化反应提高 Br_2 的浓度。

$$2Br^- + Cl_2 \longrightarrow Br_2 + 2Cl^-$$

碱性溶液　$3CO_3^{2-} + 3Br_2 \longrightarrow 5Br^- + BrO_3^- + 3CO_2\uparrow$

酸性溶液　$5Br^- + BrO_3^- + 6H^+ \xrightarrow{\Delta} 3Br_2 + 3H_2O$

从海藻灰中提取碘,就是向酸化的海藻灰浸泡液中通入氯气,但须注意氯气要适量,否则会发生反应

$$I_2 + 5Cl_2 + 6H_2O \longrightarrow 2HIO_3 + 10HCl$$

④其他氧化性

$$Cl_2 + 2Fe^{2+} \longrightarrow 2Fe^{3+} + 2Cl^-$$

$$Br_2 + 2Fe^{2+} \longrightarrow 2Fe^{3+} + 2Br^-$$

I_2 不能氧化 Fe^{2+}，相反 I^- 却能还原 Fe^{3+} 为 Fe^{2+}。

$$2I^- + 2Fe^{3+} \longrightarrow I_2\downarrow + 2Fe^{2+}$$

？想一想

氟是极强的氧化剂，工业上怎样制备 F_2？实验室怎样制取 Cl_2？实验室可以怎样制取 Br_2 和 I_2？

(3)卤素的用途

氟与其他元素化合时放出大量的热量，可应用于火箭系统中。氟化物稳定，氟常用来制备碳氢化合物的含氟衍生物。氯气用于制备盐酸、农药、染料、有机溶剂，用于漂白纸张、布匹及消毒饮用水，还用于合成含氯塑料、橡胶及处理工业废水。溴和碘用于制造药物，大量的溴用于制造汽油抗爆剂的添加剂(二溴乙烷)。

2. 卤化氢和氢卤酸

(1)卤化氢

卤化氢均为无色气体，有刺激性气味。卤化氢与空气中的水蒸气结合形成酸雾，在空气中会“冒烟”。

卤化氢都是极性共价型分子，液态，不导电，不显酸性。熔点、沸点很低，但随相对分子质量的增大，范德华力依次增大，熔点、沸点按 HCl→HBr→HI 顺序递增，见表 10-4。氟化氢熔点、沸点反常高是由于氢键的存在使 HF 分子发生了缔合作用。

由表 10-4 可见，卤化氢分子中 H—X 键的键能和生成热的负值从 HF 到 HI 依次递减，故它们的热稳定性急剧下降，即 HF＞HCl＞HBr＞HI。实际上 HI 在常温时就有明显的分解现象。

表 10-4　卤化氢的性质

卤化氢	HF	HCl	HBr	HI
熔点/℃	−83	−115	−88	−51
沸点/℃	−20	−85	−67	−35
键能/($kJ\cdot mol^{-1}$)	569	432	366	299
键长/pm	92	127	141	161
生成热/($kJ\cdot mol^{-1}$)	−271	−92	−36	26

(2)氢卤酸(HX)

卤化氢溶于水即得氢卤酸。纯的氢卤酸都是无色液体，具有挥发性。它们的沸点随浓度不同而异。实验室常用试剂级氢卤酸的主要规格见表 10-5。

表 10-5　试剂级氢卤酸的主要规格

氢卤酸(HX)	外 观	质量分数/%	密度/($g\cdot mL^{-1}$)	包 装
氢氟酸(HF)	无色透明	＞40	＞1.130	白色塑料瓶
盐酸(HCl)	无色透明	36～38	1.178 9～1.885	无色玻璃瓶
氢溴酸(HBr)	无色或浅黄色*，透明	＞40	＞1.377 2	棕色玻璃瓶
氢碘酸(HI)	浅黄色*，透明	＞45	1.50～1.55	棕色玻璃瓶(外裹黑纸)

注：* 表示氢溴酸和氢碘酸本无色，但易被空气中的氧所氧化，析出单质溴和碘，使酸略带颜色。氢碘酸存放过久会变成棕黑色。

①氢卤酸的化学性质

a. 酸性

氢卤酸中 HF 是弱酸,其余都是强酸。

b. 还原性

由表 10-3 的电极电势可知卤素负离子的还原能力为 $F^- < Cl^- < Br^- < I^-$。事实上,HF 不能被任何氧化剂所氧化,HCl 只能被一些强氧化剂如 $KMnO_4$、MnO_2、PbO_2、$K_2Cr_2O_7$ 等所氧化。

$$2KMnO_4 + 16HCl \longrightarrow 2KCl + 2MnCl_2 + 5Cl_2\uparrow + 8H_2O$$

$$PbO_2 + 4HCl \longrightarrow PbCl_2 + Cl_2\uparrow + 2H_2O$$

$$K_2Cr_2O_7 + 14HCl \longrightarrow 2CrCl_3 + 2KCl + 3Cl_2\uparrow + 7H_2O$$

HBr 较易被氧化,HI 更易被氧化,空气中的氧就能把 I^- 氧化成单质,所以,氢碘酸和碘化物溶液易变成黄色。

$$4I^- + O_2 + 4H^+ \longrightarrow 2I_2\downarrow + 2H_2O$$

c. 氢氟酸的特性

氢氟酸能与 SiO_2 和硅酸盐反应,生成气态的 SiF_4,可用于溶解各种硅酸盐、刻画玻璃及制造毛玻璃。

$$SiO_2 + 4HF \longrightarrow SiF_4\uparrow + 2H_2O$$

$$CaSiO_3 + 6HF \longrightarrow SiF_4\uparrow + CaF_2 + 3H_2O$$

卤化氢及氢卤酸都有腐蚀性,尤其是氢氟酸有毒且对皮肤有严重的烧蚀性,浓的氢氟酸会灼伤皮肤,难以痊愈。万一把氢氟酸弄到皮肤上,应立即用大量水冲洗,再用 5% $NaHCO_3$ 溶液或 1% NH_3 溶液淋洗,一般能缓解。

氢氟酸是制备单质氟和氟化物的基本原料,如可用来制备“塑料之王”——聚四氟乙烯。

②氢卤酸的制备

氢卤酸的制备方法主要有三种。

a. 直接合成法

卤素与氢直接化合后用水吸收,适用于制盐酸;制氢氟酸反应过于剧烈,且成本高;制氢溴酸和氢碘酸反应慢、产率低,均不适用。

b. 复分解法

氢氟酸可由浓硫酸与萤石矿(CaF_2)反应制得;盐酸可由浓硫酸与固体食盐共热制得,但该方法已逐渐被淘汰;氢溴酸和氢碘酸由浓磷酸与卤化物共热制得。

c. 非金属卤化物与水反应

此法可用于制备氢溴酸和氢碘酸,由单质溴或碘与红磷在水中作用,生成 PBr_3 或 PI_3,但立即水解生成 HBr 或 HI。

$$2P + 3Br_2 + 6H_2O \longrightarrow 2H_3PO_3 + 6HBr$$

$$2P + 3I_2 + 6H_2O \longrightarrow 2H_3PO_3 + 6HI$$

练一练

写出复分解法制取 HF、HCl、HBr 和 HI 的化学反应方程式。

知识拓展

工业盐酸因含有杂质 $FeCl_3$ 和 Cl_2 而呈黄色，可用蒸馏法提纯。蒸馏前加入还原剂，如 $SnCl_2$，使 $FeCl_3$ 和 Cl_2 分别转变为不易挥发的 $FeCl_2$ 和氯化物，留在蒸馏瓶底液中除去。蒸馏时，无论用稀盐酸或浓盐酸，最终都会达到一种组成和沸点都不再改变的恒沸状态，恒沸点为 110 ℃，组成为 HCl 20.24%，H_2O 79.76%。其他几种氢卤酸也有此性质。

3. 卤素的含氧酸及其盐

氟的电负性比氧大，没有含氧酸及其盐。卤素的几种含氧酸见表 10-6。这些酸中，除碘酸和高碘酸能得到比较稳定的固体结晶外，其他都不稳定，多数只能存在于溶液中，但相应的盐很稳定，得到普遍应用。

表 10-6　　卤素的含氧酸

名　称	卤素氧化数	氯	溴	碘
次卤酸	+1	$HClO^*$	$HBrO^*$	HIO^*
亚卤酸	+3	$HClO_2^*$	$HBrO_2^*$	—
卤 酸	+5	$HClO_3^*$	$HBrO_3^*$	HIO_3
高卤酸	+7	$HClO_4$	$HBrO_4^*$	HIO_4

注：* 表示仅存在于溶液中。

卤素含氧酸及其盐突出的性质是氧化性。下面重点介绍氯的含氧酸及其盐。

(1)次氯酸及其盐

将氯气通入水中即有次氯酸(HClO)生成。次氯酸是很弱的酸，比碳酸还弱，很不稳定，仅以稀溶液存在。次氯酸能以两种方式分解

$$2HClO \xrightarrow{光} 2HCl\uparrow + O_2\uparrow$$

$$3HClO \xrightarrow{\triangle} 2HCl\uparrow + HClO_3$$

基于第一种反应，次氯酸有很强的氧化性。

将氯气通入 NaOH 溶液中，可得高浓度的次氯酸钠(NaClO)，且次氯酸钠稳定性大于次氯酸，所以工业上不直接用氯水而用次氯酸钠溶液。

工业上，在价廉的消石灰中通入氯气制漂白粉，其反应为

$$2Cl_2 + 3Ca(OH)_2 \longrightarrow Ca(ClO)_2 + CaCl_2 \cdot Ca(OH)_2 \cdot H_2O + H_2O$$

此反应放热，生成的有效成分(次氯酸钙)会发生歧化反应，生成氯酸钙而失效，因此制备时需控制温度在 40 ℃以下。漂白粉与易燃物混合易引起燃烧甚至爆炸。漂白粉有毒，吸入体内会引起咽喉疼痛甚至全身中毒。

次氯酸根 ClO^- 在碱性溶液中还会进一步歧化

$$3ClO^- \longrightarrow 2Cl^- + ClO_3^-$$

而 ClO_3^- 的氧化能力远不如 ClO^-，但此反应在室温下十分缓慢，不会影响次氯酸钠的使用。

想一想

已知 $\varphi_A^\ominus(HClO/Cl^-)=1.482$ V，$\varphi_B^\ominus(ClO^-/Cl^-)=0.841$ V，问为什么在使用次氯酸钠时，需加入适量的酸。

(2)亚氯酸及其盐

亚氯酸($HClO_2$)酸性比次氯酸稍强,属于中强酸。亚氯酸只能在溶液中存在。亚氯酸盐比亚氯酸稳定。与有机物混合易发生爆炸,须密闭储存在阴暗处。

(3)氯酸及其盐

氯酸($HClO_3$)是强酸,酸性与盐酸和硝酸接近。稳定性比次氯酸和亚氯酸高,但也只能存在于溶液中。氯酸也是一种强氧化剂,但氧化能力不如次氯酸和亚氯酸。氯酸蒸发浓缩时浓度不要超过 40%,否则会有爆炸危险。

氯酸盐比氯酸稳定。$KClO_3$ 是无色透明晶体,有毒,内服 2~3 g 就会致命。$KClO_3$ 与易燃物或有机物混合,受撞击极易爆炸,工业上用于制造火柴和焰火。

$KClO_3$ 在碱性溶液中无氧化作用,在酸性溶液中是强氧化剂。碘能从氯酸盐的酸性溶液中置换出 Cl_2。

$$2ClO_3^- + I_2 + 2H^+ \longrightarrow 2HIO_3 + Cl_2\uparrow$$

固体 $KClO_3$ 是强氧化剂,在有催化剂存在时,受热(300 ℃左右)分解。

$$2KClO_3 \xrightarrow[\triangle]{催化剂} 2KCl + 3O_2\uparrow$$

若无催化剂,则高温分解。

$$4KClO_3 \xrightarrow{高温} 3KClO_4 + KCl$$

$$KClO_4 \xrightarrow{高温} KCl + 2O_2\uparrow$$

(4)高氯酸及其盐

高氯酸($HClO_4$)是最强的含氧酸。无水高氯酸为无色透明的发烟液体,是极强的氧化剂,有时会爆炸,常用作高能燃料的氧化剂。高氯酸溶液的氧化性是氯的含氧酸中最强的。浓度低于 60% 的 $HClO_4$ 对热稳定,试剂级为 70%~72%,储存和使用要格外小心。

高氯酸盐是氯的含氧化合物中最稳定的,多为无色晶体。高氯酸盐水溶液几乎没有氧化性,但固体盐在高温(600 ℃以上)时分解放出氧,是强氧化剂,用于制造威力较大的炸药。

练一练

根据氯的含氧酸及其盐的主要化学性质填空。

氧化性( ) ↓

$HClO$　　$HClO_2$　　$HClO_3$　　$HClO_4$

酸性( ),氧化性( ),热稳定性( ) →

$MClO$　　$MClO_2$　　$MClO_3$　　$MClO_4$

热稳定性( ) ↓

知识拓展

某些非金属原子团能自相结合成分子,具有卤素单质相似的性质,故称其为拟卤素。重要的拟卤素有氰$(CN)_2$、硫氰$(SCN)_2$和氧氰$(OCN)_2$等。拟卤素与卤素相似性主要表现在:游离态都易挥发;与金属化合物易形成盐(如 KCN、KSCN、KOCN),而且银、汞

(Ⅰ)、铅的盐都不溶于水；与氢形成弱酸 HCN、HSCN、HOCN，其解离常数分别为 6.2×10^{-10}、1.4×10^{-1}、2.0×10^{-4}；阴离子性质相似，例如都能作为配位体形成配合物。硫氰化物是常用的分析试剂。应当注意，氢化氰与氰化物(即氢氰酸的盐)都有剧毒！

10.3.2 氧及其化合物

1.单质

(1)物理性质

氧有氧气(O_2)和臭氧(O_3)两种单质。氧气微溶于水，标准状况下，1 L 水中含溶解氧 49.1 mL。通常氧气由分馏液态空气或电解水制得。常压下，温度降至 −183 ℃，氧气即凝结为浅蓝色液体。

O_3是浅蓝色气体，因有鱼腥臭味而被称为臭氧。在雷击、闪电及电焊时，部分 O_2 转变成 O_3。在离地面 20～40 km 的高空有臭氧层，能吸收太阳光对地球 99%的紫外线辐射，有保护地球生物的作用。

(2)化学性质

氧单质的化学性质主要表现为氧化性。比较氧单质的电极电势可看出，O_3 是比 O_2 更强的氧化剂。

酸性溶液 $O_2 + 4H^+ + 4e^- \rightleftharpoons 2H_2O$ $\varphi^{\ominus}(O_2/H_2O) = 1.229\ V$

$O_3 + 2H^+ + 2e^- \rightleftharpoons O_2 + H_2O$ $\varphi^{\ominus}(O_3/H_2O) = 2.076\ V$

碱性溶液 $O_2 + 2H_2O + 4e^- \rightleftharpoons 4OH^-$ $\varphi^{\ominus}(O_2/OH^-) = 0.401\ V$

$O_3 + H_2O + 2e^- \rightleftharpoons O_2 + 2OH^-$ $\varphi^{\ominus}(O_3/OH^-) = 1.24\ V$

O_2在常温下性质不太活泼，但在加热或高温时其活泼性增强，能与绝大部分金属单质(除 Au、Pt 等少数贵金属外)和非金属单质(除卤素、稀有气体外)直接化合，生成相应的氧化物，并放出大量的热。例如：

$$2Mg(s)+O_2(g)\xrightarrow{\triangle}2MgO(s);\qquad \Delta_r H_m^{\ominus} = -1\ 204\ kJ/mol$$

$$S(s)+O_2(g)\xrightarrow{\triangle}SO_2(g);\qquad \Delta_r H_m^{\ominus} = -297\ kJ/mol$$

O_2还能将一些具有还原性的化合物氧化，在酸性条件下，其氧化能力更强。例如：

$$4FeCl_2 + O_2 + 4HCl \longrightarrow 4FeCl_3 + 2H_2O$$

O_3很不稳定，在常温下能缓慢分解为 O_2，200℃以上分解较快，纯的液态 O_3 容易爆炸。

$$2O_3(g)\longrightarrow 3O_2(g);\qquad \Delta_r H_m^{\ominus} = -285\ kJ/mol$$

由于 O_3 氧化性很强，因此一些在常温下与 O_2 不能反应的物质可与 O_3 迅速反应。例如，KI 在溶液中可被 O_3 氧化为 I_2，此反应常用于 O_3 的检验。

$$O_3 + 2I^- + 2H^+ \longrightarrow I_2 + O_2 + H_2O$$

一些易燃物(如煤气、松节油)在 O_3 中可自燃。

利用 O_3 的强氧化性及无二次污染的特点，可应用于面粉、纸浆、棉麻的漂白及皮毛的脱臭，以及用于水处理、空气净化等，而不产生异味。尽管空气中含有微量的 O_3 有益于人体健康，但当 O_3 含量高于 1 mL/m³ 时，对人体是有害的。例如，会刺激呼吸道及眼睛，并引起头痛等症状，对肺功能也有影响。

O_3由于其强氧化作用，还对橡胶和某些塑料有特殊的破坏作用。

2. 过氧化氢

过氧化氢(H_2O_2)纯品是一种无色黏稠的液体，能和水以任意比混合。市售品有30%和3%两种。过氧化氢气体和浓溶液对皮肤有较强的烧蚀性，30% H_2O_2 溶液会刺痛皮肤，若不慎弄到皮肤上须立即用大量水冲洗。

H_2O_2 分子间因存在氢键而有缔合作用，其缔合度比水大，密度约为水的1.5倍。它的主要化学性质包括：

(1)热稳定性差

过氧化氢不稳定，能自然分解

$$2H_2O_2 \longrightarrow 2H_2O + O_2\uparrow \qquad \Delta_r H_m^\ominus = -196\ \mathrm{kJ/mol}$$

光照、加热会加速分解，故需用棕色瓶储将其存于低温暗处。微量的 Mn^{2+}、Cr^{3+}、Fe^{3+}、Cu^{2+}、MnO_2、I_2 等对 H_2O_2 的分解有催化作用，而微量的锡酸钠和焦磷酸钠能抑制 H_2O_2 的分解。浓度高于65%的 H_2O_2 与有机物接触易发生爆炸。

(2)弱酸性

H_2O_2 是一种极弱的酸

$$H_2O_2 \rightleftharpoons HO_2^- + H^+$$

25 ℃时，$K_1^\ominus = 2.2\times10^{-12}$，而 $K_2^\ominus$ 更小，约为 1×10^{-25}。

Na_2O_2、CaO_2 和 BaO_2 则可看成是 H_2O_2 的盐。

(3)氧化还原性

有关电极电势为

酸性介质	$H_2O_2 + 2H^+ + 2e^- \rightleftharpoons 2H_2O$	$\varphi^\ominus(H_2O_2/H_2O) = 1.776\ V$
	$O_2 + 2H^+ + 2e^- \rightleftharpoons H_2O_2$	$\varphi^\ominus(O_2/H_2O_2) = 0.695\ V$
碱性介质	$HO_2^- + H_2O + 2e^- \rightleftharpoons 3OH^-$	$\varphi^\ominus(HO_2^-/OH^-) = 0.88\ V$
	$O_2 + H_2O + 2e^- \rightleftharpoons HO_2^- + OH^-$	$\varphi^\ominus(O_2/HO_2^-) = -0.076\ V$

由于 H_2O_2 中O的氧化数为−1，所以 H_2O_2 既有氧化性又有还原性。从标准电极电势可知，无论在酸性介质还是在碱性介质中 H_2O_2 都是一种较强的氧化剂，而在酸性溶液中更为突出。例如

$$2Fe^{2+} + H_2O_2 + 4OH^- \longrightarrow 2Fe(OH)_3\downarrow$$

$$2Fe^{2+} + H_2O_2 + 2H^+ \longrightarrow 2Fe^{3+} + 2H_2O$$

$$2I^- + H_2O_2 + 2H^+ \longrightarrow I_2 + 2H_2O$$

$$PbS + 4H_2O_2 \longrightarrow PbSO_4 + 4H_2O$$

只有遇到比它更强的氧化剂时，H_2O_2 才能被氧化，并放出 O_2。例如

$$2MnO_4^- + 5H_2O_2 + 6H^+ \longrightarrow 2Mn^{2+} + 5O_2\uparrow + 8H_2O$$

$$MnO_2 + H_2O_2 + 2H^+ \longrightarrow Mn^{2+} + O_2\uparrow + 2H_2O$$

$$Cl_2 + H_2O_2 \longrightarrow 2HCl + O_2$$

上述三个反应很有实际意义，可用来测定 H_2O_2 含量、清洗附着 MnO_2 污迹的玻璃器皿以及除去反应系统剩余的 Cl_2，以减少大气污染。

在碱性介质中，H_2O_2 可以使 Mn^{2+} 转化为 MnO_2，使 CrO_2^- 转化为 CrO_4^{2-}。

H_2O_2 是一种无公害的强氧化剂，对环境污染小，被广泛用作织物和纸浆等的漂白剂、食品工业的消毒剂。3%H_2O_2 溶液在医药上用作消毒剂。

想一想

已知 $\varphi_A^{\ominus}(IO_3^-/I_2)=1.195\ V$，分析 H_2O_2 与 HIO_3 在酸性淀粉溶液中的反应现象，写出有关反应方程式。

练一练

实验室中可怎样测定 H_2O_2 的含量？怎样清洗附有 MnO_2 污迹的器皿？写出反应方程式。

10.3.3 硫及其化合物

1. 单质硫

硫有许多同素异形体，最常见的是晶状的斜方硫和单斜硫。常见的天然硫即斜方硫，是柠檬黄色固体。单斜硫是暗黄色针状固体。95.5 ℃是这两种同素异形体的转变温度。

斜方硫和单斜硫都是分子晶体，每个分子由 8 个 S 原子组成环状结构。它们都不溶于水，易溶于二硫化碳、四氯化碳等溶剂。

硫的化学性质比较活泼，能与许多金属和非金属化合。例如

$$2Al + 3S \longrightarrow Al_2S_3$$

$$Hg + S \longrightarrow HgS$$

$$C + 2S \longrightarrow CS_2$$

硫还能与热酸、热碱反应

$$S + 2H_2SO_4(浓) \xrightarrow{\triangle} 3SO_2\uparrow + 2H_2O$$

$$3S + 6NaOH \xrightarrow{\triangle} 2Na_2S + Na_2SO_3 + 3H_2O$$

2. 硫化氢和硫化物

(1)硫化氢

硫化氢(H_2S)是无色有臭鸡蛋气味的有毒气体。国家规定企业排放的废气中 H_2S 含量不得超过 0.01 mg/L。

H_2S 气体稍溶于水，20 ℃时 1 体积水能溶解 2.6 体积的 H_2S，所得饱和溶液浓度约为 0.1 mol/L。其水溶液的化学性质主要是：

①弱酸性。H_2S 的水溶液称为氢硫酸，是一种易挥发的二元弱酸。

$$H_2S \rightleftharpoons H^+ + HS^- \qquad K_1^{\ominus}=1.3\times10^{-7}$$

$$HS^- \rightleftharpoons H^+ + S^{2-} \qquad K_2^{\ominus}=7.1\times10^{-15}$$

②较强还原性。H_2S 的水溶液暴露在空气中易被氧化而析出单质 S。H_2S 在空气中燃烧，生成 SO_2 和 H_2O，空气不足时生成 S 和 H_2O。

H_2S 有较强还原性，在碱性溶液中更强。许多氧化剂都能氧化 H_2S。例如

$$H_2S + I_2 \longrightarrow S + 2HI$$

$$H_2S + 4Cl_2 + 4H_2O \longrightarrow H_2SO_4 + 8HCl$$

③与重金属离子反应。H_2S 能与许多重金属离子反应，生成金属硫化物沉淀。例如

$$Pb(Ac)_2 + H_2S \longrightarrow 2HAc + PbS\downarrow$$

实验室中，常用湿润的 $Pb(Ac)_2$ 试纸检验有无 H_2S 气体逸出。

工业上用 Na_2S 与稀硫酸反应制 H_2S。

(2)硫化物

酸式金属硫化物皆溶于水。金属硫化物除碱金属硫化物和$(NH_4)_2S$ 易溶于水外，其余多难溶于水。硫化物都有特征颜色，如 Na_2S、ZnS 为白色；FeS、PbS、HgS、CuS、Ag_2S 为黑色；CdS 为黄色等。

难溶金属硫化物根据其在酸中溶解情况可分为四类：

①溶于稀盐酸。如 FeS、MnS、ZnS 等。

$$FeS + 2H^+ \longrightarrow Fe^{2+} + H_2S\uparrow$$

②难溶于稀盐酸，易溶于浓盐酸。如 CdS、PbS、SnS_2 等。

$$PbS + 2H^+ + 4Cl^- \longrightarrow [PbCl_4]^{2-} + H_2S\uparrow$$

③不溶于盐酸，溶于硝酸。如 CuS、Ag_2S 等。

$$3CuS + 8HNO_3 \longrightarrow 3Cu(NO_3)_2 + 3S\downarrow + 2NO\uparrow + 4H_2O$$

④只溶于王水。如 HgS。

$$3HgS + 2HNO_3 + 12HCl \longrightarrow 3[HgCl_4]^{2-} + 6H^+ + 3S\downarrow + 2NO\uparrow + 4H_2O$$

可溶性金属硫化物如 Na_2S、$(NH_4)_2S$ 的水溶液在空气中会被氧化而析出 S，S 与 S^{2-} 结合成多硫离子 S_x^{2-}，溶液颜色变深。

$$2Na_2S + 2H_2O + O_2 \longrightarrow 2S\downarrow + 4NaOH$$

所有金属硫化物无论易溶或微溶都有一定程度的水解性。Na_2S 溶于水几乎全部水解，其溶液作为强碱使用，工业上称 Na_2S 为硫化碱。Cr_2S_3、Al_2S_3 遇水完全水解。所以这类化合物只能用"干法"合成。

$$Al_2S_3 + 6H_2O \longrightarrow 2Al(OH)_3\downarrow + 3H_2S\uparrow$$

根据硫化物溶解性的不同，可以用于定性分析、提纯及分离金属离子。

想一想

怎样利用 H_2S 与 Fe^{2+} 溶液反应制取 FeS？

知识拓展

将可溶性硫化物如 Na_2S，$(NH_4)_2S$ 的溶液与硫共热，可得多硫化物。例如

$$Na_2S + (x-1)S \longrightarrow Na_2S_x \quad (x=2\sim6，个别可达 9)$$

多硫化物是有颜色的，随硫原子数的增加，由黄色到棕红色。$x=2$ 的多硫化物也称为过硫化物。多硫化物在酸性溶液中不稳定，易分解为 H_2S 和单质硫而使溶液变浑浊。黄铁矿 FeS_2 是铁的多硫化物。多硫化物具有一定的氧化性和还原性。

3. 硫的氧化物和含氧酸

(1)二氧化硫和亚硫酸

二氧化硫(SO_2)是无色、有强烈刺激性气味的有毒气体。易溶于水，1 体积水能溶解 40 体积的 SO_2；容易液化，0 ℃时的液化压力仅为 193 kPa。液态二氧化硫用作制冷剂，储存在钢瓶中备用。

SO_2 溶于水生成亚硫酸(H_2SO_3)。其主要化学性质是:

①不稳定。H_2SO_3 只能在水溶液中存在,受热分解加快,放出 SO_2。

②酸性。H_2SO_3 酸性比碳酸强,是一种二元中强酸。

$$H_2SO_3 \rightleftharpoons H^+ + HSO_3^- \qquad K_1^\ominus = 1.3\times10^{-2}$$

$$HSO_3^- \rightleftharpoons H^+ + SO_3^{2-} \qquad K_2^\ominus = 6.3\times10^{-8}$$

③氧化还原性。有关电极电势:

酸性介质　$H_2SO_3 + 4H^+ + 4e^- \rightleftharpoons S + 3H_2O \qquad \varphi^\ominus(H_2SO_3/S) = 0.45\ V$

$SO_4^{2-} + 4H^+ + 2e^- \rightleftharpoons H_2SO_3 + H_2O \qquad \varphi^\ominus(SO_4^{2-}/H_2SO_3) = 0.17\ V$

碱性介质　$SO_4^{2-} + H_2O + 2e^- \rightleftharpoons SO_3^{2-} + 2OH^- \qquad \varphi^\ominus(SO_4^{2-}/SO_3^{2-}) = -0.93\ V$

SO_2 和 H_2SO_3 既有氧化性又有还原性,但以还原性为主,且在碱性溶液中更强。Cl_2、Br_2、I_2 及 $KMnO_4$ 等都可以将其氧化,甚至空气中的 O_2 也能将其氧化,因此 H_2SO_3 不能长期保存。氧化产物一般都是 SO_4^{2-}。例如

$$IO_3^- + 3SO_2 + 3H_2O \longrightarrow I^- + 3SO_4^{2-} + 6H^+$$

$$Cl_2 + SO_3^{2-} + H_2O \longrightarrow 2Cl^- + SO_4^{2-} + 2H^+$$

$$2MnO_4^- + 5SO_3^{2-} + 6H^+ \longrightarrow 2Mn^{2+} + 5SO_4^{2-} + 3H_2O$$

$$I_2 + H_2SO_3 + H_2O \longrightarrow H_2SO_4 + 2HI$$

$$2Na_2SO_3 + O_2 \longrightarrow 2Na_2SO_4$$

SO_2 或 H_2SO_3 只有在与强还原剂相遇时才表现出氧化性。

$$2H_2S + H_2SO_3 \longrightarrow 3S\downarrow + 3H_2O$$

SO_2 能和一些有机色素结合成为无色的化合物,可用于漂白纸张、草帽等。但由于 SO_2 与有机色素形成的无色加合物不稳定,容易分解,所以漂白后日久会逐渐恢复原来的颜色。

查一查

查阅有关电极电势,判断 SO_2 与 I_2 水溶液能否反应?如能反应,写出反应方程式。

(2)三氧化硫和硫酸

常温下三氧化硫(SO_3)是无色液体,沸点为 44.8 ℃,在16.8 ℃时凝固成无色易挥发的固体。SO_3 是一种强氧化剂。

SO_3 与水极易化合而生成硫酸(H_2SO_4),同时放出大量的热量,故 SO_3 在潮湿空气中易形成酸雾。

①硫酸的性质。纯硫酸是一种无色油状液体。商品硫酸有 92%和 98%两种,密度分别为 1.82 g/mL 和 1.84 g/mL。将 SO_3 通入浓硫酸中即得发烟硫酸,其中最简单的是焦硫酸 $H_2S_2O_7$(其中 H_2SO_4 与 SO_3 的物质的量之比为 1∶1)。

a.酸性。H_2SO_4 是二元强酸。第一步完全解离;第二步解离并不完全,HSO_4^- 相当于中强酸。

$$H_2SO_4 \longrightarrow H^+ + HSO_4^-$$

$$HSO_4^- \longrightarrow H^+ + SO_4^{2-} \qquad K_2^\ominus = 1.2\times10^{-2}$$

b.吸水性和脱水性。浓硫酸能以任意比与水混合,同时放出大量的热量。H_2SO_4 能与水形成一系列的稳定水合物,故浓硫酸有强烈的吸水性,可作干燥剂。

浓硫酸还具有脱水性,能从有机物中按水的组成比把 H 和 O 夺取出来。如

$$xC_{12}H_{22}O_{11}(\text{蔗糖}) + 11H_2SO_4(\text{浓}) \longrightarrow 12xC\downarrow + 11H_2SO_4\cdot xH_2O$$

c. 氧化性。浓硫酸是中等强度的氧化剂,但在加热的条件下显强氧化性,几乎能氧化所有的金属(不包括 Pt 和 Au)和一些非金属。还原产物一般是 SO_2,若遇活泼金属会被还原为 S 或 H_2S,与反应条件(固体的粒度、温度等)有关。

$$Cu + 2H_2SO_4(\text{浓}) \xrightarrow{\triangle} CuSO_4 + SO_2\uparrow + 2H_2O$$

$$Zn + 2H_2SO_4(\text{浓}) \longrightarrow ZnSO_4 + SO_2\uparrow + 2H_2O$$

或 $$3Zn + 4H_2SO_4(\text{浓}) \longrightarrow 3ZnSO_4 + S + 4H_2O$$

或 $$4Zn + 5H_2SO_4(\text{浓}) \longrightarrow 4ZnSO_4 + H_2S\uparrow + 4H_2O$$

$$2P + 5H_2SO_4(\text{浓}) \xrightarrow{\triangle} 2H_3PO_4 + 5SO_2\uparrow + 2H_2O$$

$$C + 2H_2SO_4(\text{浓}) \xrightarrow{\triangle} CO_2\uparrow + 2SO_2\uparrow + 2H_2O$$

此外,冷的浓硫酸(93%以上)遇 Fe、Al 表现为"钝态",故可将浓硫酸装在铁罐中储运。据研究,当硫酸浓度为 50%~60%时,铁的溶解速率最大。

浓硫酸能严重灼伤皮肤,万一误溅,应立即用抹布擦去,再用大量水冲洗,最后用 3%~5% $NaHCO_3$ 溶液或稀氨水浸泡片刻。

②硫酸的制备

世界各国普遍采用接触法生产硫酸,原料主要是硫黄、硫铁矿或冶炼厂烟道气。

首先,焙烧硫铁矿或硫黄制 SO_2。

$$4FeS_2 + 11O_2 \xrightarrow{\triangle} 2Fe_2O_3 + 8SO_2\uparrow$$

$$S + O_2 \xrightarrow{\triangle} SO_2\uparrow$$

然后,在催化剂作用下,将 SO_2 氧化为 SO_3。

$$2SO_2 + O_2 \xrightarrow[420\sim500\ ^\circ\mathrm{C}]{V_2O_5} 2SO_3$$

最后,是 SO_3 的吸收。用 98.3%的浓硫酸吸收 SO_3,再加入适量 92.5%的稀硫酸将浓度调到 98%(约为 18 mol/L),此即为市售品。

我国硫酸总产量的 65%用于生产化肥,其余用于化工、冶金及石油工业。

(3)硫的其他含氧酸

硫能形成种类繁多的含氧酸,如连二亚硫酸($H_2S_2O_4$)、焦亚硫酸($H_2S_2O_5$)、硫代硫酸($H_2S_2O_3$)、焦硫酸($H_2S_2O_7$)、过硫酸($H_2S_2O_8$),除 H_2SO_4 和 $H_2S_2O_7$ 外,其他酸只能存在于溶液中,但其盐却比较稳定。

4. 硫的含氧酸盐

(1)硫酸盐

常见金属元素几乎都能形成硫酸盐。硫酸盐均属于离子晶体。其性质为:

①溶解性。酸式硫酸盐均易溶于水。正硫酸盐中只有 $CaSO_4$、$BaSO_4$、$SrSO_4$、$PbSO_4$、Ag_2SO_4 不溶或微溶,其余均易溶。$BaSO_4$ 不溶于酸和王水,据此鉴定和分离 Ba^{2+} 或 SO_4^{2-}。

②热稳定性。ⅠA 族和ⅡA 族元素的硫酸盐对热很稳定,过渡元素的硫酸盐则较差,受热分解成金属氧化物和 SO_3,或进一步分解成金属单质。

$$CuSO_4 \xrightarrow{\triangle} CuO + SO_3\uparrow$$

$$Ag_2SO_4 \xrightarrow{\triangle} Ag_2O + SO_3\uparrow$$

$$2Ag_2O \xrightarrow{\triangle} 4Ag + O_2\uparrow$$

同一金属的酸式硫酸盐不如正盐稳定。酸式硫酸盐加热到熔点以上转变为焦硫酸盐,再加热,进一步分解为正盐和 SO_3。

③水合作用。可溶性硫酸盐从溶液中析出后常带有结晶水,如 $CuSO_4 \cdot 5H_2O$、$ZnSO_4 \cdot 7H_2O$、$FeSO_4 \cdot 7H_2O$、$Na_2SO_4 \cdot 10H_2O$ 等。这些盐受热易失去部分或全部结晶水,故在制备过程中可以自然晾干。

④易形成复盐。硫酸盐的另一特性是容易形成复盐。例如

钾明矾　$K_2SO_4 \cdot Al_2(SO_4)_3 \cdot 24H_2O$

摩尔盐　$(NH_4)_2SO_4 \cdot FeSO_4 \cdot 6H_2O$

铬钾矾　$K_2SO_4 \cdot Cr_2(SO_4)_3 \cdot 24H_2O$

(2)硫代硫酸钠。硫代硫酸钠($Na_2S_2O_3$)是无色透明的结晶,易溶于水,其水溶液显弱碱性。将硫粉溶于沸腾的亚硫酸钠碱性溶液中便可制得 $Na_2S_2O_3$。

$$Na_2SO_3 + S \xrightarrow{\triangle} Na_2S_2O_3$$

$Na_2S_2O_3$ 在中性和碱性溶液中很稳定,在酸性溶液中由于生成不稳定的 $H_2S_2O_3$ 而分解。

$$Na_2S_2O_3 + 2HCl \longrightarrow S + SO_2\uparrow + 2NaCl + H_2O$$

$Na_2S_2O_3$ 有显著的还原性,其还原碘的反应用于化学分析的碘量法中。

$$I_2 + 2Na_2S_2O_3 \longrightarrow 2NaI + Na_2S_4O_6$$

$S_2O_3^{2-}$ 能与 Cl_2、Br_2 等较强氧化剂发生反应,被氧化为 SO_4^{2-}。

$$S_2O_3^{2-} + 4Br_2 + 5H_2O \longrightarrow 2SO_4^{2-} + 8Br^- + 10H^+$$

$S_2O_3^{2-}$ 有很强的配位作用,AgBr 可溶于过量的 $Na_2S_2O_3$ 溶液中。

$$2S_2O_3^{2-} + AgBr \longrightarrow [Ag(S_2O_3)_2]^{3-} + Br^-$$

$Na_2S_2O_3$ 与过量的 Ag^+ 反应生成 $Ag_2S_2O_3$ 白色沉淀,$Ag_2S_2O_3$ 水解最后生成黑色 Ag_2S 沉淀,颜色逐渐由白变黄、变棕,最后为黑,此现象用于 $S_2O_3^{2-}$ 的鉴定。

$$S_2O_3^{2-} + 2Ag^+ \longrightarrow Ag_2S_2O_3\downarrow$$

$$Ag_2S_2O_3 + H_2O \longrightarrow Ag_2S\downarrow + SO_4^{2-} + 2H^+$$

如 $Na_2S_2O_3$ 过量,则 $Ag_2S_2O_3$ 生成配合物而溶解。

$$Ag_2S_2O_3 + 3Na_2S_2O_3 \longrightarrow 2Na_3[Ag(S_2O_3)_2]$$

(3)过硫酸盐

过硫酸盐与有机物混合,易引起燃烧或爆炸,必须密闭储存于阴凉处。常用过硫酸盐有 $K_2S_2O_8$ 和$(NH_4)_2S_2O_8$。

过硫酸盐易水解,生成 H_2O_2,用于工业上制备 H_2O_2。

$$(NH_4)_2S_2O_8 + 2H_2O \longrightarrow 2NH_4HSO_4 + H_2O_2$$

过硫酸盐不稳定,受热容易分解。

$$2K_2S_2O_8 \xrightarrow{\triangle} 2K_2SO_4 + 2SO_3\uparrow + O_2\uparrow$$

过硫酸盐是极强的氧化剂，还原产物是 SO_4^{2-}。如在 Ag^+ 催化下，将 Mn^{2+} 氧化成 MnO_4^-。

$$2Mn^{2+} + 5S_2O_8^{2-} + 8H_2O \xrightarrow{Ag^+} 2MnO_4^- + 10SO_4^{2-} + 16H^+$$

练一练

写出 $K_2S_2O_8$ 氧化 Cu、Fe^{2+}、MnO_2 的化学反应方程式。

10.3.4 氮及其化合物

1. 氮气

氮气是无色、无味的气体。难溶于水，难以液化。工业上制备大量的氮时由分馏液态空气制得，通常在约 15 MPa 压力下装入钢瓶中备用。

组成 N_2 分子的两个 N 原子以三键结合，键能大。故氮气在常温下化学性质极不活泼，常用作保护气体。但在高温特别是有催化剂存在时，氮气能和某些金属如 Mg、Ca、Sr、Ba 等化合生成氮化物，也能与 H_2、O_2 化合。

实验室常用加热饱和氯化铵溶液和固体亚硝酸钠的混合物的方法来制取氮。

$$NH_4Cl + NaNO_2 \longrightarrow NH_4NO_2 \uparrow + NaCl$$

$$NH_4NO_2 \xrightarrow{\triangle} N_2 \uparrow + 2H_2O$$

工业上的氮主要用于合成氨、制取硝酸、作为保护气体及深度冷冻剂。

2. 氨和铵盐

(1)氨

氨(NH_3)是无色有刺激性臭味的气体。NH_3 在常压下冷却到 −33 ℃或25 ℃加压到 990 kPa 即液化，储存在钢瓶中备用，可作制冷剂。须注意钢瓶减压阀不能用铜制品，否则会迅速被 NH_3 腐蚀。

NH_3 极易溶于水，常温时 1 体积水能溶解 400 体积的 NH_3，NH_3 溶于水后体积显著增大，故氨水越浓，溶液密度反而越小。市售氨水浓度为 25%～28%，密度约为 0.9 g/mL。

NH_3 的化学性质主要有以下三方面：

①加合反应。NH_3 与 H^+ 可通过配位键结合成 NH_4^+，还能和许多金属离子通过配位键加合成氨合离子，如$[Cu(NH_3)_4]^{2+}$、$[Ag(NH_3)_2]^+$ 等。

NH_3 与水通过氢键加合生成氨的水合物，已确定的氨的水合物有 $NH_3 \cdot H_2O$ 和 $2NH_3 \cdot H_2O$ 两种，通常表示为 $NH_3 \cdot H_2O$。NH_3 溶于水后生成水合物的同时，发生少部分解离而显碱性。

$$NH_3 + H_2O \rightleftharpoons NH_3 \cdot H_2O \rightleftharpoons NH_4^+ + OH^-$$

②还原性。NH_3 在空气中不能燃烧，但在氧气中可以燃烧。

$$4NH_3 + 3O_2 \xrightarrow{燃烧} 2N_2 + 6H_2O$$

在催化剂存在下，NH_3 可被 O_2 氧化为 NO。

$$4NH_3 + 5O_2 \xrightarrow{催化剂} 4NO + 6H_2O$$

NH_3 在空气中的爆炸极限浓度为 16%～27%，要防止明火。NH_3 和 Cl_2，Br_2 能强烈反应，因此可用浓氨水检验氯气管道或液溴管道是否漏气。

知识拓展

检查氯气管道是否漏气，可用一小瓶浓氨水沿氯气管道移动，有白雾出现的位置一定漏气。白雾为生成的NH_4Cl，是白色固体微粒，反应方程式为

$$2NH_3 + 3Cl_2 \longrightarrow N_2 + 6HCl$$

$$NH_3 + HCl \longrightarrow NH_4Cl$$

可见操作时必须用浓氨水，并保证NH_3过量。否则Cl_2过量，反应将按下式进行而得不到预期效果。

$$NH_3 + 3Cl_2 \longrightarrow NCl_3 + 3HCl$$

③取代反应。NH_3遇活泼金属，其中的H可被取代，生成氨基（—NH_2）化合物、亚氨基（═NH）化合物和氮（≡N）的化合物。例如

$$2NH_3 + 2Na \xrightarrow{350\ ℃} 2NaNH_2 + H_2$$

NH_3还可以氨基或亚氨基取代其他化合物中的原子或原子团，如

$$2NH_3 + HgCl_2 \longrightarrow Hg(NH_2)Cl\downarrow + NH_4Cl$$

(2)铵盐

铵盐多为无色晶体，易溶于水。铵盐都是重要的化学肥料。铵盐有以下通性：

①热稳定性差。固体铵盐加热极易分解，其分解产物因酸根性质不同而异。

a. 非氧化性酸形成的铵盐，一般分解为NH_3和相应的酸或酸式盐。

$$NH_4HCO_3 \longrightarrow NH_3\uparrow + CO_2\uparrow + H_2O$$

$$NH_4Cl \xrightarrow{\triangle} NH_3\uparrow + HCl\uparrow$$

$$(NH_4)_2SO_4 \xrightarrow{\triangle} NH_3\uparrow + NH_4HSO_4$$

$$(NH_4)_3PO_4 \xrightarrow{\triangle} 3NH_3\uparrow + H_3PO_4$$

b. 易挥发氧化性酸形成的铵盐，分解出的NH_3会立即被氧化，并且其生成物随温度升高而不同。

$$NH_4NO_3 \xrightarrow{210\ ℃} N_2O\uparrow + 2H_2O\uparrow$$

$$2NH_4NO_3 \xrightarrow{300\ ℃} 2N_2\uparrow + 4H_2O\uparrow + O_2\uparrow$$

反应放出大量气体和热量，所以可用NH_4NO_3制造炸药。

②水解性。由于氨水具有弱碱性，所以铵盐都有一定程度的水解性。

$$NH_4^+ + H_2O \rightleftharpoons NH_3\cdot H_2O + H^+$$

因此在任何铵盐溶液中加入碱并稍加热，就会有氨气放出。例如

$$2NH_4Cl + Ca(OH)_2 \xrightarrow{\triangle} 2NH_3\uparrow + 2H_2O + CaCl_2$$

实验室利用此反应制取氨气，并常用来鉴定NH_4^+的存在。

3. 硝酸和硝酸盐

(1)硝酸

硝酸（HNO_3）属于挥发性酸，与水可以任意比互溶。市售硝酸有两种规格。一种是普通硝酸，浓度为65%～68%，密度为1.391～1.420 g/mL，无色透明或略带浅黄色。另

一种是发烟硝酸，浓度约为 98%，密度约为 1.5 g/mL，呈浅黄色。此外还有一种红色发烟硝酸，即溶 NO_2 于 100%的纯硝酸中制得。实验室一般使用 65%左右的硝酸。

由于发烟硝酸氧化能力强，所含 NO_2 对硝酸与金属的反应有催化作用，同时有机合成更需要发烟硝酸，且发烟硝酸对金属铁和铝有钝化作用，可用铁或铝罐装运，所以工业生产多用发烟硝酸。

①硝酸的化学性质

a.不稳定性。HNO_3 受热或见光会逐渐分解。

$$4HNO_3 \xrightarrow{\text{光或热}} 4NO_2\uparrow + O_2\uparrow + 2H_2O$$

因此实验室将硝酸盛于棕色瓶中，置于低温暗处保存。

b.氧化性。在常见无机酸中，HNO_3 的氧化性最为突出。它能氧化许多非金属和几乎所有金属(Pt 和 Au 等少数金属除外)。

浓硝酸能氧化 C、S、P、I_2 等非金属，一般把非金属氧化成相应的酸，浓硝酸的还原产物多为 NO。稀硝酸与非金属一般不反应。例如

$$3C + 4HNO_3(\text{浓}) \longrightarrow 3CO_2\uparrow + 4NO\uparrow + 2H_2O$$

$$3I_2 + 10HNO_3(\text{浓}) \longrightarrow 6HIO_3 + 10NO\uparrow + 2H_2O$$

后一反应常用于制备碘酸。

HNO_3 与金属的反应比较复杂，金属的氧化产物多数为硝酸盐，有些是氧化物，如 SnO_2、WO_3、Sb_2O_5。HNO_3 的还原产物可以有多种，主要取决于 HNO_3 的浓度和金属的活泼性，HNO_3 的氧化性随浓度降低而减弱。一般浓硝酸的主要还原产物是 NO_2，稀硝酸的主要还原产物为 NO。稀硝酸与活泼金属如 Fe、Mg、Zn 等反应时，有可能被还原成 N_2O、N_2，甚至 NH_4^+，对同一种金属来说，酸愈稀则被还原的程度愈大。

$$Cu + 4HNO_3(\text{浓}) \longrightarrow Cu(NO_3)_2 + 2NO_2\uparrow + 2H_2O$$

$$3Cu + 8HNO_3(\text{稀}) \longrightarrow 3Cu(NO_3)_2 + 2NO\uparrow + 4H_2O$$

$$Zn + 4HNO_3(\text{浓}) \longrightarrow Zn(NO_3)_2 + 2NO_2\uparrow + 2H_2O$$

$$4Zn + 10HNO_3(\text{稀}) \longrightarrow 4Zn(NO_3)_2 + N_2O\uparrow + 5H_2O$$

$$4Zn + 10HNO_3(\text{很稀}) \longrightarrow 4Zn(NO_3)_2 + NH_4NO_3 + 3H_2O$$

浓硝酸与浓盐酸的混合液(体积比为 1∶3)称为王水，能溶解不与硝酸作用的金属，如

$$Au + HNO_3 + 4HCl \longrightarrow HAuCl_4 + NO\uparrow + 2H_2O$$

$$3Pt + 4HNO_3 + 18HCl \longrightarrow 3H_2[PtCl_6] + 4NO\uparrow + 8H_2O$$

冷的浓硝酸遇 Fe、Al、Cr 等金属表现为“钝态”，钝化了的金属很难溶于稀硝酸。

练一练

分别写出硝酸氧化非金属 P、S，金属 Pb 和金属氧化物 FeO 的化学反应方程式。

②硝酸的制备

工业上制备硝酸的主要方法是氨的催化氧化法。将氨气和过量空气的混合气体通过灼热的铂铑合金网，NH_3 被氧化成 NO，然后进一步被氧化成 NO_2，NO_2 与水反应生成硝酸。即

$$4NH_3 + 5O_2 \xrightarrow{\text{Pt-Rh 催化剂}} 4NO + 6H_2O$$

$$2NO + O_2 \longrightarrow 2NO_2$$

$$3NO_2 + H_2O \longrightarrow 2HNO_3 + NO\uparrow$$

最后生成的 NO 可回到上一步循环使用。此法所得硝酸浓度为 50%～55%。可在稀硝酸中加入浓硫酸作吸水剂，然后蒸馏得到浓硝酸。

未处理的尾气中含有少量的 NO 和 NO_2，用 NaOH 溶液或 Na_2CO_3 溶液吸收。

$$2NO_2 + 2NaOH \longrightarrow NaNO_3 + NaNO_2 + H_2O$$

$$NO + NO_2 + 2NaOH \longrightarrow 2NaNO_2 + H_2O$$

知识拓展

盐酸、硫酸、硝酸在工业上被称为“三酸”。下面比较三种酸的性质。

(1)沸点：硫酸沸点最高，能从氯化物或硝酸盐溶液中置换出 HCl 或 HNO_3。

(2)氧化性：硝酸氧化性最强，盐酸却无氧化性。硝酸能氧化盐酸，王水中有如下反应

$$HNO_3 + 3HCl \longrightarrow NOCl + Cl_2 + 2H_2O$$

王水中有亚硝酰氯(NOCl)、游离氯等氧化剂，同时提供给金属配位体 Cl^-。

(3)对人体危害性：浓硫酸危险性最大，与其有强烈脱水性同时放出大量的热量有关；冷的硝酸接触皮肤立即冲洗危害不大，但热的却很危险；盐酸对皮肤无快速腐蚀作用，但 HCl 气体对呼吸道黏膜危害很大。

(2)硝酸盐

大多数硝酸盐为无色易溶于水的晶体。硝酸盐水溶液无氧化性。固体硝酸盐常温下比较稳定，但受热分解放出氧气。因此固体硝酸盐在高温时是强氧化剂。

硝酸盐受热分解有三种类型。活泼金属(比镁活泼的碱金属和碱土金属)硝酸盐受热分解为亚硝酸盐；活泼性较小(在金属活动顺序表中位于镁和铜之间)的金属硝酸盐分解为相应的氧化物；活泼性更小(在金属活动顺序表中位于铜以后)的金属硝酸盐分解生成金属单质。

$$2KNO_3 \xrightarrow{\triangle} 2KNO_2 + O_2\uparrow$$

$$2Pb(NO_3)_2 \xrightarrow{\triangle} 2PbO + 4NO_2\uparrow + O_2\uparrow$$

$$2AgNO_3 \xrightarrow{\triangle} 2Ag + 2NO_2\uparrow + O_2\uparrow$$

可见，硝酸盐受热分解都有氧气放出。与可燃物混合受热会迅速燃烧，甚至爆炸，因此可用于制造焰火和黑火药。

4. 亚硝酸和亚硝酸盐

亚硝酸(HNO_2)是一种弱酸，$K^{\ominus} = 5.1 \times 10^{-4}$，比醋酸略强。$HNO_2$ 不稳定，仅存在于冷的稀溶液中，浓度稍大或微热即分解

$$2HNO_2 \longrightarrow NO\uparrow + NO_2\uparrow + H_2O$$

亚硝酸盐比较稳定，多为无色易溶于水(除浅黄色的 $AgNO_2$ 外)的固体。亚硝酸盐都有毒，有致癌作用。皮肤接触浓度大于 1.5% 的 $NaNO_2$ 溶液会发炎。固体亚硝酸盐与有机物接触会引起燃烧或爆炸。$NaNO_2$ 和 KNO_2 是常见的亚硝酸盐。

HNO_2 和亚硝酸盐既有氧化性又有还原性。在酸性溶液中以氧化性为主。

$$Fe^{2+} + HNO_2 + H^+ \longrightarrow Fe^{3+} + NO\uparrow + H_2O$$

$$2I^- + 2HNO_2 + 2H^+ \longrightarrow I_2 + 2NO\uparrow + 2H_2O$$

后一反应可用于测定亚硝酸盐的含量。

亚硝酸盐在遇到更强的氧化剂时才表现出还原性，被氧化成硝酸盐。

$$5KNO_2 + 2KMnO_4 + 3H_2SO_4 \longrightarrow 2MnSO_4 + 5KNO_3 + K_2SO_4 + 3H_2O$$

$$KNO_2 + Cl_2 + H_2O \longrightarrow KNO_3 + 2HCl$$

而在碱性溶液中，O_2 就可将亚硝酸盐氧化为硝酸盐。

练一练

根据 NO_2^-、NO_3^- 的氧化还原性，怎样把它们分离开来？写出反应的离子方程式。

10.3.5 磷及其化合物

1. 单质磷

磷在自然界中总是以磷酸盐的形式出现。磷有多种同素异形体，常见的有白磷和红磷，白磷见光逐渐变为黄色。红磷和白磷性质有很大差异，见表 10-7。

表 10-7 红磷和白磷性质比较

白　　磷	红　　磷
白色或黄色透明蜡状固体	暗红色固体
剧毒(口服 0.1 g 即可致死，皮肤经常接触会引起中毒)	无毒
不溶于水，易溶于 CS_2	不溶于水，也不溶于 CS_2
在暗处有发光现象	无发光现象
在空气中能自燃(燃点为 40 ℃)	加热至 400 ℃才能燃烧
储存于水中	密闭保存
化学性质活泼	比较稳定

白磷和红磷能相互转变，把白磷隔绝空气加热到 260 ℃就转变成红磷。红磷隔绝空气加热到 416 ℃就会升华变成蒸气，迅速冷却就得到白磷。

经测定，磷的相对分子量相当于分子式为 P_4，加热至 800 ℃才开始分解为 P_2，一般简写成 P。

磷的化学活泼性远高于氮。磷易与卤素剧烈反应生成相应的卤化物，也能与一些金属反应。强氧化剂如浓硝酸能将磷氧化成磷酸。白磷溶解在浓碱溶液中生成次磷酸盐和膦(PH_3，大蒜味，剧毒)。

$$4P + 3NaOH + 3H_2O \longrightarrow 3NaH_2PO_2 + PH_3\uparrow$$

工业上制备单质磷是将磷酸钙矿石、石英砂(SiO_2)和碳粉混合后在电炉中焙烧，然后将生成的磷蒸气和 CO 通入冷水，磷便凝结成白色固体。

$$Ca_3(PO_4)_2 + 3SiO_2 + 5C \xrightarrow{>1\,300\ ℃} 3CaSiO_3 + 5CO\uparrow + 2P$$

白磷主要用于制备高纯度磷酸及磷的化合物，红磷用于生产安全火柴和农药。

2. 磷的氧化物

常见磷的氧化物有三氧化二磷和五氧化二磷。经蒸气密度测定，它们的分子式应该

是 P_4O_6 和 P_4O_{10}，其结构都与 P_4 的四面体结构有关(图 10-1)。

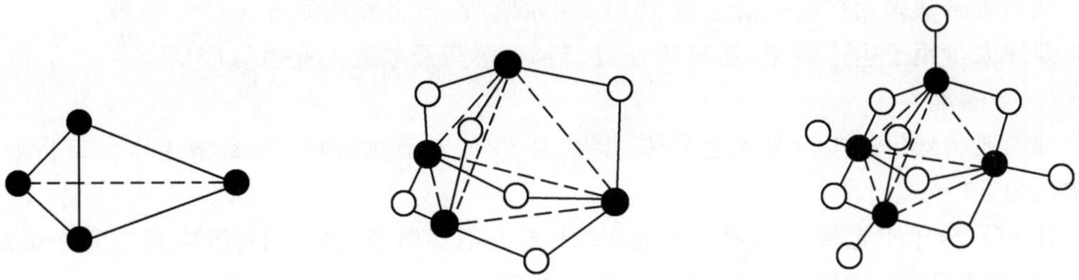

(a) P_4　　(b) P_2O_3　　(c) P_2O_5

图 10-1　P_4，P_2O_3 和 P_2O_5 的分子结构

磷的燃烧产物是五氧化二磷(P_2O_5)，若 O_2 不足则生成三氧化二磷(P_2O_3)。

(1)三氧化二磷

P_2O_3 为有滑腻感的白色固体，气味类似大蒜，熔点为 24 ℃。与冷水反应缓慢，生成亚磷酸。

$$P_2O_3 + 3H_2O \longrightarrow 2H_3PO_3$$

在热水中发生强烈的歧化反应，生成磷酸和膦。

$$2P_2O_3 + 6H_2O \xrightarrow{\triangle} 3H_3PO_4 + PH_3\uparrow$$

(2)五氧化二磷

P_2O_5 为白色雪花状的固体，工业上俗称无水磷酸。于 358.9 ℃升华。极易吸潮，对水有很强的亲和力，是一种重要的干燥剂，在常用干燥剂中 P_2O_5 的干燥效率最好。它甚至能从许多化合物中夺取化合态的水，如使 H_2SO_4，HNO_3 脱水。

$$P_2O_5 + 3H_2SO_4 \longrightarrow 3SO_3 + 2H_3PO_4$$

$$P_2O_5 + 6HNO_3 \longrightarrow 3N_2O_5 + 2H_3PO_4$$

3.磷的含氧酸及其盐

磷有多种含氧酸，较重要的有磷酸(H_3PO_4)、焦磷酸($H_4P_2O_7$)、偏磷酸(HPO_3)、亚磷酸(H_3PO_3)、次磷酸(H_3PO_2)。P_2O_5 与不等量的水反应分别可得 HPO_3、$H_4P_2O_7$、H_3PO_4。

$$P_2O_5 + H_2O \longrightarrow 2HPO_3 \qquad \text{偏磷酸(含 } P_2O_5\ 88.0\%\text{)}$$

$$P_2O_5 + 2H_2O \longrightarrow H_4P_2O_7 \qquad \text{焦磷酸(含 } P_2O_5\ 78.7\%\text{)}$$

$$P_2O_5 + 3H_2O \longrightarrow 2H_3PO_4 \qquad \text{磷酸(含 } P_2O_5\ 72.5\%\text{)}$$

所以，将 H_3PO_4 加热失水可制得 $H_4P_2O_7$ 和 HPO_3。

(1)磷酸

纯净的 H_3PO_4 为无色晶体，熔点为 42.35 ℃。能以任意比与水混溶，不挥发。市售品是一种黏稠的浓度为 83%的溶液，密度为 1.6 g/mL。

H_3PO_4 为三元中强酸，$K_1^\ominus = 6.9\times10^{-3}$。$H_3PO_4$ 无氧化性。

磷酸根有较强的配位能力，能与许多金属离子形成可溶性的配合物。如与黄色 Fe^{3+} 生成 $[Fe(PO_4)_2]^{3-}$、$[Fe(HPO_4)_2]^-$ 等无色配离子。

工业上用 76%左右的 H_2SO_4 与磷灰石反应生产 H_3PO_4。

$$Ca_3(PO_4)_2 + 3H_2SO_4 \longrightarrow 3CaSO_4 + 2H_3PO_4$$

试剂级磷酸多用白磷燃烧生成 P_2O_5，用水吸收，再经除杂质等工序而制得。

磷酸大量用于生产磷肥，在有机合成、塑料、医药及电镀工业也有应用。

(2)亚磷酸

纯的亚磷酸(H_3PO_3)为无色晶体，熔点为 73 ℃。有大蒜味，极易溶于水。市售亚磷酸浓度为 20%。

H_3PO_3 分子中直接与 P 原子相连的 H 原子不能解离，所以 H_3PO_3 是二元中强酸。$K_1^{\ominus}=6.3\times10^{-2}$，酸性比 HNO_2 强。其电极电势：

酸性介质　$H_3PO_4 + 2H^+ + 2e^- \rightleftharpoons H_3PO_3 + H_2O$　$\varphi^{\ominus}(H_3PO_4/H_3PO_3) = -0.276\ V$

碱性介质　$PO_4^{3-} + 2H_2O + 2e^- \rightleftharpoons HPO_3^{2-} + 3OH^-$　$\varphi^{\ominus}(PO_4^{3-}/HPO_3^{2-}) = -1.05\ V$

可见，H_3PO_3 是强的还原剂，在碱性溶液中更强。它能将不活泼的金属离子还原成单质；能被空气中的 O_2 氧化成 H_3PO_4。

H_3PO_3 受热发生歧化反应

$$4H_3PO_3 \xrightarrow{\triangle} 3H_3PO_4 + PH_3\uparrow$$

通常 H_3PO_3 由三氯化磷(PCl_3)水解制得。

$$PCl_3 + 3H_2O \longrightarrow H_3PO_3 + 3HCl$$

练一练

写出亚磷酸还原 $CuSO_4$ 和 $HgCl_2$ 的化学反应方程式。

(3)磷酸盐

所有的磷酸二氢盐都易溶于水，而磷酸一氢盐和正盐除 K^+、Na^+、NH_4^+ 盐外均不溶于水。

可溶性磷酸盐在溶液中都有不同程度的水解。Na_3PO_4 的水溶液显较强碱性，可作洗涤剂；Na_2HPO_4 水溶液显弱碱性；NaH_2PO_4 水溶液显弱酸性。

磷酸的三种盐均可由磷酸和氢氧化钠反应制得。溶液酸碱度不同，产物不同，所需 pH 与盐水解所表现的酸碱性一致。

磷酸二氢钙是重要的磷肥。磷酸钙与硫酸作用的混合物称为过磷酸钙。

$$Ca_3(PO_4)_2 + 2H_2SO_4 \longrightarrow 2CaSO_4 + Ca(H_2PO_4)_2$$

(4)磷的氯化物

磷的氯化物中重要的有 PCl_3 和 PCl_5。

磷在干燥氯气中燃烧可以生成 PCl_3 或 PCl_5。磷过量时得 PCl_3，氯过量时得 PCl_5。

$$3PCl_5 + 2P \longrightarrow 5PCl_3$$

$$PCl_3 + Cl_2 \longrightarrow PCl_5$$

PCl_3 是无色透明液体，易挥发，能刺激眼结膜、气管黏膜，使其疼痛发炎。

PCl_5 是白色固体，易潮解。加热易升华并分解为 PCl_3 和 Cl_2。与 PCl_3 相同，易水解，水量不同，PCl_5 的水解产物不同。

$$PCl_5 + H_2O \longrightarrow POCl_3 + 2HCl$$

$$POCl_3 + 3H_2O \longrightarrow H_3PO_4 + 3HCl$$

PCl_3、PCl_5 和 $POCl_3$ 的蒸气均有辛辣的刺激性气味，有毒、有腐蚀性。它们在制造有机磷农药、医药、光导纤维等方面都有应用。

10.3.6 硼及其化合物

1. 硼

硼为亲氧元素，在自然界没有游离态，主要以含氧化合物的形式存在，如硼镁矿 $Mg_2B_2O_5 \cdot H_2O$ 和硼砂 $Na_2B_4O_7 \cdot 10H_2O$ 等。我国西部地区有丰富的硼砂矿。

非金属单质中硼具有最复杂的结构。单质硼有晶体和无定形体两种。晶体硼有多种同素异形体，颜色有黑色、黄色、红色等，随结构及所含杂质的不同而异。无定形体硼为棕色粉末。硼的熔点、沸点很高；晶体硼很硬，莫氏硬度为 9.5。

硼主要形成共价化合物，如硼烷、卤化物和氧化物等。

硼和铝一样，价电子数少于价轨道数，硼原子是一个缺电子原子，所形成的 BF_3 和 BCl_3 等化合物为缺电子化合物。B 原子的空轨道容易与其他分子或离子的孤对电子形成配位键。例如

$$BF_3 + :NH_3 \longrightarrow [H_3N:BF_3]$$

$$BF_3 + F^- \longrightarrow [BF_4]^-$$

晶体硼的化学性质不活泼。无定形体硼比较活泼，能被浓 HNO_3 或浓 H_2SO_4 氧化成硼酸，易与强碱反应放出 H_2。

$$2B + 2NaOH + 2H_2O \longrightarrow 2NaBO_2 + 3H_2\uparrow$$

2. 氧化硼

三氧化二硼又名硼酸酐、氧化硼，是无色晶体或粉末，由硼酸脱水而得。

$$2H_3BO_3 \xrightarrow{\triangle} B_2O_3 + 3H_2O$$

高温下脱水得到玻璃状 B_2O_3，低温减压条件下得结晶 B_2O_3，可作干燥剂。

熔融的 B_2O_3 可溶解许多金属氧化物，呈各种颜色，用于制造耐高温、抗化学腐蚀的化学实验仪器和光学玻璃，还用于搪瓷和珐琅工业的彩绘装饰中。硼纤维是一种具有多种优良性能的新型无机材料。

3. 硼酸

硼的含氧酸包括偏硼酸(HBO_2)、硼酸(H_3BO_3)和四硼酸($H_2B_4O_7$)等多种。将硼酸加热脱水可逐渐得到偏硼酸、硼酸酐。反之，将硼酸酐溶于水可逐渐得到偏硼酸、硼酸。

$$2H_3BO_3 \underset{+2H_2O}{\overset{-2H_2O}{\rightleftharpoons}} 2HBO_2 \underset{+H_2O}{\overset{-H_2O}{\rightleftharpoons}} B_2O_3$$

H_3BO_3 是白色鳞片状晶体，具有层状结构，层与层之间容易滑动，故可作润滑剂。

H_3BO_3 微溶于冷水，易溶于热水。它不是三元酸，而是一元弱酸。这是因为 H_3BO_3 是失电子化合物，它在水中本身并不能解离出 H^+，而是由硼原子接受水分子解离出的 OH^-，而使溶液中的 H^+ 浓度增大的结果。

$$H_3BO_3 + H_2O \longrightarrow [B(OH)_4]^- + H^+ \qquad K^\ominus = 5.8\times10^{-10}$$

H_3BO_3 有温和的防腐消毒作用，是医学常用的消毒剂。

工业硼酸由盐酸或硫酸分解硼砂矿而制得。

$$Na_2B_4O_7 + 2HCl + 5H_2O \longrightarrow 2NaCl + 4H_3BO_3$$

4. 四硼酸钠

四硼酸钠($Na_2B_4O_7$)是最重要的硼酸盐。其结晶水合物 $Na_2B_4O_7 \cdot 10H_2O$ 俗称硼砂,它是无色透明晶体,在干燥空气中易风化失水。硼砂受热失去结晶水体积膨胀,加热到350~400 ℃时成为无水 $Na_2B_4O_7$,加热至878 ℃时熔融为玻璃状态,冷却后成为透明的玻璃状物质,称为硼砂玻璃。熔融状态的硼砂同 B_2O_3 一样,能溶解一些金属(如 Fe、Co、Ni、Mn 等)的氧化物而显不同颜色。如 $2NaBO_2 \cdot Co(BO_2)_2$ 为蓝色,$2NaBO_2 \cdot Mn(BO_2)_2$ 为绿色。这一性质在分析化学中被用来鉴别某些金属离子,称为硼砂珠试验。

硼砂在水中的溶解度随温度升高而显著增大,其水溶液由于水解而显碱性。反之,在 H_3BO_3 溶液中加入碱,则可制得四硼酸盐。

$$B_4O_7^{2-} + 7H_2O \rightleftharpoons 4H_3BO_3 + 2OH^-$$

硼砂被应用于搪瓷和玻璃工业,用于上釉、着色。焊接金属时用作助熔剂,可去除金属表面的氧化物。它还是医学的消毒剂和防腐剂。在实验室中硼砂用于配制缓冲溶液和作为校准酸浓度的基准物。

练一练

利用硼砂的有关性质,怎样由硼酸精制硼砂?

小章小结

- 非金属元素
  - 元素的自然资源——已知元素118种，地壳中含94种；O、Si、Al、Fe等10种占99%以上
  - 非金属元素通论
    - 非金属元素通性——单质结构和性质，元素活泼性，氢化物稳定性，含氧酸酸性
    - 各族非金属元素通性——稀有气体、卤素、氧族、氮族、碳族、硼族及氢
  - 重要的非金属
    - 卤素及其化合物
      - 单质——与金属和非金属，与水和碱，卤素间的置换及其他反应
      - 卤化氢及氢卤酸——稳定性、酸性、还原性及HF的特性
      - 含氧酸及其盐——不同价态含氧酸及其盐的酸性、氧化性及稳定性
    - 氧及其化合物
      - 单质——氧化性，臭氧更强。表现在与单质和化合物的反应方面
      - H_2O_2——热稳定性差、弱酸性、较强氧化性和较弱还原性
    - 硫及其化合物
      - 单质——比较活泼，与金属、非金属、热酸、热碱的反应
      - 硫化氢及金属硫化物——硫化氢的还原性、金属硫化物的溶解性
      - 氧化物及含氧酸——H_2SO_3 的氧化还原性；浓 H_2SO_4 的特性
      - 硫的含氧酸盐——硫酸盐、$Na_2S_2O_3$、过硫酸盐
    - 氮及其化合物
      - 氮气——化学性质极不活泼，在高温时才能与其他元素化合
      - 氨和铵盐——氨的加合作用、还原性、取代性；铵盐热稳定性及水解性
      - 硝酸及其盐——硝酸热稳定性及强氧化性；硝酸盐热稳定性
      - 亚硝酸及其盐——酸性、稳定性、氧化还原性
    - 磷及其化合物
      - 单质磷——比氮活泼，能与卤素、金属、浓硝酸和强碱反应
      - 氧化物及含氧酸——P_2O_5 有吸水性；磷酸和亚磷酸酸性及还原性
      - 磷酸盐及磷的氯化物——水溶性、水解性及磷酸钠盐的酸碱性
    - 硼及其化合物
      - 单质硼——亲氧元素，失电子原子，化学性质不活泼
      - B_2O_3 与水的作用；H_3BO_3 是一元弱酸；硼砂珠试验

自 测 题

一、填空题

1. 卤素单质与碱作用,不能发生歧化反应的是________。

2. 将水滴在红磷和碘的固体混合物上,会顺利生成________。

3. 将过氧化氢加入到硫酸酸化的高锰酸钾溶液中,过氧化氢的作用是________。

4. H_2S 及 Na_2SO_3 溶液是实验室常用试剂,但常常得不到应该出现的实验现象,其原因是____________________。

5. FeS 与酸作用制备 H_2S 时,HCl、H_2SO_4、HNO_3 三种酸中,最好选用________。

二、判断题(正确的画"√",错误的画"×")

1. ClO^-、ClO_2^-、ClO_3^-、ClO_4^- 的氧化性依次增强。 ( )

2. 卤素单质都能溶于水并放出氧气。 ( )

3. NaClO 需在碱性条件下制备。 ( )

4. I_2 难溶于水而易溶于 KI 溶液。 ( )

5. O_2、O_3、Cl_2 均能使湿润的 KI 淀粉试纸变蓝。 ( )

6. 硝酸与金属作用时,还原产物既与硝酸浓度有关,又与金属活泼性有关。 ( )

7. $BaCO_3$ 能溶于醋酸,而 $BaSO_4$ 则不能,但 $BaSO_4$ 能溶于浓 H_2SO_4。 ( )

8. 硼酸是一元酸,因为它在水溶液中只能解离出一个 H^+。 ( )

9. 硼砂珠试验是利用熔融状态的硼砂能溶解一些金属氧化物显不同颜色来检验某些金属离子的。 ( )

三、选择题

1. 加热下列各组物质,有少量氯气生成的是( )。

A. NaCl 和 MnO_2　B. NaCl 和 H_2SO_4　C. HCl 和 $KMnO_4$　D. HCl 和 I_2

2. 下列各组物质在酸性溶液中能共存的是( )。

A. $FeCl_3$ 与 KI　B. $FeCl_3$ 与溴水　C. KIO_3 与 KI　D. NaBr 与 $NaBrO_3$

3. 下列各组物质分装在洗气瓶中,实验室制得的氯气按顺序通过能得以净化的正确选择是( )。

A. H_2SO_4,NaOH　B. NaOH,H_2SO_4　C. H_2SO_4,H_2O　D. H_2O,H_2SO_4

4. 分别向下列溶液中加入 1~2 滴 0.1 mol/L $AgNO_3$ 溶液,振荡后既无气体放出,又无沉淀析出的是( )。

A. 1 mol/L 的 KI 溶液　B. 1 mol/L 的 HCl 溶液

C. 1 mol/L 的 Na_2S 溶液　D. 1 mol/L 的 $Na_2S_2O_3$ 溶液

5. H_2O_2 与 HNO_2 溶液反应的主要产物是( )。

A. O_2 和 HNO_3　B. O_2 和 NO　C. H_2O 和 HNO_3　D. H_2O 和 NO

6. 下列各组物质不能共存于同一溶液中的是( )。

A. $SnCl_2$,HCl　B. $Na_2S_2O_3$,H_2SO_4

C. NaOH,Na_2S　D. $NaNO_2$,$NaNO_3$

7. 下列硫化物中,难溶于水、易溶于稀盐酸的黑色沉淀是( )。

A. ZnS　B. PbS　C. FeS　D. CuS

8. 有五瓶固体试剂，分别为 Na_2SO_3，Na_2SO_4，$Na_2S_2O_3$，$Na_2S_2O_8$，Na_2S，用一种试剂可以将其鉴别开来，应选用(　　)。

A. HCl　　B. NaOH　　C. $NH_3 \cdot H_2O$　　D. $BaCl_2$

四、问答题

1. 完成并配平下列反应方程式

(1) $Br_2 + Cl_2 + H_2O \longrightarrow$

(2) $I^- + O_3 + H^+ \longrightarrow$

(3) $I^- + H_2O_2 + H^+ \longrightarrow$

(4) $H_2S + Cl_2 + H_2O \longrightarrow$

(5) $I_2 + H_2SO_3 + H_2O \longrightarrow$

(6) $Na_2S_2O_3 + Cl_2 + H_2O \longrightarrow$

(7) $Na_2S_2O_3 + I_2 \longrightarrow$

(8) $S_2O_3^{2-} + AgBr \longrightarrow$

(9) $Hg + HNO_3$(浓) $\longrightarrow$

(10) $H_3PO_3 \xrightarrow{\triangle}$

(11) $PCl_5 + H_2O \longrightarrow$

2. 为什么盐酸与金属铁作用得到 $FeCl_2$，而氯气与铁作用得到 $FeCl_3$？

3. 根据以下电极电势，判断 I_2 能否与 $HBrO_3$ 和 $HClO_3$ 反应，Cl_2 能否与 $HBrO_3$ 反应。如能反应，写出有关反应方程式。

	BrO_3^-/Br_2	ClO_3^-/Cl_2	IO_3^-/I_2
$\varphi_A^{\ominus}/V$	1.482	1.47	1.195

4. 长期存放的 Na_2S 或 $(NH_4)_2S$ 溶液为什么颜色会变深？

5. 用碱液处理含 SO_2 或 NO_2 的工业废气，都属于什么反应？写出反应方程式。

6. 简述如何鉴别下列各组物质。

(1) SO_2 与 SO_3。

(2) KNO_3 与 KNO_2。

(3) H_3PO_3 与 H_3PO_4。

(4) NaH_2PO_4 与 Na_2HPO_4。

7. 如何除去一氧化碳中的二氧化碳？

8. 分别把少量 I_2，Cl_2，S，P，B 加入到热的浓碱中，是否发生反应？如能发生反应，写出反应方程式。

9. 写出下列反应的化学方程式，并说明明显的反应现象。

(1) 湿润的淀粉 KI 试纸与 Cl_2 持续接触。

(2) 将 SO_2 气体通入纯碱溶液中，然后向所得溶液中加入硫黄粉并加热。反应后，把溶液分成两份。一份加入 HCl 溶液，一份滴加浓溴水。

(3) 向亚硝酸钠溶液中加几滴酸，再加入碘化钾溶液，然后加入少量四氯化碳，振荡，静置。

(4) 过量的硝酸银溶液与硫代硫酸钠溶液反应。

10. 有一种钠盐 A 溶于水，加入稀盐酸后生成刺激性气体 B 和黄色沉淀 C。气体 B

能使高锰酸钾溶液褪色。通 Cl_2 于 A 溶液中,得到溶液 D,向 D 溶液中加氯化钡溶液即有白色沉淀 E 生成,E 不溶于稀硝酸。指出 A、B、C、D、E 各为何物,写出有关化学反应方程式。

本章关键词

二元酸 dibasic acid
分子结构 molecular structure
过氧化氢 hydrogen peroxide
水解 hydrolysis
石英 quartz
亚氯酸 chlorous acid
同素异形体 allotrope
卤化氢 hydrogen halide
氯 chlorine
含氧酸及其盐 oxy-acid and oxy-salt
硫酸盐 sulfate
复盐 double salt
氢氧化物 hydroxide
盐酸 hydrochloric acid
氧化物 oxides
臭氧 ozone
硅 silicon
硫 sulphur
氮 nitrogen
硼 boron
硼族元素 boron group element
磷 phosphorus
磷酸 phosphoric acid
三元酸 tribasic acid
风化 efflorescence
水玻璃 water glass
正盐 normal salt
主族元素 main group element
过氧化物 peroxide
卤化物 halides
卤素 halogen
碘 iodine
金刚石 diamond
碳酸盐 carbonate
氢 hydrogen
氢卤酸 halogen acids
氧 oxygen
氨 ammonia
缺电子原子 electron deficient atom
二氧化硅 silicon dioxide
硝酸 nitric acid
氮族元素 nitrogen group element
硼砂珠试验 borax head test
碳族元素 carbon group element
五氯化磷 phosphorus pentachloride

第11章

金属元素

知 识 目 标

1. 理解金属元素的通性。

2. 了解铜、银、锌、汞、铬、锰、铁金属单质的性质，并掌握其氧化物、氢氧化物及重要盐的稳定性、酸碱性、不同氧化态之间的转化、氧化还原性及介质酸碱性对其性质的影响，了解含银废水、含汞废水、含铬废水的处理方法及原理。

能 力 目 标

1. 能比较碱金属和碱土金属、P 区金属、过渡元素的金属性强弱。

2. 会描述它们在空气中的状态、稳定性，能根据它们的酸碱性及化学特性推断有关反应现象，能判断有关氧化还原反应能否发生，会描述反应现象及书写有关化学反应方程式。

11.1 金属元素通论

11.1.1 金属元素通性

在已知的 118 种元素中，金属占 79.66%以上。通常可将金属分为黑色金属与有色金属两大类。黑色金属包括铁、锰和铬及其合金，主要是铁碳合金。有色金属是指铁、锰、铬之外的所有金属。

1. 金属元素原子的价电子构型

根据金属元素在元素周期表中的位置，分为 p 区金属（ⅢA～ⅥA 族元素）、碱金属和碱土金属、过渡金属（ⅠB～ⅦB 族、Ⅷ族元素）。

金属的价电子构型有以下几种：ⅠA 和ⅡA 族金属为 $ns^{1\sim2}$；ⅢA～ⅥA 族金属为 $ns^2np^{1\sim4}$；过渡金属为 $(n-1)d^{1\sim10}ns^{1\sim2}$（Pd 除外，为 $4d^{10}$），其中ⅠB 和ⅡB 族为 $(n-1)d^{10}ns^{1\sim2}$。

2. 金属元素的化学活泼性及其氧化态

多数金属元素的原子最外层电子数少于 4 个，少数金属原子如 Sn、Pb、Sb、Bi 的最外层有 4 个或 5 个电子，但因它们的电子层数较多，原子半径较大，有较强的失电子倾向，易形成金属离子或显正价的共价化合物，所以有较强的还原性。金属原子失电子的难易程度决定了金属还原性的强弱，可由标准电极电势判断。

各种金属的化学活泼性相差很大，因此它们在自然界中的存在形式也各不相同。少数不活泼的金属如铂、金只有游离状态，而活泼金属如碱金属和碱土金属总是以化合态存在。

(1)碱金属和碱土金属

碱金属包括锂(Li)、钠(Na)、钾(K)、铷(Rb)、铯(Cs)、钫(Fr)。碱土金属包括铍(Be)、镁(Mg)、钙(Ca)、锶(Sr)、钡(Ba)和镭(Ra)。Ra、Fr是放射性元素,它们在同周期元素中原子半径大,最外层电子电离能低,极易失去,表现出较强的化学活泼性,在金属活动顺序表中居于前列。碱土金属的化学活泼性略低于碱金属。同一族从上到下,随原子半径增大,活泼性依次递增。这种变化规律可从电负性的变化表现出来。因此,碱金属和碱土金属元素的化合物多为离子型。它们在形成化合物时,均表现一种氧化态,即碱金属的氧化数为+1,碱土金属的氧化数为+2。

Li、Be的性质与同族元素相比具有特殊性。Li与Mg,Be与Al有许多相似之处,如Li和Mg在过量的氧气中燃烧都生成正常氧化物Li_2O和MgO而不是过氧化物;LiOH和$Mg(OH)_2$都是难溶的中强碱,受热分解;Li、Mg的碳酸盐、磷酸盐及氟化物都难溶于水,受热分解。Be和Al都是活泼亲氧金属,表面易生成氧化物保护膜,在空气中不易被腐蚀;遇浓硝酸都会被钝化;Be和Al的单质、氧化物、氢氧化物都有两性;Be和Al的氧化物都是熔点高、硬度大的物质;$BeCl_2$和$AlCl_3$都是共价型卤化物。**这种在元素周期表中某一元素的性质与其右下方的元素的性质相似的现象,称为对角线规则。**这种现象在Li和Mg,Be和Al,B和Si之间表现明显。

(2)p区金属

p区金属氧化态在第10章"非金属元素通论"中已有叙述。在ⅢA族元素中,Al、Ga、In、Tl的最高氧化数为+3,最低氧化数为+1,从Al到Tl低氧化态趋向稳定。锗分族元素的氧化数有+4和+2,从Ge到Pb低氧化态趋向稳定。113号人工合成元素Nh(鉨)的化学活泼性及氧化态目前还没有完全研究清楚。ⅤA族元素中的Sb、Bi氧化数为+3和+5;Bi的+3氧化态稳定。

p区金属的金属性比较弱。p区的一些金属及其化合物具有半导体性质,如锗化镓、砷化镓、锑化镓等。本区金属的氧化物多显不同程度的两性,如Al_2O_3、PbO_2、Sb_2O_3等。p区金属除铝外在自然界多以组成各异的硫化物矿存在。

(3)过渡金属

过渡元素原子的共同特点是最外层只有1~2个s轨道电子,次外层有1~10个d轨道电子。随着核电荷数的增加,电子依次填充在次外层的d轨道上。由于过渡元素次外层d轨道和最外层s轨道的能级相近,且d轨道尚未达到稳定的电子层结构,所以,除s轨道电子外,d轨道电子可以部分或全部参加成键,使过渡元素表现出多种氧化态。例如Mn有+2、+3、+4、+6、+7等多种氧化数。这种连续变化的氧化态与主族元素不同。

过渡元素的原子半径一般比主族元素小。同一周期元素的原子半径从左到右只略有减小,不如主族元素减小得那样明显。到ⅠB和ⅡB族,因次外层d亚层填满而使原子半径略有增大。同一族的过渡元素的原子半径自上而下也增加不大。

过渡金属的活泼性差别较大,第一过渡系(第4周期从Sc到Zn)金属比较活泼,其电极电势除铜外都是负值,第二过渡系(第5周期从Y到Cd)、第三过渡系(第6周期从La到Hg)金属较不活泼。

过渡金属的离子在水溶液中以水合离子的形式存在,常显示出一定的颜色。这种现象与过渡金属离子具有未成对的d轨道电子有关。没有未成对d轨道电子的过渡金属离子都是无色的。常见过渡金属水合离子颜色见表11-1。

表 11-1　　常见过渡金属水合离子颜色

水合离子	Cu^{2+}	Cr^{3+}	Mn^{2+}	Fe^{2+}	Fe^{3+}	Co^{2+}	Ni^{2+}	Ti^{3+}	Ag^{+}	Zn^{2+}	Cu^{+}
颜色	淡蓝	紫	浅粉红	浅绿	棕黄	粉红	绿	紫	无	无	无

过渡金属离子或原子有 ns、np 空轨道，$(n-1)$d 轨道也是部分空或全空，具有接受配位体孤对电子的条件，因此能形成一些特殊的配合物。如铁原子和镍原子可与羰基形成羰基配合物 $[Fe(CO)_5]$ 和 $[Ni(CO)_4]$；Fe^{3+}、Ni^{2+} 与 CN^- 形成配合物 $[Fe(CN)_6]^{3-}$、$[Ni(CN)_4]^{2-}$。

ⅠB 族包括铜、银、金、轮四种元素，又称铜副族，其中轮是一种人工合成的放射性元素。原子次外层有 18 个电子，其原子半径比同周期的碱金属小，电离能大。因此活泼性远不如碱金属，是不活泼金属，并按 Cu、Ag、Au、Rg(轮)的顺序递减。铜副族元素有 +1、+2、+3 三种氧化数。铜副族元素化合物多为共价型。

ⅡB 族包括锌、镉、汞、鿔四种元素，又称锌副族。与ⅠB 族元素相似，由于原子的次外层有 18 个电子，核对外层电子引力较大，故金属活泼性较小。锌副族元素比铜副族元素活泼。锌副族元素的化学活泼性，依 Zn、Cd、Hg、Cn(鿔)顺序递减。锌副族有 +1、+2 两种氧化数。

11.1.2　金属单质通性

1. 金属的物理性质

常温时除汞是液体外，其余金属都是固体。锂、钠、钾比水轻，其他金属密度较大，一些金属的密度见表 11-2。

表 11-2　　一些金属的密度

金属	锇	铂	金	汞	铅	银	铜	镍	铁	锌	铝	钙	钠
密度/$(g \cdot cm^{-3})$	22.57	21.45	19.32	13.6	11.35	10.5	8.96	8.9	7.87	7.3	2.7	1.55	0.97

金属硬度一般较大，如铬、钨坚硬如钢。但有些质地较软，可用刀切，如钠、钾。规定金刚石的硬度为 10，一些金属的硬度见表 11-3。

表 11-3　　一些金属的硬度

金属	铬	钨	镍	铂	铁	铜	铝	银	锌	金	镁	锡	钙	铅	钾	钠
硬度	9	7	5	4.3	4～5	3	2.9	2.7	2.5	2.5	2.1	1.8	1.5	1.5	0.5	0.4

金属有金属光泽，绝大多数金属呈钢灰色或银白色。此外铜显红橙色，金显黄色，铅显灰蓝色，铋显淡红色。

大多数金属有良好的导电性和导热性。导电性强的金属导热性也好。常见金属的导电和导热能力由大到小顺序为 Ag、Cu、Au、Al、Zn、Pt、Sn、Fe、Pb、Hg。

大多数金属有延性，可抽成丝；大多数金属有展性，可压成薄片。常见金属延性强弱由大到小顺序为 Pt、Au、Ag、Al、Cu、Fe、Ni、Zn、Sn、Pb；常见金属展性强弱由大到小顺序为 Au、Ag、Al、Cu、Sn、Pt、Pb、Zn、Fe、Ni。

金属熔点差别较大。钨是最难熔的金属，汞在常温下是液体，铯和镓在手上就能熔化；锌副族与 p 区元素中的 Sn、Pb、Sb、Bi 等合称为低熔点金属。常见金属的熔点见表 11-4。

表 11-4　　　　常见金属的熔点

金属	钨	铂	铁	镍	铜	金	银	铝	镁	锌	铅	锡	钠	钾	铯	汞
熔点/℃	3 410	1 772	1 535	1 453	1 083	1 064	962	660	649	420	327	232	98	64	28	−39

2.金属的化学性质

(1)金属与氧的反应

碱金属和碱土金属很易失去电子与氧化合。在空气中,锂氧化得较慢,钠、钾氧化得很快,铷和铯会发生自燃;钙比同周期的钾氧化得慢。这些金属生成的氧化物结构松散,对内部金属不能起保护作用。所以,碱金属和碱土金属(Be、Mg 除外)在空气中极易被氧化。铁在空气中易被腐蚀也是因为生成的氧化物结构松散,不起保护作用。

有些金属如铍、铝、铬、锰、钴、镍形成的氧化物结构致密,紧密覆盖在金属表面,能防止金属继续被氧化。所以这些金属在空气中不易被腐蚀。

金属与氧反应的难易程度和金属活动顺序大致相同。位于金属活动顺序表后面的金属如铜、汞等必须在加热条件下才能与氧化合,而银、金即使在炽热条件下也很难与氧反应。

(2)金属与水的反应

金属与水反应生成金属氢氧化物和氢气。反应能否发生与金属的活泼性和生成物的可溶性有关。常温下,纯水中 H^+ 浓度为 1×10^{-7} mol/L, $\varphi(H^+/H_2)=-0.41$ V,因此电极电势小于 -0.41 V 的金属都可与水反应。钠、钾在常温下就与水剧烈反应,钙与水反应缓慢,铁在炽热条件下与水蒸气反应。但有些金属如镁、铝,生成的氢氧化物难溶于水,覆盖在金属表面,使反应难以继续进行,因此这些金属在常温时不溶于水。镁只能与沸水反应。

(3)金属与酸的反应

在酸性溶液中,电极电势为负值的金属都可以与非氧化性酸反应,放出氢气。但有的金属与酸作用生成难溶性沉淀,覆盖在金属表面而使反应难以继续进行,如铅难溶于硫酸,就是因为生成的 $PbSO_4$ 难溶并覆盖在铅的表面。

电极电势为正值的金属不能被非氧化性酸氧化,只能被氧化性酸(硝酸和浓硫酸)氧化,没有氢气放出。铝、铬、铁等金属在冷的浓硫酸、浓硝酸中由于钝化而不溶。在第二、第三过渡系中,有些金属仅能溶于"王水"和氢氟酸中,如锆、铪、金、铂;有些甚至不溶于"王水",如钌、锇、铱。

(4)金属与碱的反应

除少数显两性的金属外,一般都不与碱反应。金属与碱的反应可以看成金属先与水反应生成氢氧化物和氢气,然后氢氧化物再与碱反应。碱性溶液中 $\varphi^\ominus(H_2O/H_2)=-0.827\,7$ V,只有在碱性溶液中金属的 $\varphi^\ominus<-0.827\,7$ V,且生成的氢氧化物显两性的金属才能与碱反应。如铝在碱性溶液中 $\varphi^\ominus(Al(OH)_3/Al)=-2.31$ V, $Al(OH)_3$ 显两性,所以铝能溶于强碱溶液。

$$2Al + 6H_2O \longrightarrow 2Al(OH)_3 + 3H_2\uparrow$$

$$Al(OH)_3 + NaOH \longrightarrow NaAlO_2 + 2H_2O$$

总反应方程式为 $$2Al + 2NaOH + 2H_2O \longrightarrow 2NaAlO_2 + 3H_2\uparrow$$

锌、铍、镓、铟、锡、锗等都能溶于强碱溶液。

练一练

写出锌、铍与酸和碱反应的化学反应方程式。

11.2 重要金属

11.2.1 铜及其化合物

1. 铜

铜在自然界有游离的单质存在，但游离铜的矿很少，主要以硫化物矿的形式存在，如辉铜矿(Cu_2S)、黄铜矿($CuFeS_2$)、斑铜矿(Cu_3FeS_4)、孔雀石[$CuCO_3 \cdot Cu(OH)_2$]等。

在常温下，铜在干燥的空气中稳定，只有在加热的条件下才与氧反应生成黑色的氧化铜。但在潮湿的空气中其表面易生成一层铜绿(碱式碳酸铜)。

$$2Cu + O_2 + H_2O + CO_2 \longrightarrow Cu(OH)_2 \cdot CuCO_3$$

铜在常温下能和卤素发生反应，在高温下也不与氢、氮、碳反应，不溶于稀盐酸，但可溶于硝酸和热的浓硫酸。铜能溶于浓的氰化钠溶液，放出氢气。

$$2Cu + 2H_2O + 8CN^- \longrightarrow 2[Cu(CN)_4]^{3-} + 2OH^- + H_2\uparrow$$

铜、银、金相互之间或与其他金属都易形成合金。例如，广泛用作仪器零件材料的黄铜和青铜分别是铜锌合金和铜锡合金。

2. 铜的化合物

铜通常有+1、+2两种氧化数的化合物，以Cu(Ⅱ)常见。

从价电子构型看Cu^+比Cu^{2+}稳定，所以在固态时，Cu(Ⅰ)的化合物稳定。自然界存在的辉铜矿(Cu_2S)、赤铜矿(Cu_2O)都是Cu(Ⅰ)化合物。但Cu^{2+}能形成稳定的$[Cu(H_2O)_4]^{2+}$配离子，所以在水溶液中，Cu^{2+}反而比Cu^+稳定，这一点也可用元素电势图来说明。

$$\varphi_A^\ominus/V \qquad Cu^{2+} \xrightarrow{+0.17} Cu^+ \xrightarrow{+0.521} Cu$$

在溶液中，Cu^+易发生歧化反应，所以溶液中Cu^{2+}最稳定。因此，制得的亚铜化合物必须迅速从溶液中滤出并立即干燥，密闭包装。

(1)铜的氧化物

①氧化亚铜

氧化亚铜(Cu_2O)为暗红色不溶于水的固体，是制造玻璃和搪瓷的红色颜料。有毒，不溶于水，对热稳定，但在潮湿空气中缓慢被氧化成CuO。具有半导体性质，可作整流器材料。此外，在农业上可作杀菌剂。

氧化亚铜能溶于氨水和氢卤酸，分别形成稳定的无色配合物$[Cu(NH_3)_2]^+$、$[CuX_2]^-$。$[Cu(NH_3)_2]^+$易被空气中的氧氧化成深蓝色的$[Cu(NH_3)_4]^{2+}$，利用此反应可除去气体中的氧。

氧化亚铜能溶于稀酸，但立即歧化分解。

$$Cu_2O + 2HCl \longrightarrow CuCl_2 + Cu + H_2O$$

②氧化铜

氧化铜(CuO)为黑色不溶于水的粉末。氧化铜对热稳定，加热到1 000 ℃时开始分解生成氧化亚铜，放出氧气。

将铜粉和氧化铜的混合物在密闭容器内煅烧即得氧化亚铜。

$$Cu + CuO \xrightarrow{煅烧} Cu_2O$$

CuO 和 Cu_2O 都是碱性氧化物,溶于稀酸。

练一练

怎样利用废铜料、浓硫酸、铁屑制取 CuO? 写出各步反应方程式。

(2)氢氧化铜

氢氧化铜为浅蓝色不溶于水的粉末,对热不稳定。$Cu(OH)_2$ 微显两性,碱性强于酸性。易溶于酸,只能溶于浓的强碱,生成蓝色四羟基合铜(Ⅱ)离子。

$$Cu(OH)_2 + 2OH^- \longrightarrow [Cu(OH)_4]^{2-}$$

$Cu(OH)_2$ 溶于氨水生成碱性的铜氨溶液,显深蓝色。它是纤维素的很好溶剂,可用于人造丝的生产。

$$Cu(OH)_2 + 4NH_3 \longrightarrow [Cu(NH_3)_4]^{2+} + 2OH^-$$

向可溶性铜盐溶液中加入适量的强碱,有浅蓝色的 $Cu(OH)_2$ 沉淀生成。

$$CuCl_2 + 2NaOH \longrightarrow Cu(OH)_2\downarrow + 2NaCl$$

但新生成的氢氧化铜极不稳定,稍受热(30 ℃)就会分解生成氧化铜。

$$Cu(OH)_2 \xrightarrow{\triangle} CuO + H_2O$$

(3)铜(Ⅱ)盐

①氯化铜

除碘化铜不存在外,其他卤化铜都可以利用氧化铜与氢卤酸反应制得。

$CuCl_2 \cdot 2H_2O$ 为绿色结晶,在潮湿空气中容易潮解,在干燥空气中容易风化。无水 $CuCl_2$ 为棕黄色固体,是共价化合物,结构为链状:

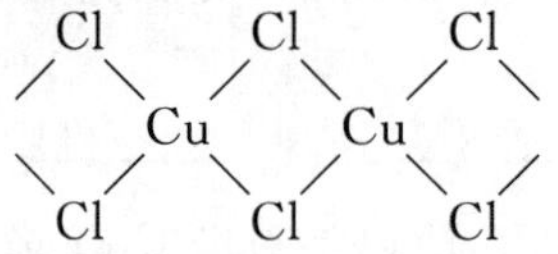

$CuCl_2$ 可溶于水。在其溶液中,$CuCl_2$ 可形成 $[CuCl_4]^{2-}$ 和 $[Cu(H_2O)_4]^{2+}$ 两种配离子,$[CuCl_4]^{2-}$ 显黄色,$[Cu(H_2O)_4]^{2+}$ 显蓝色,$CuCl_2$ 溶液的颜色取决于其浓度,浓度由大到小依次显黄绿色、绿色到蓝色。

$$[CuCl_4]^{2-} + 4H_2O \rightleftharpoons [Cu(H_2O)_4]^{2+} + 4Cl^-$$

②硫酸铜

$CuSO_4 \cdot 5H_2O$ 为蓝色结晶,俗称胆矾或蓝矾,在空气中易风化。加热胆矾,随温度升高逐步脱水,最后生成白色粉末状无水硫酸铜。无水硫酸铜极易吸水,遇水又会变成蓝色的水合物,据此可检验有机物中的微量水分,也可作干燥剂。

硫酸铜溶液有较强的杀菌能力,能抑制藻类生长,控制水体富营养化。在农业上同石灰乳混合配成波尔多液作杀虫剂。

想一想

根据 $\varphi_A^{\ominus}(Cu^{2+}/Cu^+)=0.153\ V$,$\varphi_A^{\ominus}(I_2/I^-)=0.535\ 5\ V$,$\varphi_A^{\ominus}(Cu^{2+}/CuI)=0.86\ V$,判断 $CuSO_4$ 与 KI 能否反应?如能反应,试写出反应方程式。

知识拓展

铜是人体健康不可缺少的微量营养元素,对于血液、中枢神经和免疫系统、头发、皮肤和骨骼组织以及脑、肝脏、心脏等内脏的发育和功能有重要影响。铜主要从日常饮食中摄入。世界卫生组织建议，为了维持健康，成人 1 kg 体重每天应摄入 0.03 mg 铜。孕妇和婴幼儿应加倍。缺铜会引起各种疾病，可以服用含铜补剂和药丸来加以补充。

11.2.2 银及其化合物

1.银

银在自然界主要以硫化物形式存在。常温下，银在空气中是稳定的，加热也不与空气中的氧化合。空气中如含有 H_2S 气体，银接触后表面就会因生成一层黑色 Ag_2S 薄膜而变暗。

$$4Ag + 2H_2S + O_2 \longrightarrow 2Ag_2S + 2H_2O$$

银在常温下能与卤素缓慢反应，能溶于硝酸或热的浓硫酸，还能溶于含有氧的氰化钠溶液中。

$$4Ag + 8NaCN + 2H_2O + O_2 \longrightarrow 4Na[Ag(CN)_2] + 4NaOH$$

银与铜、金一样都易形成配合物，利用这一性质可用氰化物从 Ag、Au 的硫化物矿中提取银和金。

$$Ag_2S + 4NaCN \longrightarrow 2Na[Ag(CN)_2] + Na_2S$$

然后用锌置换出银。

$$2Na[Ag(CN)_2] + Zn \longrightarrow Na_2[Zn(CN)_4] + 2Ag$$

银的单质及其可溶性化合物都有杀菌能力。

2.银的化合物

银通常形成氧化数为+1 的化合物。常见银的化合物只有 $AgNO_3$；AgF 溶于水；其他如 Ag_2SO_4、Ag_2CO_3 均难溶。

Ag^+ 易形成配合物，常见配位体有 NH_3、Cl^-、Br^-、I^-、CN^-、$S_2O_3^{2-}$ 等，把难溶银盐转化成配合物是溶解难溶银盐的重要方法。例如

$$AgCl(s) + Cl^- \longrightarrow [AgCl_2]^-$$

$$AgCl(s) + 2NH_3(aq) \longrightarrow [Ag(NH_3)_2]^+ + Cl^-$$

$$AgBr + 2S_2O_3^{2-} \longrightarrow [Ag(S_2O_3)_2]^{3-} + Br^-$$

$$AgI(s) + 2CN^- \longrightarrow [Ag(CN)_2]^- + I^-$$

银的化合物都有不同程度的感光性。例如 AgCl 和 Ag_2SO_4 都是白色固体，AgBr、AgI 和 Ag_2CO_3 为黄色固体，见光分解都变成黑色。所以银盐都用棕色瓶包装，有的瓶外还包上黑纸。

(1)硝酸银

硝酸银是最重要的可溶性银盐，以它为原料可制取多种银的化合物。

硝酸银见光分解析出单质银。

$$2AgNO_3 \xrightarrow{光} 2Ag + 2NO_2 + O_2\uparrow$$

硝酸银有一定的氧化能力[$\varphi_A^\ominus(Ag^+/Ag) = 0.799\ 6$ V]，可被微量有机物和铜、锌等金属还原成单质。皮肤或工作服沾上硝酸银后逐渐变成黑色。

银氨溶液能把醛和含有醛基的糖类氧化，生成单质银。

$$2[Ag(NH_3)_2]^+ + HCHO + 2OH^- \longrightarrow HCOONH_4 + 3NH_3\uparrow + 2Ag\downarrow + H_2O$$

硝酸银对人体有烧蚀作用。10%的 $AgNO_3$ 溶液在医药上作消毒剂。大量硝酸银用于制造卤化银、制镜、电镀及电子工业。

练一练

写出利用硝酸银制取 $AgBr$、Ag_2SO_4、Ag_2S、Ag_2CO_3 的反应方程式。

(2)氧化银

在硝酸银溶液中加入 NaOH,首先析出白色 AgOH。常温下 AgOH 极不稳定,立即脱水生成棕黑色 Ag_2O。

$$AgNO_3 + NaOH \longrightarrow AgOH\downarrow + NaNO_3$$
$$2AgOH \longrightarrow Ag_2O + H_2O$$

氧化银微溶于水,溶液呈微碱性。氧化银有较强的氧化性,能氧化 CO 和 H_2O_2。

$$Ag_2O + CO \longrightarrow 2Ag + CO_2\uparrow$$
$$Ag_2O + H_2O_2 \longrightarrow 2Ag + O_2\uparrow + H_2O$$

Ag_2O 和 MnO_2、CuO、Co_2O_3 的混合物在室温下能将 CO 迅速氧化成 CO_2,可用在防毒面具中。

氧化银与易燃物接触能引起燃烧。尤其是氧化银的氨水溶液$[Ag(NH_3)_2]OH$,在放置过程中会分解生成爆炸性很强的黑色物质 Ag_3N,因此,此溶液不宜久置,且盛溶液的器皿使用后应立即清洗干净。若要破坏银氨配离子,可加入盐酸。

知识拓展

银是贵重金属,且对人体有害,所以对含银废水、废渣要回收处理后排放。

(1)含银废水的处理

首先向废水中加入盐酸,生成 AgCl 沉淀,过滤后加入氨水,将 AgCl 沉淀转化为氯化二氨合银溶液,最后加入硝酸,把比较纯净的氯化银过滤出去即可。反应如下:

$$Ag^+ + Cl^- \longrightarrow AgCl\downarrow$$
$$AgCl + 2NH_3 \longrightarrow Ag(NH_3)_2Cl$$
$$Ag(NH_3)_2Cl + 2HNO_3 \longrightarrow AgCl\downarrow + 2NH_4NO_3$$

(2)含银废渣的处理

含银废渣以 Ag_2O 为例。首先向废渣中加入硝酸,把 Ag_2O 转化为 $AgNO_3$ 溶液,过滤后向溶液中加入盐酸,得到 AgCl 沉淀,再加氨水,把 AgCl 转化为氯化二氨合银溶液,最后加入硝酸,经过滤即可。

最后得到比较纯净的氯化银,用锌粉还原即可得到单质银。

练一练

向 $AgNO_3$ 溶液中依次加入 NaOH 溶液、盐酸、氨水、KBr 溶液、$Na_2S_2O_3$ 溶液、KI 溶液、KCN 溶液、Na_2S 溶液,会发生什么现象,写出各步反应方程式。

11.2.3 锌及其化合物

1. 锌

锌是银白色金属,略带蓝色。在自然界主要以硫化物形式存在,如闪锌矿(ZnS)。

锌在干燥的空气中稳定。但在潮湿空气中,其表面形成一层致密的碱式碳酸锌薄膜,对内层金属有保护作用。

$$4Zn + 2O_2 + 3H_2O + CO_2 \longrightarrow ZnCO_3 \cdot 3Zn(OH)_2$$

基于这一性质,常把锌镀在铁皮上,称为白铁皮或镀锌铁。

锌是活泼金属，新制锌粉能与水蒸气作用，放热甚至自燃；能被 CO_2 氧化。

$$Zn + H_2O \longrightarrow ZnO + H_2$$

$$Zn + CO_2 \longrightarrow ZnO + CO$$

在常温下，锌与卤素作用缓慢，锌粉和硫黄粉共热可生成硫化锌。锌在加热时与 O_2 反应得到氧化锌。

锌是一种典型的两性金属。锌不仅溶于盐酸、硫酸，也溶于醋酸；锌与铝不同，锌不仅能溶于强碱，还能溶于氨水。

$$Zn + 2HAc \longrightarrow ZnAc_2 + H_2\uparrow$$

$$Zn + 2NaOH + 2H_2O \longrightarrow Na_2[Zn(OH)_4] + H_2\uparrow$$

$$Zn + 2H_2O + 4NH_3 \longrightarrow [Zn(NH_3)_4](OH)_2 + H_2\uparrow$$

2. 锌的化合物

锌通常形成氧化数为+2 的化合物。

(1)氧化锌和氢氧化锌

①氧化锌

ZnO 为白色粉末，商品名为锌白或锌氧粉，是一种优良的白色染料。ZnO 不溶于水，是一种两性氧化物。

$$ZnO + 2HCl \longrightarrow ZnCl_2 + H_2O$$

$$ZnO + 2NaOH \longrightarrow Na_2ZnO_2 + H_2O$$

ZnO 无毒性，具有收敛性和一定的杀菌能力，医药上用于治疗皮肤表皮溃烂及各种皮肤病。ZnO 是制备各种锌化合物的基本原料。

②氢氧化锌

$Zn(OH)_2$ 为白色粉末，不溶于水，是两性氢氧化物，在溶液中有两种解离方式。

$$\underset{\text{碱式解离}}{Zn^{2+} + 2OH^-} \rightleftharpoons Zn(OH)_2 \rightleftharpoons \underset{\text{酸式解离}}{2H^+ + ZnO_2^{2-}}$$

在酸性溶液中，平衡向左移动，酸度足够大可得到 Zn^{2+} 盐；在碱性溶液中，平衡向右移动，碱度足够大可得到锌酸盐。

$Zn(OH)_2$ 可溶于氨水，这与 $Al(OH)_3$ 不同。故可利用氨水分离溶液中的 Al^{3+} 和 Zn^{2+}。

$$Zn(OH)_2 + 4NH_3 \longrightarrow [Zn(NH_3)_4]^{2+} + 2OH^-$$

$Zn(OH)_2$ 受热至 125 ℃时分解成 ZnO。

练一练

写出 $Zn(OH)_2$ 与盐酸、氢氧化钠反应的化学方程式。怎样利用 $Zn(OH)_2$ 与 $Al(OH)_3$ 的不同，分离溶液中的 Al^{3+} 和 Zn^{2+}。

(2)锌盐

①硫化锌

在锌盐溶液中加入 $(NH_4)_2S$，可析出白色 ZnS 沉淀。由于 ZnS 溶于酸(但不溶于醋酸)，所以在锌盐的酸性或中性溶液中通入 H_2S，ZnS 沉淀不完全，因为在沉淀过程中，H^+

浓度的增加，阻碍了 ZnS 的进一步沉淀，故只有在碱溶液中通入 H_2S 才能沉淀出 ZnS。

$$Zn^{2+} + H_2S \rightleftharpoons ZnS\downarrow + 2H^+$$

ZnS 与 $BaSO_4$ 共沉淀所形成的等物质的量的混合物 $ZnS \cdot BaSO_4$ 叫作锌钡白，俗称立德粉。其遮盖能力比锌白强，没有毒性，大量用作白色油漆颜料，若在 ZnS 晶体中加入微量的 Cu、Mn、Ag 等活化剂，经光照后能发出不同颜色的荧光，这种材料叫荧光粉，用于制造荧光屏、夜光表等。

②氯化锌

$ZnCl_2$ 为白色极易潮解的固体，吸水性很强，在有机合成中常用其作脱水剂和催化剂；可由金属锌和氯气直接合成。

$ZnCl_2$ 的浓溶液(俗称熟镪水)因形成配位酸而有显著的酸性。

$$ZnCl_2 + H_2O \longrightarrow H[ZnCl_2(OH)]$$

$ZnCl_2$ 能溶解金属氧化物如 FeO，可作焊药，在焊接时可清除金属表面的氧化物。

将 $ZnCl_2$ 溶液蒸干，只能得到碱式氯化锌而得不到无水氯化锌，这是氯化锌水解的结果。

$$ZnCl_2 + H_2O \xrightarrow{\triangle} Zn(OH)Cl + HCl\uparrow$$

知识拓展

锌是活泼金属，能与无机酸反应。但锌与硫酸反应速率很慢，且锌越纯，反应越慢。生产上通常将大块锌锭加热熔融后，徐徐倒入大量冷水中淬成锌花，以增大接触面积。并且混入一些较不活泼的金属杂质，如 Cu、Ag、Fe 等形成微电池，H_2 从这些金属表面放出，使反应加速。所以在制备硫酸锌时，用铁锅熔化锌，使锌花中混入少量铁，反应能顺利进行。

11.2.4 汞及其化合物

1. 汞

汞是银白色的液态金属。汞在自然界主要是以化合物的形式存在，如辰砂(HgS)。

汞受热均匀膨胀且不湿润玻璃，可用于制温度计、血压计、气压计。汞和汞的化合物都有毒，会引起头痛、震颤、语言失控、四肢麻木甚至变形。

汞有挥发性，汞蒸气被人体吸收会发生慢性中毒。使用时如溅落，汞无孔不入，必须把溅落的水银尽可能收集起来。用锡箔把微小的汞滴沾起，对遗留在缝隙处的汞要覆盖上硫黄粉使其生成难溶的 HgS。储存汞的容器必须密封。

汞能溶解许多金属，如 Na、K、Ag、Au、Zn、Cd、Sn、Pb 等，形成**汞齐**。利用此性质，冶金中用汞来提炼金和银。汞齐有许多重要用途，钠汞齐与水反应缓慢放出氢气，在有机合成中常用作还原剂。

汞只能溶于硝酸和热的浓硫酸。

2. 汞的化合物

汞有氧化数为+1 和+2 的两类化合物。

Hg^+ 有强烈形成二聚体的倾向，亚汞离子不是 Hg^+ 而是 Hg_2^{2+}。

汞的元素电势图如下：

$$\varphi_A^\ominus/V \qquad Hg^{2+} \xrightarrow{0.920} Hg_2^{2+} \xrightarrow{0.797\,3} Hg$$

在溶液中，Hg^{2+} 与 Hg 逆歧化生成 Hg_2^{2+} 的倾向较大，只要有金属汞存在，就会将 Hg^{2+} 还原成 Hg_2^{2+}。

想一想

汞溶于过量的硝酸产物是什么？如果汞过量会有何不同？写出反应方程式。

(1)氧化汞

HgO 有两种不同颜色的互变体。其中一种是黄色氧化汞，密度为 11.03 g/cm³；另一种是红色氧化汞，密度为 11.00～11.29 g/cm³。前者受热即变成后者，冷却后又复原。它们都不溶于水，都有毒。HgO 在 500 ℃时分解为汞和氧气。

汞盐溶液与碱反应，析出的不是汞的氢氧化物，而是黄色的 HgO，因 $Hg(OH)_2$ 不稳定，立即分解。

$$HgCl_2 + 2NaOH \longrightarrow 2NaCl + HgO\downarrow + H_2O$$

将硝酸汞加热分解，即得红色氧化汞。

$$2Hg(NO_3)_2 \xrightarrow{300\sim330\ ℃} 2HgO + 4NO_2\uparrow + O_2\uparrow$$

亚汞盐溶液与碱发生歧化反应，得到的黑褐色沉淀是 HgO(黄色)和 Hg(黑色)的混合物。

$$Hg_2Cl_2 + 2NaOH \longrightarrow 2NaCl + HgO\downarrow + Hg\downarrow + H_2O$$

(2)汞的氯化物

汞的氯化物有升汞($HgCl_2$)和甘汞(Hg_2Cl_2)两种。

①氯化汞

$HgCl_2$ 为白色针状晶体或颗粒粉末，熔点低，易升华，故俗名**升汞**，有剧毒，内服 0.2～0.4 g 就能致命，但少量使用有消毒作用，医院用 1∶1 000 的稀溶液作手术刀、剪的消毒剂。

$HgCl_2$ 熔融时不导电，是共价型分子，微溶于水，但在溶液中很少解离，大量以 $HgCl_2$ 分子存在，故有假盐之称。

$$HgCl_2 \rightleftharpoons HgCl^+ + Cl^- \qquad K_1^\ominus = 3.2\times10^{-7}$$

$$HgCl^+ \rightleftharpoons Hg^{2+} + Cl^- \qquad K_2^\ominus = 1.8\times10^{-7}$$

$HgCl_2$ 在溶液中略有水解，生成碱式盐。

$$HgCl_2 + H_2O \longrightarrow Hg(OH)Cl + Cl^- + H^+$$

$HgCl_2$ 能与氨水作用生成氨基氯化汞白色沉淀。

$$HgCl_2 + 2NH_3 \longrightarrow Hg(NH_2)Cl\downarrow + Cl^- + NH_4^+$$

在酸性溶液中 $HgCl_2$ 是一个较强的氧化剂，与适量 $SnCl_2$ 作用时，生成白色的 Hg_2Cl_2；$SnCl_2$ 过量时，Hg_2Cl_2 进一步被还原为单质汞，沉淀变黑。

$$2HgCl_2 + SnCl_2 + 2HCl \longrightarrow Hg_2Cl_2\downarrow + H_2SnCl_6$$

$$Hg_2Cl_2 + SnCl_2 + 2HCl \longrightarrow 2Hg\downarrow + H_2SnCl_6$$

在分析化学上利用以上反应检验 Hg^{2+} 或 Sn^{2+}。

②氯化亚汞

Hg_2Cl_2 为白色粉末，不溶于水，无毒、味甘，故有**甘汞**之称。医药上用作泻药，化学上用于制甘汞电极。

将 Hg 和 $HgCl_2$ 固体一起研磨，可得白色 Hg_2Cl_2。

$$HgCl_2 + Hg \longrightarrow Hg_2Cl_2$$

Hg_2Cl_2 不如 $HgCl_2$ 稳定。在光的照射下，Hg_2Cl_2 易分解成 $HgCl_2$ 和 Hg，所以应将

Hg_2Cl_2 储存于棕色瓶中。

$$Hg_2Cl_2 \xrightarrow{光} HgCl_2 + Hg$$

Hg_2Cl_2 与氨水反应生成氨基氯化汞和汞。

$$Hg_2Cl_2 + 2NH_3 \longrightarrow Hg(NH_2)Cl\downarrow + Hg\downarrow + NH_4Cl$$

白色的 $Hg(NH_2)Cl$ 和黑色的金属汞微粒混合在一起,使沉淀变成灰色。此反应可用来检验 Hg_2^{2+} 的存在及鉴别 Hg^{2+} 和 Hg_2^{2+}。

练一练

现有一瓶甘汞和一瓶升汞,怎样利用化学反应把它们区分开来?写出反应方程式。

知识拓展

如果汞不慎进入人体,会累积在中枢神经、肝和肾内,严重危害人体健康。催化合成工业、各种汞化合物及含汞农药的制备都是含汞废水的来源。GB 8978—1996《污水综合排放标准》规定,工业废水排放标准为:含汞不高于 0.05 mg/L。

含汞废水的处理方法有多种,化学方法有沉淀法、还原法、离子交换法等。

(1)沉淀法。传统方法用 Na_2S 或 H_2S 为沉淀剂,使水体中的汞生成难溶的硫化汞而除去。由于 HgS 的溶解度极小($K_{sp}^{\ominus}=6.4\times10^{-53}$),所以效果很好。但沉淀剂硫化物会造成二次污染。

另有一种方法即,利用胶体的凝聚作用,将废水中的汞吸附到一起,沉淀而除去。此法在废水中常加入明矾 $K_2SO_4 \cdot Al_2(SO_4)_3 \cdot 24H_2O$ 或 $FeCl_3$ 和 $Fe_2(SO_4)_3$ 等铁盐。

(2)还原法。利用不会造成二次污染的较活泼金属如铁屑、锌将水中的 Hg^{2+} 还原成 Hg 后再回收,也有用有机化合物如醛类作还原剂的。

(3)离子交换法。让废水流经离子交换树脂,汞被交换下来。此法操作简单、效果好,得到普遍应用。

在实际应用中,应根据具体情况选用,有时可几种方法一起使用。

11.2.5 铬及其化合物

1.铬

铬是元素周期表中ⅥB族的第一种元素,其主要矿物是铬铁矿 $FeO \cdot Cr_2O_3$。

铬是银白色、略带光泽的金属。金属中以铬的硬度最大,能刻画玻璃,主要用于电镀和制造合金钢。含铬 12%以上的钢称为不锈钢,有很好的耐热性、耐磨性和耐腐蚀性。铬和镍的合金用来制造电热设备。

在空气中铬表面易形成致密的氧化物保护膜。铬能缓慢溶于盐酸和稀硫酸,放出氢气,能溶于热的浓硫酸中生成二氧化硫和硫酸铬(Ⅲ)。但在冷的硝酸、浓硫酸甚至“王水”中呈钝态而不溶。

2.铬的化合物

铬能形成+2、+3、+4、+5、+6 多种氧化数的化合物。其中以+3 和+6 两种氧化数的化合物最重要。

(1)铬的氧化物和氢氧化铬

铬的氧化物有 CrO、Cr_2O_3 和 CrO_3,对应的水化物分别为 $Cr(OH)_2$、$Cr(OH)_3$ 和含

氧酸 H_2CrO_4、$H_2Cr_2O_7$ 等。其酸碱性规律为

CrO	Cr_2O_3	CrO_3
碱性	两性	酸性
$Cr(OH)_2$	$Cr(OH)_3$	H_2CrO_4、$H_2Cr_2O_7$
碱性	两性	酸性

①三氧化二铬。Cr_2O_3 是绿色晶体，不溶于水，具有两性，溶于酸生成铬(Ⅲ)盐，溶于强碱生成亚铬酸盐。

$$Cr_2O_3 + 6HCl \longrightarrow 2CrCl_3 + 3H_2O$$

$$Cr_2O_3 + 2NaOH \longrightarrow 2NaCrO_2 + H_2O$$

Cr_2O_3 常用作油漆、玻璃、陶瓷的绿色颜料(铬绿)，还用于有机合成的催化剂和制取铬盐的原料。高温下金属铬与氧化合生成 Cr_2O_3。

②氢氧化铬。向铬(Ⅲ)盐溶液中加入氨水或氢氧化钠溶液，即有蓝灰色的 $Cr(OH)_3$ 胶状沉淀生成。$Cr(OH)_3$ 与 $Al(OH)_3$、$Zn(OH)_2$ 相似，是两性氢氧化物，在溶液中存在以下两种平衡：

$$\underset{\text{紫色}}{Cr^{3+}} + 3OH^- \rightleftharpoons \underset{\text{蓝灰色}}{Cr(OH)_3} \rightleftharpoons H^+ + H_2O + \underset{\text{绿色}}{CrO_2^-}$$

向 $Cr(OH)_3$ 沉淀中加酸，平衡向左移动，生成铬(Ⅲ)盐；加碱，平衡向右移动，生成亚铬酸盐。例如

$$Cr(OH)_3 + 3HCl \longrightarrow CrCl_3 + 3H_2O$$

$$Cr(OH)_3 + NaOH \longrightarrow 2H_2O + NaCrO_2 \text{ 或 } Na[Cr(OH)_4]$$

$Cr(OH)_3$ 还能溶于液氨中，生成相应的配离子。

练一练

(1)分别写出 $Cr(OH)_3$、$Al(OH)_3$、$Zn(OH)_2$ 与盐酸、氢氧化钠作用的化学反应方程式。

(2)若在水溶液中同时存在 Cr^{3+}、Al^{3+}、Fe^{3+}，如何鉴别和分离这些离子？

③三氧化铬。三氧化铬为暗红色晶体，易潮解、有毒。

CrO_3 对热不稳定，加热超过熔点(196 ℃)即分解生成 Cr_2O_3 并放出氧。

$$4CrO_3 \xrightarrow{196\ ℃} 2Cr_2O_3 + 3O_2 \uparrow$$

CrO_3 即铬酐，是酸性氧化物，溶于水即生成铬酸 H_2CrO_4，溶于碱则得到铬酸盐。

$$CrO_3 + H_2O \longrightarrow H_2CrO_4$$

$$CrO_3 + 2NaOH \longrightarrow Na_2CrO_4 + H_2O$$

三氧化铬为强氧化剂，遇有机物易引起燃烧或爆炸，本身被还原为 Cr_2O_3。

向固体重铬酸钾中加入过量的浓硫酸，即有 CrO_3 晶体析出。

$$K_2Cr_2O_7 + H_2SO_4(\text{浓}) \longrightarrow K_2SO_4 + 2CrO_3 \downarrow + H_2O$$

CrO_3 与冷的氨水反应生成重铬酸铵 $(NH_4)_2Cr_2O_7$。

$$2CrO_3 + 2NH_3 + H_2O \longrightarrow (NH_4)_2Cr_2O_7$$

生成的 $(NH_4)_2Cr_2O_7$ 受热即可完全分解。

$$(NH_4)_2Cr_2O_7 \xrightarrow{170\ ℃} Cr_2O_3 + N_2 \uparrow + 4H_2O$$

(2)铬(Ⅲ)盐

常见铬(Ⅲ)盐有暗绿色 $CrCl_3 \cdot 6H_2O$、紫色 $Cr_2(SO_4)_3 \cdot 18H_2O$、绿色 $Cr_2(SO_4)_3 \cdot 6H_2O$、桃红色 $Cr_2(SO_4)_3$ 及蓝紫色铬钾矾 $KCr(SO_4)_2 \cdot 12H_2O$。它们都易溶于水，形成水合离子 $[Cr(H_2O)_6]^{3+}$，所以 Cr^{3+} 实际上并不存在于水溶液中。铬(Ⅲ)盐有毒。铬(Ⅲ)盐还能与 Cl^-、NH_3、CN^- 等形成配合物，如 $[CrCl_6]^{3-}$、$[Cr(NH_3)_6]^{3+}$、$[Cr(CN)_6]^{3-}$ 等。

当溶液中存在两个配位体时，由于浓度和条件的不同，两个配位体分布在配离子内界和外界的数目不同，得到颜色不同的多种配离子，结晶得到不同颜色的互变体。例如三氯化铬晶体($CrCl_3 \cdot 6H_2O$)可有以下不同颜色的互变体。即

$[Cr(H_2O)_6]Cl_3$	$[CrCl(H_2O)_5]Cl_2 \cdot H_2O$	$[CrCl_2(H_2O)_4]Cl \cdot 2H_2O$
紫色	淡绿色	暗绿色

铬的元素电势图如下

$$\varphi_A^\ominus/V \qquad Cr_2O_7^{2-} \xrightarrow{1.33} Cr^{3+} \xrightarrow{-0.41} Cr^{2+} \xrightarrow{-0.91} Cr \qquad (Cr^{3+} \xrightarrow{-0.744} Cr)$$

$$\varphi_B^\ominus/V \qquad CrO_4^{2-} \xrightarrow{-0.13} Cr(OH)_3 \xrightarrow{-1.1} Cr(OH)_2 \xrightarrow{-1.4} Cr \qquad (Cr(OH)_3 \xrightarrow{-1.3} Cr)$$

由图可知，铬(Ⅲ)在碱性溶液中有较强的还原性。铬(Ⅲ)盐或亚铬酸盐(CrO_2^-)在碱性溶液中易被 H_2O_2、Cl_2、Br_2、$NaClO$ 氧化为铬酸盐。

$$2CrO_2^- + 3H_2O_2 + 2OH^- \longrightarrow 2CrO_4^{2-} + 4H_2O$$

$$2CrO_2^- + 3Cl_2 + 8OH^- \longrightarrow 2CrO_4^{2-} + 6Cl^- + 4H_2O$$

$$2CrO_2^- + 3ClO^- + 2OH^- \longrightarrow 2CrO_4^{2-} + 3Cl^- + H_2O$$

在酸性溶液中，只有很强的氧化剂如 $K_2S_2O_8$ 或 $KMnO_4$ 才能把铬(Ⅲ)盐氧化为铬(Ⅵ)盐。

$$2Cr^{3+} + 3S_2O_8^{2-} + 7H_2O \longrightarrow Cr_2O_7^{2-} + 6SO_4^{2-} + 14H^+$$

想一想

由铬的元素电势图分析 CrO_4^{2-} 与 $Cr_2O_7^{2-}$ 的氧化性强弱。

(3)铬(Ⅵ)盐

铬(Ⅵ)盐有铬酸盐和重铬酸盐两类化合物。它们都有毒。重铬酸盐大都易溶于水，而铬酸盐中除钾、钠和铵盐外都不溶于水。

铬酸(H_2CrO_4)是一种二元强酸，强度接近硫酸，只存在于水溶液中。第二步解离较弱。

$$H_2CrO_4 \rightleftharpoons HCrO_4^- + H^+ \qquad K_1^\ominus = 4.1$$

$$HCrO_4^- \rightleftharpoons CrO_4^{2-} + H^+ \qquad K_2^\ominus = 1.3 \times 10^{-6}$$

重铬酸($H_2Cr_2O_7$)的酸性比 H_2CrO_4 更强，仅存在于稀溶液中，能氧化浓盐酸，放出氯气。

$$H_2Cr_2O_7 + 12HCl(浓) \longrightarrow 2CrCl_3 + 3Cl_2\uparrow + 7H_2O$$

铬酸根 CrO_4^{2-} 呈黄色，重铬酸根 $Cr_2O_7^{2-}$ 呈橙红色。它们在溶液中存在平衡

$$2CrO_4^{2-} + 2H^+ \rightleftharpoons 2HCrO_4^- \rightleftharpoons Cr_2O_7^{2-} + H_2O$$

可见，铬(Ⅵ)盐溶液中同时存在 CrO_4^{2-}、$HCrO_4^-$、$Cr_2O_7^{2-}$ 三种离子，其相对含量的高

低由溶液的酸度而定。酸化溶液时，平衡向右移动，溶液中以 $Cr_2O_7^{2-}$ 为主，显橙红色；加入碱液，平衡向左移动，溶液中以 CrO_4^{2-} 为主，显黄色。

由电极电势可知，铬（Ⅵ）盐只有在酸性溶液中，即以 $Cr_2O_7^{2-}$ 的形式存在时，才表现出强氧化性。

想一想

向重铬酸盐溶液中加入可溶性 Ba^{2+}、Pb^{2+}、Ag^+ 盐，会有什么现象？写出反应的离子方程式。

①铬酸盐

铬酸钠（Na_2CrO_4）和铬酸钾（K_2CrO_4）都是黄色结晶，前者和许多钠盐相似，易潮解。它们的水溶液都显碱性。

某些重金属离子如 Ag^+、Ba^{2+}、Pb^{2+} 与 CrO_4^{2-} 反应，生成具有特征颜色的沉淀。

$$Ba^{2+} + CrO_4^{2-} \longrightarrow \underset{\text{柠檬黄}}{BaCrO_4}\downarrow$$

$$Pb^{2+} + CrO_4^{2-} \longrightarrow \underset{\text{铬黄}}{PbCrO_4}\downarrow$$

$$2Ag^+ + CrO_4^{2-} \longrightarrow \underset{\text{砖红色}}{Ag_2CrO_4}\downarrow$$

实验室常用 Ba^{2+}、Pb^{2+} 或 Ag^+ 检验 CrO_4^{2-}。柠檬黄和铬黄在工业上可作黄色颜料。

②重铬酸盐

重铬酸钠（$Na_2Cr_2O_7$）和重铬酸钾（$K_2Cr_2O_7$）都是橙红色晶体，商品名分别为红矾钠和红矾钾。前者易潮解，它们的水溶液都显酸性。

重铬酸钾无吸潮性，用重结晶法易于提纯，它是分析化学中常用的基准试剂。但重铬酸钠便宜，溶解度较大，如要求纯度不高，宜选用重铬酸钠。

重铬酸盐是实验室中常用的氧化剂，可氧化 Fe^{2+}、H_2S、HI、H_2SO_3、$NaNO_2$、乙醇和浓盐酸，本身被还原为 Cr^{3+}。

$$Cr_2O_7^{2-} + 6Fe^{2+} + 14H^+ \longrightarrow 2Cr^{3+} + 6Fe^{3+} + 7H_2O$$

$$Cr_2O_7^{2-} + 3NO_2^- + 8H^+ \longrightarrow 2Cr^{3+} + 3NO_3^- + 4H_2O$$

$$Cr_2O_7^{2-} + 3CH_3CH_2OH + 8H^+ \longrightarrow 2Cr^{3+} + 3CH_3CHO + 7H_2O$$

分析化学中常用 $K_2Cr_2O_7$ 测定溶液中 Fe^{2+} 的含量。

实验室以前用的洗液就是由重铬酸钾的饱和溶液和浓硫酸配制而成的。洗液长期使用后，会由棕红色转变为暗绿色，Cr（Ⅵ）盐已被还原成 Cr（Ⅲ）盐，洗液失效。由于洗液污染环境，现已逐渐被合成洗液所代替。

练一练

写出重铬酸盐氧化 H_2S、H_2SO_3、浓盐酸的化学反应方程式。

知识拓展

Cr(Ⅵ)盐的毒性最大,比 Cr(Ⅲ)盐的毒性大 100 倍,Cr(Ⅱ)盐及金属铬毒性较小。饮用含铬水对胃、肠等有刺激作用,吸入含铬气体会引起鼻黏膜发炎甚至穿孔。铬会引起贫血、肾炎、神经炎,并有致癌作用。电镀、制革、化工、冶金工业排放的废水中常含有铬。GB 8978—1996《污水综合排放标准》规定,工业废水排放标准为含六价铬[Cr(Ⅵ)]不高于 0.5 mg/L。

含铬废水的处理方法有多种,化学方法有还原法和离子交换法。

(1)还原法

还原法包括还原剂还原法和电解还原法。

常用的还原剂有 $FeSO_4$、$NaHSO_3$、Na_2SO_3 等。先将 Cr(Ⅵ)还原为 Cr(Ⅲ),再加石灰乳生成 $Cr(OH)_3$ 沉淀而除去。

$$Cr_2O_7^{2-} + 3HSO_3^- + 5H^+ \longrightarrow 2Cr^{3+} + 3SO_4^{2-} + 4H_2O$$

$$Cr^{3+} + 3OH^- \longrightarrow Cr(OH)_3 \downarrow$$

电解还原法是用铁作电极,在阴极 Cr(Ⅵ)被还原成 Cr(Ⅲ),阳极溶解下来的 Fe^{2+} 也可将 Cr(Ⅵ)还原为 Cr(Ⅲ)。

(2)离子交换法

处理含 Cr(Ⅵ)污水的方法中,离子交换法效果好。使废水流经阴离子交换树脂,交换后的树脂用 NaOH 溶液处理,使 Cr(Ⅵ)重新进入溶液进行回收,同时树脂也得到再生。其交换过程为

$$2R_4NOH + CrO_4^{2-} \underset{\text{再生}}{\overset{\text{交换}}{\rightleftharpoons}} (R_4N)_2CrO_4 + 2OH^-$$

此外,可用活性污泥法进行生化处理。

11.2.6 锰及其化合物

1. 锰

锰是周期表中ⅦB族的第一种元素,锰在地壳中的含量居过渡元素的第三位,仅次于铁和钛,其主要矿物是软锰矿 $MnO_2 \cdot xH_2O$。近年来,在海洋底部又发现了丰富的锰矿,主要是含锰为 7%~8%的“锰结核”。

锰是银白色似铁的金属,质硬而脆,是制造特种合金钢的重要材料。含锰量超过 1%的钢叫作锰钢,锰钢具有硬度高、强度大和耐磨、耐大气腐蚀的特性,是轧制铁轨、架设桥梁的优质材料。锰在钢铁工业中有着重要地位。

锰属于活泼金属。在空气中其表面生成一层致密的氧化物保护膜而变暗,粉末状的锰很容易被氧化成 Mn_3O_4。锰和热水反应生成 $Mn(OH)_2$ 和 H_2。锰能溶于一般的无机酸中,生成锰(Ⅱ)盐,与冷的浓硫酸作用缓慢。在有氧化剂存在下,锰还能与熔融碱作用生成锰酸盐。

$$2Mn + 4KOH + 3O_2 \longrightarrow 2K_2MnO_4 + 2H_2O$$

2. 锰的化合物

锰能形成多种氧化态，其中氧化数为＋2、＋4、＋7 的化合物最重要。氧化还原性是锰的化合物的特征性质。锰的元素电势图为

$$\varphi_A^\ominus/V \quad MnO_4^- \xrightarrow{0.564} MnO_4^{2-} \xrightarrow{2.67} MnO_2 \xrightarrow{1.224} Mn^{2+} \xrightarrow{-1.17} Mn$$

（MnO_4^-—Mn^{2+}：1.507；MnO_4^-—MnO_2：1.679）

$$\varphi_B^\ominus/V \quad MnO_4^- \xrightarrow{0.558} MnO_4^{2-} \xrightarrow{0.60} MnO_2 \xrightarrow{-0.05} Mn(OH)_2 \xrightarrow{-1.56} Mn$$

（MnO_4^-—MnO_2：0.595）

查一查

查看锰的元素电势图，总结 Mn^{2+}、MnO_2、MnO_4^{2-}、MnO_4^- 的氧化还原性及介质酸碱性对它们的影响。

(1)锰的氧化物和氢氧化物

锰有多种氧化物。锰的氧化物及其对应的氢氧化物或含氧酸，随氧化数的升高和离子半径的减小，碱性逐渐减弱，酸性逐渐增强。即

MnO	Mn_2O_3	MnO_2	MnO_3	Mn_2O_7
绿色	棕色	黑色		绿色液体
$Mn(OH)_2$	$Mn(OH)_3$	$Mn(OH)_4$	H_2MnO_4	$HMnO_4$
白色	棕色	棕黑色	绿色	紫色
碱性	碱性	两性	酸性	酸性

①二氧化锰

MnO_2 是黑色粉末状物质，不溶于水，是锰最稳定的氧化物。

MnO_2 是两性氧化物。在酸性介质中 MnO_2 是强氧化剂，与浓盐酸共热产生氯气，还能氧化 H_2O_2 和 Fe^{2+}。

$$MnO_2 + H_2O_2 + H_2SO_4 \longrightarrow MnSO_4 + O_2\uparrow + 2H_2O$$

$$MnO_2 + 2FeSO_4 + 2H_2SO_4 \longrightarrow MnSO_4 + Fe_2(SO_4)_3 + 2H_2O$$

MnO_2 与浓 H_2SO_4 反应生成硫酸锰并放出氧气。

$$2MnO_2 + 2H_2SO_4(浓) \longrightarrow 2MnSO_4 + O_2\uparrow + 2H_2O$$

由元素电势图可知，MnO_4^- 与 Mn^{2+} 会发生逆歧化反应，生成 MnO_2。

MnO_2 大量用于制造干电池，是一种广泛使用的氧化剂。在玻璃、油漆、陶瓷等工业也有应用，也是制造锰盐的原料。

②氢氧化锰

在 Mn(Ⅱ)盐溶液中加入强碱，即生成白色 $Mn(OH)_2$ 沉淀。

在碱性介质中，$Mn(OH)_2$ 很不稳定，极易被氧化，甚至溶解在水中的氧也能使它氧化[$\varphi^\ominus(O_2/OH^-)=0.401$ V]，生成棕色的水合二氧化锰。

$$2Mn(OH)_2 + O_2 \longrightarrow 2MnO(OH)_2(或\ 2MnO_2 \cdot H_2O)$$

$MnO(OH)_2$ 脱水生成 MnO_2。

$$2MnO(OH)_2 \longrightarrow 2MnO_2 + 2H_2O$$

(2)锰盐

①锰(Ⅱ)盐

由于 Mn^{2+} 价电子构型为 $3d^5$,是半充满的稳定状态,故锰(Ⅱ)盐最稳定。Mn^{2+} 的强酸盐都易溶于水,少数弱酸盐不溶于水,如 $MnCO_3$、MnC_2O_4、MnS 不溶于水。在水溶液中,Mn^{2+} 常以浅粉红色的$[Mn(H_2O)_6]^{2+}$水合离子形式存在。

Mn^{2+} 在酸性溶液中很稳定,既不易被氧化,也不易被还原。只有与强氧化剂如 $K_2S_2O_8$、$NaBiO_3$、PbO_2 反应,才能使 Mn^{2+} 氧化为 MnO_4^-。

$$2Mn^{2+} + 5S_2O_8^{2-} + 8H_2O \longrightarrow 2MnO_4^- + 10SO_4^{2-} + 16H^+$$

$$2Mn^{2+} + 5PbO_2 + 4H^+ \longrightarrow 2MnO_4^- + 5Pb^{2+} + 2H_2O$$

$$2Mn^{2+} + 5NaBiO_3 + 14H^+ \longrightarrow 2MnO_4^- + 5Bi^{3+} + 5Na^+ + 7H_2O$$

MnO_4^- 在很稀的溶液中也能显示出它特征的紫红色,所以上述最后反应可用于检验溶液中 Mn^{2+} 的存在。

锰盐属弱碱盐,在水溶液中有水解性。所以锰盐溶液在蒸发、浓缩时,必须保证溶液有足够的酸度,抑制 Mn^{2+} 水解成不稳定的 $Mn(OH)_2$,而 $Mn(OH)_2$ 经氧化、脱水可产生 MnO_2。Mn^{2+} 在水中可发生如下反应

$$Mn^{2+} + 2H_2O \rightleftharpoons Mn(OH)_2 + 2H^+$$

锰(Ⅱ)盐具有一定的毒性,吸入含锰的粉尘会引起神经系统中毒。

想一想

硫酸锰溶液与高锰酸钾溶液混合有什么现象?写出反应方程式。

②锰(Ⅶ)盐

锰(Ⅶ)盐中最重要的是高锰酸钾,俗称灰锰氧。

$KMnO_4$ 是暗紫色晶体,有光泽。易溶于水,溶液呈紫红色。对热不稳定,加热到 200 ℃就能分解放出氧气,故与有机物混合会发生燃烧或爆炸;实验室常利用该性质制备氧气。

$$2KMnO_4 \xrightarrow{\triangle} K_2MnO_4 + MnO_2 + O_2\uparrow$$

在溶液中,$KMnO_4$ 也不十分稳定,在酸性溶液中缓慢地分解,析出 MnO_2。

$$4MnO_4^- + 4H^+ \longrightarrow 4MnO_2\downarrow + 2H_2O + 3O_2\uparrow$$

在中性或微碱性溶液中分解更慢。光线对 $KMnO_4$ 的分解有催化作用,所以固体 $KMnO_4$ 及其溶液都需保存在棕色瓶中。

$KMnO_4$ 无论在酸性、中性或碱性介质中,都有很强的氧化性,即使稀溶液也有强氧化性。

在酸性介质中,其还原产物是 Mn^{2+},如可氧化 Fe^{2+}、I^-、Cl^-、SO_3^{2-}。

$$2MnO_4^- + 5SO_3^{2-} + 6H^+ \longrightarrow 2Mn^{2+} + 5SO_4^{2-} + 3H_2O$$

$$MnO_4^- + 5Fe^{2+} + 8H^+ \longrightarrow Mn^{2+} + 5Fe^{3+} + 4H_2O$$

在分析化学中利用后一反应测定铁的含量。

在中性、微碱性溶液中，其还原产物是 MnO_2。

$$2MnO_4^- + 3SO_3^{2-} + H_2O \longrightarrow 2MnO_2\downarrow + 3SO_4^{2-} + 2OH^-$$

在强碱性溶液中，其还原产物是 MnO_4^{2-}。

$$2MnO_4^- + SO_3^{2-} + 2OH^- \longrightarrow 2MnO_4^{2-} + SO_4^{2-} + H_2O$$

如还原剂 SO_3^{2-} 过量，会进一步还原 MnO_4^{2-}，最后产物是 MnO_2。

$$MnO_4^{2-} + SO_3^{2-} + H_2O \longrightarrow MnO_2\downarrow + SO_4^{2-} + 2OH^-$$

$KMnO_4$ 广泛用于杀菌消毒，0.1%的 $KMnO_4$ 稀溶液常用来给水果和茶具消毒，5%的 $KMnO_4$ 溶液可治疗烫伤。在工业上还用来做纤维和油脂的漂白剂，在有机合成中也有应用。

知识拓展

$KMnO_4$ 是自来水厂净化水用的常规添加剂。在野外取水时，1 L 水中加三四粒 $KMnO_4$，30 s 后即可饮用。

想一想

锰酸盐在中性或酸性溶液中会稳定存在吗？有什么变化？写出反应的离子方程式。

11.2.7 铁及其化合物

1. 铁

铁位于周期表中ⅧB 族，与钴和镍性质相似，合称为**铁系元素**。其主要矿物有磁铁矿(Fe_3O_4)、赤铁矿(Fe_2O_3)、褐铁矿(FeO)、黄铁矿(FeS_2)、菱铁矿($FeCO_3$)等。

铁有生铁和熟铁之分，生铁含碳量在 1.7%～4.5%，熟铁含碳量在 0.1%以下。而钢含碳量为 0.1%～1.7%。

铁是白色而有光泽的金属，略带灰色，有很好的延展性和铁磁性。

纯金属铁块在空气中较稳定。但含有杂质的铁在潮湿空气中容易生锈，锈层疏松多孔，不能起保护作用。

铁属于中等活泼金属。高温时能与 O_2、S、Cl_2、Br_2 等非金属单质化合。赤热的铁能与水蒸气反应生成 Fe_3O_4，并放出 H_2。铁能溶于盐酸、稀硫酸和稀硝酸，但冷的浓硫酸、浓硝酸会使其钝化。铁能被浓碱溶液缓慢腐蚀。

想一想

铁分别与 O_2、S、Cl_2、Br_2 等非金属单质及稀酸作用时，产物是什么？

2. 铁的化合物

铁通常形成+2 和+3 两种氧化数的化合物，其中氧化数为+3 的化合物较稳定。

(1)铁的氧化物和氢氧化物

①氧化物

铁有三种氧化物:FeO(黑色)、Fe_2O_3(砖红色)、Fe_3O_4(黑色)。三种物质都不溶于水。FeO是碱性氧化物,能溶于强酸而不溶于碱。

Fe_2O_3俗称铁红,可作红色颜料。它是两性氧化物,但碱性强于酸性。与酸作用生成Fe(Ⅲ)盐,与NaOH、Na_2CO_3、Na_2O等碱性物质共熔生成铁酸盐。

$$Fe_2O_3 + 6HCl \longrightarrow 2FeCl_3 + 3H_2O$$
$$Fe_2O_3 + 2NaOH \longrightarrow 2NaFeO_2 + H_2O$$

Fe_3O_4又称**磁性氧化铁**,可作黑色颜料。

练一练

写出Fe_2O_3分别与Na_2CO_3和Na_2O作用的化学反应方程式。

②氢氧化物

铁有两种氢氧化物:$Fe(OH)_2$(白色)和$Fe(OH)_3$(棕红色)。它们都是难溶于水的弱碱。在亚铁盐(除尽空气)、铁盐溶液中加碱,即有氢氧化物沉淀生成。

$Fe(OH)_2$极不稳定,在空气中易被氧化,白色的$Fe(OH)_2$先变成灰绿色,最后成为棕红色的$Fe(OH)_3$。

$$4Fe(OH)_2 + O_2 + 2H_2O \longrightarrow 4Fe(OH)_3$$

新沉淀的$Fe(OH)_3$具有微弱的两性,但碱性强于酸性。溶于酸生成Fe(Ⅲ)盐,溶于浓的强碱溶液,生成铁酸盐。

$$Fe(OH)_3 + 3H^+ \longrightarrow Fe^{3+} + 3H_2O$$
$$Fe(OH)_3 + OH^- \longrightarrow FeO_2^- + 2H_2O$$

经放置的$Fe(OH)_3$沉淀则难以显示酸性,只能与酸反应。

(2)铁盐

铁的元素电势图为

$\varphi_A^\ominus/V$ $$Fe^{3+} \xrightarrow{0.771} Fe^{2+} \xrightarrow{-0.447} Fe$$

$\varphi_B^\ominus/V$ $$Fe(OH)_3 \xrightarrow{-0.56} Fe(OH)_2 \xrightarrow{-0.877} Fe$$

查一查

查看铁的元素电势图,分析Fe(Ⅱ)的氧化还原性及介质酸碱性对它的影响。

①铁(Ⅱ)盐

铁(Ⅱ)盐在空气中不稳定,易被氧化成铁(Ⅲ)盐。

在溶液中,铁(Ⅱ)盐的氧化还原稳定性随介质不同而异。在酸性介质中,Fe^{2+}比较稳定,有显著的还原性,能被强氧化剂如$KMnO_4$、$K_2Cr_2O_7$、Cl_2、H_2O_2、HNO_3氧化成Fe^{3+}。

$$2Fe^{2+} + Cl_2 \longrightarrow 2Fe^{3+} + 2Cl^-$$
$$2Fe^{2+} + H_2O_2 + 2H^+ \longrightarrow 2Fe^{3+} + 2H_2O$$
$$Fe^{2+} + HNO_3 + H^+ \longrightarrow Fe^{3+} + NO_2\uparrow + H_2O$$

在碱性介质中，Fe(Ⅱ)还原性更强，极易被氧化。因此，制备和保存 Fe^{2+} 的盐溶液时，必须加入足够浓度的酸，始终保持溶液的酸性，并加几颗铁钉防止氧化。

$$2Fe^{3+} + Fe \longrightarrow 3Fe^{2+}$$

铁(Ⅱ)盐溶液显浅绿色，稀溶液几乎无色。

Fe^{2+} 的强酸盐几乎都溶于水，如硫酸盐、硝酸盐、卤化物等。由于水解呈酸性，所以 Fe^{2+} 的弱酸盐大都难溶于水而溶于酸，如碳酸盐、磷酸盐、硫化物等。

常见的铁(Ⅱ)盐是 $FeSO_4 \cdot 7H_2O$，俗称绿矾，为蓝绿色晶体，易风化。其无水盐是白色粉末，不稳定，特别是溶液，易被氧化为 Fe(Ⅲ)盐。

$$4FeSO_4 + O_2 + 2H_2O \longrightarrow \underset{\text{棕色}}{4Fe(OH)SO_4}$$

$FeSO_4$ 用于制墨水、颜料，并用作净水剂、煤气净化剂、媒染剂、除草剂等，医学上还用作补血剂。

硫酸亚铁铵，即 $(NH_4)_2SO_4 \cdot FeSO_4 \cdot 6H_2O$，也叫摩尔盐，比绿矾稳定得多，在分析化学中用于标定 $Cr_2O_7^{2-}$ 和 MnO_4^- 等。

②Fe(Ⅲ)盐

由于 $Fe(OH)_3$ 的碱性比 $Fe(OH)_2$ 更弱，所以 Fe(Ⅲ)盐较铁(Ⅱ)盐易于水解，这是 Fe(Ⅲ)盐的重要性质，其水解产物近似地认为是 $Fe(OH)_3$。

在强酸性($pH \approx 0$)溶液中，Fe^{3+} 以水合离子 $[Fe(H_2O)_6]^{3+}$ 的形式存在，显黄色。随着酸性减弱，水解、缩合逐级进行，很快就形成胶体溶液，最后形成水合 Fe_2O_3 沉淀。溶液颜色由黄色加深至棕色。加酸能抑制 $[Fe(H_2O)_6]^{3+}$ 水解，故配制 Fe(Ⅲ)盐溶液时，需加入一定的酸。

$FeCl_3$ 或 $Fe_2(SO_4)_3$ 常用作净水剂，是因为其胶状水解产物能凝聚水中的悬浮物，并一起沉降。

Fe(Ⅲ)盐的另一重要性质是氧化性。在酸性溶液中属于中强氧化剂，能氧化 $SnCl_2$、KI 和 H_2S，还原产物是 Fe^{2+}。例如

$$2Fe^{3+} + Sn^{2+} \longrightarrow 2Fe^{2+} + Sn^{4+}$$

$$2Fe^{3+} + 2I^- \longrightarrow 2Fe^{2+} + I_2$$

$$2Fe^{3+} + H_2S \longrightarrow 2Fe^{2+} + S + 2H^+$$

$FeCl_3$ 是重要的 Fe(Ⅲ)盐。氯气与铁屑直接作用得到棕黑色的无水氯化铁，无水氯化铁在空气中易潮解，受热易升华。若将 Fe_2O_3 溶于盐酸，则可得到六水合氯化铁 $FeCl_3 \cdot 6H_2O$，它是深黄色晶体，用加热方法不能脱去结晶水得到无水氯化铁，因为发生了水解。

$FeCl_3$ 能引起蛋白质迅速凝聚，医药上用作伤口止血剂；工业上，$FeCl_3$ 用作铁制品和铜板的腐蚀剂，腐蚀出字样和图形。

$$2FeCl_3 + Cu \longrightarrow 2FeCl_2 + CuCl_2$$

硫酸铁也是重要的 Fe(Ⅲ)盐，易形成矾，如蓝紫色硫酸铁铵晶体 $NH_4Fe(SO_4)_2 \cdot 12H_2O$。

知识拓展

用酸与金属反应制取无机盐时，通常是将酸加到金属上。但硝酸铁的制备正好相反，

它是把金属铁一点一点地加入到硝酸中，目的是让硝酸始终过量，抑制产物 Fe^{3+} 水解。若将硝酸加到铁上，随着硝酸被消耗，酸度降低，生成的硝酸铁随即水解，使溶液浑浊，甚至变成棕黄色稀粥状，这是经多级水解、缩合后的产物。遇此情况，再加硝酸也无法改变，只能弃之。

(3)铁的配合物

①亚铁氰化钾

Fe^{2+} 与 KCN 溶液作用，首先生成白色氰化亚铁沉淀，KCN 过量，沉淀溶解而形成六氰合铁(Ⅱ)酸钾 $K_4[Fe(CN)_6]$，简称亚铁氰化钾，俗名黄血盐，为柠檬黄色晶体。

在黄血盐溶液中通入氯气或加入高锰酸钾溶液，可把 $[Fe(CN)_6]^{4-}$ 氧化为 $[Fe(CN)_6]^{3-}$。

$$2K_4[Fe(CN)_6] + Cl_2 \longrightarrow 2K_3[Fe(CN)_6] + 2KCl$$

$$3K_4[Fe(CN)_6] + KMnO_4 + 2H_2O \longrightarrow 3K_3[Fe(CN)_6] + MnO_2\downarrow + 4KOH$$

②铁氰化钾

六氰合铁(Ⅲ)酸钾 $K_3[Fe(CN)_6]$，简称铁氰化钾，俗名赤血盐，为深红色晶体。

在 Fe^{2+} 溶液中加入赤血盐或在 Fe^{3+} 溶液中加入黄血盐，都有蓝色沉淀生成。

$$K^+ + Fe^{2+} + [Fe(CN)_6]^{3-} \longrightarrow \underset{\text{滕氏蓝}}{KFe[Fe(CN)_6]}\downarrow$$

$$K^+ + Fe^{3+} + [Fe(CN)_6]^{4-} \longrightarrow \underset{\text{普鲁氏蓝}}{KFe[Fe(CN)_6]}\downarrow$$

常用以上两个反应来鉴定 Fe^{2+} 和 Fe^{3+} 的存在。经研究表明，两种蓝色物质具有相同的晶体结构，实际是同一种物质，其化学式是 $[KFe^{Ⅲ}(CN)_6Fe^{Ⅱ}]$。它们被广泛应用在油墨和油漆制造业。

③硫氰化铁

在 Fe(Ⅲ)盐溶液中加入 KSCN 时，能形成血红色的硫氰酸根合铁(Ⅲ)离子 $[Fe(SCN)]^{2+}$。

$$Fe^{3+} + nSCN^- \longrightarrow [Fe(SCN)_n]^{3-n} \quad (n=1\sim6)$$

这是检验 Fe^{3+} 的灵敏反应。加入 NaF，血红色消失。

$$[Fe(SCN)_n]^{3-n} + 6F^- \longrightarrow [FeF_6]^{3-} + nSCN^-$$

④五羰基合铁

铁粉与一氧化碳(CO)在 150～200 ℃和 101.3 kPa 下反应，生成黄色液体五羰基合铁 $[Fe(CO)_5]$。五羰基合铁不溶于水而溶于苯和乙醚中，易挥发。热稳定性差，加热至 140 ℃时分解，析出单质铁。利用此性质可以提纯铁。

练一练

怎样用化学方法把铁(Ⅱ)盐和铁(Ⅲ)盐区别开来，写出有关反应方程式。

本章小结

- 金属元素
  - 金属元素通论
    - 金属元素通性
      - 原子的价电子构型 — 包括ⅠA族和ⅡA族：$ns^{1\sim2}$；ⅢA～ⅥA族：$ns^2np^{1\sim4}$；过渡金属：$(n-1)d^{1\sim10}ns^{1\sim2}$（Pd为$4d^{10}$）；ⅠB族和ⅡB族：$(n-1)d^{10}ns^{1\sim2}$
      - 金属元素化学活泼性及其氧化态 — 多数有较强的还原性。碱金属和碱土金属均表现为一种氧化态；p区金属低氧化态趋向稳定；过渡金属表现出多种氧化态
    - 金属单质通性
      - 物理性质 — 状态、硬度、导电及导热性、延展性、熔点等
      - 化学性质 — 包括与氧、水、酸、碱的反应
  - 重要的金属
    - 铜及其化合物
      - 铜单质 — 在潮湿空气中其表面生成一层铜绿
      - 铜的化合物 — 主要有CuO、Cu_2O、$Cu(OH)_2$、Cu(Ⅱ)盐
    - 银及其化合物
      - 银单质 — 与S有亲和作用，溶于含O_2的NaCN溶液
      - 银的化合物 — 多难溶于水，Ag(Ⅰ)易形成配合物，主要是$AgNO_3$
      - 含银废水、废渣的处理
    - 锌及其化合物
      - 锌单质 — 在潮湿空气中形成保护膜，属活泼金属，呈两性
      - 锌的化合物 — 主要有ZnO、$Zn(OH)_2$、ZnS和$ZnCl_2$
    - 汞及其化合物
      - 汞单质 — 能形成汞齐，与硫黄粉反应生成HgS
      - 汞的化合物 — 包括HgO、$HgCl_2$、Hg_2Cl_2
      - 含汞废水的处理
    - 铬及其化合物
      - 铬单质 — 空气中形成保护膜，溶于稀酸、热的浓硫酸，遇冷的浓硝酸呈钝态
      - 铬的化合物 — 包括氧化物和氢氧化物、铬(Ⅲ)盐、铬(Ⅵ)盐
      - 含铬废水的处理
    - 锰及其化合物
      - 锰单质 — 空气中形成保护膜，与水、稀酸、熔融碱反应
      - 锰的化合物 — 包括氧化物及氢氧化物、锰(Ⅱ)盐、锰(Ⅶ)盐
    - 铁及其化合物
      - 铁单质 — 中等活泼金属，遇冷的浓硫酸、浓硝酸呈钝态
      - 铁的化合物 — 包括氧化物及氢氧化物、铁(Ⅱ)盐、铁(Ⅲ)盐、铁的配合物

自 测 题

一、填空题

1. 熔点最高的金属是______,硬度最大的金属是______,密度最大的金属是______。

2. 铁易腐蚀,常把锌镀在铁皮上,是因为在潮湿空气中,锌表面形成一层致密的________ 薄膜,对内层金属有保护作用。

3. $ZnCl_2$ 的浓溶液因形成________ 而有显著的酸性。

4. 使用汞时如溅落,汞无孔不入,对遗留在缝隙处的汞要覆盖上______ 防止其挥发。

5. 过量的汞与硝酸反应,溶液中汞的主要存在形式是________。

6. 用 $NaBiO_3$ 检验溶液中的 Mn^{2+} 时,________ 不宜多。

二、判断题(正确的画"√",错误的画"×")

1. 同一周期锌副族元素比铜副族元素活泼。 (　　)

2. 过渡元素离子在水溶液中以水合离子形式存在,常显示出一定的颜色。 (　　)

3. ⅠB族和ⅠA族元素原子的最外层都只有1个电子,所以都只能形成氧化数为+1的化合物。 (　　)

4. 固态Cu(Ⅰ)化合物比Cu(Ⅱ)化合物稳定,但在溶液中 Cu^{2+} 比 Cu^{+} 稳定。 (　　)

5. 铬与酸作用不形成 Cr^{2+},而是形成 Cr^{3+}。 (　　)

6. 新沉淀的 $Fe(OH)_3$ 既能溶于稀 HCl 溶液,又能溶于浓 NaOH 溶液。 (　　)

三、选择题

1. 下列各组元素性质相似的是(　　)。

A. Be 和 Al　　B. Cr 和 Mn　　C. Cu 和 Ag　　D. Ag 和 Hg

2. 欲除去 $CuSO_4$ 酸性溶液中的 Fe^{3+},应加入下列试剂中的(　　)。

A. $NH_3 \cdot H_2O$　　B. $CuCO_3 \cdot Cu(OH)_2$

C. NaOH　　D. Na_2S

3. 久置的$[Ag(NH_3)_2]OH$溶液,会分解生成爆炸性很强的黑色物质 Ag_3N,若要破坏$[Ag(NH_3)_2]^+$,不能加入(　　)。

A. HCl　　B. $Na_2S_2O_3$　　C. $NH_3 \cdot H_2O$　　D. Na_2S

4. 有四瓶硝酸盐溶液,分别是 $AgNO_3$、$Cu(NO_3)_2$、$Hg(NO_3)_2$、$Hg_2(NO_3)_2$,要用一种试剂将其鉴别开来,应选用(　　)。

A. $NH_3 \cdot H_2O$　　B. H_2SO_4　　C. HCl　　D. NaCl

5. 下列离子能与 I^- 发生氧化还原反应的是(　　)。

A. Zn^{2+}　　B. Ag^+　　C. Cr^{3+}　　D. Fe^{3+}

6. 下列元素原子的最外层 s 亚层电子半充满,次外层全充满的是(　　)。

A. Hg　　B. Cr　　C. Cu　　D. Mn

7. 欲处理含 Cr(Ⅵ)的酸性废水,选用的试剂应是(　　)。

A. H_2SO_4 和 $FeSO_4$　　B. $FeSO_4$ 和 NaOH

C. $AlCl_3$和 NaOH　　D. $FeCl_3$和 NaOH

8. 在硝酸介质中，欲使 Mn^{2+} 氧化为 MnO_4^-，可选择的氧化剂为(　　)。

A. $KClO_3$　　B. $K_2Cr_2O_7$　　C. H_2O_2　　D. $K_2S_2O_8$

9. 下列氢氧化物最易脱水的是(　　)。

A. $Hg(OH)_2$　　B. $Fe(OH)_2$　　C. $Cu(OH)_2$　　D. $Cr(OH)_3$

10. 下列氢氧化物只显碱性的是(　　)。

A. $Zn(OH)_2$　　B. $Cu(OH)_2$　　C. $Fe(OH)_2$　　D. $Cr(OH)_3$

11. 下列溶液不能与 MnO_2 作用的是(　　)。

A. 浓盐酸　　B. 稀盐酸　　C. 浓硫酸　　D. H_2O_2

12. 下列离子能共存的是(　　)。

A. Fe^{3+}，Sn^{2+}　　B. MnO_4^-，H^+　　C. Hg^{2+}，Sn^{2+}　　D. Cr^{3+}，Fe^{3+}

四、计算题

现有324 kg Ag，分别用浓硝酸和稀硝酸溶解，各能生成多少千克 $AgNO_3$？两种情况消耗硝酸的量是否相等？实际生产中用哪种酸成本低？

五、问答题

1. 完成并配平下列反应方程式。

(1) $Cu_2O + H^+ \longrightarrow$

(2) $AgNO_3 + NaOH \longrightarrow$

(3) $Ag_2O + H_2O_2 \longrightarrow$

(4) $Zn + H_2O + NH_3 \longrightarrow$

(5) $Zn(OH)_2 + NH_3 \longrightarrow$

(6) $Hg_2Cl_2 + NaOH \longrightarrow$

(7) $Pb^{2+} + Cr_2O_7^{2-} + H_2O \longrightarrow$

(8) $Cr_2O_7^{2-} + H_2O_2 + H^+ \longrightarrow$

(9) $Cr_2O_7^{2-} + Fe^{2+} + H^+ \longrightarrow$

(10) $Cr^{3+} + S_2O_8^{2-} + H_2O \longrightarrow$

(11) $MnO_4^- + H_2O_2 + H^+ \longrightarrow$

(12) $Mn^{2+} + S_2O_8^{2-} + H_2O \longrightarrow$

(13) $Mn + KOH + O_2 \longrightarrow$

(14) $K_4[Fe(CN)_6] + Cl_2 \longrightarrow$

2. 氯化铜晶体为绿色，其稀溶液呈蓝色，在浓盐酸溶液中为黄色，这是为什么？

3. 用化学方法区分下列各组离子或沉淀。

(1) AgCl 和 AgI。

(2) AgCl 和 Hg_2Cl_2。

4. 溶液中有 Ag^+、Cu^{2+}、Zn^{2+}、Hg^{2+} 四种离子，如何将其分离？

5. 根据下列元素电势图

$$\varphi_A^\ominus/V \quad MnO_4^- \xrightarrow{1.679} MnO_2 \xrightarrow{1.224} Mn^{2+}$$

$$IO_3^- \xrightarrow{1.195} I_2 \xrightarrow{0.5355} I^-$$

指出当溶液 pH≈0 时，在 KI 过量或 $KMnO_4$ 过量的条件下，$KMnO_4$ 与 KI 反应的主要氧化还原产物，并写出反应方程式。

6. 用电极电势说明在实验室中用不同的氧化剂与盐酸反应制氯气时，为什么 $KMnO_4$ 用稀盐酸即可，而 MnO_2 要用浓盐酸？

7. 溶液中含有 Al^{3+}、Cr^{3+}、Fe^{3+}，如何将其分离？

8. 向 Cu^{2+}、Ag^{+}、Hg_2^{2+}、Hg^{2+}、Mn^{2+}、Fe^{2+} 溶液中分别加入适量的 NaOH 溶液，各有什么现象？写出反应方程式。

9. 为什么 $FeSO_4$ 溶液久置会变黄？为防止变质，储存 $FeSO_4$ 溶液可采取什么措施？为什么？

10. 制备 $Fe(NO_3)_3$ 时，HNO_3 是否越浓越好？为什么？

11. 为什么 $FeCl_3$ 溶液与 Na_2CO_3 溶液混合得不到 $Fe_2(CO_3)_3$？

12. 写出下列反应的化学方程式，并注出明显的反应现象。

(1) 在 Ag^{+} 溶液中，先加入少量的 $Cr_2O_7^{2-}$，再加入适量的 Cl^{-}，最后加入足够量的 $Na_2S_2O_3$。

(2) 在酸性溶液中，硫酸亚铁溶液与过量的高锰酸钾溶液反应。

(3) 硫酸铁溶液中依次加入适量的盐酸、硫氰化铵、氟化铵。

13. 某黑色固体 A 不溶于水，但可溶于硫酸生成蓝色溶液 B。在 B 中加入过量氨水生成深蓝色溶液 C。在 C 中加入 Na_2S 溶液生成黑色沉淀 D。D 可溶于硝酸。指出 A、B、C、D 的名称，写出有关化学反应方程式。

14. 某无色溶液有以下现象：①加入 NaOH 溶液有黄色沉淀生成。②加入氨水有白色沉淀生成。③滴加酸性 $SnCl_2$ 溶液至刚好有白色沉淀生成，再加入氨水，沉淀变为灰黑色。④加入 $AgNO_3$ 溶液，有白色沉淀生成。判断此无色溶液是什么？写出有关化学反应方程式。

15. 某金属离子 A 溶于水后溶液呈紫色，逐滴加入氨水可生成蓝灰色的沉淀 B，B 可溶于氢氧化钠溶液，得到绿色溶液 C。在 C 中加入 H_2O_2 并微加热，得到黄色溶液 D。在 D 中加入氯化钡溶液生成黄色沉淀 E，E 可溶于盐酸得到橙红色溶液 F。指出 A、B、C、D、E、F 的名称，写出有关化学反应方程式。

16. 某黑色固体 A 不溶于水，但可溶于浓盐酸，生成黄绿色气体 B 和无色（或浅粉红色）溶液 C。在 C 溶液中加入硝酸和过量固体 $NaBiO_3$，生成紫红色溶液 D。在 D 中加入淡绿色溶液 E，紫红色褪去，得到溶液 F。在 F 中加入 KSCN 溶液后，生成血红色溶液 G。指出 A、B、C、D、E、F、G 的名称，写出有关化学反应方程式。

本章关键词

水合离子 hydrate ion
过渡元素 transition element
汞 mercury
升汞 mercuric chloride
亚铁氰化钾 potassium ferrocyanide
价电子构型 valence electron configuration
甘汞 calomel
还原 reduction

还原剂 reducing agent

两性氧化物 amphoteric oxide

金属性 metallic behavior

～酸式电离 acidic ionization of ～

～的氧化还原性 redox property of ～

～氧化物 oxide of ～

氧化～ ～ oxide

配合物 coordination

铁 iron

氧化 oxidation

氧化剂 oxidizing agent

铬 chromium

银 silver

锰 manganese

碱土金属 alkaline earth metal

两性氢氧化物 amphoteric hydroxide

歧化作用 dismutation

氢氧化物 hydroxide

～碱式电离 basic ionization of ～

～通性 general characteristic of ～

对角线规则 diagonal line rule

卤化～ ～halide

配位体 ligand

铁氰化钾 potassium ferricyanide

氧化还原反应 redox reaction

铜 copper

含～废水的处理 treatment of ～ waste water

锌 zinc

碱金属 alkali metal

钠汞齐 sodium amalgam

参 考 文 献

[1] 王宝仁.基础化学.3版.大连:大连理工大学出版社,2018.

[2] 王宝仁.无机化学.4版.北京:化学工业出版社,2022.

[3] 大连理工大学无机化学教研室.无机化学.4版.北京:高等教育出版社,2001.

[4] 赵玉娥.基础化学.3版.北京:化学工业出版社,2015.

[5] 朱裕贞,顾达,黑恩成.现代基础化学. 3版.北京:化学工业出版社,2010.

[6] 高琳.基础化学.4版.北京:高等教育出版社,2019.

[7] 胡伟光,张桂珍.无机化学.4版.北京:化学工业出版社,2021.

[8] 叶芬霞.无机及分析化学.北京:高等教育出版社,2004.

[9] 古国榜,李朴.无机化学.4版.北京:化学工业出版社,2015.

[10] 高职高专化学教材编写组.分析化学.4版.北京:高等教育出版社,2014.

[11] 黄一石,乔子荣.定量化学分析.3版.北京:化学工业出版社,2014.

[12] 石慧,刘德秀.分析化学.3版.北京:化学工业出版社,2020.

附　录

附录一　常见弱酸、弱碱的解离常数(25 ℃)

1. 弱酸在水中的解离常数

物质	化学式	$K^{\ominus}_{a1}$	$K^{\ominus}_{a2}$	$K^{\ominus}_{a3}$
铝酸	H_3AlO_3	6.3×10^{-12}		
砷酸	H_3AsO_4	6.3×10^{-3}	1.0×10^{-7}	3.2×10^{-12}
亚砷酸	$HAsO_2$	6.0×10^{-10}		
硼酸	H_3BO_3	5.8×10^{-10}		
碳酸	$H_2CO_3(CO_2+H_2O)$	4.2×10^{-7}	5.6×10^{-11}	
氢氰酸	HCN	6.2×10^{-10}		
铬酸	H_2CrO_4	4.1	1.3×10^{-6}	
次氯酸	$HClO$	2.8×10^{-8}		
硫氰酸	$HSCN$	1.4×10^{-1}		
过氧化氢	H_2O_2	2.2×10^{-12}		
氢氟酸	HF	6.6×10^{-4}		
次碘酸	HIO	2.3×10^{-11}		
碘酸	HIO_3	0.16		
亚硝酸	HNO_2	5.1×10^{-4}		
磷酸	H_3PO_4	6.9×10^{-3}	6.2×10^{-8}	4.8×10^{-13}
亚磷酸	H_3PO_3	6.3×10^{-2}	2.0×10^{-7}	
氢硫酸	H_2S	1.3×10^{-7}	7.1×10^{-15}	
硫酸	H_2SO_4		1.2×10^{-2}	
亚硫酸	$H_2SO_3(SO_2+H_2O)$	1.3×10^{-2}	6.3×10^{-8}	
偏硅酸	H_2SiO_3	1.7×10^{-10}	1.6×10^{-12}	
铵离子	NH_4^+	5.6×10^{-10}		
甲酸	$HCOOH$	1.77×10^{-4}		
醋酸	CH_3COOH	1.75×10^{-5}		
乙二酸(草酸)	$H_2C_2O_4$	5.4×10^{-2}	5.4×10^{-5}	
一氯乙酸	$CH_2ClCOOH$	1.4×10^{-3}		
二氯乙酸	$CHCl_2COOH$	5.0×10^{-2}		
三氯乙酸	CCl_3COOH	0.23		
丙烯酸	$CH_2=CHCOOH$	1.4×10^{-3}		
苯甲酸	C_6H_5COOH	6.2×10^{-5}		
邻苯二甲酸	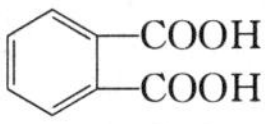	1.1×10^{-3}	3.9×10^{-6}	
苯酚	C_6H_5OH	1.1×10^{-10}		
乙二胺四乙酸	H_6Y^{2+}	0.13 $2.1\times10^{-3}(K^{\ominus}_{a4})$	3.0×10^{-2} $6.9\times10^{-7}(K^{\ominus}_{a5})$	1.0×10^{-2} $5.9\times10^{-11}(K^{\ominus}_{a6})$

2. 弱碱在水中的解离常数

物质	化学式	$K^{\ominus}_{b}$	物质	化学式	$K^{\ominus}_{b}$
氨	NH_3	1.8×10^{-5}	二乙胺	$(C_2H_5)_2NH$	1.3×10^{-3}
联氨	H_2NNH_2	$3.0\times10^{-6}(K^{\ominus}_{b1})$ $7.6\times10^{-15}(K^{\ominus}_{b2})$	乙二胺	$NH_2CH_2CH_2NH_2$	$8.3\times10^{-5}(K^{\ominus}_{b1})$ $7.1\times10^{-8}(K^{\ominus}_{b2})$
羟氨	NH_2OH	9.1×10^{-9}	乙醇胺	$HOCH_2CH_2NH_2$	3.2×10^{-5}
甲胺	CH_3NH_2	4.2×10^{-4}	三乙醇胺	$(HOCH_2CH_2)_3N$	5.8×10^{-7}
乙胺	$C_2H_5NH_2$	5.6×10^{-4}	苯胺	$C_6H_5NH_2$	4.3×10^{-10}
二甲胺	$(CH_3)_2NH$	1.2×10^{-4}	吡啶	C_5H_5N	1.7×10^{-9}

附录二 一些难溶化合物的溶度积(25 ℃)

化合物	$K_{sp}^{\ominus}$	化合物	$K_{sp}^{\ominus}$
$AgAc$	1.9×10^{-3}	HgS(红)	2.0×10^{-53}
$AgBr$	5.4×10^{-13}	$Hg(OH)_2$	3.2×10^{-26}
$AgCl$	1.8×10^{-10}	Hg_2Br_2	6.4×10^{-23}
Ag_2CO_3	8.5×10^{-12}	Hg_2CO_3	3.7×10^{-17}
Ag_2CrO_4	1.1×10^{-12}	$Hg_2C_2O_4$	1.8×10^{-13}
$Ag_2Cr_2O_7$	2.0×10^{-7}	Hg_2Cl_2	1.5×10^{-18}
$AgCN$	5.9×10^{-17}	Hg_2F_2	3.1×10^{-6}
$Ag_2C_2O_4$	5.4×10^{-12}	Hg_2I_2	5.3×10^{-29}
$AgIO_3$	3.2×10^{-8}	Hg_2S	1.0×10^{-47}
AgI	8.5×10^{-17}	Hg_2SO_4	8.0×10^{-7}
$AgOH$	2.0×10^{-8}	$Hg_2(SCN)_2$	3.12×10^{-20}
Ag_3PO_4	8.9×10^{-17}	$KClO_4$	1.1×10^{-2}
Ag_2S	6.3×10^{-50}	$K_2[PtCl_6]$	7.5×10^{-6}
$AgSCN$	1.0×10^{-12}	Li_2CO_3	8.2×10^{-4}
Ag_2SO_4	1.2×10^{-5}	$MgCO_3$	6.8×10^{-6}
Ag_2SO_3	1.5×10^{-14}	MgF_2	7.4×10^{-11}
$Al(OH)_3$	1.1×10^{-33}	$Mg(OH)_2$	5.6×10^{-12}
As_2S_3	2.1×10^{-22}	$Mg_3(PO_4)_2$	9.9×10^{-25}
$BaCO_3$	2.6×10^{-9}	$MnCO_3$	2.24×10^{-11}
$BaCrO_4$	1.2×10^{-10}	$Mn(IO_3)_2$	4.4×10^{-7}
BaF_2	1.8×10^{-7}	$Mn(OH)_2$	2.1×10^{-13}
$Ba_3(PO_4)_2$	3.4×10^{-23}	MnS	4.7×10^{-14}
$BaSO_4$	1.1×10^{-10}	$NiCO_3$	1.4×10^{-7}
BaC_2O_4	1.6×10^{-7}	$Ni(IO_3)_2$	4.7×10^{-5}
Bi_2S_3	1.8×10^{-99}	$Ni(OH)_2$	5.5×10^{-16}
$CaCO_3$	5.0×10^{-9}	NiS	1.1×10^{-21}
CaF_2	1.5×10^{-10}	$Ni_3(PO_4)_2$	4.7×10^{-32}
$CaSO_4$	7.1×10^{-5}	$PbCO_3$	1.5×10^{-13}
$Ca(OH)_2$	4.7×10^{-6}	$PbCrO_4$	2.8×10^{-13}
CaC_2O_4	2.3×10^{-5}	PbC_2O_4	8.5×10^{-10}
$Ca(IO_3)_2$	6.5×10^{-6}	$PbCl_2$	1.2×10^{-5}
$Ca_3(PO_4)_2$	2.1×10^{-33}	$PbBr_2$	6.6×10^{-6}
CdF_2	6.4×10^{-3}	PbF_3	7.2×10^{-7}
$Cd(IO_3)_2$	2.5×10^{-8}	PbI_2	8.5×10^{-9}
$Cd(OH)_2$	7.2×10^{-15}	$Pb(IO_3)_2$	3.7×10^{-13}
CdS	8.0×10^{-27}	$Pb(OH)_2$	1.4×10^{-20}
$Cd_3(PO_4)_2$	2.5×10^{-33}	$Pb(OH)_4$	3.2×10^{-44}
$Co(IO_3)_2$	1.2×10^{-2}	PbS	9.1×10^{-29}
$Co(OH)_2$	1.1×10^{-15}	$PbSO_4$	1.8×10^{-8}
$Co_3(PO_4)_2$	2.1×10^{-35}	$Pb(SCN)_2$	2.1×10^{-5}
$Cr(OH)_3$	6.3×10^{-31}	PdS	2.0×10^{-58}
$CuBr$	6.3×10^{-9}	$Pd(SCN)_2$	4.4×10^{-23}
$CuCl$	1.7×10^{-7}	PtS	2.0×10^{-58}
CuC_2O_4	4.4×10^{-10}	$Sn(OH)_2$	5.5×10^{-27}
CuI	1.3×10^{-12}	$Sn(OH)_4$	1.0×10^{-56}
$CuOH$	1.0×10^{-14}	SnS	3.3×10^{-28}
$Cu(OH)_2$	2.2×10^{-20}	$SrCO_3$	5.6×10^{-10}
$CuSCN$	1.8×10^{-13}	SrF_2	4.3×10^{-9}
$Cu(IO_3)_2$	6.9×10^{-8}	$Sr(IO_3)_2$	1.1×10^{-7}
CuS	1.3×10^{-36}	$Sr(IO_3)_2\cdot H_2O$	3.6×10^{-7}
Cu_2S	2.3×10^{-48}	$Sr(IO_3)_2\cdot 6H_2O$	4.6×10^{-7}
$Cu_3(PO_4)_2$	1.4×10^{-37}	$SrSO_4$	3.4×10^{-7}
$FeCO_3$	3.1×10^{-11}	$ZnCO_3$	1.2×10^{-10}
FeF_2	2.4×10^{-6}	$ZnCO_3\cdot H_2O$	5.4×10^{-10}
$Fe(OH)_2$	4.9×10^{-11}	$ZnC_2O_4\cdot 2H_2O$	1.4×10^{-9}
$Fe(OH)_3$	2.6×10^{-39}	ZnF_2	3.0×10^{-2}
FeS	1.6×10^{-19}	$Zn(IO_3)_2$	4.3×10^{-6}
$FePO_4\cdot 2H_2O$	9.9×10^{-29}	γ-$Zn(OH)_2$	6.9×10^{-17}
$HgBr_2$	6.2×10^{-12}	β-$Zn(OH)_2$	7.7×10^{-17}
HgI_2	2.8×10^{-29}	α-ZnS	1.6×10^{-24}
HgS(黑)	6.4×10^{-53}	β-ZnS	2.5×10^{-22}

附录三　一些常用电对的标准电极电势(25 ℃)

1. 在酸性溶液中

电对	电极反应	$\varphi_A^\ominus$/V
Li^+/Li	$Li^+ + e^- \rightleftharpoons Li$	−3.045
Rb^+/Rb	$Rb^+ + e^- \rightleftharpoons Rb$	−2.98
K^+/K	$K^+ + e^- \rightleftharpoons K$	−2.931
Ba^{2+}/Ba	$Ba^{2+} + 2e^- \rightleftharpoons Ba$	−2.912
Sr^{2+}/Sr	$Sr^{2+} + 2e^- \rightleftharpoons Sr$	−2.89
Ca^{2+}/Ca	$Ca^{2+} + 2e^- \rightleftharpoons Ca$	−2.868
Na^+/Na	$Na^+ + e^- \rightleftharpoons Na$	−2.71
Mg^{2+}/Mg	$Mg^{2+} + 2e^- \rightleftharpoons Mg$	−2.372
Be^{2+}/Be	$Be^{2+} + 2e^- \rightleftharpoons Be$	−1.85
Al^{3+}/Al	$Al^{3+} + 3e^- \rightleftharpoons Al$	−1.662
Ti^{2+}/Ti	$Ti^{2+} + 2e^- \rightleftharpoons Ti$	−1.630
Mn^{2+}/Mn	$Mn^{2+} + 2e^- \rightleftharpoons Mn$	−1.17
TiO_2/Ti	$TiO_2 + 4H^+ + 4e^- \rightleftharpoons Ti + 2H_2O$	−0.86
Zn^{2+}/Zn	$Zn^{2+} + 2e^- \rightleftharpoons Zn$	−0.7618
Cr^{3+}/Cr	$Cr^{3+} + 3e^- \rightleftharpoons Cr$	−0.744
Ag_2S/Ag	$Ag_2S + 2e^- \rightleftharpoons 2Ag + S^{2-}$	−0.691
$CO_2/H_2C_2O_4$	$2CO_2 + 2H^+ + 2e^- \rightleftharpoons H_2C_2O_4$	−0.49
Fe^{2+}/Fe	$Fe^{2+} + 2e^- \rightleftharpoons Fe$	−0.447
Cd^{2+}/Cd	$Cd^{2+} + 2e^- \rightleftharpoons Cd$	−0.403
$PbSO_4/Pb$	$PbSO_4 + 2e^- \rightleftharpoons Pb + SO_4^{2-}$	−0.3588
Co^{2+}/Co	$Co^{2+} + 2e^- \rightleftharpoons Co$	−0.28
H_3PO_4/H_3PO_3	$H_3PO_4 + 2H^+ + 2e^- \rightleftharpoons H_3PO_3 + H_2O$	−0.276
$PbCl_2/Pb$	$PbCl_2 + 2e^- \rightleftharpoons Pb + 2Cl^-$	−0.2675
Ni^{2+}/Ni	$Ni^{2+} + 2e^- \rightleftharpoons Ni$	−0.257
V^{3+}/V^{2+}	$V^{3+} + e^- \rightleftharpoons V^{2+}$	−0.255
AgI/Ag	$AgI + e^- \rightleftharpoons Ag + I^-$	−0.1522
Sn^{2+}/Sn	$Sn^{2+} + 2e^- \rightleftharpoons Sn$	−0.1375
Pb^{2+}/Pb	$Pb^{2+} + 2e^- \rightleftharpoons Pb$	−0.1262
Fe^{3+}/Fe	$Fe^{3+} + 3e^- \rightleftharpoons Fe$	−0.037
Ag_2S/Ag	$Ag_2S + 2H^+ + 2e^- \rightleftharpoons 2Ag + H_2S$	−0.0366
$AgCN/Ag$	$AgCN + e^- \rightleftharpoons Ag + CN^-$	−0.017
H^+/H_2	$2H^+ + 2e^- \rightleftharpoons H_2$	0.000 0
$AgBr/Ag$	$AgBr + e^- \rightleftharpoons Ag + Br^-$	0.071 33
$S_4O_6^{2-}/S_2O_3^{2-}$	$S_4O_6^{2-} + 2e^- \rightleftharpoons 2S_2O_3^{2-}$	0.08
S/H_2S	$S + 2H^+ + 2e^- \rightleftharpoons H_2S(aq)$	0.142
Sn^{4+}/Sn^{2+}	$Sn^{4+} + 2e^- \rightleftharpoons Sn^{2+}$	0.151
Cu^{2+}/Cu^+	$Cu^{2+} + e^- \rightleftharpoons Cu^+$	0.17
SO_4^{2-}/H_2SO_3	$SO_4^{2-} + 4H^+ + 2e^- \rightleftharpoons H_2SO_3 + H_2O$	0.153
$AgCl/Ag$	$AgCl + e^- \rightleftharpoons Ag + Cl^-$	0.2223
Hg_2Cl_2/Hg	$Hg_2Cl_2 + 2e^- \rightleftharpoons 2Hg + 2Cl^-$	0.2681
Cu^{2+}/Cu	$Cu^{2+} + 2e^- \rightleftharpoons Cu$	0.3419
$[Fe(CN)_6]^{3-}/[Fe(CN)_6]^{4-}$	$[Fe(CN)_6]^{3-} + e^- \rightleftharpoons [Fe(CN)_6]^{4-}$	0.358
Ag_2CrO_4/Ag	$Ag_2CrO_4 + 2e^- \rightleftharpoons 2Ag + CrO_4^{2-}$	0.4470
H_2SO_3/S	$H_2SO_3 + 4H^+ + 4e^- \rightleftharpoons S + 3H_2O$	0.45
Cu^+/Cu	$Cu^+ + e^- \rightleftharpoons Cu$	0.521
I_2/I^-	$I_2 + 2e^- \rightleftharpoons 2I^-$	0.5355
I_3^-/I^-	$I_3^- + 2e^- \rightleftharpoons 3I^-$	0.536
H_3AsO_4/H_3AsO_3	$H_3AsO_4 + 2H^+ + 2e^- \rightleftharpoons H_3AsO_3 + H_2O$	0.560
$S_2O_6^{2-}/H_2SO_3$	$S_2O_6^{2-} + 4H^+ + 2e^- \rightleftharpoons 2H_2SO_3$	0.564
$HgCl_2/Hg_2Cl_2$	$2HgCl_2 + 2e^- \rightleftharpoons Hg_2Cl_2 + 2Cl^-$	0.63
Ag_2SO_4/Ag	$Ag_2SO_4 + 2e^- \rightleftharpoons 2Ag + SO_4^{2-}$	0.654
O_2/H_2O_2	$O_2 + 2H^+ + 2e^- \rightleftharpoons H_2O_2$	0.695
Fe^{3+}/Fe^{2+}	$Fe^{3+} + e^- \rightleftharpoons Fe^{2+}$	0.771
AgF/Ag	$AgF + e^- \rightleftharpoons Ag + F^-$	0.779

(续表)

电对	电极反应	$\varphi_A^\ominus$/V
Hg_2^{2+}/Hg	$Hg_2^{2+} + 2e^- \rightleftharpoons 2Hg$	0.797 3
Ag^+/Ag	$Ag^+ + e^- \rightleftharpoons Ag$	0.799 6
NO_3^-/NO_2	$NO_3^- + 2H^+ + e^- \rightleftharpoons NO_2 + H_2O$	0.803
Hg^{2+}/Hg	$Hg^{2+} + 2e^- \rightleftharpoons Hg$	0.851
Cu^{2-}/CuI	$Cu^{2-} + I^- + e^- \rightleftharpoons CuI$	0.86
Hg^{2+}/Hg_2^{2+}	$2Hg^{2+} + 2e^- \rightleftharpoons Hg_2^{2+}$	0.920
NO_3^-/HNO_2	$NO_3^- + 3H^+ + 2e^- \rightleftharpoons HNO_2 + H_2O$	0.934
Pd^{2+}/Pd	$Pd^{2+} + 2e^- \rightleftharpoons Pd$	0.951
NO_3^-/NO	$NO_3^- + 4H^+ + 3e^- \rightleftharpoons NO + 2H_2O$	0.957
HNO_2/NO	$HNO_2 + H^+ + e^- \rightleftharpoons NO + H_2O$	0.983
HIO/I^-	$HIO + H^+ + 2e^- \rightleftharpoons I^- + H_2O$	0.987
N_2O_4/NO	$N_2O_4 + 4H^+ + 4e^- \rightleftharpoons 2NO + 2H_2O$	1.035
N_2O_4/HNO_2	$N_2O_4 + 2H^+ + 2e^- \rightleftharpoons 2HNO_2$	1.065
Br_2/Br^-	$Br_2(l) + 2e^- \rightleftharpoons 2Br^-$	1.066
Br_2/Br^-	$Br_2(aq) + 2e^- \rightleftharpoons 2Br^-$	1.087
$Cu^{2+}/[Cu(CN)_2]^-$	$Cu^{2+} + 2CN^- + e^- \rightleftharpoons [Cu(CN)_2]^-$	1.103
ClO_3^-/ClO_2	$ClO_3^- + 2H^+ + e^- \rightleftharpoons ClO_2 + H_2O$	1.152
ClO_4^-/ClO_3^-	$ClO_4^- + 2H^+ + 2e^- \rightleftharpoons ClO_3^- + H_2O$	1.189
IO_3^-/I_2	$2IO_3^- + 12H^+ + 10e^- \rightleftharpoons I_2 + 6H_2O$	1.195
$ClO_3^-/HClO_2$	$ClO_3^- + 3H^+ + 2e^- \rightleftharpoons HClO_2 + H_2O$	1.214
MnO_2/Mn^{2+}	$MnO_2 + 4H^+ + 2e^- \rightleftharpoons Mn^{2+} + 2H_2O$	1.224
O_2/H_2O	$O_2 + 4H^+ + 4e^- \rightleftharpoons 2H_2O$	1.229
$Cr_2O_7^{2-}/Cr^{3+}$	$Cr_2O_7^{2-} + 14H^+ + 6e^- \rightleftharpoons 2Cr^{3+} + 7H_2O$	1.33
$ClO_2/HClO_2$	$ClO_2 + H^+ + e^- \rightleftharpoons HClO_2$	1.277
$HBrO/Br^-$	$HBrO + H^+ + 2e^- \rightleftharpoons Br^- + H_2O$	1.331
$HCrO_4^-/Cr^{3+}$	$HCrO_4^- + 7H^+ + 3e^- \rightleftharpoons Cr^{3+} + 4H_2O$	1.350
Cl_2/Cl^-	$Cl_2 + 2e^- \rightleftharpoons 2Cl^-$	1.358 3
ClO_4^-/Cl_2	$2ClO_4^- + 16H^+ + 14e^- \rightleftharpoons Cl_2 + 8H_2O$	1.39
Au^{3+}/Au^+	$Au^{3+} + 2e^- \rightleftharpoons Au^+$	1.401
BrO_3^-/Br^-	$BrO_3^- + 6H^+ + 6e^- \rightleftharpoons Br^- + 3H_2O$	1.423
PbO_2/Pb^{2+}	$PbO_2 + 4H^+ + 2e^- \rightleftharpoons Pb^{2+} + H_2O$	1.455
ClO_3^-/Cl_2	$2ClO_3^- + 12H^+ + 10e^- \rightleftharpoons Cl_2 + 6H_2O$	1.47
BrO_3^-/Br_2	$2BrO_3^- + 12H^+ + 10e^- \rightleftharpoons Br_2 + 6H_2O$	1.482
$HClO/Cl^-$	$HClO + H^+ + 2e^- \rightleftharpoons Cl^- + H_2O$	1.482
Mn_2O_3/Mn^{2+}	$Mn_2O_3 + 6H^+ + 2e^- \rightleftharpoons 2Mn^{2+} + 3H_2O$	1.485
Au^{3+}/Au	$Au^{3+} + 3e^- \rightleftharpoons Au$	1.498
MnO_4^-/Mn^{2+}	$MnO_4^- + 8H^+ + 5e^- \rightleftharpoons Mn^{2+} + 4H_2O$	1.507
Mn^{3+}/Mn^{2+}	$Mn^{3+} + e^- \rightleftharpoons Mn^{2+}$	1.541
$HClO_2/Cl^-$	$HClO_2 + 3H^+ + 4e^- \rightleftharpoons Cl^- + 2H_2O$	1.570
$HBrO/Br_2$	$2HBrO + 2H^+ + 2e^- \rightleftharpoons Br_2(aq) + 2H_2O$	1.574
$HBrO/Br_2$	$2HBrO + 2H^+ + 2e^- \rightleftharpoons Br_2(l) + 2H_2O$	1.596
$HClO/Cl_2$	$2HClO + 2H^+ + 2e^- \rightleftharpoons Cl_2 + 2H_2O$	1.611
$HClO_2/Cl_2$	$2HClO_2 + 6H^+ + 6e^- \rightleftharpoons Cl_2 + 4H_2O$	1.628
$HClO_2/HClO$	$HClO_2 + 2H^+ + 2e^- \rightleftharpoons HClO + H_2O$	1.645
MnO_4^-/MnO_2	$MnO_4^- + 4H^+ + 3e^- \rightleftharpoons MnO_2 + 2H_2O$	1.679
$PbO_2/PbSO_4$	$PbO_2 + SO_4^{2-} + 4H^+ + 2e^- \rightleftharpoons PbSO_4 + 2H_2O$	1.691 3
H_2O_2/H_2O	$H_2O_2 + 2H^+ + 2e^- \rightleftharpoons 2H_2O$	1.776
$S_2O_8^{2-}/SO_4^{2-}$	$S_2O_8^{2-} + 2e^- \rightleftharpoons 2SO_4^{2-}$	2.010
O_3/H_2O	$O_3 + 2H^+ + 2e^- \rightleftharpoons O_2 + H_2O$	2.076
$S_2O_8^{2-}/HSO_4^-$	$S_2O_8^{2-} + 2H^+ + 2e^- \rightleftharpoons 2HSO_4^-$	2.123
H_4XeO_6/XeO_3	$H_4XeO_6 + 2H^+ + 2e^- \rightleftharpoons XeO_3 + 3H_2O$	2.42
F_2/F^-	$F_2 + 2e^- \rightleftharpoons 2F^-$	2.866
F_2/HF	$F_2 + 2H^+ + 2e^- \rightleftharpoons 2HF$	3.053

2. 在碱性溶液中

电 对	电 极 反 应	$\varphi_B^\ominus$/V
$Ca(OH)_2/Ca$	$Ca(OH)_2 + 2e^- \rightleftharpoons Ca + 2OH^-$	−3.02
$Ba(OH)_2/Ba$	$Ba(OH)_2 + 2e^- \rightleftharpoons Ba + 2OH^-$	−2.99
$Sr(OH)_2/Sr$	$Sr(OH)_2 + 2e^- \rightleftharpoons Sr + 2OH^-$	−2.88
$Mg(OH)_2/Mg$	$Mg(OH)_2 + 2e^- \rightleftharpoons Mg + 2OH^-$	−2.690
$H_2AlO_3^-/Al$	$H_2AlO_3^- + H_2O + 3e^- \rightleftharpoons Al + 4OH^-$	−2.33
SiO_3^{2-}/Si	$SiO_3^{2-} + 3H_2O + 4e^- \rightleftharpoons Si + 6OH^-$	−1.697
$HPO_3^{2-}/H_2PO_2^-$	$HPO_3^{2-} + 2H_2O + 2e^- \rightleftharpoons H_2PO_2^- + 3OH^-$	−1.65
$Mn(OH)_2/Mn$	$Mn(OH)_2 + 2e^- \rightleftharpoons Mn + 2OH^-$	−1.56
$Cr(OH)_3/Cr$	$Cr(OH)_3 + 3e^- \rightleftharpoons Cr + 3OH^-$	−1.3
$Zn(OH)_2/Zn$	$Zn(OH)_2 + 2e^- \rightleftharpoons Zn + 2OH^-$	−1.249
ZnO_2^-/Zn	$ZnO_2^- + 2H_2O + 3e^- \rightleftharpoons Zn + 4OH^-$	−1.215
$[Zn(OH)_4]^{2-}/Zn$	$[Zn(OH)_4]^{2-} + 2e^- \rightleftharpoons Zn + 4OH^-$	−1.199
$SO_3^{2-}/S_2O_4^{2-}$	$2SO_3^{2-} + 2H_2O + 2e^- \rightleftharpoons S_2O_4^{2-} + 4OH^-$	−1.12
PO_4^{3-}/HPO_3^{2-}	$PO_4^{3-} + 2H_2O + 2e^- \rightleftharpoons HPO_3^{2-} + 3OH^-$	−1.05
SO_4^{2-}/SO_3^{2-}	$SO_4^{2-} + H_2O + 2e^- \rightleftharpoons SO_3^{2-} + 2OH^-$	−0.93
P/PH_3	$P + 3H_2O + 3e^- \rightleftharpoons PH_3(g) + 3OH^-$	−0.87
NO_3^-/N_2O_4	$2NO_3^- + 2H_2O + 2e^- \rightleftharpoons N_2O_4 + 4OH^-$	−0.85
H_2O/H_2	$2H_2O + 2e^- \rightleftharpoons H_2 + 2OH^-$	−0.8277
$Co(OH)_2/Co$	$Co(OH)_2 + 2e^- \rightleftharpoons Co + 2OH^-$	−0.73
$Ni(OH)_2/Ni$	$Ni(OH)_2 + 2e^- \rightleftharpoons Ni + 2OH^-$	−0.72
AsO_4^{3-}/AsO_2^-	$AsO_4^{3-} + 2H_2O + 2e^- \rightleftharpoons AsO_2^- + 4OH^-$	−0.71
PbO/Pb	$PbO + H_2O + 2e^- \rightleftharpoons Pb + 2OH^-$	−0.580
$SO_3^{2-}/S_2O_3^{2-}$	$2SO_3^{2-} + 3H_2O + 4e^- \rightleftharpoons S_2O_3^{2-} + 6OH^-$	−0.571
$Fe(OH)_3/Fe(OH)_2$	$Fe(OH)_3 + e^- \rightleftharpoons Fe(OH)_2 + OH^-$	−0.56
S/HS^-	$S + H_2O + 2e^- \rightleftharpoons HS^- + OH^-$	−0.478
NO_2/NO	$NO_2 + H_2O + 2e^- \rightleftharpoons NO + 2OH^-$	−0.46
Cu_2O/Cu	$Cu_2O + H_2O + 2e^- \rightleftharpoons 2Cu + 2OH^-$	−0.360
$Cu(OH)_2/Cu$	$Cu(OH)_2 + 2e^- \rightleftharpoons Cu + 2OH^-$	−0.222
O_2/H_2O_2	$O_2 + 2H_2O + 2e^- \rightleftharpoons H_2O_2 + 2OH^-$	−0.146
$CrO_4^{2-}/Cr(OH)_3$	$CrO_4^{2-} + 4H_2O + 3e^- \rightleftharpoons Cr(OH)_3 + 5OH^-$	−0.13
$Cu(OH)_2/Cu_2O$	$2Cu(OH)_2 + 2e^- \rightleftharpoons Cu_2O + 2OH^- + H_2O$	−0.080
O_2/HO_2^-	$O_2 + H_2O + 2e^- \rightleftharpoons HO_2^- + OH^-$	−0.076
IO_3^-/IO^-	$IO_3^- + 2H_2O + 4e^- \rightleftharpoons IO^- + 4OH^-$	0.15
IO_3^-/I^-	$IO_3{}^- + 3H_2O + 6e^- \rightleftharpoons I^- + 6OH^-$	0.26
ClO_3^-/ClO_2^-	$ClO_3^- + H_2O + 2e^- \rightleftharpoons ClO_2- + 2OH^-$	0.33
ClO_4^-/ClO_3^-	$ClO_4^- + H_2O + 2e^- \rightleftharpoons ClO_3^- + 2OH^-$	0.36
O_2/OH^-	$O_2 + 2H_2O + 4e^- \rightleftharpoons 4OH^-$	0.401
MnO_4^-/MnO_4^{2-}	$MnO_4^- + e^- \rightleftharpoons MnO_4^{2-}$	0.558
MnO_4^-/MnO_2	$MnO_4^- + 2H_2O + 3e^- \rightleftharpoons MnO_2 + 4OH^-$	0.595
MnO_4^{2-}/MnO_2	$MnO_4^{2-} + 2H_2O + 2e^- \rightleftharpoons MnO_2 + 4OH^-$	0.60
BrO_3^-/Br^-	$BrO_3^- + 3H_2O + 6e^- \rightleftharpoons Br^- + 6OH^-$	0.61
ClO_3^-/Cl^-	$ClO_3^- + 3H_2O + 6e^- \rightleftharpoons Cl^- + 6OH^-$	0.62
ClO_2^-/ClO^-	$ClO_2^- + H_2O + 2e^- \rightleftharpoons ClO^- + 2OH^-$	0.66
BrO^-/Br^-	$BrO^- + H_2O + 2e^- \rightleftharpoons Br^- + 2OH^-$	0.761
ClO^-/Cl^-	$ClO^- + H_2O + 2e^- \rightleftharpoons Cl^- + 2OH^-$	0.841
HO_2^-/OH^-	$HO_2^- + H_2O + 2e^- \rightleftharpoons 3OH^-$	0.88
O_3/OH^-	$O_3 + H_2O + 2e^- \rightleftharpoons O_2 + 2OH^-$	1.24
$Al(OH)_3/Al$	$Al(OH)_3 + 3e^- \rightleftharpoons Al + 3OH^-$	2.31

附录四　常见配离子的稳定常数(25 ℃)

配离子	$K^{\ominus}_{稳}$	配离子	$K^{\ominus}_{稳}$
$[AuCl_2]^+$	6.3×10^{9}	$[CuEDTA]^{2-}$	5.0×10^{18}
$[CdCl_4]^{2-}$	6.33×10^{2}	$[FeEDTA]^{2-}$	2.14×10^{14}
$[CuCl_3]^{2-}$	5.0×10^{5}	$[FeEDTA]^{-}$	1.70×10^{24}
$[CuCl_4]^{2-}$	3.1×10^{5}	$[HgEDTA]^{2-}$	6.33×10^{21}
$[FeCl]^+$	2.99	$[MgEDTA]^{2-}$	4.37×10^{8}
$[FeCl_4]^-$	1.02	$[MnEDTA]^{2-}$	6.3×10^{13}
$[HgCl_4]^{2-}$	1.17×10^{15}	$[NiEDTA]^{2-}$	3.64×10^{18}
$[PbCl_4]^{2-}$	39.8	$[ZnEDTA]^{2-}$	2.5×10^{16}
$[PtCl_4]^{2-}$	1.0×10^{16}	$[Ag(en)_2]^+$	5.00×10^{7}
$[SnCl_4]^{2-}$	30.2	$[Cd(en)_3]^{2+}$	1.20×10^{12}
$[ZnCl_4]^{2-}$	1.58	$[Co(en)_3]^{2+}$	8.69×10^{13}
$[Ag(CN)_2]^-$	1.3×10^{21}	$[Co(en)_3]^{3+}$	4.90×10^{48}
$[Ag(CN)_4]^{3-}$	4.0×10^{20}	$[Cr(en)_2]^{2+}$	1.55×10^{9}
$[Au(CN)_2]^-$	2.0×10^{38}	$[Cu(en)_2]^+$	6.33×10^{10}
$[Cd(CN)_4]^{2-}$	6.02×10^{18}	$[Cu(en)_3]^{2+}$	1.0×10^{21}
$[Cu(CN)_2]^-$	1.0×10^{16}	$[Fe(en)_3]^{2+}$	5.00×10^{9}
$[Cu(CN)_4]^{3-}$	2.00×10^{30}	$[Hg(en)_2]^{2+}$	2.00×10^{23}
$[Fe(CN)_6]^{4-}$	1.0×10^{35}	$[Mn(en)_3]^{2+}$	4.67×10^{5}
$[Fe(CN)_6]^{3-}$	1.0×10^{42}	$[Ni(en)_3]^{2+}$	2.14×10^{18}
$[Hg(CN)_4]^{2-}$	2.5×10^{41}	$[Zn(en)_3]^{2+}$	1.29×10^{14}
$[Ni(CN)_4]^{2-}$	2.0×10^{31}	$[AlF_6]^{3-}$	6.94×10^{19}
$[Zn(CN)_4]^{2-}$	5.0×10^{16}	$[FeF_6]^{3-}$	1.0×10^{16}
$[Ag(SCN)_4]^{3-}$	1.20×10^{10}	$[AgI_3]^{2-}$	4.78×10^{13}
$[Ag(SCN)_2]^-$	3.72×10^{7}	$[AgI_2]^-$	5.49×10^{11}
$[Au(SCN)_4]^{3-}$	1.0×10^{42}	$[CdI_4]^{2-}$	2.57×10^{5}
$[Au(SCN)_2]^-$	1.0×10^{23}	$[CuI_2]^-$	7.09×10^{8}
$[Cd(SCN)_4]^{2-}$	3.98×10^{3}	$[PbI_4]^{2-}$	2.95×10^{4}
$[Co(SCN)_4]^{2-}$	1.00×10^{5}	$[HgI_4]^{2-}$	6.76×10^{29}
$[Cr(SCN)_2]^+$	9.52×10^{2}	$[Ag(NH_3)_2]^+$	1.12×10^{7}
$[Cu(SCN)_2]^-$	1.51×10^{5}	$[Cd(NH_3)_6]^{2+}$	1.38×10^{5}
$[Fe(SCN)_2]^+$	2.29×10^{3}	$[Cd(NH_3)_4]^{2+}$	1.32×10^{7}
$[Fe(SCN)_6]^{3-}$	1.48×10^{3}	$[Co(NH_3)_6]^{2+}$	1.29×10^{5}
$[Hg(SCN)_4]^{2-}$	1.7×10^{21}	$[Co(NH_3)_6]^{3+}$	1.58×10^{35}
$[Ni(SCN)_3]^-$	64.5	$[Cu(NH_3)_2]^+$	7.25×10^{10}
$[AgEDTA]^{3-}$	2.09×10^{5}	$[Cu(NH_3)_4]^{2+}$	2.09×10^{13}
$[AlEDTA]^-$	1.29×10^{16}	$[Fe(NH_3)_2]^{2+}$	1.6×10^{2}
$[CaEDTA]^{2-}$	1.0×10^{11}	$[Hg(NH_3)_4]^{2+}$	1.90×10^{19}
$[CdEDTA]^{2-}$	2.5×10^{7}	$[Mg(NH_3)_2]^{2+}$	20
$[CoEDTA]^{2-}$	2.04×10^{16}	$[Zn(NH_3)_4]^{2+}$	2.88×10^{9}
$[CoEDTA]^-$	1.0×10^{36}	$[Ni(NH_3)_6]^{2+}$	5.49×10^{8}
$[Ni(NH_3)_4]^{2+}$	9.09×10^{7}	$[Cu(P_2O_7)]^{2-}$	1.0×10^{8}
$[Pt(NH_3)_6]^{2+}$	2.00×10^{35}	$[Pb(P_2O_7)]^{2-}$	2.0×10^{5}
$[Zn(NH_3)_4]^{2+}$	2.88×10^{9}	$[Ni(P_2O_7)_2]^{6-}$	2.5×10^{2}
$[Al(OH)_4]^-$	1.07×10^{33}	$[Ag(S_2O_3)]^-$	6.62×10^{8}
$[Bi(OH)_4]^-$	1.59×10^{35}	$[Ag(S_2O_3)_2]^{3-}$	2.88×10^{13}
$[Cd(OH)_4]^{2-}$	4.17×10^{8}	$[Cd(S_2O_3)_2]^{2-}$	2.75×10^{6}
$[Cr(OH)_4]^-$	7.94×10^{29}	$[Cd(S_2O_3)_3]^{4-}$	5.89×10^{6}
$[Cu(OH)_4]^{2-}$	3.16×10^{18}	$[Cu(S_2O_3)_2]^{2-}$	1.66×10^{12}
$[Fe(OH)_4]^{2-}$	3.80×10^{8}	$[Pb(S_2O_3)_2]^{2-}$	1.35×10^{5}
$[Ca(P_2O_7)]^{2-}$	4.0×10^{4}	$[Hg(S_2O_3)_2]^{2-}$	2.75×10^{29}
$[Cd(P_2O_7)]^{2-}$	4.0×10^{5}	$[Hg(S_2O_3)_4]^{6-}$	1.74×10^{33}

附录五　某些物质的名称及其化学式

商品名或俗名	学名	化学式(或主要成分)
钢精	铝	Al
铝粉	铝	Al
刚玉	氧化铝	Al_2O_3
矾土	氧化铝	Al_2O_3
砒霜,白砒	三氧化二砷	As_2O_3
重土	氧化钡	BaO
重晶石	硫酸钡	$BaSO_4$
电石	碳化钙	CaC_2
方解石,大理石	碳酸钙	$CaCO_3$
萤石,氟石	氟化钙	CaF_2
干冰	二氧化碳(固体)	CO_2
熟石灰,消石灰	氢氧化钙	$Ca(OH)_2$
漂白粉		$Ca(ClO)_2+CaCl_2 \cdot Ca(OH)_2 \cdot H_2O$
石膏	硫酸钙	$CaSO_4 \cdot 2H_2O$
胆矾,蓝矾	硫酸铜	$CuSO_4 \cdot 5H_2O$
绿矾,青矾	硫酸亚铁	$FeSO_4 \cdot 7H_2O$
双氧水	过氧化氢	H_2O_2
水银	汞	Hg
升汞	氯化汞	$HgCl_2$
甘汞	氯化亚汞	Hg_2Cl_2
三仙丹	氧化汞	HgO
朱砂,辰砂	硫化汞	HgS
钾碱	碳酸钾	K_2CO_3
红矾钾	重铬酸钾	$K_2Cr_2O_7$
赤血盐	(高)铁氰化钾	$K_3[Fe(CN)_6]$
黄血盐	亚铁氰化钾	$K_4[Fe(CN)_6]$
灰锰氧	高锰酸钾	$KMnO_4$
火硝,土硝	硝酸钾	KNO_3
苛性钾	氢氧化钾	KOH
明矾,钾明矾	硫酸铝钾	$K_2SO_4 \cdot Al_2(SO_4)_3 \cdot 24H_2O$
苦土	氧化镁	MgO
泻盐	硫酸镁	$MgSO_4$
硼砂	四硼酸钠	$Na_2B_4O_7 \cdot 10H_2O$
苏打,纯碱	碳酸钠	Na_2CO_3
小苏打	碳酸氢钠	$NaHCO_3$
红矾钠	重铬酸钠	$Na_2Cr_2O_7$
烧碱,火碱,苛性钠	氢氧化钠	$NaOH$
水玻璃,泡花碱	硅酸钠	$xNa_2O \cdot ySiO_2$
硫化碱	硫化钠	$Na_2S \cdot 9H_2O$
海波,大苏打	硫代硫酸钠	$Na_2S_2O_3 \cdot 5H_2O$
保险粉	连二硫酸钠	$Na_2S_2O_4 \cdot 2H_2O$
芒硝,皮硝,元明粉	硫酸钠	$Na_2SO_4 \cdot 10H_2O$
铬钠矾	硫酸铬钠	$Na_2SO_4 \cdot Cr_2(SO_4)_3 \cdot 24H_2O$
硫铵	硫酸铵	$(NH_4)_2SO_4$
硇砂	氯化铵	NH_4Cl
铁铵矾	硫酸铁铵	$(NH_4)_2SO_4 \cdot Fe_2(SO_4)_3 \cdot 24H_2O$
铬铵矾	硫酸铬铵	$(NH_4)_2SO_4 \cdot Cr_2(SO_4)_3 \cdot 24H_2O$
铝铵矾	硫酸铝铵	$(NH_4)_2SO_4 \cdot Al_2(SO_4)_3 \cdot 24H_2O$
铅丹,红丹	四氧化三铅	Pb_3O_4
铬黄,铅铬黄	铬酸铅	$PbCrO_4$
铅白,白铅粉	碱式碳酸铅	$2PbCO_3 \cdot Pb(OH)_2$
锑白	三氧化二锑	Sb_2O_3
天青石	硫酸锶	$SrSO_4$
石英	二氧化硅	SiO_2
金刚砂	碳化硅	SiC
钛白	二氧化钛	TiO_2
锌白,锌氧粉	氧化锌	ZnO
皓矾	硫酸锌	$ZnSO_4 \cdot 7H_2O$

参 考 答 案

第2章　化学基本概念和理想气体定律

一、填空题

1. 物质的量，6.02×10^{23}

2. g/mol，相对基本单元质量

3. 3.01×10^{23}

4. 0.2

5. 108

6. 标准状况

7. 11.2

8. 11

9. 5，1.4

10. 0.4，0.16，0.04

11. H_2，He，N_2，CO_2

12. 93.3

二、判断题

1	2	3	4	5	6	7	8	9	10
√	×	×	√	×	√	×	×	×	√

三、选择题

1	2	3	4	5	6	7	8	9	10
C	D	B	C	D	C	D	B	A	B

四、计算题

1. (1)0.25 mol　(2)5 mol　(3)0.125 mol

2. $n(\mathrm{Ca}):n(\mathrm{Mg}):n(\mathrm{Cu}):n(\mathrm{Fe})=1/50:1/80:1/320:1/5\,600=224:140:35:2$

3. (1)0.2 mol　(2)$n(\mathrm{Cu}^{2+})=0.2$ mol，$n(\mathrm{Cl}^-)=0.4$ mol

4. (1)2.24 L　(2)22.4 L　(3)22.4 L　(4) 44.8 L

5. 2.08 g

6. 6.078×10^4 Pa

7. 3.8 h

8. (1)2.0×10^5 Pa　(2)$p(N_2)=4.0\times10^5$ Pa　$p(O_2)=1.0\times10^5$ Pa

(3)$n(N_2)=0.35$ mol　$n(O_2)=0.088$ mol

9. (1)$n(O_2)=0.12$ mol　$n(N_2)=0.048$ mol　(2)$p(O_2)=0.1$ MPa　$p(N_2)=0.04$ MPa

(3)$p=0.14$ MPa　(4)$V(O_2)=2.14$ L　$V(N_2)=0.86$ L

五、问答题(略)

第3章　化学反应速率和化学平衡

一、填空题

1. $v=k[p(\mathrm{A})]^2\cdot p(\mathrm{B})$，3，1/27，4倍

2. $v=k[p(A)]^2 \cdot p(B)$，为原来的 8 倍

3.

改变条件	增加 A 的分压力	增加总压力	降低温度
平衡常数	不变	不变	增大
平衡移动的方向	向右移动	向左移动	向右移动

4. 1

5. 正反应速率，逆反应速率，浓度，时间

6. $\alpha=\dfrac{\text{某反应物转化了的量}}{\text{反应前该反应物的总量}}\times 100\%$

二、判断题

1	2	3	4	5	6	7	8	9	10	11
√	×	×	×	×	×	√	×	√	×	×

三、选择题

1	2	3	4	5	6	7	8	9	10	11
A	A	A	A	D	C	C	A	A	B	B

四、计算题

1. $\bar{v}(N_2O_5)=0.15\ \text{mol/(L}\cdot\text{min)}$

2. (1)反应对 NO 的反应级数为 2，对 Cl_2 的反应级数为 1，反应总级数为 3

(2)反应速率方程为 $v=k[c(NO_2)]^2c(Cl_2)$

(3)$k=8.0\ \text{L}^2/(\text{mol}^2\cdot\text{s})$

3. $K^{\ominus}=\dfrac{K_1^{\ominus}\cdot K_2^{\ominus}}{K_w^{\ominus}}=0.882$

4. (1)$\alpha_1=61.7\%$　　(2)$\alpha_2=86.6\%$

(3)增大反应物浓度，化学平衡向右移动

5. (1)$K_1^{\ominus}=\sqrt{K^{\ominus}}=1.67$　　(2)$K_2^{\ominus}=\dfrac{1}{K^{\ominus}}=0.357$

6. $K^{\ominus}=5.88$

7. (1)$K^{\ominus}=0.324$　　(2)$\alpha=19.6\%$

(3)增大压力，化学平衡向气体分子数减少的方向移动

五、问答题(略)

第 4 章　酸碱平衡和酸碱滴定法

一、填空题

1. 酸，碱，H^+，OH^-，H_2O

2. 酸：HS^-，HCO_3^-，NH_4^+，H_2O

碱：HS^-，CO_3^{2-}，NH_3，NO_2^-，HCO_3^-，H_2O

两性物质：HS^-，HCO_3^-，H_2O

3. 同离子效应

4. pH=3.8～5.8

5. 滴定分析法，滴定，化学计量点

6. 滴定终点，终点误差

7. 酸碱滴定法，氧化还原滴定法，配位滴定法，沉淀滴定法，常量

8. 有确定的化学计量关系，定量进行，反应快，有适当方法确定终点

9. 直接法，标定法

10. 标定，基准

11. 弱,弱,结构,颜色,变色范围

12. 3.1～4.4,红,黄,橙

13. pH,大,大

14. 偏高

15. 酸性

二、判断题

1	2	3	4	5	6	7	8	9	10	11	12	13	14	15	16	17	18	19	20
√	×	√	×	×	√	×	×	√	√	×	×	×	×	√	×	×	×	√	√

三、选择题

1	2	3	4	5	6	7	8	9	10	11	12	13	14	15
C	B	A	D	D	C	B	C	D	A	B	C	D	B	B

四、计算题

1. (1)pH=2　　(2)pH=13

2. pH=1.6,α=2.6%

3. $c(H^+)=7.1\times10^{-9}$ mol/L,pH=8.1,$\alpha=1.4\times10^{-3}$%

4. pH=0.8

5. pH=11.6

6. (1) pH=8.7　　(2)pH=9.6

7. $m(NH_4Cl)$=57.8 g

8. c(NaOH)=0.101 2 mol/L

9. c(HCl)=0.102 8 mol/L

10. w(CaO)=42.27%

11. $w(Na_2CO_3)$=71.61%,$w(NaHCO_3)$=9.115%

五、问答题(略)

第 5 章　沉淀溶解平衡和沉淀滴定法

一、填空题

1. 10,1～10,0.01～1,0.01

2. 沉淀溶解平衡

3. 1.0×10^{-5},1.0×10^{-6}

4. <,生成气体,生成弱电解质,生成配离子,发生氧化还原反应

5. 分步沉淀

6. 中,弱碱,K_2CrO_4,低

7. Cl^- 和 Br^-,I^-,SCN^-,吸附

8. 酸性,铁铵矾,NH_4SCN

9. 加入过量 $AgNO_3$ 溶液

10. 充分振荡

11. 白,砖红,白,红

二、判断题

1	2	3	4	5	6	7	8	9	10	11	12	13
×	×	×	√	√	√	√	√	√	×	√	√	√

三、选择题

1	2	3	4	5	6	7	8	9	10	11	12
D	C	B	B	D	B	B	C	A	A	B	A

四、计算题

1.(1)7.1×10^{-5} mol/L (2)1.4×10^{-2} mol/L (3)1.3×10^{-3} mol/L

(4)8.4×10^{-3} mol/L (5)1.1×10^{-4} mol/L

2.$Q_i=1.0\times10^{-6}$,$K_{sp}^{\ominus}=5.0\times10^{-9}$,$Q_i>K_{sp}^{\ominus}$,有 $CaCO_3$ 沉淀生成

3.$Q_i=9\times10^{-10}$,$K_{sp}^{\ominus}=2.1\times10^{-13}$,$Q_i>K_{sp}^{\ominus}$,有 $Mn(OH)_2$ 沉淀生成

4.1.8×10^{-8} mol/L

5.5.0×10^{-4} mol/L

6.Ba^{2+} 先被沉淀。若控制 1.1×10^{-5} mol/L$<c(SO_4^{2-})<1.2\times10^{-3}$ mol/L,则能实现 Ba^{2+} 与 Ag^+ 的分离。

7.只要控制 2.8<pH<6.9,就能达到除去杂质 Fe^{3+} 的目的。

8.$w(Na_2O)=8.76\%$,$w(K_2O)=12.34\%$

五、问答题(略)

第 6 章 原子结构与元素周期律

一、填空题

1.原子轨道

2.概率密度

3.3s,3p,3d;1,3,5;2,6,10

4.运动状态,轨道,能级

5.

原子	核外电子分布	违背哪条原理	正确的电子分布式
$_3Li$	$1s^3$	泡利不相容原理	$1s^22s^1$
$_{15}P$	$1s^22s^22p^63s^23p_x^23p_y^1$	洪德规则	$1s^22s^22p^63s^23p_x^13p_y^13p_z^1$
$_{24}Cr$	$1s^22s^22p^63s^23p^63d^44s^2$	洪德规则特例	$1s^22s^22p^63s^23p^63d^54s^1$
$_{22}Ti$	$1s^22s^22p^63s^23p^63d^34s^1$	能量最低原理	$1s^22s^22p^63s^23p^63d^24s^2$

6.能量最低原理

7.

原子序数	元素符号	原子实表示式	价层电子构型	周期	族	区	最高氧化数
35	Br	[Ar]$3d^{10}4s^24p^5$	$4s^24p^5$	4	Ⅶ A	p	+7
25	Mn	[Ar]$3d^54s^2$	$3d^54s^2$	4	Ⅶ B	d	+7
24	Cr	[Ar]$3d^54s^1$	$3d^54s^1$	4	Ⅵ B	d	+6
15	P	[Ne]$3s^23p^3$	$3s^23p^3$	3	Ⅴ A	p	+5
22	Ti	[Ar]$3d^24s^2$	$3d^24s^2$	4	Ⅳ B	d	+4
17	Cl	[Ne]$3s^23p^5$	$3s^23p^5$	3	Ⅶ A	p	+7

8.等于,等于,等于,2,8,8,18,18,32,32

二、判断题

1	2	3	4	5	6	7	8	9	10
√	×	√	×	×	×	√	×	√	√

三、选择题

1	2	3	4	5	6	7	8
C	C	C	A	B	D	C	B

四、问答题(略)

第7章 分子结构与晶体类型

一、填空题

1.强烈相互作用,离子键,静电作用,无方向性,无饱和性

2.共价键,原子轨道重叠,自旋方向相反的未成对电子,最大有效重叠

3.键参数,键能,键长,键角

4.三角锥形,sp^3 不等性,<

5.配位键,电子给予体,电子接受体

6.

物质	杂化方式	空间构型	分子的极性
H_2O	sp^3 不等性杂化	V形	极性分子
CH_2Cl_2	sp^3 杂化	四面体	极性分子
CS_2	sp杂化	直线形	非极性分子

7.

作用力	I_2 和 CCl_4	CH_4 和 NH_3	HF和 H_2O	O_2 和 H_2O
取向力	×	√	√	×
诱导力	×	√	√	√
色散力	√	√	√	√
氢键	×	×	√	×

8.几何外形,固定的熔点,异性

9.离子晶体,原子晶体,分子晶体,金属晶体

10.

物质	晶格结点上的粒子	晶格结点上粒子间的作用力	晶体类型	熔点(高或低)	导电性
NaCl	Na^+,Cl^-	离子键	离子晶体	高	不导电
Cu	Cu,Cu^{2+}	金属键	金属晶体	高	好
SiC	Si,C	共价键	原子晶体	很高	不导电
N_2	N_2	分子间力	分子晶体	很低	不导电
H_2O	H_2O	分子间力、氢键	分子晶体	很低	差

11.原子晶体,分子晶体,金属晶体

12.离子极化,极化作用,变形性

二、判断题

1	2	3	4	5	6	7	8	9	10	11	12	13	14
×	×	×	√	×	×	√	×	√	×	×	×	×	×

三、选择题

1	2	3	4	5	6	7	8	9	10	11	12
B	C	D	A	C	A	D	D	D	A	B	A

四、问答题(略)

第 8 章　氧化还原平衡和氧化还原滴定法

一、填空题

1. +7,+3

2. 将化学能转化为电能,负极,正极,正,负

3. 100,1,理想气体,纯

4. 正,还原,负,氧化

5. 降低,得到

6. (−) Cu |$CuCl_2(c_1)$ ‖ $FeCl_3(c_2)$,$FeCl_2(c_3)$ | Pt(+)

$Cu - 2e^- \rightleftharpoons Cu^{2+}$,$2Fe^{3+} + 2e^- \rightleftharpoons 2Fe^{2+}$

7. $Cr_2O_7^{2-} > Fe^{3+} > SO_4^{2-}$,$H_2SO_3 > Fe^{2+} > Cr^{3+}$

8. 不能,氧化

9. 自身指示剂,显色(专属)指示剂,氧化还原指示剂

10. 间接法,直接法

11. $K_2Cr_2O_7$,$Na_2C_2O_4$

12. 淀粉指示剂,自身指示剂

13. 预处理

14. Mn^{2+} ,MnO_2 ,MnO_4^{2-}

15. 空气中含有还原性物质,30 s

16. I_2 的挥发,I^- 被空气氧化

二、判断题

1	2	3	4	5	6	7	8	9	10	11	12	13	14	15
√	√	×	×	×	×	×	×	√	×	√	×	√	√	√

三、选择题

1	2	3	4	5	6	7	8	9	10	11	12
C	A	A	C	B	C	A	A	C	B	D	B
13	14	15	16	17	18	19	20	21	22	23	
B	D	A	B	B	B	A	C	D	D	B	

四、计算题

1. 镍片为正极,锌片为负极;$Ni^{2+} + Zn \rightleftharpoons Ni + Zn^{2+}$;$E^{\ominus} = 0.5048$ V

2. (1)左侧 $2H^+ + 2e^- \rightleftharpoons H_2$　　右侧 $Sn^{4+} + 2e^- \rightleftharpoons Sn^{2+}$

(2)$\varphi_{左} = \varphi(H^+/H_2) = -0.009$ V,$\varphi_{右} = \varphi(Sn^{4+}/Sn^{2+}) = 0.1849$ V,因为 $\varphi_{右} > \varphi_{左}$,所以原电池左边是负极,右边是正极。

(3)$Sn^{4+} + H_2 \rightleftharpoons Sn^{2+} + 2H^+$

(4)$E = 0.1849 - (-0.009) = 0.1939$ V

3. $K^{\ominus} = 1.26 \times 10^{41}$

4. 反应自发逆向(向左)进行

5. $w(MnO_2) = 95.46\%$

6. $w(Fe_2O_3) = 80.00\%$

7. $w(CeCl_4) = 35.76\%$

8. $w(Fe)=57.52\%$, $w(Fe_3O_4)=79.47\%$

五、问答题(选解)

1. 配平下列氧化还原反应方程式

(1) $3Cu + 8HNO_3(稀) \longrightarrow 3Cu(NO_3)_2 + 2NO\uparrow + 4H_2O$

(2) $2KMnO_4 + 5H_2S + 3H_2SO_4 \longrightarrow 2MnSO_4 + 5S\downarrow + K_2SO_4 + 8H_2O$

(3) $3CuS + 8HNO_3 \longrightarrow 3Cu(NO_3)_2 + 3S\downarrow + 2NO\uparrow + 4H_2O$

(4) $2MnO_4^- + 6H^+ + 5SO_3^{2-} \longrightarrow 2Mn^{2+} + 5SO_4^{2-} + 3H_2O$

(5) $3I_2 + 6KOH \longrightarrow 5KI + KIO_3 + 3H_2O$

2. 写出下列原电池的电极反应和电池反应：

(1)电极反应 $2Ag^+ + 2e^- \rightleftharpoons 2Ag$ (正极)

$H_2 \rightleftharpoons 2H^+ + 2e^-$ (负极)

电池反应 $H_2 + 2Ag^+ \rightleftharpoons 2H^+ + 2Ag$

(2)电极反应 $Sn^{4+} + 2e^- \rightleftharpoons Sn^{2+}$ (正极)

$Zn \rightleftharpoons Zn^{2+} + 2e^-$ (负极)

电池反应 $Sn^{4+} + Zn \rightleftharpoons Sn^{2+} + Zn^{2+}$

第9章 配位平衡和配位滴定法

一、填空题

1. 一个,一定数目,配离子,配分子

2. 氯化二氯·三氨·水合钴(Ⅲ), Co^{3+}, Cl^-, NH_3, H_2O, Cl, N, O, 6, +1

3. 完成下表

化学式	命名	中心离子	配位体	配位原子	配位数	配离子电荷
$H_2[PtCl_6]$	六氯合铂(Ⅳ)酸	Pt^{4+}	Cl^-	Cl	6	−2
$[Cu(NH_3)_4](OH)_2$	氢氧化四氨合铜(Ⅱ)	Cu^{2+}	NH_3	N	4	+2
$[Fe(CN)_6]^{3-}$	六氰合铁(Ⅲ)离子	Fe^{3+}	CN^-	C	6	−3
$[Al(OH)_4]^-$	四羟合铝(Ⅲ)离子	Al^{3+}	OH^-	O	4	−1
$[PtCl_2(OH)_2(NH_3)_2]$	二氯·二羟·二氨合铂(Ⅳ)	Pt^{4+}	Cl^-, OH^-, NH_3	Cl,O,N	6	0
$[Cu(en)_2]SO_4$	硫酸二(乙二胺)合铜(Ⅱ)	Cu^{2+}	en	N	4	+2
$K_2[Cu(CN)_4]$	四氰合铜(Ⅱ)酸钾	Cu^{2+}	CN^-	C	4	−2
$[Ag(NH_3)_2]OH$	氢氧化二氨合银(Ⅰ)	Ag^+	NH_3	N	2	+1

4. 螯合物,内配合物,螯合剂,螯合反应

5. 离子,全部,配位,部分

6. 酸效应,配位效应

7. $\lg c(M)\cdot K^{\ominus\prime}(MY)\geqslant 6$

8. 5

9. 100,2

10. 铬黑T(EBT),10,

11. 钙指示剂(NN),12～13

二、判断题

1	2	3	4	5	6	7	8	9	10	11	12	13	14	15
√	×	√	×	√	√	×	√	√	√	√	×	√	√	√

三、选择题

1	2	3	4	5	6	7	8	9	10	11	12	13	14	15
C	C	D	A	C	D	B	B	A	A	A	A	C	C	C

四、计算题

1. $c(Ag^+)=2.2\times10^{-9}$ mol/L

2. (1) $K^{\ominus}=K_{sp}^{\ominus}\cdot K_{稳}^{\ominus}=15.6$

(2) $K^{\ominus}=K_{稳}^{\ominus}[Ni(CN)_4]^{2-}/K_{稳}^{\ominus}[Ni(NH_3)_4]^{2+}=2.2\times10^{23}$

3. $w(Sn)=13.24\%$

4. $w(SO_4^{2-})=29.04\%$

5. (1) c(钙、镁)$=6.000$ mmol/L　(2) $\rho(Ca)=160.03$ mg/L　$\rho(Mg)=48.62$ mg/L

6. $w(P_2O_5)=14.20\%$

五、问答题(略)

第10章　非金属元素

一、填空题

1. F_2

2. HI

3. 还原剂

4. H_2S 及 Na_2SO_3 在空气中都容易被氧化而变质

5. H_2SO_4

二、判断题

1	2	3	4	5	6	7	8	9
×	×	√	√	√	√	×	×	√

三、选择题

1	2	3	4	5	6	7	8
C	B	D	D	C	B	C	A

四、问答题

1. 完成并配平下列反应方程式

(1) $Br_2+5Cl_2+6H_2O\longrightarrow 2HBrO_3+10HCl$

(2) $2I^-+O_3+2H^+\longrightarrow I_2\downarrow+O_2+H_2O$

(3) $2I^-+H_2O_2+2H^+\longrightarrow I_2\downarrow+2H_2O$

(4) $H_2S+4Cl_2+4H_2O\longrightarrow H_2SO_4+8HCl$

(5) $I_2+H_2SO_3+H_2O\longrightarrow H_2SO_4+2HI$

(6) $Na_2S_2O_3+4Cl_2+5H_2O\longrightarrow 2NaCl+2H_2SO_4+6HCl$

(7) $I_2+2Na_2S_2O_3\longrightarrow 2NaI+Na_2S_4O_6$

(8) $2S_2O_3^{2-}+AgBr\longrightarrow[Ag(S_2O_3)_2]^{3-}+Br^-$

(9) $Hg+4HNO_3$(浓)$\longrightarrow Hg(NO_3)_2+2NO_2\uparrow+2H_2O$

(10) $4H_3PO_3\xrightarrow{\triangle}3H_3PO_4+PH_3\uparrow$

(11) $PCl_5+4H_2O\longrightarrow H_3PO_4+5HCl$

2. 查附录三得

$$\varphi_A^{\ominus}(Cl_2/Cl^-)=1.36\ V,\varphi_A^{\ominus}(H^+/H_2)=0.0\ V,\varphi_A^{\ominus}(Fe^{3+}/Fe)=-0.037\ V,$$

$\varphi_A^{\ominus}(Fe^{2+}/Fe)=-0.447\ V, \varphi_A^{\ominus}(Fe^{3+}/Fe^{2+})=0.771\ V$。

Cl_2 的氧化性比 H^+ 强,Cl_2 氧化 Fe 即使生成 Fe^{2+},Fe^{2+} 也会继续被氧化生成 Fe^{3+}。而 H^+ 氧化 Fe 即使生成 Fe^{3+},Fe^{3+} 又会被生成的 H_2 还原为 Fe^{2+}。

3.因为标准电极电势越大,其氧化型物质的氧化能力越强,还原型物质的还原能力越弱,所以 I_2 能从溴酸盐或氯酸盐的酸性溶液中置换出 Br_2 或 Cl_2,Cl_2 能从溴酸盐中置换出 Br_2。其反应方程式为

$$2BrO_3^- + 2H^+ + I_2 \longrightarrow 2HIO_3 + Br_2$$

$$2ClO_3^- + 2H^+ + I_2 \longrightarrow 2HIO_3 + Cl_2\uparrow$$

$$2BrO_3^- + 2H^+ + Cl_2 \longrightarrow 2HClO_3 + Br_2$$

4.在 Na_2S 或 $(NH_4)_2S$ 溶液中,S^{2-} 在空气中被氧化成 S,S 与 S^{2-} 结合成多硫离子,使溶液颜色加深。

$$2S^{2-} + 2H_2O + O_2 \longrightarrow 2S\downarrow + 4OH^-$$

$$S^{2-} + (x-1)S \longrightarrow S_x^{2-}$$

5.碱液与 SO_2 发生的是酸性氧化物与碱的反应,与 NO_2 发生的是歧化反应。

$$SO_2 + 2NaOH \longrightarrow Na_2SO_3 + H_2O$$

$$2NO_2 + 2NaOH \longrightarrow NaNO_3 + NaNO_2 + H_2O$$

6.(1)把两种气体分别通入高锰酸钾酸性溶液中,能使之褪色的是 SO_2,颜色不发生变化的是 SO_3。

$$5SO_2 + 2MnO_4^- + 2H_2O \longrightarrow 2Mn^{2+} + 5SO_4^{2-} + 4H^+$$

(2)各取少量两种溶液,先加入硫酸酸化,再加入高锰酸钾溶液,$KMnO_4$ 紫色消失者为 KNO_2,而 KNO_3 无此现象。

$$5KNO_2 + 2KMnO_4 + 3H_2SO_4 \longrightarrow 2MnSO_4 + 5KNO_3 + K_2SO_4 + 3H_2O$$

(3)各取少量两种溶液,加入 $AgNO_3$ 溶液,有银白色金属银析出的为 H_3PO_3,而 H_3PO_4 无还原性,生成黄色磷酸银沉淀。

$$H_3PO_3 + 2AgNO_3 + H_2O \longrightarrow H_3PO_4 + 2Ag\downarrow + 2HNO_3$$

$$H_3PO_4 + 3AgNO_3 \longrightarrow Ag_3PO_4\downarrow + 3HNO_3$$

(4)用 pH 试纸检验,显酸性的是 NaH_2PO_4,显碱性的是 Na_2HPO_4。

7.使混合气体通过 $Ca(OH)_2$ 溶液,CO_2 与 $Ca(OH)_2$ 溶液作用生成 $CaCO_3$ 白色沉淀。CO 与 $Ca(OH)_2$ 溶液不发生反应而被分离。

$$CO_2 + Ca(OH)_2 \longrightarrow CaCO_3\downarrow + H_2O$$

8.

$$3I_2 + 6NaOH \xrightarrow{\triangle} 5NaI + NaIO_3 + 3H_2O$$

$$3Cl_2 + 6NaOH \xrightarrow{\triangle} 5NaCl + NaClO_3 + 3H_2O$$

$$3S + 6NaOH \xrightarrow{\triangle} 2Na_2S + Na_2SO_3 + 3H_2O$$

$$4P + 3NaOH + 3H_2O \xrightarrow{\triangle} 3NaH_2PO_2 + PH_3\uparrow$$

$$Si + 2NaOH + H_2O \xrightarrow{\triangle} Na_2SiO_3 + 2H_2\uparrow$$

$$2B + 2NaOH + 2H_2O \xrightarrow{\triangle} 2NaBO_2 + 3H_2\uparrow$$

9.(1)湿润的淀粉 KI 试纸遇到 Cl_2 显蓝色,但继续与 Cl_2 接触,蓝色又褪去。

$$2KI + Cl_2 \longrightarrow 2KCl + I_2\downarrow$$

$$I_2 + 5Cl_2 + 6H_2O \longrightarrow 2HIO_3 + 10HCl$$

(2)SO_2 气体通入纯碱溶液中,有 CO_2 气体生成,后向溶液中加入硫黄粉并加热,生成 $Na_2S_2O_3$,一份加入 HCl,有黄色沉淀 S 和气体生成,一份滴加浓溴水,溴水颜色消失。

$$SO_2 + Na_2CO_3 \longrightarrow Na_2SO_3 + CO_2\uparrow$$

$$Na_2SO_3 + S \xrightarrow{\triangle} Na_2S_2O_3$$

$$Na_2S_2O_3 + 2HCl \longrightarrow S + SO_2\uparrow + 2NaCl + H_2O$$

$$Na_2S_2O_3 + 4Br_2 + 5H_2O \longrightarrow Na_2SO_4 + H_2SO_4 + 8HBr$$

(3)加酸，再加 KI，溶液呈棕黄色。

$$2I^- + 2NO_2^- + 4H^+ \longrightarrow I_2\downarrow + 2NO\uparrow + 2H_2O$$

加入 CCl_4，I_2 溶于 CCl_4 层，使 CCl_4 层呈现紫红色。

(4)$Na_2S_2O_3$ 与过量的 Ag^+ 反应生成 $Ag_2S_2O_3$ 白色沉淀，$Ag_2S_2O_3$ 水解最后生成黑色 Ag_2S 沉淀，颜色逐渐由白变黄、变棕、变黑。

$$S_2O_3^{2-} + 2Ag^+ \longrightarrow \underset{\text{(白色)}}{Ag_2S_2O_3\downarrow}$$

$$Ag_2S_2O_3 + H_2O \longrightarrow \underset{\text{(黑色)}}{Ag_2S\downarrow} + SO_4^{2-} + 2H^+$$

10. A. $Na_2S_2O_3$　B. SO_2　C. S　D. $H_2SO_4 + NaCl + HCl$　E. $BaSO_4$

$$Na_2S_2O_3 + 2HCl \longrightarrow SO_2\uparrow + S\downarrow + 2NaCl + H_2O$$

$$2MnO_4^- + 5SO_2 + 2H_2O \longrightarrow 2Mn^{2+} + 5SO_4^{2-} + 4H^+$$

$$Na_2S_2O_3 + 4Cl_2 + 5H_2O \longrightarrow 2H_2SO_4 + 2NaCl + 6HCl$$

$$Ba^{2+} + SO_4^{2-} \longrightarrow BaSO_4\downarrow$$

第 11 章　金属元素

一、填空题

1. 钨、铬、锇

2. 碱式碳酸锌

3. 配位酸

4. 硫黄粉

5. Hg_2^{2+}

6. Mn^{2+}

二、判断题

1	2	3	4	5	6
√	√	×	√	√	√

三、选择题

1	2	3	4	5	6	7	8	9	10	11	12
A	B	A	A	D	C	B	D	A	C	B	D

四、计算题

解：由反应 Ag　+　$2HNO_3$(浓) $\longrightarrow AgNO_3 + NO_2\uparrow + H_2O$

1 mol (108 g)　2 mol (126 g)　　1 mol (170 g)

3Ag　+　$4HNO_3$　$\longrightarrow$　$3AgNO_3 + NO\uparrow + 2H_2O$

3 mol (324 g)　4 mol (252 g)　　3 mol (510 g)

可知，无论浓硝酸还是稀硝酸，1 mol Ag 都可以得到 1 mol $AgNO_3$。324 kg Ag 可生成 510 kg $AgNO_3$。

1 mol Ag 需浓硝酸 2 mol，需稀硝酸 4/3 mol，且浓硝酸比稀硝酸价格高，故实际生产中用稀硝酸。

五、问答题

1. 完成并配平下列反应方程式。

(1)$Cu_2O + 2H^+ \longrightarrow Cu^{2+} + Cu\downarrow + H_2O$

(2)$2AgNO_3 + 2NaOH \longrightarrow 2NaNO_3 + Ag_2O\downarrow + H_2O$

(3)$Ag_2O + H_2O_2 \longrightarrow 2Ag + O_2\uparrow + H_2O$

(4)$Zn + 2H_2O + 4NH_3 \longrightarrow [Zn(NH_3)_4](OH)_2 + H_2\uparrow$

(5)$Zn(OH)_2 + 4NH_3 \longrightarrow [Zn(NH_3)_4]^{2+} + 2OH^-$

(6)$Hg_2Cl_2 + 2NaOH \longrightarrow 2NaCl + HgO\downarrow + Hg\downarrow + H_2O$

(7)$2Pb^{2+} + Cr_2O_7^{2-} + H_2O \longrightarrow 2PbCrO_4\downarrow + 2H^+$

(8)$Cr_2O_7^{2-} + 3H_2O_2 + 8H^+ \longrightarrow 2Cr^{3+} + 3O_2\uparrow + 7H_2O$

(9)$Cr_2O_7^{2-} + 6Fe^{2+} + 14H^+ \longrightarrow 2Cr^{3+} + 6Fe^{3+} + 7H_2O$

(10)$2Cr^{3+} + 3S_2O_8^{2-} + 7H_2O \longrightarrow Cr_2O_7^{2-} + 6SO_4^{2-} + 14H^+$

(11)$2MnO_4^- + 5H_2O_2 + 6H^+ \longrightarrow 2Mn^{2+} + 5O_2\uparrow + 8H_2O$

(12)$2Mn^{2+} + 5S_2O_8^{2-} + 8H_2O \longrightarrow 2MnO_4^- + 10SO_4^{2-} + 16H^+$

(13)$2Mn + 4KOH + 3O_2 \longrightarrow 2K_2MnO_4 + 2H_2O$

(14)$2K_4[Fe(CN)_6] + Cl_2 \longrightarrow 2K_3[Fe(CN)_6] + 2KCl$

2. $CuCl_2 \cdot 2H_2O$为绿色结晶，在其溶液中，$CuCl_2$可形成$[CuCl_4]^{2-}$和$[Cu(H_2O)_4]^{2+}$两种配离子，$[CuCl_4]^{2-}$显黄色，$[Cu(H_2O)_4]^{2+}$显蓝色。

$$\underset{(黄色)}{[CuCl_4]^{2-}} + 4H_2O \rightleftharpoons \underset{(蓝色)}{[Cu(H_2O)_4]^{2+}} + 4Cl^-$$

其稀溶液中主要以$[Cu(H_2O)_4]^{2+}$的形式存在，故呈蓝色。在浓 HCl 溶液中主要以$[CuCl_4]^{2-}$的形式存在，故呈黄色。

3. (1)加 $NH_3 \cdot H_2O$ → AgCl 溶解，生成$[Ag(NH_3)_2]^+$；→ $AgI\downarrow$

(2)加 $NH_3 \cdot H_2O$ → AgCl 溶解，生成$[Ag(NH_3)_2]^+$；→ Hg_2Cl_2 生成 $Hg(NH_2)Cl\downarrow + Hg\downarrow$，呈黑灰色

4.

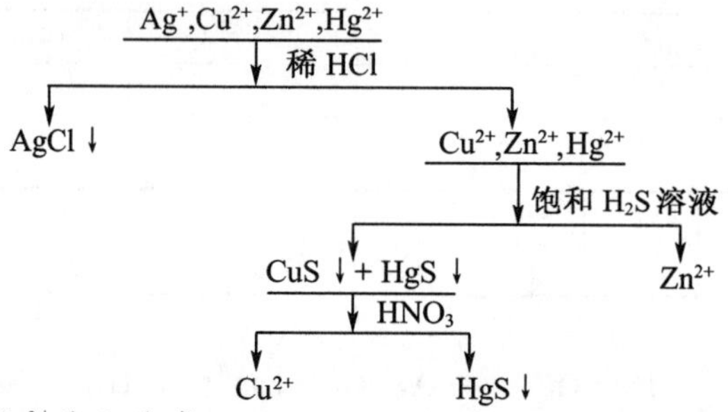

5. KI 过量时主要有 Mn^{2+} 和 I_2 生成。

$$2KMnO_4 + 8H_2SO_4 + 10KI \longrightarrow 5I_2\downarrow + 2MnSO_4 + 6K_2SO_4 + 8H_2O$$

$KMnO_4$ 过量时主要有 IO_3^- 和 MnO_2 生成。

$$2KMnO_4 + H_2SO_4 + KI \longrightarrow KIO_3 + 2MnO_2\downarrow + K_2SO_4 + H_2O$$

6. 查附录三得

$\varphi^\ominus(Cl_2/Cl^-) = 1.36\ V$，$\varphi_A^\ominus(MnO_4^-/Mn^{2+}) = 1.507\ V$，$\varphi^\ominus(MnO_2/Mn^{2+}) = 1.224\ V$

所以，MnO_4^- 能氧化 Cl^- 生成 Cl_2。而 MnO_2 不能氧化 Cl^- 生成 Cl_2，但增大盐酸浓度，根据能斯特方程，$\varphi(Cl_2/Cl^-)$减小，$\varphi(MnO_2/Mn^{2+})$增大，使 $\varphi(Cl_2/Cl^-) < \varphi(MnO_2/Mn^{2+})$，故 MnO_2 能氧化 Cl^- 生成 Cl_2。

7.

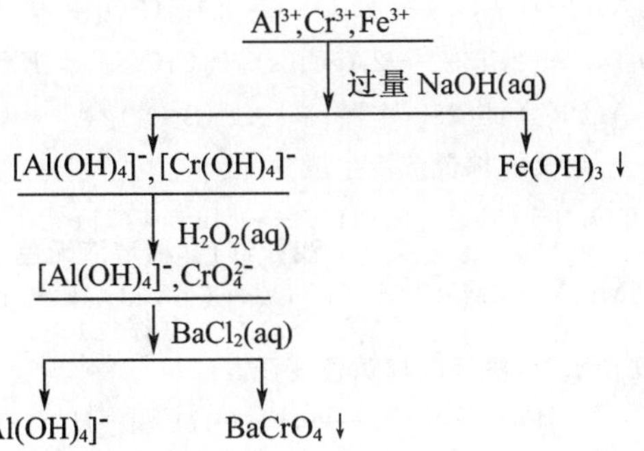

$Al^{3+}, Cr^{3+}, Fe^{3+}$
过量 NaOH(aq)
$[Al(OH)_4]^-, [Cr(OH)_4]^-$
$Fe(OH)_3\downarrow$
$H_2O_2(aq)$
$[Al(OH)_4]^-, CrO_4^{2-}$
$BaCl_2(aq)$
$[Al(OH)_4]^-$
$BaCrO_4\downarrow$

8. 加 NaOH 溶液，Cu^{2+} 溶液中有浅蓝色 $Cu(OH)_2$ 沉淀生成；Ag^+ 溶液中有 Ag_2O 棕黑色沉淀生成；Hg_2^{2+} 溶液中有黑褐色 Hg_2O 生成，Hg_2O 不稳定，分解为黄色 HgO 和黑色 Hg；Hg^{2+} 溶液中有黄色 HgO 生成；Mn^{2+} 溶液中有白色 $Mn(OH)_2$ 沉淀生成，$Mn(OH)_2$ 很不稳定，极易被氧化，水中的氧也能使它氧化，生成棕色的水合二氧化锰；Fe^{2+} 溶液中有白色的 $Fe(OH)_2$ 沉淀生成，很快变成灰绿色，最后成为棕红色的 $Fe(OH)_3$。

$$Cu^{2+} + 2OH^- \longrightarrow \underset{\text{(浅蓝色)}}{Cu(OH)_2}\downarrow$$

$$2Ag^+ + 2NaOH \longrightarrow 2Na^+ + H_2O + \underset{\text{(棕黑色)}}{Ag_2O}\downarrow$$

$$Hg_2^{2+} + 2OH^- \longrightarrow H_2O + \underset{\text{(黑褐色)}}{Hg_2O}\downarrow$$

$$Hg_2O \longrightarrow \underset{\text{(黄色)}}{HgO}\downarrow + \underset{\text{(黑色)}}{Hg}$$

$$Hg^{2+} + 2OH^- \longrightarrow H_2O + \underset{\text{(黄色)}}{HgO}\downarrow$$

$$Mn^{2+} + 2OH^- \longrightarrow \underset{\text{(白色)}}{Mn(OH)_2}\downarrow$$

$$2Mn(OH)_2 + O_2 \longrightarrow \underset{\text{(棕色)}}{2MnO(OH)_2}$$

$$Fe^{2+} + 2OH^- \longrightarrow \underset{\text{(白色)}}{Fe(OH)_2}\downarrow$$

$$4Fe(OH)_2 + O_2 + 2H_2O \longrightarrow \underset{\text{(棕红色)}}{4Fe(OH)_3}$$

9. 有关标准电极电势：

$O_2 + 4H^+ + 4e^- \longrightarrow 2H_2O$　　　　$\varphi^\ominus = 1.229\ V$

$Fe^{3+} + e^- \longrightarrow Fe^{2+}$　　　　$\varphi^\ominus = 0.771\ V$

$FeSO_4$ 溶液久置变黄的原因是空气中的氧将 Fe^{2+} 氧化为 Fe^{3+}，而 Fe^{3+} 以 $[Fe(H_2O)_6]^{3+}$ 形式存在，显黄色。

$$4FeSO_4 + O_2 + 2H_2SO_4 \longrightarrow 2Fe_2(SO_4)_3 + 2H_2O$$

$\varphi^\ominus(O_2/H_2O) > \varphi^\ominus(Fe^{3+}/Fe^{2+})$，故上述反应自发正向进行。

为防止 $FeSO_4$ 溶液变质，可加入铁钉和稀硫酸，Fe 可把 Fe^{3+} 还原为 Fe^{2+}。

$$2Fe^{3+} + Fe \longrightarrow 3Fe^{2+}$$

10. 浓 HNO_3 会使铁钝化，反应停止进行，所以不能用浓 HNO_3。

11. $FeCl_3$ 水解使溶液显酸性。Na_2CO_3 水解使溶液显碱性。二者混合，互相促进水解，生成 $Fe(OH)_3$ 沉淀，放出 CO_2。

$$2FeCl_3 + 3Na_2CO_3 + 3H_2O \longrightarrow 2Fe(OH)_3\downarrow + 3CO_2\uparrow + 6NaCl$$

12. (1) 在 Ag^+ 溶液中，加入少量的 $Cr_2O_7^{2-}$，有砖红色 Ag_2CrO_4 沉淀生成。再加入适量的 Cl^-，砖红

色 Ag_2CrO_4 沉淀转化为白色 AgCl 沉淀。最后加入足够量的 $Na_2S_2O_3$，AgCl 沉淀溶解。

$$4Ag^+ + Cr_2O_7^{2-} + H_2O \longrightarrow 2Ag_2CrO_4\downarrow + 2H^+$$

$$Ag_2CrO_4(s) + 2Cl^- \longrightarrow 2AgCl(s) + CrO_4^{2-} \qquad K^\ominus = 3.4\times10^7$$

$$AgCl(s) + 2S_2O_3^{2-} \longrightarrow [Ag(S_2O_3)_2]^{3-} + Cl^-$$

(2)溶液紫红色首先褪去，后又有棕色沉淀生成。

$$\underset{\text{(紫红色)}}{MnO_4^-} + 5Fe^{2+} + 8H^+ \longrightarrow \underset{\text{(浅粉红色，稀溶液无色)}}{Mn^{2+}} + 5Fe^{3+} + 4H_2O$$

$$3Mn^{2+} + 2MnO_4^- + 2H_2O \longrightarrow \underset{\text{(棕色)}}{5MnO_2\downarrow} + 4H^+$$

(3)加适量盐酸，抑制铁盐水解，溶液的棕黄色变浅。

$$Fe^{3+} + H_2O \longrightarrow Fe(OH)^{2+} + H^+$$

加 NH_4SCN 出现血红色。

$$Fe^{3+} + nSCN^- \longrightarrow [Fe(SCN)_n]^{3-n} \quad (n=1\sim6)$$

加 NH_4F 血红色消失。

$$\underset{\text{(血红色)}}{[Fe(SCN)_n]^{3-n}} + 6F^- \longrightarrow \underset{\text{(无色)}}{[FeF_6]^{3-}} + nSCN^-$$

13. A. CuO　B. $CuSO_4$　C. $[Cu(NH_3)_4]^{2+}$　D. CuS

$$CuO + H_2SO_4 \longrightarrow CuSO_4 + H_2O$$

$$CuSO_4 + 4NH_3 \longrightarrow [Cu(NH_3)_4]^{2+} + SO_4^{2-}$$

$$[Cu(NH_3)_4]^{2+} + S^{2-} \longrightarrow \underset{\text{(黑色)}}{CuS\downarrow} + 4NH_3$$

$$3CuS + 8HNO_3 \longrightarrow 3Cu(NO_3)_2 + 3S\downarrow + 2NO\uparrow + 4H_2O$$

14. 此无色溶液是 $HgCl_2$ 溶液。

$$HgCl_2 + 2NaOH \longrightarrow 2NaCl + \underset{\text{(黄色)}}{HgO\downarrow} + H_2O$$

$$HgCl_2 + 2NH_3 \longrightarrow \underset{\text{(白色)}}{Hg(NH_2)Cl\downarrow} + Cl^- + NH_4^+$$

$$2HgCl_2 + SnCl_2 + 2HCl \longrightarrow \underset{\text{(白色)}}{Hg_2Cl_2\downarrow} + H_2SnCl_6$$

$$Hg_2Cl_2 + 2NH_3 \longrightarrow Hg(NH_2)Cl\downarrow + Hg\downarrow + NH_4Cl$$

$$HgCl_2 + 2AgNO_3 \longrightarrow Hg(NO_3)_2 + \underset{\text{(白色)}}{2AgCl\downarrow}$$

15. A. Cr^{3+}　B. $Cr(OH)_3$　C. CrO_2^-　D. CrO_4^{2-}　E. $BaCrO_4$　F. $Cr_2O_7^{2-}$

$$Cr^{3+} + 3NH_3\cdot H_2O \longrightarrow Cr(OH)_3\downarrow + 3NH_4^+$$

$$Cr(OH)_3 + OH^- \longrightarrow CrO_2^- + 2H_2O$$

$$2CrO_2^- + 3H_2O_2 + 2OH^- \longrightarrow 2CrO_4^{2-} + 4H_2O$$

$$CrO_4^{2-} + Ba^{2+} \longrightarrow BaCrO_4\downarrow$$

$$2BaCrO_4 + 2H^+ \longrightarrow Cr_2O_7^{2-} + 2Ba^{2+} + H_2O$$

16. A. MnO_2　B. Cl_2　C. $MnCl_2$　D. MnO_4^-　E. Fe^{2+}　F. Fe^{3+}　G. $[Fe(NCS)_6]^{3-}$

$$MnO_2 + 4HCl(\text{浓}) \longrightarrow MnCl_2 + Cl_2\uparrow + 2H_2O$$

$$2Mn^{2+} + 5NaBiO_3 + 14H^+ \longrightarrow 2MnO_4^- + 5Bi^{3+} + 5Na^+ + 7H_2O$$

$$MnO_4^- + 5Fe^{2+} + 8H^+ \longrightarrow Mn^{2+} + 5Fe^{3+} + 4H_2O$$

$$Fe^{3+} + 6SCN^- \longrightarrow [Fe(NCS)_6]^{3-}$$

元素周期表

IUPAC 2013

氧化态(单质的氧化态为0，未列入；常见的为红色)

以 ^{12}C=12为基准的原子量(注✦的是半衰期最长同位素的原子量)

图例	
+2, +3, +4, +5, +6	氧化态
95	原子序数
Am	元素符号(红色的为放射性元素)
镅▲	元素名称(注▲的为人造元素)
$5f^77s^2$	价层电子构型
243.06138(2)✦	以 ^{12}C=12为基准的原子量

s区元素　p区元素　d区元素　ds区元素　f区元素　稀有气体

周期＼族	1 ⅠA	2 ⅡA	3 ⅢB	4 ⅣB	5 ⅤB	6 ⅥB	7 ⅦB	8 ⅧB(Ⅷ)	9 ⅧB(Ⅷ)	10 ⅧB(Ⅷ)	11 ⅠB	12 ⅡB	13 ⅢA	14 ⅣA	15 ⅤA	16 ⅥA	17 ⅦA	18 ⅧA(0)	电子层
1	−1, +1 1 H 氢 $1s^1$ 1.008																	2 He 氦 $1s^2$ 4.002602(2)	K
2	+1 3 Li 锂 $2s^1$ 6.94	+2 4 Be 铍 $2s^2$ 9.0121831(5)											+3 5 B 硼 $2s^22p^1$ 10.81	−4, +2, +4 6 C 碳 $2s^22p^2$ 12.011	−3, −2, −1, +1, +2, +3, +4, +5 7 N 氮 $2s^22p^3$ 14.007	−2, −1 8 O 氧 $2s^22p^4$ 15.999	−1 9 F 氟 $2s^22p^5$ 18.998403163(6)	10 Ne 氖 $2s^22p^6$ 20.1797(6)	L K
3	−1, +1 11 Na 钠 $3s^1$ 22.98976928(2)	+2 12 Mg 镁 $3s^2$ 24.305											+3 13 Al 铝 $3s^23p^1$ 26.9815385(7)	−4, +2, +4 14 Si 硅 $3s^23p^2$ 28.085	−3, −2, +1, +3, +5 15 P 磷 $3s^23p^3$ 30.973761998(5)	−2, +2, +4, +6 16 S 硫 $3s^23p^4$ 32.06	−1, +1, +3, +5, +7 17 Cl 氯 $3s^23p^5$ 35.45	18 Ar 氩 $3s^23p^6$ 39.948(1)	M L K
4	−1, +1 19 K 钾 $4s^1$ 39.0983(1)	+2 20 Ca 钙 $4s^2$ 40.078(4)	+3 21 Sc 钪 $3d^14s^2$ 44.955908(5)	−1, 0, +2, +3, +4 22 Ti 钛 $3d^24s^2$ 47.867(1)	0, ±1, +2, +3, +4, +5 23 V 钒 $3d^34s^2$ 50.9415(1)	−3, 0, ±1, ±2, +3, +4, +5, +6 24 Cr 铬 $3d^54s^1$ 51.9961(6)	−2, 0, ±1, +2, ±3, +4, +5, +6, +7 25 Mn 锰 $3d^54s^2$ 54.938044(3)	−2, 0, ±1, +2, +3, +4, +5, +6 26 Fe 铁 $3d^64s^2$ 55.845(2)	0, ±1, +2, +3, +4, +5 27 Co 钴 $3d^74s^2$ 58.933194(4)	0, ±1, +2, +3, +4 28 Ni 镍 $3d^84s^2$ 58.6934(4)	+1, +2, +3, +4 29 Cu 铜 $3d^{10}4s^1$ 63.546(3)	+1, +2 30 Zn 锌 $3d^{10}4s^2$ 65.38(2)	+1, +3 31 Ga 镓 $4s^24p^1$ 69.723(1)	+2, +4 32 Ge 锗 $4s^24p^2$ 72.630(8)	−3, +3, +5 33 As 砷 $4s^24p^3$ 74.921595(6)	−2, +2, +4, +6 34 Se 硒 $4s^24p^4$ 78.971(8)	−1, +1, +3, +5, +7 35 Br 溴 $4s^24p^5$ 79.904	+2, +4 36 Kr 氪 $4s^24p^6$ 83.798(2)	N M L K
5	−1, +1 37 Rb 铷 $5s^1$ 85.4678(3)	+2 38 Sr 锶 $5s^2$ 87.62(1)	+3 39 Y 钇 $4d^15s^2$ 88.90584(2)	+1, +2, +3, +4 40 Zr 锆 $4d^25s^2$ 91.224(2)	0, ±1, +2, +3, +4, +5 41 Nb 铌 $4d^45s^1$ 92.90637(2)	0, ±1, ±2, +3, +4, +5, +6 42 Mo 钼 $4d^55s^1$ 95.95(1)	0, ±1, +2, +3, +4, +5, +6, +7 43 Tc 锝▲ $4d^55s^2$ 97.90721(3)✦	0, +1, ±2, +3, +4, +5, +6, +7, +8 44 Ru 钌 $4d^75s^1$ 101.07(2)	0, ±1, +2, +3, +4, +5, +6 45 Rh 铑 $4d^85s^1$ 102.90550(2)	0, +1, +2, +3, +4 46 Pd 钯 $4d^{10}$ 106.42(1)	+1, +2, +3 47 Ag 银 $4d^{10}5s^1$ 107.8682(2)	+1, +2 48 Cd 镉 $4d^{10}5s^2$ 112.414(4)	+1, +3 49 In 铟 $5s^25p^1$ 114.818(1)	+2, +4 50 Sn 锡 $5s^25p^2$ 118.710(7)	−3, +3, +5 51 Sb 锑 $5s^25p^3$ 121.760(1)	−2, +2, +4, +6 52 Te 碲 $5s^25p^4$ 127.60(3)	−1, +1, +3, +5, +7 53 I 碘 $5s^25p^5$ 126.90447(3)	+2, +4, +6, +8 54 Xe 氙 $5s^25p^6$ 131.293(6)	O N M L K
6	−1, +1 55 Cs 铯 $6s^1$ 132.90545196(6)	+2 56 Ba 钡 $6s^2$ 137.327(7)	57~71 La~Lu 镧系	+1, +2, +3, +4 72 Hf 铪 $5d^26s^2$ 178.49(2)	0, ±1, +2, +3, +4, +5 73 Ta 钽 $5d^36s^2$ 180.94788(2)	0, ±1, ±2, +3, +4, +5, +6 74 W 钨 $5d^46s^2$ 183.84(1)	0, ±1, +2, +3, +4, +5, +6, +7 75 Re 铼 $5d^56s^2$ 186.207(1)	0, +1, +2, +3, +4, +5, +6, +7, +8 76 Os 锇 $5d^66s^2$ 190.23(3)	0, ±1, +2, +3, +4, +5, +6 77 Ir 铱 $5d^76s^2$ 192.217(3)	0, +2, +3, +4, +5, +6 78 Pt 铂 $5d^96s^1$ 195.084(9)	+1, +2, +3, +5 79 Au 金 $5d^{10}6s^1$ 196.966569(5)	+1, +2, +3 80 Hg 汞 $5d^{10}6s^2$ 200.592(3)	+1, +3 81 Tl 铊 $6s^26p^1$ 204.38	+2, +4 82 Pb 铅 $6s^26p^2$ 207.2(1)	−3, +3, +5 83 Bi 铋 $6s^26p^3$ 208.98040(1)	−2, +2, +3, +4, +6 84 Po 钋 $6s^26p^4$ 208.98243(2)✦	±1, +5, +7 85 At 砹 $6s^26p^5$ 209.98715(5)✦	+2 86 Rn 氡 $6s^26p^6$ 222.01758(2)✦	P O N M L K
7	+1 87 Fr 钫▲ $7s^1$ 223.01974(2)✦	+2 88 Ra 镭 $7s^2$ 226.02541(2)✦	89~103 Ac~Lr 锕系	104 Rf 𬬻▲ $6d^27s^2$ 267.122(4)✦	105 Db 𨧀▲ $6d^37s^2$ 270.131(4)✦	106 Sg 𨭎▲ $6d^47s^2$ 269.129(3)✦	107 Bh 𨨏▲ $6d^57s^2$ 270.133(2)✦	108 Hs 𨭆▲ $6d^67s^2$ 270.134(2)✦	109 Mt 鿏▲ $6d^77s^2$ 278.156(5)✦	110 Ds 𫟼▲ 281.165(4)✦	111 Rg 𬬭▲ 281.166(6)✦	112 Cn 鿔▲ 285.177(4)✦	113 Nh 鿭▲ 286.182(5)✦	114 Fl 𫓧▲ 289.190(4)✦	115 Mc 镆▲ 289.194(6)✦	116 Lv 𫟷▲ 293.204(4)✦	117 Ts 鿬▲ 293.208(6)✦	118 Og 鿫▲ 294.214(5)✦	Q P O N M L K

★ 镧系	+3 57 La★ 镧 $5d^16s^2$ 138.90547(7)	+2, +3, +4 58 Ce 铈 $4f^15d^16s^2$ 140.116(1)	+3, +4 59 Pr 镨 $4f^36s^2$ 140.90766(2)	+2, +3, +4 60 Nd 钕 $4f^46s^2$ 144.242(3)	+3 61 Pm 钷▲ $4f^56s^2$ 144.91276(2)✦	+2, +3 62 Sm 钐 $4f^66s^2$ 150.36(2)	+2, +3 63 Eu 铕 $4f^76s^2$ 151.964(1)	+3 64 Gd 钆 $4f^75d^16s^2$ 157.25(3)	+3, +4 65 Tb 铽 $4f^96s^2$ 158.92535(2)	+3, +4 66 Dy 镝 $4f^{10}6s^2$ 162.500(1)	+3 67 Ho 钬 $4f^{11}6s^2$ 164.93033(2)	+3 68 Er 铒 $4f^{12}6s^2$ 167.259(3)	+2, +3 69 Tm 铥 $4f^{13}6s^2$ 168.93422(2)	+2, +3 70 Yb 镱 $4f^{14}6s^2$ 173.045(10)	+3 71 Lu 镥 $4f^{14}5d^16s^2$ 174.9668(1)
★ 锕系	+3 89 Ac★ 锕 $6d^17s^2$ 227.02775(2)✦	+3, +4 90 Th 钍 $6d^27s^2$ 232.0377(4)	+3, +4, +5 91 Pa 镤 $5f^26d^17s^2$ 231.03588(2)	+2, +3, +4, +5, +6 92 U 铀 $5f^36d^17s^2$ 238.02891(3)	+3, +4, +5, +6, +7 93 Np 镎 $5f^46d^17s^2$ 237.04817(2)✦	+3, +4, +5, +6, +7 94 Pu 钚 $5f^67s^2$ 244.06421(4)✦	+2, +3, +4, +5, +6 95 Am 镅▲ $5f^77s^2$ 243.06138(2)✦	+3, +4 96 Cm 锔▲ $5f^76d^17s^2$ 247.07035(3)✦	+3, +4 97 Bk 锫▲ $5f^97s^2$ 247.07031(4)✦	+2, +3, +4 98 Cf 锎▲ $5f^{10}7s^2$ 251.07959(3)✦	+2, +3 99 Es 锿▲ $5f^{11}7s^2$ 252.0830(3)✦	+2, +3 100 Fm 镄▲ $5f^{12}7s^2$ 257.09511(5)✦	+2, +3 101 Md 钔▲ $5f^{13}7s^2$ 258.09843(3)✦	+2, +3 102 No 锘▲ $5f^{14}7s^2$ 259.1010(7)✦	+3 103 Lr 铹▲ $5f^{14}6d^17s^2$ 262.110(2)✦